北京市高等教育精品教材立项项目

大学计算机基础

（第 2 版）

牛少彰 主编

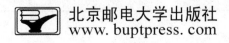

北京邮电大学出版社
www.buptpress.com

内 容 简 介

本书结合我国高等教育中信息素养培养的特殊性,对大学计算机基础课程进行模块化设计,以应用为目的、以实践为重点。本书的内容涵盖了计算机基础知识、操作系统基础、计算机网络基础及应用、文字编辑软件、演示文稿软件、电子表格软件、数据库基础知识、多媒体技术基础和网络信息安全等方面的内容。本书在编写过程中力求内容精炼、系统、循序渐进,采用了大量图片和实际应用案例,并配有实验指导,方便教学和自学,使读者易于掌握本书的内容。

本书可作为高等院校非计算机本科生的计算机基础教材或参考书,也可供广大的计算机爱好者以及自学计算机基础知识和应用的学员参考。

图书在版编目(CIP)数据

大学计算机基础/牛少彰主编.--2版.--北京:北京邮电大学出版社,2012.8(2016.7重印)

ISBN 978-7-5635-3103-5

Ⅰ.①大… Ⅱ.①牛… Ⅲ.①电子计算机—高等学校—教材 Ⅳ.①TP3

中国版本图书馆 CIP 数据核字(2012)第 128343 号

书   名:大学计算机基础(第 2 版)
著作责任者:牛少彰 主编
责 任 编 辑:李欣一
出 版 发 行:北京邮电大学出版社
社   址:北京市海淀区西土城路 10 号(邮编:100876)
发 行 部:电话:010-62282185 传真:010-62283578
E-mail:publish@bupt.edu.cn
经   销:各地新华书店
印   刷:北京源海印刷有限责任公司
开   本:787 mm×1 092 mm 1/16
印   张:22.5
字   数:559 千字
印   数:7 001—9 000 册
版   次:2009 年 8 月第 1 版 2012 年 8 月第 2 版 2016 年 7 月第 4 次印刷

ISBN 978-7-5635-3103-5   定 价:39.00 元

前　言

　　《大学计算机基础》是计算机类课程中开课最早,上课人数最多,对后续其他计算机类课程影响最大的本科课程。我校有工、管、文、理四类学生,各自对大学计算机基础有着不同的要求,因此需要对大学计算机基础课程进行课程建设和教学改革实践。

　　在学校对课程进行归位管理后,我们统筹全校教师资源,组建了大学计算机基础课程教学团队,建立了教学资源网站。经过三年的努力,大学计算机基础课程建设实现了多元化、模块化、融合化和网络化教学,在全校范围内实施了大学计算机基础课程的分类分层次教学,解决了学生入学起点不一以及不同学院、不同专业对大学计算机基础有着不同的要求问题,适应了不同专业的需要。大学计算机基础课程的教学实现了以掌握知识和技能为目标的理论教学体系、以应用能力培养为核心的实验教学体系和因材施教的分类分层次教学模式。

　　《大学计算机基础》第 1 版已经使用了三年,三年来计算机科学本身有很多新的进展,并且三年来的教学改革也取得了许多研究成果,在北京市高等教育精品教材立项项目和北京邮电大学 2011 年教材立项的支持下,我们开展了《大学计算机基础》第 2 版的编写。

　　为了完成好《大学计算机基础》(第 2 版)教材的编写任务,在学校和计算机学院领导的关心和支持下,大学计算机基础课程教学团队的全体教师在《大学计算机基础》(第 1 版)的基础上,结合大学计算机基础课程三年来的教学改革的实际情况,就大学计算机基础课程教育如何有效提高学生利用信息技术的能力方面进行了认真研讨,全体任课教师每周组织教学研讨,交流教学经验,共同搜集资料,针对各专业的特点,按照分类分层次的教学要求,就教学内容和实验安排进行了重新设置,将计算机科学的最新教学成果融入到课堂教学中,与时俱进更新教学内容,加入了平板电脑、智能手机等新内容,网络部分以最新应用为主线,操作系统以最新的 Windows 7 为平台,办公软件以最新的 Office 2010 为蓝本,知识讲解通过实际应用的形式来体现,注重对学生的计算机应用素能的培养和训练。

　　《大学计算机基础》(第 2 版)的内容涵盖了计算机基础知识、操作系统基础、计算机网络基础及应用、文字编辑软件、演示文稿软件、电子表格软件、数据库基础知识、多媒体技术基础和网络信息安全等方面的内容。本书在编写过程中力求内容精炼、系统、循序渐进,采用了大量图片和实际应用案例,并配有实验指导,方便教学和自学,使读者易于掌握本书的内容。

　　《大学计算机基础》(第 2 版)是在大学计算机基础课程教学团队全体老师的共同参与下完成的,其中第 1 章和第 4 章由牛少彰负责编写,第 2 章由鄂海红负责编写,第 3 章由姚文斌负责编写,第 5 章由谭咏梅负责编写,第 6 章由郭岗负责编写,第 7 章由杜晓峰负责编写,第 8 章由修佳鹏负责编写,第 9 章由吴旭负责编写,全书最后由牛少彰统稿。张玉洁、张天乐和谷勇浩老师参加了《大学计算机基础》(第 2 版)编写的整个研讨过程,并提出了大量的宝贵意见,正是他们的参与,才使得《大学计算机基础》(第 2 版)教材得以顺利完成,教材的编写还得到了可信分布式计算与服务教育部重点实验室王枞老师的支持。

　　在本书的编写过程中,得到了北京邮电大学计算机学院领导的大力支持,北京邮电大学出版社为本书的出版付出了辛勤的工作,在此一并表示衷心的感谢。

　　由于编者水平有限,时间仓促,书中难免有疏漏和错误之处,我们恳请使用和关心该教材的师生批评指正。

编　　者

2012 年 6 月

目　　录

第1章 计算机基础知识

计算机是电子数字计算机的简称，俗称计算机。它是一种能够依据预先存储在其内部的程序控制，自动地对输入设备接收的各种信息进行高速、准确的处理，并把处理结果通过输出设备输出或通过存储器存储起来的现代化电子设备，因此计算机具有高速运算、快速处理和存储信息的能力。计算机的发展促进了人类文明的进步，加速了知识经济的发展，把人类社会带入了以数字化为主的信息时代。

1.1 计算机的发展

计算机的产生和发展，极大地改变了人们的生活方式。计算机已经广泛应用于社会的各个领域，成为人们学习、工作、生活中不可或缺的重要工具之一，它与人类创造的其他劳动工具本质的区别是它能够在相当短的时间内准确完成人们需要耗费大量脑力劳动和花费大量时间去完成的复杂工作。

1.1.1 计算机的发展简史

1. 早期的计算机

公元前 5 世纪，中国人在长期使用的计算工具算筹的基础上发明了算盘，并把算盘广泛应用于商贸活动中，算盘被认为是最早的计算机，并沿用至今。

欧洲的文艺复兴极大地促进了自然科学技术的发展，人们长期被压抑的创造力得到了空前的释放，而社会变革使得人们要解决的计算问题越来越多、越来越复杂，因此制造一台能帮助人们进行计算的机器是当时最耀眼的一朵思想火花。从那时起，一个又一个科学家为了实现这一伟大的梦想而不懈地努力，但是由于科技水平的限制，许多试验都以失败告终。直到 1642 年，为了协助担任税务局长的父亲，年仅 19 岁的法国数学家帕斯卡成功地制造了第一台能做十进制加减法运算的钟表齿轮式机械计算机。1694 年，德国数学家莱布尼茨利用梯形轴带动可变齿数齿轮的转动实现乘除运算，这是第一台能进行十进制四则运算的机械计算机。1890 年，美国人 Herman Hollerith 根据提花织机的原理，用穿孔卡片来表示数据，制造出了一台制表机并获得专利，这是第一台卡片程序控制计算机。这种机器被成功地应用于美国人口普查，仅用 6 周的时间就准确得出了原来要花十年时间才能得到的调

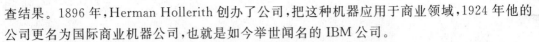

查结果。1896 年，Herman Hollerith 创办了公司，把这种机器应用于商业领域，1924 年他的公司更名为国际商业机器公司，也就是如今举世闻名的 IBM 公司。

以上的这些计算工具，其计算工作都是通过机械设备各个部件的位置关系来实现的，而现在我们所说的计算机的计算工作都是通过其内部指令控制的，因此二者之间有很大的不同，通常我们把这些早期的计算设备叫做机械计算机或早期计算机。

2. 第一台电子计算机的诞生

在机械计算机诞生之后，随着电子管的发明和电子技术的突飞猛进，一些科学家开始考虑用先进的电子技术来代替陈旧落后的机械技术，电子器件逐步成为计算机的主要器件，而机械部件渐渐变成了从属部件，计算机开始由机械计算机向电子计算机转变。

在第二次世界大战期间，美国在研究炮弹轨道的过程中遇到许多复杂的计算问题，但现有的计算工具远远不能满足要求，因此美国军队急需一种精确、高速的计算工具来分析计算炮弹的轨道，于是在美国陆军作战部的支持下，美国宾夕法尼亚大学物理学家莫奇利（John W. Mauchly）和电气工程师埃克特（J. Presper Eckert）带领一批研究人员开始研制能精确、高速计算炮弹轨道的计算工具，在 1946 年 2 月，成功研制出世界上第一台全自动电子数字计算机 ENIAC，如图 1.1 所示。

图 1.1 世界上第一台电子计算机

ENIAC 体积庞大，大约为 90 立方米，占地 170 平方米，总重量达到 30 吨，共使用了 18 000 多只电子管、1 500 多个继电器及其他器件，功率 150 kW，每秒可执行 5000 次加法运算，比机械计算机快 1 000 倍到几千倍，而且计算过程是按编好的程序自动进行的。

尽管 ENIAC 不具备现代计算机“存储程序”的思想，有许多的不足之处，但是 ENIAC 的问世具有划时代的意义，揭开了电子数字计算机时代的序幕，直至今日，已经形成了一个被人们普遍接受的通用的计算机体系结构。计算机技术发展异常迅速，在人类的历史上还没有一种科学技术的发展速度可以与电子计算机的发展速度相提并论。

现代计算机的基本概念源于英国数学家艾兰·图灵（如图 1.2 所示）。1936 年，图灵发表了著名的论文《论可计算数及其在判定问题上的应用》，首次提出了被人们称之为“图灵机”的理想计算机的通用模型，证明了数字计算机是可以制造出来的，图灵机对数字计算机的逻辑结构产生了深远的影响，为可计算性理论奠定了基础。1950 年图灵发表了另一篇著名的论文《计算机能思考吗》，提出了定义机器智能的图灵测试，奠定了人工智能的基础。

在现代计算机的奠基和发展中，美籍匈牙利数学家冯·诺依曼（如图 1.3 所示）是一位非常重要的人物，被称为“现代计算机之父”。他设计出了第一台“存储程序”的离散变量自动电子计算机，并于 1952 年制成，这台计算机采用了二进制编码，把程序和数据存储在存储器中，从此计算机设计中有了“存储程序”的思想，确立了现代计算机的结构即冯·诺依曼结构。现在的计算机大部分都是以“存储程序”原理为基础的冯·诺依曼型计算机。

图 1.2　艾兰·图灵　　　　　　　　　　　　图 1.3　冯·诺依曼

3. 计算机发展的几个阶段

从 1946 年第一台电子计算机 ENIAC 的诞生,到目前仅仅经过了 60 余年,但是计算机的基本逻辑器件已经经历了从电子管到晶体管,从独立的逻辑元件到集成电路,再从集成电路到微处理器三次重大的转变,促使计算机的发展出现了三次飞跃。通常人们根据计算机所采用的电子元器件的不同,把计算机的发展分为电子管计算机、晶体管计算机、集成电路计算机、大规模集成电路计算机以及新一代计算机 5 个阶段。

第一阶段(1946—1958 年),电子管计算机是以电子管作为基本逻辑部件的,体积大,耗电量大,寿命短,可靠性大,成本高,内存容量仅为几 KB,运算速度也相当慢,每秒仅能运算 5 000～40 000 次,电子管计算机没有系统软件,只能用机器语言和汇编语言编程。

第二阶段(1959—1964 年),晶体管计算机问世于 1954 年,其基本逻辑部件由晶体管取代了电子管。图 1.4 是贝尔实验室研制的世界上第一台全晶体管计算机 tradic 的示意图。与电子管计算机相比,晶体管计算机的体积减小、重量减轻、耗电量降低,内存容量提高到几十 KB,运算速度也提高到每秒几万次到几十万次,晶体管计算机有了系统软件,提出了操作系统的概念,出现了 FORTRAN、BASIC 等高级语言。

图 1.4　世界上第一台全晶体管计算机 tradic

第三阶段(1965—1971 年),集成电路计算机诞生于 1964 年,其基本逻辑部件由体积更小、功耗更低、可靠性更高的中、小规模集成电路取代了晶体管。集成电路计算机的计算速度每秒最高可以达到几百万次,体积大大缩小,价格也不断下降,内存存储器使用了半导体存储器,使内存容量达到几 MB,出现了分时操作系统,采用了结构化、模块化的程序设计。

第四阶段(1972 年以后),由于计算机的基本逻辑部件是大规模、超大规模的集成电路,所以通常称大规模集成电路计算机。大规模集成电路计算机的体积、重量、成本等都大幅度下降,内存容量、计算速度有了明显的提高,高度的集成化使得计算机的中央处理器和其他主要功能可以集中到同一块集成电路中,这就是人们常说的“微处理器”。微处理器的出现使计算机走向微型化,出现了微型计算机。大规模集成电路计算机在实现体积微型化的同时,也实现了内存容量和运算速度的巨型化。

从 20 世纪 80 年代开始,日本、美国以及欧洲共同体都相继开展了新一代计算机(FGCS)的研究,即第五代计算机的研究。新一代计算机是把信息采集、存储、处理、通信和人工智能相结合的计算机系统,它的一个最大的特点是智能化,不仅能进行一般的信息处理,而且能面向知识处理,具有形式推理、联想、学习和解释能力,能帮助人类开拓未知的领域和获取新的知识。

1.1.2 微型计算机的发展

微型计算机属于第四代电子计算机,即大规模集成电路计算机,20 世纪 70 年代以后,集成电路迅速从中小规模发展到大规模、超大规模的水平,集成度也不断提高,微处理器和微型计算机应运而生。微型计算机与前几代计算机的区别是采用了集成度较高的超大规模集成电路技术,将计算机硬件系统的两大核心部分——运算器和控制器——集成在一个电路芯片上,这个芯片构成整个微机系统的核心,称为微处理器,因此从某种程度上说,微型计算机的发展是以微处理器的发展为表征的。自 1971 年英特尔(Intel)公司推出第一片用于个人计算机的 4 位微处理器 4004 后,许多公司和研究机构开始研制微处理器,并相继推出了字长为 8 位、16 位、32 位和 64 位的微处理器。图 1.5 是英特尔公司推出的几款微处理器的示意图。

Intel4004   Intel8008   Intel80286

Intel Pentium   赛扬双核

图 1.5 英特尔公司推出的几款微处理器

　　根据微处理的字长和功能可以把微型计算机发展分为以下几个阶段。

　　第一阶段(1971—1973 年)的微型计算机以 4 位或低档 8 位微处理器为核心器件,以英特尔公司研制的 4 位微处理器 Intel4004、Intel4040 和低档 8 位微处理器 Intel8008 为典型代表,每个芯片包含 2 000 多个晶体管,时钟频率在 500 kHz 以下。这一阶段的微型计算机主要用于家电和简单控制场合。

　　第二阶段(1973—1977 年)的微型计算机以中、高档 8 位微处理器为核心器件,以英特尔公司的中档 8 位微处理器 Intel8080、摩托罗拉(Motorola)公司的中档 8 位微处理器 MC6800 和 ZiLOG 公司的高档 8 位微处理器 Z80 位典型代表,另外苹果(Apple)公司研制出了具有磁盘操作系统的微机,这种微机的微处理器为 MC6502。这一阶段的微型计算机主要用于电子仪器等。

　　第三阶段(1978—1984 年)的微型计算机以 16 位微处理器为核心器件。1978 年,英特尔公司首次推出 16 位微处理器 Intel8086,Intel8086 的内部和外部数据总线都是 16 位,可直接访问 1 MB 内存单元。1979 年,英特尔公司又推出了集成度更高的 16 位微处理器 Intel8088,并被 IBM 公司采用作为其个人计算机 IBM-PC/XT 的 CPU,个人计算机(PC)从此诞生。后来 IBM 又以 Intel80286 为基础推出了 IBM-PC/AT 计算机,进一步提高了 PC 的总体性能,从此 PC 的应用开始普及。

　　第四阶段(1985 年至今)的微型计算机以 32 位微处理器为核心器件。1985 年,英特尔公司在原来的基础上推出了时钟频率为 20 MHz、可访问 4 GB 内存并支持分页机制的 32 位微处理器 80386。1989 年英特尔公司研制出新一代的 32 位微处理器 80486,其内部集成了 120 万个晶体管,使英特尔公司首次将晶体管数目突破 100 万只。80386 和 80486 的成功为日后 Pentium 的研制奠定了基础。

　　随着计算机的发展逐步走向微型化,指令集体系结构的复杂性、各厂商产品的封闭性和垄断性,阻碍了计算机的进一步发展,人们开始意识到计算机和操作系统层次上的开放式系统观念应该深入到微处理器层次上。2001 年 5 月 29 日,英特尔公司和惠普(hp)公司共同研制的 IPF 系列的第一代产品 Itanium 正式上市,Itanium 是第一个开放式的 64 位处理器,这意味着微处理器的发展开始迈向第五阶段。英特尔公司于 2010 年 2 月推出了代号为 Tukwila 的最新 Itanium9300 系列处理器,其核数由上一代 2 核升级至现在的 4 核,同时在行业领先的基础架构上增强了处理器的弹性,包括提高了可靠性、可用性、可服务性(RAS 特性)。

1.1.3　我国计算机的发展

　　在商朝时期,我国就创造了十进制记数法,领先于世界千余年。到了周朝,我国发明了当时最先进的计算工具——算筹,古代数学家祖冲之就是用算筹计算出圆周率在3.1415926 和 3.1415927 之间,这一结果比西方早一千年。接着,我国又在算筹的基础上发明了算盘,算盘的出现对促进我国经济的发展曾起到不可忽视的作用,至今仍在使用。后来中国人发明了一种自动计数装置——记里鼓车,因有行一里路自动打一下鼓的功能而得名,这是世界上最早的自动计数装置,它的文字记载最早见于《晋书·舆服志》。

　　我国电子计算机的研制工作起步较晚,但是发展很快。1958 年 8 月 1 日 我国第一台数字电子计算机诞生,这台小型电子管数字计算机被命名为 103 机(如图 1.6 所示),它采用磁心做内存,采用磁鼓做外存,运算速度每秒可达 1 500 次。第二年,我国第一台大型通用数字电子管计算机 104 机诞生,它仍用磁心作内存,配有磁鼓、磁带机、光电输入等外设,运算速度为每秒 1 万次。这台计算机为我国国民经济和国防部门解决了不少过去无法解决的问题。1960 年 4 月,由中国科学院计算机研究所夏培肃研究员负责研制的 107 计算机成功运行,这是我国第一台自行设计研制的通用数字电子计算机。这些计算机的诞生填补了我国计算机领域的空白,为形成我国自己的计算机工业奠定了基础。

我国在研制第一代电子管计算机的同时,已开始研制晶体管计算机。1964 年,中国第一台大型晶体管电子计算机——109 机研制成功。109 机诞生后,中国又陆续推出一批晶体管计算机,例如 109 乙、109 丙、441B 和 441B-Ⅲ等。其中,109 丙机(如图 1.7 所示)为用户运行了 15 年,有效算题时间 10 万小时以上,在我国两弹试验中发挥了重要作用,被用户誉为"功勋机"。

图 1.6　103 机

图 1.7　109 丙机

1971 年我国又研制出以集成电路为重要器件的 DJS 系列计算机。1972 年,每秒运算 11 万次的大型集成电路通用数字电子计算机研制成功。1973 年,中国第一台百万次集成电路电子计算机研制成功。1974 年 8 月,多功能小型通用数字机通过鉴定,宣告系列化计算机产品研制取得成功,这种产品生产了近千台,标志着中国计算机工业走上了系列化批量生产的道路。

1983 年 12 月,我国自行研制的第一个巨型机系统"银河"超高速电子计算机系统研制成功,它的向量运算速度为每秒一亿次以上,软件系统内容丰富,这台计算机后来被人们称为"银河 I"巨型机(如图 1.8 所示)。"银河 I"巨型机的诞生,标志着我国计算机科研水平达到了一个新高度,中国从此跨入了世界巨型电子计算机的行列。

1983 年 12 月,电子部六所开发的我国第一台 PC——长城 100 DJS-0520 计算机(与 IBM PC 兼容)通过部级鉴定。1985 年 6 月第一台具有字符发生器的汉字显示能力、具备完整中文信息处理能力的国产计算机——长城 0520CH 开发成功。由此我国计算机产业进入了一个飞速发展、空前繁荣的时期。

1990 年,中国首台高智能计算机——EST/IS4260 智能工作站诞生,长城 486 计算机问世。1993 年 10 月,国家智能计算机研究开发中心研制出我国第一套用微处理器构成的全对称多处理机系统——曙光一号,1995 年,曙光 1000 大型机通过鉴定,其峰值可达每秒 25 亿次。1999 年 9 月,峰值速度达到每秒 1117 亿次的曙光 2000-Ⅱ超级服务器问世。2000

年,推出每秒浮点运算速度 3 000 亿次的曙光 3000 超级服务器。2004 年 6 月,曙光 4000A 研制成功,峰值运算速度为每秒 11 万亿次,是国内计算能力最强的商品化超级计算机。中国成为继美、日之后第三个跨越了 10 万亿次计算机研发、应用的国家。2008 年 8 月,曙光 5000A(如图 1.9 所示)研制成功,以峰值速度 230 万亿次、Linpack 值 180 万亿次的成绩跻身世界超级计算机前十,标志着中国成为世界上继美国之后第二个成功研制浮点速度在百万亿次的超级计算机。这一系列辉煌成就标志着我国综合国力的增强,标志着我国巨型机的研制已经达到国际先进水平。

图 1.8　"银河 I"巨型机　　　　　　　　图 1.9　曙光 5000A 计算机

　　2010 年 10 月,由国防科技大学研制的天河-1A 安装在天津国家超级计算中心,天河-1A 峰值速度(R_{peak})每秒 4 700 万亿次浮点运算、持续速度(R_{max})2 566 万亿次,比位于美国橡树岭国家实验室全球运算速度第二位的美洲虎超级计算机(R_{peak}:2 331 万亿次;R_{max}:1 759 万亿次)高 30%,成为当时世界上最快的超级计算机。

1.1.4　计算机的发展趋势展望

1. 计算机的发展方向

　　目前,以超大规模集成电路为基础,未来的计算机在朝着巨型化、微型化、网络化、智能化、多媒体化、移动化的方向发展。

　　(1)巨型化

　　巨型化是指发展速度更快、存储容量更大、功能更强、可靠性更高的计算机。随着科学技术的不断发展,在一些科技尖端领域,要求计算机有更高的速度、更大的存储容量和更高的可靠性,从而促使计算机向巨型化方向发展。

　　(2)微型化

　　微型化是指发展体积更小、重量更轻、价格更低、携带更方便的计算机。随着计算机应用领域的不断扩大,对计算机的要求也越来越高,人们要求计算机能够方便地随处携带到各个领域、各种场合。为了迎合这种需求,出现了各种笔记本式计算机、膝上型和掌上型计算机等,这些都是在向微型化方向发展。

　　(3)网络化

　　网络化是指把计算机互联,以实现资源共享和信息交换。随着计算机应用的深入,特别是家用计算机越来越普及,人们希望所有用户都可以方便、及时、可靠、安全、高效地共享网上信息资源,因此计算机网络化还有很多工作要做,最终实现计算机网、电信网和有线电视网三网合一。

（4）智能化

智能化是指使计算机具有模拟人的感觉和思维过程的能力。智能化是计算机发展的一个重要方向,新一代计算机将可以模拟人的感觉行为和思维过程的机理,进行"看"、"听"、"说"、"想"、"做",具有逻辑推理、学习与证明的能力。

（5）多媒体化

多媒体技术是 20 世纪 80 年代中后期兴起的一门跨学科的新技术。采用这种技术,可以使计算机具有处理图、文、声、像等多种媒体的能力(即成为多媒体计算机),从而使计算机的功能更加完善并提高计算机的应用能力。当前全世界已形成一股开发应用多媒体技术的热潮。

（6）移动化

在计算机产业步入成熟的发展阶段后,以笔记本式计算机、平板计算机乃至智能手机为代表的移动计算终端设备近几年来一直持续增长。"无时不在,无处不在"是移动化信息网络的魅力所在。信息网络的移动化是信息网络的纵深发展,使得人们信息传输在时间和空间上的自由度得以真正的扩大和实现,移动计算终端必将是未来计算机发展的趋势。

2. 未来的新型计算机

微电子技术的发展潜力为现代的电子数字计算机提供了发展空间,一些新型的计算机可能在 21 世纪的某个时候登上舞台,未来的计算机世界将是多种类型的计算机并存、互相融入、互为补充。目前科学界致力开发研究的新型计算机有以下几类。

（1）光子计算机

光子计算机就是以光互连代替导线互连,光硬件代替计算机中的电子硬件,利用光信号进行数字运算、信息存储和处理的新型计算机。光的传播速度极快,在传输和转换时失真较小、能量消耗极低等特点,决定了光子计算机将具有极强的信息处理能力和高超的运算速度。

（2）量子计算机

量子计算机是利用量子力学中态叠加原理和量子纠缠原理对数据进行高速数学和逻辑运算、存储和处理量子信息的装置。量子计算机利用处于多现实态的原子作为数据进行运算,具体的说是利用量子叠加性和量子相干性,并通过量子分裂式、量子修补式来进行一系列的大规模高精确度的运算。

（3）分子计算机

分子计算机的运行依靠的是分子晶体可以吸收以电荷形式存在的信息,并以更有效的方式进行组织排列。凭借着分子纳米级的尺寸,分子计算机的体积将会剧减。此外,分子计算机将具有巨大的存储能力,耗电量也会大大减少。

（4）生物计算机

生物计算机是研究专家根据 DNA 能够存储基因信息的原理构建的一种新型计算机。生物计算机的运算过程就是蛋白质分子与周围物理化学介质的相互作用过程,计算机的转换开关由酶来充当,而程序则在酶合成系统本身和蛋白质的结构中极其明显地表示出来。

（5）神经网络计算机

神经网络计算机是用硬件实现或用软件模拟的方法、按照人工神经网络的基本原理而研制的计算机系统，它具有模仿人脑的判断和适应能力的功能，可同时并行处理实时变化的大量数据，还可以判断对象的性质与状态，并能采取相应的行动。

（6）超导计算机

超导计算机是使用超导集成电路组成的计算机。超导集成电路比传统的半导体集成电路的速度快，但是功耗远远小于半导体集成电路。超导计算机具有超导逻辑电路和超导存储器，运算速度是传统计算机无法比拟的。

1.2　计算机信息表示与存储

由于二进制电路简单、可靠且具有很强的逻辑功能，因此目前的计算机主要采用二进制系统。计算机能够处理文本、图像、音频、视频等多种数据和信息，这些信息都是经过二进制编码转换成由"0"和"1"组成的二进制字符串才能被计算机识别的。本节主要介绍计算机的进位计数制、不同数制之间的转换、数据编码等。

1.2.1　计算机中的数据单位

在计算机中，无论是参与运算的数值型数据还是字符、符号、语言、文字、声音、图像等非数值型数据都是以二进制形式存在的。常用的基本数据单位有：

1. 位（bit）

位也称比特，记为 bit，是计算机中最小的数据单位，计算机中最直接、最基本的操作就是对二进制位的操作。一个二进制代码（0 或 1）表示 1 位，如 111 为 3 位，11101 为 5 位。

2. 字节（Byte）

在对二进制数据进行存储时，以八位二进制代码为一个单元存放在一起称为一个字节，记为 Byte 或 B。一个字节可存放一个英文字母、数字或其他符号，1 个汉字需要两个字节来表示。字节是计算机中用来表示存储空间大小的基本容量单位，如内存的存储容量、磁盘的存储容量都是以字节为单位的。由于现在计算机的存储容量较大，除用字节为单位表示存储容量外，还常用千字节（KB）、兆字节（MB）、十亿字节（GB）和万亿字节（TB）等来表示存储容量，它们之间的换算关系如下：

$$1 \text{ Byte} = 8 \text{ bit} \qquad 1 \text{ KB} = 1\,024 \text{ B}$$
$$1 \text{ MB} = 1\,024 \text{ KB} \qquad 1 \text{ GB} = 1\,024 \text{ MB}$$
$$1 \text{ TB} = 1\,024 \text{ GB}$$

3. 字（Word）

字是在计算机信息处理系统中，被作为一个基本单元进行存取、传送、处理等操作的一组二进制字符串。计算机能够同时处理的一组二进制字符串称为一个计算机的"字"，记为Word 或 W。一个字由若干字节组成，通常将组成一个字的二进制代码的位数叫做该字的字长，例如，一个字由 4 个字节组成，则该字字长为 32 位。一个字可以用来存储一条指令或

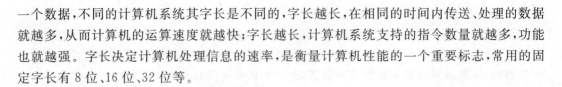

一个数据,不同的计算机系统其字长是不同的,字长越长,在相同的时间内传送、处理的数据就越多,从而计算机的运算速度就越快;字长越长,计算机系统支持的指令数量就越多,功能也就越强。字长决定计算机处理信息的速率,是衡量计算机性能的一个重要标志,常用的固定字长有 8 位、16 位、32 位等。

1.2.2 常见的数制及二进制数的运算

日常生活中人们都采用十进制来表示数值,计算机领域中采用二进制、八进制或十六进制来表示数值。无论是二进制、八进制、十六进制还是十进制,它们都是用一组固定的记数符号按照某种进位的原则来计数的,像这种用一组固定的数字按照一套统一的规则来表示数值的方法通常被称为数制。在计算机的数制中,有数码、基数和位权三个概念,分别介绍如下:

数码:数制中表示数值大小的固定的数字符号称为数码。

基数:每种数制所使用数码的个数称为该进位数的基数。

位权:一个数码处在不同位置上所代表的值不同,每个数码所表示的数值等于该数码乘以一个与数码所在位置相关的常数,这个常数叫做位权。位权的大小是以该数制的基数为底、数码所在位置的序号为指数的整数次幂。例如,二进制数 101,左边的数码 1 的位权是 2^2,中间的数码 0 的位权是 2^1,右边的数码 1 的位权是 2^0。再如,十进制数 12.1,小数点前面的数码 1 的位权是 10^1,数码 2 的位权是 10^0,小数点后面的数码 1 的位权是 10^{-1}。

常见数制的数码、基数、运算规则见表 1.1。

表 1.1　常见数制的数码、基数、运算规则表

数制	数码	基数	标识	运算原则
十进制	0,1,2,3,4,5,6,7,8,9	10	D	逢 10 进 1 借 1 当 10
二进制	0,1	2	B	逢 2 进 1 借 1 当 2
八进制	0,1,2,3,4,5,6,7	8	O	逢 8 进 1 借 1 当 8
十六进制	0,1,2,3,4,5,6,7,8,9,A,B,C,D,E,F	16	H	逢 16 进 1 借 1 当 16

为了区分不同的数制,经常采用括号外面加数字下标的表示方法,或在数字后面加相应英文字母标识的方法来表示不同的数制。例如,101D 和 $(101)_{10}$ 都表示十进制数 101,101B 和 $(101)_2$ 都表示二进制数 101,101O 和 $(101)_8$ 表示八进制数 101,101H 和 $(101)_{16}$ 表示十六进制数 101。

若把二进制、八进制、十进制和十六进制统称为 R 进制,则任意一个 R 进制数都可以表示为该数制的数码与基数的幂次的乘积之和,即对任意的 R 进制数 $a_{n-1}a_{n-2}\cdots a_1a_0a_{-1}a_{-2}\cdots a_{-m}$,都可以表示成按位权展开的多项式之和的形式:

$$a_{n-1}\times R^{n-1}+a_{n-2}\times R^{n-2}+\cdots+a_1\times R^1+a_0\times R^0+a_{-1}\times R^{-1}+a_{-2}\times R^{-2}+\cdots+a_{-m}\times R^{-m}$$

其中，R 是数制的基数，$a_i(i=-m,\cdots,-1,0,1,\cdots,n-1)$ 为该数制的数码；n 为该 R 进制数的整数部分的位数；m 为小数部分的位数。

比如：

$(12345.678)_{10}=1\times10^4+2\times10^3+3\times10^2+4\times10^1+5\times10^0+6\times10^{-1}+7\times10^{-2}+8\times10^{-3}$

$(58361)_{10}=5\times10^4+8\times10^3+3\times10^2+6\times10^1+1\times10^0$

$(1101.01)_2=1\times2^3+1\times2^2+0\times2^1+1\times2^0+0\times2^{-1}+1\times2^{-2}$

$(7043.132)_8=7\times8^3+0\times8^2+4\times8^1+3\times8^0+1\times8^{-1}+3\times8^{-2}+2\times8^{-3}$

$(6896AE.95)_{16}=6\times16^5+8\times16^4+9\times16^3+6\times16^2+A\times16^1+E\times16^0+9\times16^{-1}+5\times16^{-2}$

在计算机中，二进制数可作算术运算和逻辑运算，下面主要介绍二进制数的算术运算规则和逻辑运算规则。

1. 算术运算

二进制数的算术运算与十进制的算术运算类似，但其运算规则更为简单：

$$加法：0+0=0,1+0=0+1=1,1+1=10（逢二进一）$$

$$减法：0-0=0,1-0=1,1-1=0,0-1=1（借一当二）$$

$$乘法：0\times0=0,0\times1=1\times0=0,1\times1=1$$

$$除法：0/0=0,0/1=0,1/1=1,1/0\ 无意义$$

例 1.1　计算 $(1110)_2+(1101)_2$。

解　由于

$$
\begin{array}{r}
1110 \\
+\quad 1101 \\
\hline
11011
\end{array}
$$

所以

$$(1110)_2+(1101)_2=(11011)_2$$

例 1.2　计算 $(10110)_2-(10101)_2$。

解　由于

$$
\begin{array}{r}
10110 \\
-\quad 10101 \\
\hline
00001
\end{array}
$$

所以

$$(10110)_2-(10101)_2=(1)_2$$

2. 逻辑运算

计算机中的逻辑关系是一种二值逻辑，逻辑运算的结果只有"真"或"假"两个值。二值逻辑很容易用二进制的"0"和"1"来表示，一般用"1"表示真，用"0"表示假。逻辑值的每一位表示一个逻辑值，逻辑运算是按对应位进行的，每位之间相互独立，不存在进位和借位关系，运算结果也是逻辑值。基本的逻辑运算有"或"、"与"和"非"三种。

（1）逻辑"或"

逻辑"或"的运算符用"$\vee$"或"$+$"表示，其运算规则如下：

$$0\vee0=0,0\vee1=1,1\vee0=1,1\vee1=1$$

即"或"运算中，当两个逻辑值只要有一个为 1 时，结果为 1，否则为 0。

（2）逻辑"与"

逻辑"与"的运算符用"$\wedge$"或"·"表示，其运算规则如下：

$$0 \wedge 0=0, 0 \wedge 1=0, 1 \wedge 0=0, 1 \wedge 1=1$$

即"与"运算中，当两个逻辑值都为 1 时，结果为 1，否则为 0。

3. 逻辑"非"

逻辑"非"的运算符用"$-$"表示，其运算规则如下：

$$-0=1, -1=0$$

即"非"运算中，对每位的逻辑值取反。

例 1.3　假设 $X=(10110)_2$，$Y=(10001)_2$，求 $X \vee Y$，$X \wedge Y$，$-X$。

解　根据逻辑运算的规则可知：

$$X \vee Y=(10111)_2$$
$$X \wedge Y=(10000)_2$$
$$-X=(01001)_2$$

1.2.3　各进制数之间的转换

数制之间的转换是将数由一种数制表示转换为用另一种数制表示。由于日常生活中人们通常使用的是十进制数，而数据在计算机中是以二进制形式存在的，所以计算机必须将接收到的十进制数转换为二进制数，经过加工处理后再转换为十进制数输出。为了书写和计算上的方面，计算机中还引入了八进制和十六进制的计数方法。为了便于计算和理解，表 1.2 给出了一些常用进制数之间的相互转换对照关系。

表 1.2　常用的进制数之间的相互转换对照表

十进制数	二进制数	八进制数	十六进制数
0	0	0	0
1	1	1	1
2	10	2	2
3	11	3	3
4	100	4	4
5	101	5	5
6	110	6	6
7	111	7	7
8	1000	10	8
9	1001	11	9
10	1010	12	A
11	1011	13	B
12	1100	14	C
13	1101	15	D
14	1110	16	E
15	1111	17	F

1. 将 R 进制数转换成十进制数

将 R 进制数转换成十进制数的方法是：首先将 R 进制数按权展开，然后按十进制运算法则把各乘积项的数值相加,这种方法称为"乘权求和"法。

例 1.4　将$(1101.1)_2$、$(232)_8$和$(13A)_{16}$分别转换成十进制数。

解
$$(1101.1)_2 = 1 \times 2^3 + 1 \times 2^2 + 0 \times 2^1 + 1 \times 2^0 + 1 \times 2^{-1}$$
$$= 8 + 4 + 0 + 1 + 0.5$$
$$= (13.5)_{10}$$
$$(232)_8 = 2 \times 8^2 + 3 \times 8^1 + 2 \times 8^0$$
$$= 128 + 24 + 2$$
$$= (154)_{10}$$
$$(13A)_{16} = 1 \times 16^2 + 3 \times 16^1 + A \times 16^0$$
$$= 256 + 48 + 10$$
$$= (314)_{10}$$

2. 十进制数转换成 R 进制数

将十进制数转换为 R 进制数时,整数部分和小数部分必须分别遵守不同的转换规则。

对整数部分:除以 R 取余数,即整数部分不断除以 R 取余数,直到商为 0 为止,最先得到的余数为最低位,最后得到的余数为最高位。

对小数部分:乘 R 取整法,即小数部分不断乘以 R 取整数,直到小数为 0 或达到有效精度为止,最先得到的整数为最高位(最靠近小数点),最后得到的整数为最低位。

把一个既有整数部分又有小数部分的十进制数转换成 R 进制数时,可以将其整数部分和小数部分分别转换,然后再组合。

需要注意的是,一个有限的十进制小数并非一定能够转换成一个有限的 R 进制小数,即转换过程中乘积的小数部分可能永远不等于 0,这时,可按要求进行到某一精确度为止。

例 1.5　将$(121)_{10}$转化成二进制数。

解　由于

```
2 | 121
    2 | 60      ……1
        2 | 30      ……0
            2 | 15      ……0
                2 | 7       ……1
                    2 | 3       ……1
                        2 | 1       ……1
                            0       ……1
```

将余数部分按从下往上的顺序写为 1111001,因此
$$(121)_{10} = (1111001)_2$$

例 1.6　将$(0.562\,5)_{10}$转化成八进制数。

解　由于
$$0.5625 \times 8 = 4.5$$
$$0.5 \times 8 = 4.0$$

将整数部分按从上往下的顺序写为 44,因此
$$(0.562\,5)_{10} = (0.44)_8$$

例 1.7　将$(131.78)_{10}$转化成十六进制数(精确到小数点后三位)。

解 先转换整数部分：

由

$$16 \underline{|131}$$
$$16 \underline{|8} \cdots\cdots 3$$
$$0 \cdots\cdots 8$$

可得

$$(131)_{10} = (83)_{16}$$

再转换小数部分：

由

$$0.78 \times 16 = 12.48$$

$$0.48 \times 16 = 7.68$$

$$0.68 \times 16 = 10.88$$

可得

$$(0.78)_{10} = (0.C7A)_{16}$$

因此

$$(131.78)_{10} = (83.C7A)_{16}$$

3. 二进制数与八进制数的相互转换

把二进制数转换成八进制数时,首先整数部分和小数部分需要按照不同的转换规则分别进行转换,然后再连接起来。转换规则如下：

整数部分:从右往左每三位二进制数码作为一组,分别转换成一个八进制数码,然后连接起来(高位不足三位的,在高位添 0 补足)。

小数部分:从左往右每三位二进制数码作为一组,分别转换成一个八进制数码,然后连接起来(低位不足三位的,在低位添 0 补足)。

八进制数转换成二进制数的方法是将一个八进制数码转换成相应的三个二进制数码,再按顺序排好即可(最后得到的二进制数最高位的"0"往往都可以去掉)。

例 1.8 将 $(101001.1101)_2$ 转换成八进制数。

解

	整数部分	小数部分
二进制数	101001	110100
	↓ ↓	↓ ↓
八进制数	5 1	6 4

因此

$$(101001.1101)_2 = (51.64)_8$$

例 1.9 分别把 $(36.5)_8$ 和 $(124)_8$ 转换成二进制数。

解 把 $(36.5)_8$ 转换成二进制数。

	整数部分	小数部分
八进制数	3 6	5
	↓ ↓	↓
二进制数	011110	101

因此

$$(36.5)_8 = (011110.101)_2 = (11110.101)_2$$

把 $(124)_8$ 转换成二进制数：

八进制数　1　　2　　4

↓　↓　↓

二进制数 001010　100

因此

$$(124)_8 = (001010100)_2 = (1010100)_2$$

4. 二进制数与十六进制数的相互转换

把二进制数转换成十六进制数时，首先将整数部分和小数部分按照不同的转换规则分别进行转换，然后再按顺序连接起来即可。转换规则如下：

整数部分：从右往左每四位二进制数码作为一组，分别转换成一个十六进制数码，然后按顺序连接起来（高位不足四位的，在高位添 0 补足）。

小数部分：从左往右每四位二进制数码作为一组，分别转换成一个十六进制数码，然后按顺序连接起来（低位不足四位的，在低位添 0 补足）。

把十六进制数转换成二进制数的方法是将一个十六进制数码转换成相应的四个二进制数码，再按顺序排好即可（最后得到的二进制数最高位的"0"往往都可以去掉）。

例 1.10　分别将 $(11001111001)_2$ 和 $(0.110101)_2$ 转换成十六进制数。

解　将 $(11001111001)_2$ 转换成十六进制数：

二进制数　0110 0111 1001

十六进制数　6　　7　　9

因此

$$(11001111001)_2 = (679)_{16}$$

将 $(0.110101)_2$ 转换成十六进制数：

二进制数　1101 0100

十六进制数　D　4

因此

$$(0.110101)_2 = (0.D4)_{16}$$

例 1.11　将十六进数 $(3A6E)_{16}$ 转换成二进制数。

解

十六进制数　3　　A　　6　　E

二进制数　0011　1010　0110　1110

因此

$$(3A6E)_{16} = (0011101001101110)_2 = (11101001101110)_2$$

5. 八进制数与十六进制数的相互转换

八进制数（或十六进制数）转换成十六进制数（或八进制数）时，为了简便，通常以二进制数作为桥梁，先把八进制数转换成二进制数，然后再把二进制数转换成十六进制数。

由于八进制或十六进制与二进制之间的转换极为方便，而且用八进制或十六进制书写要比用二进制书写简短，阅读也方便，因此，八进制或十六进制常用于指令的书写、编制程序或目标程序的输入与输出。特别是,计算机存储器以字节为单位,一个字节包含八个二进制位,正好用两个十六进制位表示,因此,十六进制用得更多一些。

1.2.4 计算机中的数据编码

在计算机中,不管是数值数据,还是文字、图形、声音、动画、电影等各种非数值信息,都是以 0 和 1 组成的二进制代码表示的;计算机之所以能区别这些信息的不同,是因为它们采用的编码规则不同。数据编码就是指对输入到计算机中的各种数值数据和非数值型数据用二进制数进行编码的方式。计算机中的数据编码主要分为数值编码和字符编码。

1. 数值编码

一个带符号的数有"符号"和"数值"两部分,既然数值信息在计算机内是采用二进制编码表示的,那么也必须用 0 和 1 来表示数的符号,人们规定符号位放在数的最高位,用"0"表示正号,用"1"表示负号。例如,若计算机的字长为 8 位,则 +49 和 -49 在机器中的存储格式分别为:

通常情况下,把存在计算机内的连同正、负符号一起数码化的数叫做机器数,而它真正表示的数值称为这个机器数的真值。例如,一个数的机器数为 $(10110101)_2$,则它的真值为 $-(110101)_2$。

数值数据在计算机内用二进制编码表示,由于所要处理的数值数据可能带有小数,根据小数点的位置是否固定,可以把数值的格式分为定点数和浮点数两种。定点数是指小数点在数据中隐含固定在某个位置不变的数;浮点数是指小数点在数据中的位置可以左右移动的数据。在字长相同的情况下,浮点数能表示的数值范围比定点数大,在计算机中通常采用浮点方式表示小数。这里对带有小数的数值数据的编码不作详细介绍,仅介绍带符号整数的原码、反码和补码,并设机器字长为 8 位。

(1) 原码

正数的符号位用 0 表示,负数的符号位用 1 表示,剩余位作为数值部分,机器数的不变形表示法即称为该数的原码表示法,数 X 的原码记为 $[X]_{原}$。比如,$X=(+1011001)_2$ 的原码表示为 $[X]_{原}=(01011001)_2$;$X=(-101011)_2$ 的原码表示为 $[X]_{原}=10101011$。

当采用原码表示法时,编码简单直观,与真值转换方便。但原码也存在一些问题:

① 零的表示不唯一,因为 $[+0]_{原}=00000000$,$[-0]_{原}=10000000$。零有二义性,会给机器判零带来麻烦。

② 用原码进行四则运算时,符号位需单独处理,且运算规则复杂。

(2) 反码

反码是另一种表示有符号数的方法。数 X 的反码记为 $[X]_{反}$,正数的反码与原码相同;负数的反码是除了符号位外,其余各位按位取反,即"1"都换成"0","0"都换成"1"。例如,

$X=(+1000101)_2$ 的反码表示为 $[X]_反=01000101$；$X=(-1000101)_2$ 的反码表示方法为 $[X]_反=10111010$。

（3）补码

补码是表示带符号数的最直接方法。数 X 的补码记为 $[X]_补$，正数的补码与原码相同；负数的补码是先将负数的原码除符号位以外，其余各数位按位取反，然后在最低位加"1"而得到。例如，$X=(+1111101)_2$ 的补码是 $[X]_补=01111101$；$X=(-1111101)_2$ 的原码为 $[X]_原=11111101$，故 $[X]_补=10000011$。

补码的运算规则为：

① 加法规则

$$[X+Y]_补=[X]_补+[Y]_补$$

② 减法规则

$$[X-Y]_补=[X]_补-[Y]_补$$

由补码的运算规则还可以推出：$[X]_补-[Y]_补=[X-Y]_补=[X]_补+[-Y]_补$，即在进行补码运算时，可以将减法运算变为加法运算，因此可使用同一个运算器实现加法和减法运算，达到简化电路的目的。可以验证，无论被减数、减数是正数还是负数，上述补码减法的规则都是正确的；同样，由最高位向更高位的进位会自动丢失而不影响运算结果的正确性，所以计算机中一般都采用补码进行计算。

机器数表示的二进制数的范围是由机器的字长决定的，在计算机内部，机器数也有不同的编码方法，常用的有三种：原码、补码和反码。

2. 字符编码

计算机除了能够处理数值数据以外，还可以处理文字、语音、各种控制符号、图像等各种信息，这些信息统称为非数值数据。非数值数据在计算机中也必须以二进制形式表示，字符编码就是规定怎么样用二进制编码来表示这些非数值数据。计算机中常用的字符编码有ASCII 码（美国标准信息交换码）、BCD 码（十进制编码）和汉字编码。

（1）ASCII 码

ASCII 码（American Standard Code for Information Interchange）是美国标准信息交换码的简称。ASCII 码虽然是美国按国家标准制定的，但它已被国际标准化组织（ISO）认定为国际标准，在世界范围内通用。目前，ASCII 码有 7 位和 8 位两种字符编码形式，7 位ASCII 码称为标准 ASCII 码，8 位 ASCII 码称为扩充 ASCII 码。

标准 ASCII 码采用 7 位二进制代码来对字符进行编码。计算机存储每个字符实际上是存储它的 ASCII 码，每个 ASCII 码用一个字节存储，一个字节含有二进制的八位，其中ASCII 码占用低七位，最高位通常置为 0，一般用做奇偶校验位。由于 $2^7=128$，所以标准ASCII 码可以表示 128 个不同的字符，编码范围为 0～127 ，编码范围为 0000000～1111111。其中 95 个字符可以显示，包括英文大写字母、小写字母、阿拉伯数字、运算符号、标点符号等，另外的 33 个字符是不可显示的，它们是控制码，编码值为 0～31 和 127。表 1.3 为标准 ASCII 码表。

表 1.3　标准 ASCII 码表

ASCII 码	控制字符	ASCII 码	字符	ASCII 码	字符	ASCII 码	字符
0	NUL	32	(space)	64	@	96	`
1	SOH	33	!	65	A	97	a
2	STX	34	"	66	B	98	b
3	ETX	35	#	67	C	99	c
4	EOT	36	$	68	D	100	d
5	ENQ	37	%	69	E	101	e
6	ACK	38	&	70	F	102	f
7	BEL	39	'	71	G	103	g
8	BS	40	(	72	H	104	h
9	HT	41	)	73	I	105	i
10	LF	42	*	74	J	106	j
11	VT	43	+	75	K	107	k
12	FF	44	,	76	L	108	l
13	CR	45	—	77	M	109	m
14	SO	46	.	78	N	110	n
15	SI	47	/	79	O	111	o
16	DLE	48	0	80	P	112	p
17	DC1	49	1	81	Q	113	q
18	DC2	50	2	82	R	114	r
19	DC3	51	3	83	S	115	s
20	DC4	52	4	84	T	116	t
21	NAK	53	5	85	U	117	u
22	SYN	54	6	86	V	118	v
23	ETB	55	7	87	W	119	w
24	CAN	56	8	88	X	120	x
25	EM	57	9	89	Y	121	y
26	SUB	58	:	90	Z	122	z
27	ESC	59	;	91	〔	123	{
28	FS	60	<	92	\	124	|
29	GS	61	=	93	〕	125	}
30	RS	62	>	94	^	126	~
31	US	63	?	95	—	127	DEL

　　从 ASCII 码表可以看出,数字符号 0~9、大写字母 A~Z 和小写字母 a~z 都是分别连续编码的,并且数字的编码小于大写字母的编码,而大写字母的编码小于小写字母的编码。因此利用字符的 ASCII 码可以比较字符的大小,当一个字符的 ASCII 码大于、等于或小于

另一个字符的 ASCII 码时,则认为该字符大于、等于或小于另一个字符。

扩充 ASCII 码使用 8 位二进制数进行编码,这样可以表示 256 种字符,当最高位恒为 0 时,编码与 7 位 ASCII 码相同,当最高位为 1 时,形成扩充 ASCII 码。扩充 ASCII 码加上了许多外文和表格等特殊符号,是目前常用的编码。

（2）BCD 码

虽然二进制对计算机来说是最佳的数制,但二进制数书写冗长,阅读也不方便,在输入输出时人们仍习惯使用十进制。为了解决这一矛盾,人们另外规定了一种用二进制编码表示十进制数的方式,简称为 BCD 码(Binary-Coded Decimal),又称十进制编码。最常用的 BCD 码是 8421 码,这种编码从 0000～1111 这 16 种组合中选择前 10 个即 0000～1001 来分别代表十进制数码 0～9,8、4、2、1 分别是这种编码从高位到低位每位的权值。

BCD 码有压缩型 BCD 码和非压缩型 BCD 码两种形式。压缩型 BCD 码是用一个字节存放两位十进制数,而非压缩型 BCD 码则用一个字节存放一位十进制数,高 4 位总是 0000,低 4 位用 0000～1001 中的一种组合来表示 0～9 中的某一个十进制数。例如,$(58)_{10}$ 的压缩型 BCD 码为 $(01011000)_2$,压缩型 BCD 码 $(01000010)_2$ 表示 $(42)_{10}$；$(8)_{10}$ 的非压缩型 BCD 码为 $(00001000)_2$,非压缩型 BCD 码 $(00000110)_2$ 表示 $(6)_{10}$。

（3）汉字编码

同英文字符一样,在计算机内汉字的表示也只能采用二进制编码形式,因此,在利用计算机进行汉字处理时,同样也必须对汉字进行编码。汉字的编码主要有以下几种。

① 国标码(汉字交换码)

为了实现对汉字进行统一编码,我国国家标准局于 1980 年制定了《信息交换用汉字编码字符集·基本集》即国标区位码表,称为 GB 2312—80 汉字编码标准,简称国标码。我国一直沿用该标准所规定的国标码作为统一的汉字信息交换码。

GB 2312—80 基本字符集共包含 6 763 个汉字和 682 个非汉字图形符号(包括几种外文字母、数字和符号),6 763 个汉字又按其使用频度、组词能力以及用途大小分成一级常用汉字 3 755 个、二级常用汉字 3 008 个。国标码的每个字符都用 2 个字节表示,每个字节只用低 7 位,最高位为 0。

GB 2312—80 基本字符集将所有收录的汉字及图形符号组成一个 94×94 的矩阵,即有 94 行和 94 列,这里每一行称为一个区,每一列称为一个位。因此,它有 94 个区(01～94),每个区内有 94 个位(01～94),区码与位码组合在一起(高两位为区号,低两位为位号)称为区位码。实际上,区位码是用十进制数表示的国标码,即国标 GB 2312—80 中的区位编码,也可称为国标区位码。

② 汉字机内码

由于在计算机内部进行汉字处理时,不能直接使用国标码,同时为了避免 ASCII 码和国标码同时使用时产生二义性问题,大部分汉字系统都采用将国标码每个字节高位置 1 作为汉字机内码。这样既解决了汉字机内码与西文机内码之间的二义性,又使汉字机内码与国标码具有极简单的对应关系。汉字机内码又称为汉字内部码或汉字内码,一般被认为是变形的国标区位码。

汉字机内码、国标码和区位码三者之间的关系是:区位码(十进制)的两个字节分别转换为十六进制后加 20H 得到对应的国标码;机内码是国标码两个字节的最高位分别加 1,即国标码的两个字节分别加 80H 得到对应的机内码；区位码(十进制)的两个字节分别转换为十六进制后加 A0H 得到对应的机内码。三者之间的转换公式为：

$$国标码 = 区位码的十六进制表示 + 2020H$$
$$机内码 = 国标码 + 8080H = 区位码的十六进制表示 + A0A0H$$

③ 汉字输入码(外码)

汉字输入码又称汉字外码，是为了将形态各异的汉字通过键盘输入计算机而编制的代码。汉字输入码在计算机中必须转换成机内码，才能进行存储和处理。目前在我国推出的汉字输入编码方案很多，其表示形式大多用字母、数字或符号。编码方案大致可以分为：按汉字读音进行编码的音码，例如全拼码、简拼码、双拼码等；按汉字书写的形式进行编码的形码，例如五笔字型码；也有音形结合的编码，例如自然码、智能 ABC。

④ 汉字输出码(字形码)

汉字输出码又称汉字字形码或汉字字模码，是为了显示和打印输出汉字而形成的汉字编码。目前汉字字形的产生方式大多是数字式，即以点阵方式形成汉字。汉字字形点阵有 16×16 点阵、24×24 点阵、32×32 点阵、64×64 点阵、96×96 点阵、128×128 点阵等。一个汉字方块中行数、列数分得越多，描绘的汉字也就越细微，但占用的存储空间也就越多。下面以 16×16 点阵的字形码为例来说明汉字字形点阵的存储，该字形码表明一个汉字图形有 16 行，每一行上有 16 个点，由于汉字字形点阵中的每个点的信息都要用一位二进制码来表示，因此每一行上的 16 个点需要用两个字节来存放，并且规定某二进制位值"0"表示对应点为白，而"1"表示对应点为黑。由此可知，一个 16×16 点阵的汉字字形需要用 16×16÷8 = 32 个字节来存放。

汉字字形数字化后，以二进制文件的形式存储在存储器中，构成汉字字模库，简称汉字字库。要输出一个汉字时，计算机首先要通过汉字内码在字模库中找出汉字的字形码，然后取该汉字的字模信息作为图形在屏幕上显示或打印机上打印输出。

1.3 微机的基本结构

从 1946 年世界上第一台电子计算机问世以来，尽管各种计算机在性能、用途和规模上有所不同，制造技术也不同，但其基本的结构是相同的，遵循的都是美籍匈牙利数学家冯·诺依曼设计的传统结构——冯·诺依曼结构，由运算器、控制器、存储器、输入设备和输出设备五大部件组成。其中运算器用于实现要求计算机完成的所有运算，包括算术、逻辑等各种运算；存储器用于存放需要计算机执行的命令和运算的各种数据及计算结果；输入设备进行命令和数据的输入；输出设备实现数据的输出；控制器是最关键的部件，用于实现对机器内部其他部件工作流程的控制。

微型计算机简称微机，属于第四代计算机。微机的结构和冯·诺依曼结构没有本质的差异，也是由运算器、控制器、存储器、输入设备和输出设备五大部件组成，只不过随着大规模和超大规模集成电路技术的迅猛发展，人们将运算器和控制器集成在了一片很小的半导体芯片上，这种芯片称为中央处理器(Central Processing Unit)，简称 CPU。图 1.10 是微机的基本结构示意图。

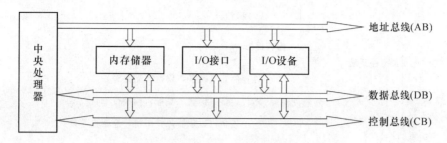

图 1.10 微机的基本结构

由图 1.10 可以看出,微型计算机采用的是总线结构,在微型计算机系统中,无论各部件之间的信息传送,还是处理器内部信息的传送,都是通过总线进行的。所谓总线,是指连接多个功能部件或多个装置的一组公共信号线。

按在系统中位置的不同,总线可以分为内部总线和外部总线。内部总线是 CPU 内部各功能部件和寄存器之间的连线。外部总线又称系统总线,是连接 CPU、存储器和 I/O 接口的总线,是微机系统中最重要的总线,人们平常所说的总线就是指系统总线,如 PC 总线、AT 总线(ISA 总线)、PCI 总线等。

系统总线是 CPU 与其他各功能部件之间进行信息传输的通道,按所传送信息的不同类型,总线可以分为数据总线(DB,Data Bus)、地址总线(AB,Address Bus)和控制总线(CB,Control Bus)三种类型。

数据总线用于 CPU 与内存或 I/O 接口之间的数据传递,信息传送是双向的,即它既可以把 CPU 的数据传送到存储器或 I/O 接口,也可以把内存储器或 I/O 接口的数据传送到 CPU。数据总线的位数是微型计算机的一个重要指标,通常与微处理的字长相一致。例如 Intel 8086 微处理器字长 16 位,其数据总线宽度也是 16 位。

地址总线专门用于传送存储单元或 I/O 接口的地址信息,与数据总线不同的是,地址总线中信息传送是单向的。地址总线的位数决定了 CPU 可直接寻址的内存空间大小,一般来说,若地址总线为 n 位,则可寻址空间为 2^n 个字节,比如 8 位微机的地址总线为 16 位,则其最大可寻址空间为 $2^{16} = 64$ KB。

控制总线用于传送控制器的各种控制信号和时序信号。控制信号中,有的是 CPU 送往存储器和 I/O 接口电路的,如读/写信号、片选信号、中断响应信号等,也有是其他部件反馈给 CPU 的,比如,中断申请信号、复位信号、总线请求信号、准备就绪信号等。因此,控制总线的传送方向由具体控制信号而定,一般是双向的,控制总线的位数要根据系统的实际控制需要而定。实际上控制总线的具体情况主要取决于 CPU。

1.4　微机系统的硬件组成

一个完整的微机系统由硬件系统和软件系统两大部分组成,如图 1.11 所示。

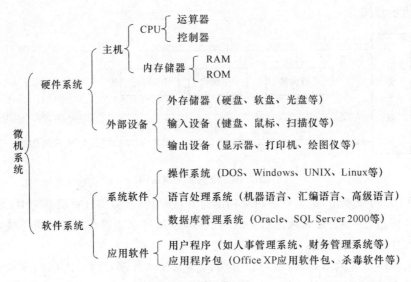

图 1.11　微机系统的组成

　　软件系统即程序系统,一般是指为微机工作服务的各种程序和文档;硬件系统即机器系统,一般是指用电子元件和机械装置组成的计算机实体。硬件是计算机系统的实体,软件是它的灵魂,软件与硬件是密切相关和相互依存的。硬件所提供的机器指令、低级编程接口和运算控制能力是实现软件的基础,没有足够的硬件支持,软件也无法正常地工作。软件与硬件在逻辑上有着某种等价性的意义,即任何软件功能都可以用硬件设法加以实现,任何硬件功能也都可以用软件加以模拟。实际上,在计算机技术的发展过程中,计算机软件随硬件技术的迅速发展而发展,反过来,软件的不断发展与完善又促进了硬件的新发展,两者的发展密切地交织在一起,缺一不可。本节主要介绍微机的硬件系统。

　　微机的硬件系统由主机和外部设备两大部分组成,如图 1.12 所示。从外观上看,一套基本的微机硬件主要由主机箱、显示器、键盘和鼠标组成,还可以加一些外部设备,如打印机、扫描仪和音视频设备等。

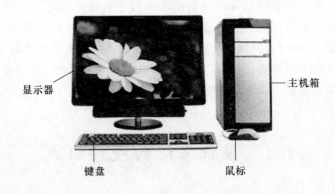

图 1.12　微机外观示意图

1.4.1　主机

主机是指主机箱内各个部件的统称,包括主板、CPU、内存储器、输入/输出接口(I/O 接口)插槽、声卡、显卡、电源、硬盘驱动器、软盘驱动器。

1. 主板

计算机的主机箱内都有一块较大的电路板,称为主板,又叫主机板或系统板。主板是计算机最重要的部件之一,主板上集成了各式各样的电子元器件,并布满了大量的电子线路,如图 1.13 所示。主板是整个计算机内部结构的基础,CPU、内存、显卡、鼠标、键盘、声卡、网卡等都得靠主板来协调工作,微机在正常运行时对系统内存、存储设备和其他 I/O 设备的操控也都必须通过主板来完成,因此主机板的好坏,将直接影响微机的整体运行速度和稳定性。

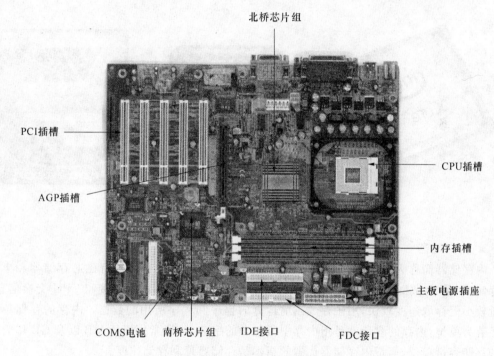

图 1.13　微型机主板

芯片组是主板的核心组成部分,对于主板而言,芯片组几乎决定了主板的功能,进而影响到整个微机系统性能的发挥。按照在主板上排列位置的不同,芯片组一般分为南桥芯片组和北桥芯片组,北桥芯片组负责与 CPU 的联系并控制内存、AGP 数据的传输,控制处理器总线中的前端总线接口电路;南桥芯片组则主要负责与慢速的外设的连接,控制处理器总线中的后端总线。

主板上的各种插槽、接口的作用是将各种硬件设备与主板相连接,以供主板统一调配指挥。CPU 插槽用于固定连接 CPU 芯片;AGP 扩展插槽专门用于高性能图形和视频显示,解决了显卡与内存、CPU 之间带宽不足的问题,使高速、大容量图形显示成为可能;PCI 扩展插槽,用于插接各类 PCI 设备,如声卡、网卡和内置 Modem 等;内存插槽用于插接内存条,以扩充内存;IDE 接口用于连接硬盘、光驱等;FDC 软驱接口用于连接软驱。

2. CPU

中央处理器(CPU)又称中央处理单元,也称为微处理器(Micro Processor Unit,MPU),由运算器和控制器两部分组成,是一个体积不大而集成度非常高、功能强大的芯片。CPU 是计算机的"大脑",是微型机的核心部件,负责对各种指令和数据进行分析和运算并控制计算机各部分协调工作。

CPU 的基本功能是传送数据到存储器或输入、输出设备,或接收从存储器或输入、输出设备送来的数据;按一定顺序读取及执行程序中的指令,完成各种运算操作;为整个微机系统提供定时和控制信号。微型计算机的所有操作都受 CPU 的控制,所以 CPU 的性能直接影响着整个计算机系统的运行速度。目前,主流的 CPU 一般是由英特尔(Intel)和超微(AMD)两大公司生产的,此外,中国台湾的威盛(VIA)也是一家著名的 CPU 生产厂家。图1.14 分别是 Intel、AMD 和 VIA 公司的 CPU 产品外观。

图 1.14　CPU 产品外观

3. 内存储器

内存储器简称为主存或内存,一般常用的微型计算机的内存储器有磁芯存储器和半导体存储器,目前微型机的内存都采用半导体存储器。内存储器能够直接和 CPU 交换信息,容量较小但存取速度较快,用于存放当前运算的程序和程序所用的数据。内存的存储单元以字节为单位,内存的容量就是指内存中所包含的字节数,通常用 KB、MB 以及 GB 作为内存的存储容量单位,衡量内存储器优劣的指标是存储容量和存储速度。

按照读写方式的不同,内存储器又分为随机存储器(RAM,Random Access Memory)和只读存储器(ROM,Read Only Memory)两部分。通常所说的计算机内存容量均指 RAM 存储器容量,即计算机的主存,CPU 对它们既可读出数据又可写入数据,一旦关机断电,RAM 中的信息将全部消失。只读存储器简称 ROM,CPU 对它们只取不存,它里面存放的信息一般由计算机制造厂写入并经固化处理,用户是无法修改的,即使断电,ROM 中的信息也不会丢失。

计算机在工作时 CPU 频繁地和内存储器交换信息,当 CPU 从 RAM 中读取数据时,就不得不进入等待状态,放慢它的运行速度,因此极大地影响了计算机的整体性能。为了有效地解决这一问题,目前的微型计算机还广泛采用了高速缓冲存储器(Cache)技术。Cache 是位于 CPU 和内存储器之间的高速小容量存储器,可以用高速的静态存储器芯片实现,或者集成到 CPU 芯片内部,存储 CPU 最经常访问的指令或者操作数据。Cache 的引入,大大提高了计算机的性能。

1.4.2　常用外部设备

在微机的硬件系统中，除了主机以外，必须配备相应的外部设备计算机才能正常的工作。外部设备简称"外设"，是人与微机系统的接口，是人类使用微机的工具和桥梁。外设对数据和信息起着传输、转送和存储的作用，主要包括外存储器、输入设备和输出设备。

1. 外存储器

在计算机系统中，除了有主存外，一般还有外存储器，也称外存或辅存。外存储器既是输入设备，又是输出设备，用于存储需要永久保存的或暂时不用的各种程序和数据。由于存放在外存储器中的程序必须调入内存储器才能执行，因此外存储器主要用于和内存储器交换信息，可以弥补内存容量小、断电后信息丢失的缺陷，其主要特点是：容量大、成本低、信息可以永久保存，但存取时间长、速度慢，而且不能和 CPU 直接交换信息。外存储器的存储容量也是以字节为基本单位的，常用的外存储器有软盘、硬盘、光盘和磁带等。

2. 输入设备

输入设备是向计算机中输入信息的设备，微机系统常用的输入设备有键盘、鼠标、扫描仪、触摸屏、数码相机、话筒等。图 1.15 是一些常见的输入设备的示意图。

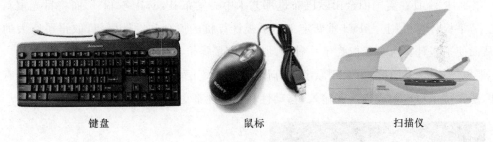

键盘　　　　　　　　　　鼠标　　　　　　　　　　扫描仪

图 1.15　常见的输入设备

键盘用于向计算机输入操作命令、程序、数据或其他信息。鼠标的主要用途是替代键盘上的光标移动键移动光标，定位光标于菜单处或按钮处，完成菜单系统特定的命令操作或按钮的功能操作。扫描仪是一种图形、图像的专用输入设备，它通过专用的扫描程序将各种图片、图纸、文字输入计算机。

3. 输出设备

输出设备的作用是将计算机中的信息送到外部媒介，并转化成某种为人们所认识的表现形式，微机系统中常用的输出设备有显示器、打印机、音箱等。图 1.16 是一些常见的输出设备示意图。

液晶显示器　　　　　　　打印机　　　　　　　　　音箱

图 1.16　常见的输出设备

显示器是微机不可缺少的输出设备,它采用显示技术将电信号转换成能直接观测到的电信号,通过它可以方便地查看送入计算机的程序、数据等信息和经过微机处理后的结果,它具有显示直观、速度快、使用方便灵活、性能稳定等特点。打印机是微机另一种常用的输出设备,使用打印机可以将计算机的处理结果、用户数据或文字打印到纸上。

1.4.3 平板计算机

平板计算机(Tablet Personal Computer)是一种小型、方便携带的个人计算机,以触摸屏作为基本的输入设备。它拥有的触摸屏允许用户通过触控笔或数字笔来进行作业,而不是通过传统的键盘或鼠标。用户可以通过内建的手写识别、屏幕上的软键盘、语音识别等方式进行输入。

平板计算机的概念由微软公司在 2002 年提出,但由于当时的硬件技术水平还未成熟,而且所使用的 Windows XP 操作系统是为传统计算机设计,并不适合平板计算机的操作方式。直到 2010 年,平板计算机才突然火爆起来。由苹果公司首席执行官史蒂夫·乔布斯于 2010 年 1 月 27 日在美国旧金山欧巴布也那艺术中心发布 iPad,让各 IT 厂商将目光重新聚焦在了"平板计算机"上。iPad 重新定义了平板计算机的概念和设计思想,取得了巨大的成功,从而使平板计算机真正成为了一种带动巨大市场需求的产品。

平板计算机的处理能力大于掌上计算设备,比之笔记本式计算机,它除了拥有其所有功能外,还支持手写输入或者语音输入,移动性和便携性都更胜一筹。

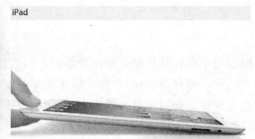

图 1.17 常见的平板计算机

随着商用平板计算机的性能越来越好,很多工业现场已经开始采用基于工业主板的一体机,与商用主板的区别在于非量产,产品性能比较稳定,多数都配合组态软件一起使用,实现其工业控制。

1.5 微机的技术指标

一台微型计算机功能的强弱或性能的好坏,不是由某项指标来决定的,而是由它的系统结构、指令系统、硬件组成、软件配置等多方面的因素综合决定的。因此,微型计算机的性能优劣,要由多项技术指标来综合评价,通常,人们主要用字长、内存容量、主频、运算速度、存取周期这五项指标来衡量微机的基本性能。

1. 字长

字长是计算机运算部件一次能处理的二进制数据的位数。字长决定了计算机的精度、寻址速度和处理能力,字长越长,表明计算机一次读写和处理的数据的范围越大,处理速度越快,计算速度越高。目前,微机字长有 8 位、16 位、32 位和 64 位。

2. 内存容量

内存容量是指微机内存储器的容量,表示内存储器中能够存储信息的总字节数,以字节为单位。内存容量的大小反映了计算机即时存储信息的能力,内存容量越大,系统功能就越强大,能够处理数据的范围就越大。内存容量的大小直接影响微机的整体性能。目前市场上常见的内存条的存储容量一般在 128 MB～2 GB 之间。

3. 主频

主频即 CPU 的时钟频率,一般指 CPU 运算时的工作频率。一般采用主频来描述微机的运算速度,时钟频率的单位为 Hz,现多使用 GHz 为单位,1 GHz＝1 000 MHz＝1 000 000 kHz＝1 000 000 000 Hz 。主频很大程度上决定了计算机的运算速度,主频越高意味着微机的运算速度就越快。如 Pentium 4 微机的主频有 2.8 GMHz、3.0 GMHz、3.2 GMHz 以及 3.6 GHz。

4. 运算速度

运算速度是衡量微机性能的一项重要指标。运算速度指微机每秒能执行的指令条数,是平均运算速度,单位为 MIPS(即百万次/秒)。微机的运算速度与主频有关,还与内存、硬盘等工作速度及字长有关。一般来说,主频越高,单位时间内完成的指令数就越多,即微机的运算速度越快。

5. 存取周期

存储器进行一次"读"或"写"操作所需的时间称为存储器的访问时间(或读写时间),而连续启动两次独立的"读"或"写"操作(如连续的两次"读"操作)所需的最短时间,称为存取周期(或存储周期)。存取周期越短,则存取速度越快,它是反映存储器性能的一个重要参数。通常,存取速度的快慢决定了运算速度的快慢。目前微机的存取周期在几十毫微秒到上百毫微秒之间。

除了上述这五个主要的技术指标外,衡量微机的性能还有其他一些指标,如计算机的可用性、可靠性、可维护性以及所配置外围设备和系统软件的性能等。值得注意的是一台微机的整体性能,不能仅由一两个部件的性能指标决定,而取决于各部件的综合性能指标。另外,各项指标之间也不是彼此孤立的,在实际应用时,应该把它们综合起来考虑。

1.6 计算机的应用

在现代社会中,计算机的应用已经广泛而深入地渗透到人类社会各个领域。从科研、生产、国防、文化、教育、卫生到家庭生活,都离不开计算机提供的服务。概括起来计算机的应用主要表现在以下几个方面。

1. 科学计算

科学计算又称数值计算,主要指科学研究和工程技术中提出的数学问题的计算。科学计算是计算机最基本的应用领域之一,世界上第一台计算机就是为了进行科学计算而设计的。随着计算机技术的发展,计算机的计算能力越来越强,运算的速度越来越快,计算精度也越来越高。

2. 数据处理

数据处理是指对各种形式的数据资料进行加工处理,如分析、合并、分类、排序、统计等。与科学计算不同的是,数据处理涉及的数据量一般很大。计算机已广泛应用于办公自动化、企业管理、物资管理、报表统计、账目计算、信息情报检索等。

3. 过程控制

过程控制又称实时控制,是指在工业生产过程中,利用计算机采集现场数据,将数据经过加工处理后,再按系统要求迅速地对控制对象进行控制。计算机过程控制已经广泛应用于冶金、石油、化工、纺织、水电、机械、航天等部门。

4. 计算机辅助系统

计算机辅助系统主要包括计算机辅助教学(CAI,Computer Aided Instruction)、计算机辅助设计(CAD,Computer Aided Design)、计算机辅助制造(CAM,Computer Aided Manufacturing)、计算机集成制造系统(CIMS,Computer Integrated Manufacturing System)和计算机辅助工程(CAE,Computer Aided Engineering)。

5. 人工智能

人工智能主要研究如何利用计算机来模拟人类的某些智能行为,包括图像识别、学习过程、探索过程、推理过程、环境适应能力等方面的理论和技术。人工智能是计算机应用研究的前沿学科,主要用于专家系统、机器人、自然语言理解、推理证明等方面。

6. 电子商务

电子商务是指人们通过计算机和网络来进行商务活动。世界各地的许多公司已经开始通过因特网进行商业交易,改善售后服务,缩短周转时间,从有限的资源中获取更大的收益,从而达到销售商品的目的。

7. 家庭生活

现在,计算机已深入千家万户,延伸到人们的生活、工作、学习的各个方面,可以利用计算机实现家中办公、家庭教育、家庭娱乐、家庭理财等。

8. 多媒体应用

随着电子技术特别是通信和计算机技术的发展，人们把文本、动画、图像、图形、音频、视频等各种媒体合为一体，构成一种全新的概念——"多媒体"。多媒体在医疗、教育、商业、银行、保险、行政管理、工业、广播、出版等领域的应用发展很快。

1.7　实　验　指　导

1.7.1　计算机硬件的认知

1. 观察计算机外观

（1）在不启动计算机的情况下，观察计算机外观，将能看到的硬件部件记录下来；观察鼠标、键盘、网线、显示器、耳机、麦克风等外设与主机箱的连接方式。

（2）在允许的情况下，打开计算机主机箱，观察主机箱内的硬件设备，找到 CPU、内存、硬盘、芯片组、网卡、声卡、显卡、电源等设备，注意插口之间的连接方式。

（3）在允许的情况下，将内存取下，再插回去，体验计算机的组装过程。

2. 查看计算机硬件配置

下面以 Windows 7 为例，查看计算机的硬件配置。

（1）将鼠标移到桌面"计算机"图标上单击右键，执行"属性"功能，出现如图 1.18 所示的属性界面，可以查看 CPU 型号配置、内存大小。

图 1.18　计算机属性

（2）单击图 1.18 中左上角的"设备管理器"选项,出现如图 1.19 所示的设备管理器界面,在其中可以查看系统中安装的各种设备。

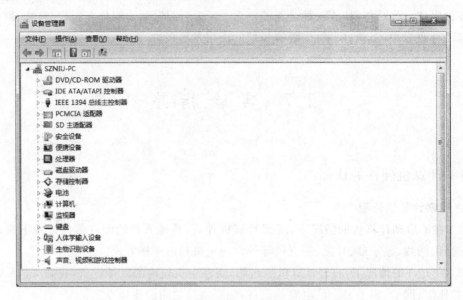

图 1.19　设备管理器

（3）在"计算机"图标上单击右键,执行"管理"功能,在出现的计算机管理界面中,单击左侧"存储"下面的"磁盘管理"功能,如图 1.20 所示,可以查看硬盘的大小和状态。

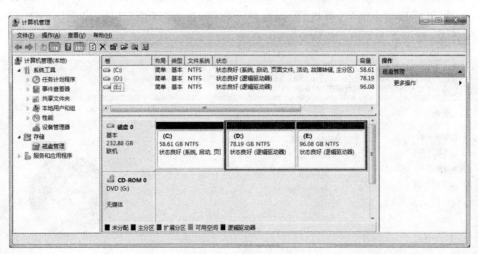

图 1.20　磁盘状态

3. 实验作业

找到一台安装了 Windows 7 的计算机,查看并记录以下硬件设备的配置信息:

CPU:　　　　　　　　　　内存:　　　　　　　　　　硬盘驱动器:

声卡:　　　　　　　　　　显卡:　　　　　　　　　　鼠标:

键盘:　　　　　　　　　　光驱:

1.7.2　基本指法

1. 观察键盘布局，了解正确指法

观察如图 1.21 所示的键盘，熟悉键盘上各类按键的布局，了解使用键盘的正确指法。

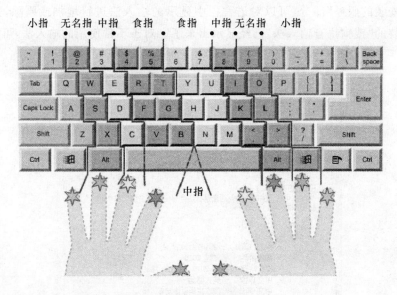

图 1.21　键盘指法

2. 键盘上的功能键介绍

Tab：缩进，按照缩进的设置一次性缩进多个空格。

Caps Lock：大写开关，关闭时输入的是小写字母，打开时输入的是大写字母。

Shift：切换按钮，在 Caps Lock 关闭的情况下，按住 Shift 时，可以输入大写字母；在 Caps Lock 打开的情况下，按住 Shift 可以输入小写字母。

Ctrl：控制功能键，往往与其他键组合使用，快速完成系统功能。

Alt：切换功能键，往往与其他键组合使用，配合切换系统功能。

F1～F12：功能键，一般作为快捷键使用。

Prt Screen：抓屏键，可以获取当前屏幕信息，在编辑器中粘贴即可得到当前屏幕的静态图像。

Backspace：向前删除文本。

Del：向后删除文本。

Enter：确认或换行。

数字键区域：在键盘上方和右侧有两个数字键区域，可以完成数字的输入。

3. 实验作业

选择两篇短文供打字练习，反复多次进行计时练习，检验打字速度。

1.7.3　中文输入法的安装与配置

1. 搜狗拼音输入法的安装

执行搜狗拼音安装程序，按照安装向导将搜狗拼音输入法安装完毕。

2. 语言栏设置

在桌面底部的"任务栏"右侧的"语言栏"上右击,执行"设置"选项,出现如图 1.22 所示语言栏设置功能,可以对语言相应内容进行设置。

在"默认输入语言"中,可以选择当计算机启动后默认的输入法。

在"已安装的服务"部分,可以对语言栏中显示的输入法进行增加或删除,这里可以看到,刚刚安装的"搜狗拼音输入法"已经显示出来了。对于不常使用的输入法,可在这里将其删去。

图 1.22 "文本服务和输入语言"对话框

默认的快速切换快捷键为:

- 中英文切换:Ctrl＋Space。
- 不同输入法之间一次切换:Ctrl＋Shift。
- 中文全角和半角切换:Shift＋Space。
- 中文标点符号和英文标点符号快速切换:Ctrl＋句号。

3. 实验作业

(1) 找到某安装了 Windows 7 或 Windows XP 的计算机,设置输入法,仅保留微软拼音与智能 ABC 输入法;设置开机后默认输入法为微软拼音输入法。

(2) 安装一个新的输入法,并设置该输入法为开机默认输入法。

(3) 在本书中找一章节,使用不同的键盘输入法完成文本的录入,比较不同的输入法的准确率和效率。

习　题

1. 电子计算机有什么特点？其发展历程可以分为几个阶段？各个阶段划分的依据是什么？

2. 未来新一代计算机的类型及发展趋势是什么？

3. 计算机中位、字节、字、字长的含义是什么？

4. 将$(1001101.011)_2$转换成八进制数、十进制数、十六进制数。

5. 将$(AC.8)_{16}$转换成二进制数、八进制数、十进制数。

6. 计算机中常用的数据编码有哪些？简述汉字机内码、国标码和区位码的关系。

7. 简述微型计算机硬件与软件的关系？

8. 微型计算机系统采用的是什么结构？并简单描述。

9. 如何评价一个微机系统的性能？其主要的技术指标有哪些？

第2章 操作系统

计算机系统发展到今天,从个人计算机到大型服务器再到巨型机系统,无一例外地都配置了一种或多种操作系统(OS,Operating System),它为建立更加丰富多彩的应用环境奠定了重要的基础。本章将在操作系统概述的基础上,简介操作系统的主要组成,并重点分析三类典型操作系统。

2.1 什么是操作系统

用户使用计算机中各种丰富多彩的应用(程序)进行办公、娱乐、通信,那么程序是如何在计算机中运行的? 首先,编写程序,使用计算机程序设计语言(如高级程序设计语言,即C、C++、Java 等)实现应用程序。其次是编译程序,将计算机并不认识的高级语言编写的程序,通过编译器和汇编器的帮助,编译变成计算机能够识别的机器语言程序。再次,机器语言程序需要加载到内存,形成一个运动中的程序,即"进程",而这需要操作系统的帮助。进程需要在计算机芯片 CPU 上执行才算是真正在执行,而将进程调度到 CPU 上运行也由操作系统完成。最后,在 CPU 上执行的机器语言指令需要变成能够在一个个时钟脉冲里执行的基本操作,这需要指令集结构和计算机硬件的支持,而整个程序的执行过程还需要操作系统提供的服务和程序语言提供的执行环境。这样,一个从程序到微指令执行的整个过程就完成了。如图 2.1 所示的就是这个过程。

通过上述例子,可以很好理解操作系统是一个运行在计算机硬件系统上的软件系统,把用户从烦琐、复杂的对机器掌控的任务中解脱,使计算机运行变得有序。如果将计算机比喻为一个乐团,则操作系统就是乐团的指挥。乐队指挥要能够指挥、协调所有

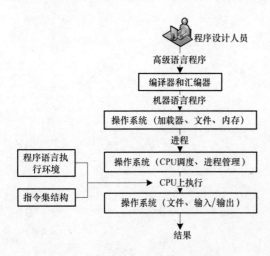

图 2.1 计算机中程序运行过程示意

乐手和乐器按照要求演奏乐曲,操作系统则要能够调度、分配和管理所有的硬件设备和软件系统统一协调地运行,以满足用户的操作需求。

因此现代计算机都必须安装操作系统,没有安装操作系统的计算机称为裸机(Bare Machine),裸机是不能正常工作的。安装了操作系统的计算机通常称为虚拟机(Virtual Machine)或扩展机(Extended Machine),是对裸机的扩展。用户通过操作系统提供的交互界面可以进行各种操作,操作系统根据用户的操作对计算机硬件进行控制和管理,从而使用户可以方便、充分、有效地使用计算机资源。

2.1.1　操作系统的定义与目标

1. 操作系统的定义

一般认为,操作系统是计算机系统中的一个系统软件,它是这样一些程序模块的集合:它们能有效地组织和管理计算机系统中的硬件及软件资源,合理地组织计算机工作流程,控制程序的执行,并向用户提供各种服务功能,使得用户能够灵活、方便和有效地使用计算机,使整个计算机系统能高效地运行。

2. 操作系统的目标

操作系统是一种管理计算机硬件的程序,它为应用程序提供了基本的运行条件,并且在计算机用户和计算机硬件之间扮演着中介的角色。操作系统是配置在计算机上的最基本的系统软件,使用它的主要目标包括:

(1) 为计算机用户和计算机硬件系统之间提供接口,使之更易于使用;

(2) 控制和管理计算机的硬件和软件资源,使之更有效地利用;

(3) 合理地组织计算机系统中的工作流程,以改善系统性能,如响应时间、吞吐量等。

2.1.2　操作系统的定位与作用

操作系统在计算机系统中占据着一个非常重要的地位,它不仅是硬件与所有其他软件之间的接口,而且任何数字电子计算机都必须在其硬件平台上加载相应的操作系统之后,才能构成一个可以协调运转的计算机系统。只有在操作系统的指挥控制下,各种计算机资源才能被分配给用户使用。也只有在操作系统的支撑下,其他系统软件如各类编译系统、程序库和运行支持环境才得以取得运行条件。没有操作系统,任何应用软件都无法运行。

图 2.2 是操作系统在计算机系统中的层次定位示意图,由图可见,操作系统是裸机上的第一层软件。现代计算机系统结构越来越复杂,功能越来越强,用户使用起来却越来越方便,主要就是因为操作系统的存在。用户可以忽略任何硬件设备的控制细节,只需提出工作任务要求,操作系统即可驱动设备完成所希望的工作。

操作系统是一个大型的软件系统,其功能复杂,体系庞大。概括起来,操作系统主要有如下两方面的重要作用:

(1) 操作系统要管理系统中的各种资源

从第 1 章的学习已经知道计算机的硬件资源包括:CPU、内存、磁盘以及各种外部设备。操作系统需要对这些硬件管理,使得不同用户之间或者同一用户的不同程序之间可以安全有序的共享这些硬件资源。

操作系统对每一种硬件及软件资源(如 CPU、内存等)的管理都必须进行以下几项

工作:

- 监视这种资源。该资源有多少,资源的状态如何,它们都在哪里,谁在使用,可供分配的又有多少,资源的使用历史等内容都是监视的含义。
- 实施某种资源分配策略,以决定谁有权限可获得这种资源,何时可获得,可获得多少,如何退回资源等。
- 分配这种资源。按照已决定的资源分配策略,对符合条件的申请者分配这种资源,并进行相应的管理事务处理。
- 回收这种资源。在使用者放弃这种资源之后,对该种资源进行处理,如果是可重复使用的资源,则进行回收、整理,以备再次使用。

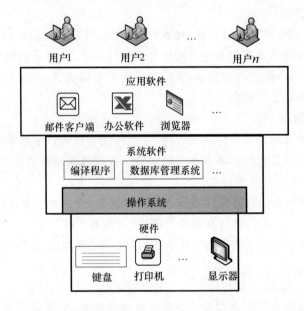

图 2.2　操作系统在计算机系统中的位置

根据管理资源的不同划分操作系统的功能:CPU 管理(如何分配 CPU 给不同应用和用户)、存储管理(如何分配管理内存、外存即磁盘给不同应用和用户)、文件管理、设备管理和 I/O 管理(如何分配输入输出设备给不同应用和用户)。

(2) 操作系统要为用户提供良好的界面

操作系统必须为最终用户和系统用户这两类用户的各种工作提供良好的界面,以方便用户的工作。典型的操作系统界面有两类:一类是命令行界面,如 UNIX 和 MS-DOS;另一类则是图形化的操作系统界面,典型的图形化的操作系统界面是 Windows。

2.2　操作系统的演变

操作系统是在人们不断改善计算机系统性能和提高资源利用率的过程中,逐步形成和发展起来的。了解操作系统的发展过程并总结推动其发展的原因,有助于分析操作系统的组成和特点。

2.2.1　操作系统的发展历史

各类平台上操作系统的功能演化纵贯计算机的发展历史,操作系统与计算机系统硬件的发展息息相关。操作系统的本意原为提供简单的工作排序能力,后为辅助更新更复杂的硬件设施而渐渐演化。从最早的批处理模式开始,多道处理、分时机制也随之出现;多处理器出现后,操作系统也随之添加多处理器协同工作机制,甚至是分布式系统的功能。其他方面的演变也类似于此。因此,操作系统的历史就是一部解决计算机系统需求的发展史,下面结合计算机的发展历史来回顾一下操作系统的发展历程。

1. 第一阶段:无操作系统

在第一代以电子管为主要逻辑器件的计算机时代,电子计算机运行速度非常慢(只有几千次/秒),当时并没有操作系统,甚至没有任何软件。程序员直接与硬件接触,根本没有操作系统。机器运行在一个集成了指示器、各种开关、一些输入设备以及一个打印设备的控制台上。这个时期需要一个小组专门设计、制造、编程、操作、维护每台机器。程序设计使用机器语言,通过插板上的硬连线来控制其基本功能。

计算机操作是由用户(即程序员)采用人工操作方式直接使用计算机硬件系统,即由程序员将事先已穿孔(对应于程序和数据)的纸带(或卡片)装入纸带输入机(或卡片输入机),再启动它们将程序和数据输入计算机,然后启动计算机运行。当程序运行完毕并取走计算结果后,才让下一个用户上机。如果程序出现错误,由指示器显示位置,程序员检测寄存器、内存找出原因。最后用户取走纸带或卡片,这时才能轮到下一个用户使用计算机。

由此可见,在手工操作阶段主要有两个特点:

(1) 用户独占全机:一个用户在使用计算机时,占用了全部资源,其他用户只能等待,资源的利用率低。

(2) CPU 等待人工操作:当用户进行装带(卡)、卸带(卡)等人工操作时,CPU 及内存等资源是空闲的。

人工操作方式严重降低了计算机资源的利用率,此即所谓的人机矛盾。在计算机发展的早期,由于 CPU 的运算速度较慢,人机矛盾并不十分突出。但随着 CPU 运算速度的提高,这种矛盾日趋严重(例如,作业在一个每秒 1 000 次的机器上运行,需要 30 分钟的时间,而手工装入和卸下作业等人工干预只需要 3 分钟。但当机器速度提高 10 倍后,则作业运行时间缩短为 3 分钟,这使得一半的机时被浪费了),而且 CPU 与输入/输出设备之间速度不匹配的矛盾也更加突出。

2. 第二阶段:批处理系统

批处理技术最早出现于 20 世纪 50 年代,由于计算机处理速度的提高,使得手工操作设备进行输入/输出与计算机的计算速度不匹配,因此设计了监督程序(管理程序)摆脱手工操作。常把用户交给计算机做的工作称为作业,批处理操作实现作业的自动转换处理。

一个作业由程序、数据和作业说明书组成,采用作业控制语言书写。作业控制语言被穿孔成一叠作业卡片,由程序员提交给系统操作员,而操作员将作业成批输入到计算机中,由监督程序识别一个作业进行处理后,再取下一个作业。这种自动定序的处理方式被称为"批处理"方式,由于是串行执行作业,因此这种早期的批处理方式又称为单道批处理。单道批处理也被认为是操作系统的雏形。

批处理系统的突出特点是"批量"处理,它把提高系统处理能力作为主要设计目标,主要特征是用户脱机使用计算机和成批处理提高了 CPU 利用率。但是它的缺点是无交互性,即用户一旦提交作业给系统后就失去了对它的控制力,使用户感到不方便。

3. 第三阶段:多道程序

在第二代计算机后期,特别是进入第三代以后,系统软件和硬件有了很大发展,出现了大容量的辅助存储器——磁盘以及代理 CPU 来管理设备的通道,使得计算机体系结构发生了很大变化,由以中央处理器为中心的结构改变为以主存为中心,通道的产生使得输入/输出操作与 CPU 之间的并行工作成为可能。

若在内存中存放多道用户程序,当一道程序在执行过程中需要等待外设输入输出时,由于 I/O 设备速度比 CPU 慢得多,CPU 将处于闲置。这时,让另一道程序使用处理机,则 CPU 会一直处理用户程序,从而大大提高 CPU 的使用效率。由此产生了多道程序设计技术。图 2.3 给出了两道程序同时在系统中运行的工作示例。

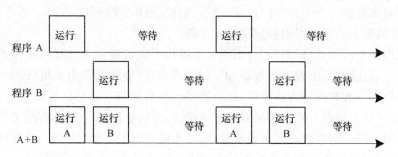

图 2.3 多道程序运行示意图

多道程序运行的特点是:

(1) 多道:计算机内存中同时存放几道相互独立的程序。

(2) 宏观上并行:同时进入系统的几道程序都处于运行状态。

(3) 微观上串行:看起来并行的程序实际上轮流交替使用 CPU 资源,CPU 在同一时刻只能运行一道程序。这样 CPU 的资源得到最大限度的利用。

4. 第四阶段:分时系统

第三代计算机系统很适于大型科学计算和繁忙的商务数据处理,但其实质仍然是批处理系统,从提交一个作业到取回运算结果往往长达数小时,在作业执行过程中,无论出现什么情况,用户都无法进行干预。因此,产生了分时技术,采用独占方式使用计算机,使用户能够自己控制程序的运行,则既能提高 CPU 的利用率,又方便了用户操作。到 20 世纪 60 年代中期,这种操作方式慢慢变为了现实,形成了分时操作系统。

分时操作系统是指多个用户通过终端共享一台主机 CPU 的工作方式。为使一个 CPU 为多道程序服务,将 CPU 划分为很小的时间片,采用循环方式将这些 CPU 时间片分配给排队队列中等待处理的每个程序,如图 2.4 所示。当任务 A 的时间片 T_n 用完后,任务 A 则暂停,CPU 在下一个时间片 T_{n+1} 中转而执行任务 B,当时间片 T_{n+1} 用完后,再继续运行时间片 T_{n+2} 中的任务 A,以此类推。分时系统一般为每个主机连接若干终端设备,每个用户在自己的终端上联机使用主机系统,由于时间片划分的短,循环执行得很快,每个用户的任务给用户的感觉就好像一直在被 CPU 执行,因此用户觉得好像是自己独占了一台计算机。

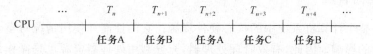

图 2.4 分时系统示意图

在分时系统中,由于调试程序的用户常常只发出简短的命令,而很少有长的费时命令,因此计算机能够为许多用户提供交互式快速的服务,同时在 CPU 空闲时还能在后台运行大作业。

分时操作系统的主要特点是允许多个用户同时运行多个程序,每个程序都是独立操作、独立运行、互不干涉。多道程序与分时系统的出现标志着操作系统的正式形成,此后操作系统步入实用化。

随着计算机技术的不断更新与发展,以低廉的价格就可以获得强大计算能力的计算机。价格不再是阻拦计算机普及的门槛,降低计算机的易用性显得十分重要。因此,推出了系列满足大众需求的具备图形化用户界面的操作系统,以所熟知的 Windows 系列为代表,将在2.4 节进行典型常用操作系统分析。

2.2.2 推动操作系统发展的因素

从规模上看,操作系统向大型和微型两个不同的方向发展着。大型系统的典型代表是分布式操作系统和集群操作系统,是为适应计算平台向异构、网络化演变而出现的。分布式操作系统需求来源于分布式系统,它是由多个连接的处理资源组成的计算系统,它们在整个系统的控制下可合作执行一个共同任务,最少依赖于集中的程序、数据或者硬件。这些资源可以是物理上相邻的,也可以是在地理上分散的。微型系统的典型是嵌入式操作系统,比如手机操作系统。

操作系统随时间而发展、演化的主要因素包括:

(1) 硬件升级以及新的硬件类型。例如操作系统为了能够接入网络,需要随着计算机网络技术的进步,不断增加对新网络设备、类型的支持。

(2) 新服务。为了不断满足用户的需求,操作系统需要及时扩展以提供新服务功能。不断增加的功能并不是每个用户所能用得到的,然而操作系统作为一个标准的套装软件必须满足尽可能多用户的需要,于是系统不断膨胀,功能不断增加。

(3) 补丁。OS 中的 bug 被不断发现,因此必须进行修补,而修补可能引入新错误。

随着不断增长的用户需求以及新技术的不断出现,操作系统的功能不断增加,并逐渐形成从开发工具到系统工具再到应用软件的一个平台环境。

2.3 操作系统的组成

操作系统的功能一般包括:处理器管理、存储管理、文件管理、设备管理和用户接口。

2.3.1 处理器管理

处理器是整个计算机系统中的核心硬件资源。它的性能和使用情况对整个计算机系统的性能有关键的影响。因此,有效管理处理器,充分利用处理器资源也是操作系统最重要的管理任务。在多道程序的环境中,处理器分配的主要对象是进程(或线程),操作系统通过选择一个合适的进程占有处理器来实现对处理器的管理,因此,对处理器的管理归根结底就是对进程的管理。进程管理的主要任务是创建和撤销进程,控制进程运行时的各种状态转换,协调进程间的运行,实现进程之间的信息交换,以及按照一定的算法把处理器分配给某个就绪进程。

1. 进程

程序是指编程人员要求计算机完成某项任务时所应该采取的顺序步骤,是可实现某一具体功能的一组有序指令的集合。程序是一个静态的概念,是一串操作序列,因此程序只有经过计算机执行才能得到最后的结果。

进程是并发执行程序在某个数据集合上的执行过程,是系统资源分配和调度的基本单位。它是一个动态概念。程序准备执行时,系统才开始创建相应的进程,并为该进程准备内存资源、CPU 计算资源等;在程序执行过程中,进程的状态可能会随时变化;程序执行完毕,系统撤销相应的进程,并收回原来准备的各种资源。因此进程是系统分配资源的单位。

进程与程序的关系总结如下:

(1) 进程是一个动态概念,而程序则是一个静态概念。程序是指令的有序集合,没有任何执行的含义。而进程则强调执行的过程,它动态的创建,并被调度执行后消亡。举例来说,如果把程序比作菜谱上描述做菜的方法和步骤,则进程可看作是按照菜谱做菜的实际过程。

(2) 进程具有并发特性,而程序没有。在不考虑资源共享的情况下,各进程的执行是独立的,各进程的执行速度也各不相同。而程序不反映执行过程,所以不具有并发特性。

(3) 进程是竞争计算机系统资源的基本单位,是系统中独立存在的实体。

(4) 进程的存在必然需要程序的存在,但两者并非一一对应。由于进程是程序的执行过程,所以程序是进程的组成部分,多个进程可以包含同一程序,只要该程序所对应的数据集不同。而未被执行的程序不对应任何进程。

进程由三部分组成:进程控制块(PCB,Process Control Block)、有关程序段和与该程序段相关的数据结构集合。进程的程序段部分描述进程所要完成的功能。数据结构集是程序在执行时必不可少的工作区和操作对象。这两部分是进行完成所需功能的基础。

2. 进程控制块

进程控制块用于存放进程的管理和控制信息。它是系统对进程进行管理和控制的最重要的数据结构,每个进程的唯一标识就存储在进程控制块中。进程控制块一般会全部或部分常驻内存,以便 CPU 随时调用。

3. 进程三个基本状态

进程从建立到撤销一直处于一个不断变化的动态过程,为了刻画这个过程,操作系统又把进程分为若干不同状态,并约定各状态间的转化条件。在进程的生命期内,一个进程至少有三个基本状态:执行状态、等待状态和就绪状态,它们之间的转换如图 2.5 所示。

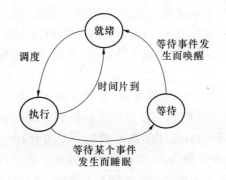

图 2.5 进程状态转换

事实上,进程的状态转换是一个非常复杂的过程。在有些操作系统中,为了将用户程序和系统程序区分开来以增加系统的安全性和稳定性,将进程的执行状态又可进一步划分为用户执行状态(又称用户态)和系统执行状态(又称系统态或核心态)。

进程管理的主要任务是调度和管理进程从"创建"到"消亡"的整个生命周期中的所有活动,包括:创建进程、转变进程状态、执行进程、撤销进程等操作。

在 Windows 操作系统环境下,按下 Ctrl+Alt+Del 组合键,或者右键单击任务栏,在快捷菜单中单击"任务管理器"命令,打开"任务管理器"窗口。在"进程"选项卡下就可以观察到当前系统正在运行的进程,并可右键单击具体一个进程,进行进程管理(结束、更改优先级等),如图 2.6 所示。

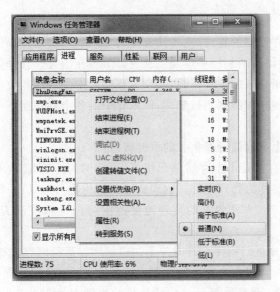

图 2.6 Windows 7 操作系统中的进程管理

4. 线程

在早期操作系统中,进程是系统进行资源分配的基本单位,也是处理器调度的基本单位;每个进程都有一段专用的存储空间,进程间切换时内存消耗较大,进程间通信速度较慢,进程并发粒度粗,不适合并行计算。

为了提高系统的执行效率,减少处理机的空转时间和调度切换时间,以及便于系统管理而引入了线程。线程机制的基本思路是,把进程的两项功能"独立分配资源"和"被调度分派执行"分离,前一项任务仍由进程完成,后一项任务交给称为线程的实体完成。进程作为系统资源分配与保护的独立单位,不需要频繁地切换;线程作为系统调度和分派的基本单位,会被频繁地调度和切换。

进程内的多个线程共享这个进程的资源,多个线程在切换时不需 PCB,只需要极少一点资源就可完成切换,因此多线程在一定程度上会提高系统的执行效率。例如,当在一台PC 上运行 Fetion 时,这个 Fetion 程序的执行就是一个进程;而当使用 Fetion 程序与多个好友进行聊天时,打开多个聊天窗口,就启动了多个线程。在支持多线程的操作系统里,线程变成了系统调度和分派的基本单位。在多线程系统中,进程与线程的关系如图 2.7 所示。

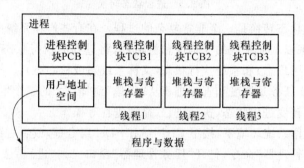

图 2.7　进程与线程的关系

2.3.2　存储管理

存储管理是指内存储器的管理,主要任务是为多道程序的运行提供高效的环境,方便用户使用存储器,提高存储器的利用率以及能从逻辑上扩充内存。存储器的管理使多个用户、多个进程能够共同使用有限的主存资源,共享主存储器中的程序和数据。同时,存储管理还负责保护存储器中的程序和数据不被破坏,使主存中的各个程序互不干扰。

1. 相关概念

首先明确如下几个与存储管理相关的重要概念:

(1) 物理地址:内存由若干个存储单元组成,通常对每个存储单元进行顺序编号,每个存储单元对应的编号就称为物理地址。物理地址又称为绝对地址,一般从 0 开始编号,常用十六进制表示。例如,256 MB 内存的物理地址范围可用十六进制表示为 0x000000000～0x0FFFFFFF。

(2) 逻辑地址:用户进行程序设计时并不知道程序在运行时存放在内存中的位置,而且同一程序在不同时刻运行时在内存中的位置也可能会不同,而编译器对用户程序编译时会涉及对内存地址的操作,而且编译后确定的地址将存放到执行程序中,不再发生变化。因此,为了克服这个矛盾,编译器在编译用户程序时都以"0"为基址安排程序指令和数据。

程序指令和数据的地址被称为逻辑地址,由于它是相对于"0"地址,因此也被称为相对地址。这样每次程序在运行时,虽然装入内存的位置不同,但由于基址(即起始地址)是可以得到的,因此程序指令和数据的实际物理地址也可以计算出来。简单举例来说,某程序一条指令的逻辑地址为 0707H,程序装载到内存中以 1975H 为基址,则该指令实际的物理地址为 1975H＋0707H＝207CH。

（3）地址映射：正如前面分析的，用户在逻辑地址空间安排程序指令和数据，而用户程序在运行时需要装入内存，将逻辑地址转换为物理地址。这种逻辑地址到物理地址的转换就称为地址映射，或地址重定位。前面所举的地址映射方法只是一种简单的例子，在实际中操作系统实现地址映射的方法要复杂得多。

2. 存储管理方案

虽然不同的操作系统对主存的管理所采用的方案不尽相同，但各种管理方案都在不同程度上解决了主存储器的保护、分配与回收、扩充以及地址重定位等问题。归纳起来，用于存储管理的主要方案有以下几种：

（1）单一连续分配存储管理。在早期的计算机系统或某些微机系统中，由于没有采用多道程序设计技术，一个用户的作业独占整个主存资源，即除了操作系统所使用的区域外，其余全部由用户作业使用，因此单一连续分配是最简单的存储管理方案。

（2）分区分配存储管理。分区分配方案的基本思想是将主存中用户可以使用的地址空间划分为若干分区，每个分区可容纳一个作业。分区分配方案又可细分为固定式分区分配、可变式分区分配、可再定位式分区分配以及多重分区分配等方法。分区分配方案一般要求用户作业占用一个连续区域，并且无法解决存储扩充问题，当一个作业完成后内存被回收，在再分配时容易产生较大的内存碎片。

（3）分页存储管理。分页存储管理特点是不要求每个作业在主存中占有一个连续的地址域，它以页面单位分配主存，即将主存储器分为若干个相同大小的页面，每个页面的大小可以随意指定，一般为 2 的幂，如 1 KB、2 KB、4 KB 等。用户作业可以占用多个不连续页面，如果最后一个页面没有用完，也不能再分配给其他作业。如果用户作业非法使用未分配给自己的页面，则存储保护机制会提示用户页面访问错误，禁止用户访问。分页存储管理可有效地解决内存碎片问题。

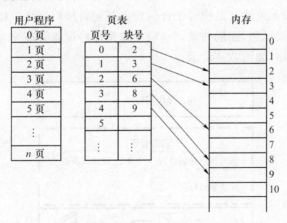

图 2.8　分页存储管理

（4）请求分页存储管理。该方案以分页存储管理方案为基础，采用虚拟内存技术，允许用户作业可以部分装入内存，对于暂时不需要页面，可以不装入内存地址空间。当需要某个页面时，再根据请求进行装入。这种方法可以在一定程度上缓解内存不足的问题。

（5）分段式存储管理。分段式页面管理方案是将一个用户作业按其逻辑结构划分为若干段，将每一段全部或部分装入内存，当访问的某一段不在内存时，通过中断将该段装入。

该方案不但能够解决存储扩充问题,而且给程序和数据的共享也带来了方便。

(6) 段页式存储管理。段页式存储管理方案是段式和页式存储管理相结合的一种存储管理方案。该方案具有较高的内存利用率,但需要较大的系统开销。

3. 虚拟内存技术

如果系统中有很多进程同时处于运行状态,或某一进程自身所需的内存很大,则所有进程所需要的内存可能非常大,以至于超过计算机上的内存储器 RAM 的容量。由于程序执行时访问的存储空间具有局部性规律,所以应用程序在运行之前,没有必要全部装入内存,而可以依次将需要使用的各个部分装入内存,这样便可以使需求内存较大的程序能在较小的内存空间中运行。

所谓虚拟内存是指计算机在磁盘上开辟一个临时存储器来虚拟主存储器,用来存放暂时不运行的程序和数据。例如,Windows 操作系统中就使用虚拟内存技术,它使用的临时存储器实际上是在硬盘上生成的一个隐藏文件,该文件被称为页面文件,当前没有装入计算机内存的程序和数据保存到页面文件中。当需要时,Windows 将数据从页面文件移至内存供 CPU 调用读取;如果内存中的数据暂时不用,则将数据从内存移至页面文件以便为新数据腾出空间。页面文件也被称为交换文件。

2.3.3 设备管理

在计算机系统中,除了 CPU 和内存之外,其他大部分硬件设备都称为外部设备。设备管理是指操作系统负责控制、管理计算机系统中各类外部设备,包括设备的分配、启动和故障处理等。

计算机系统的输入输出设备种类繁多、型号不同、规格各异,操作系统的设备管理尽可能地屏蔽不同设备的差异性,向用户提供一个统一、简便的使用接口,实现设备无关性(或称为设备独立性)。设备无关性就是指对于任何设备其逻辑接口都是一样的,实现设备无关性通常的办法是采用分层思想,逐层抽象。一般操作系统将设备管理分为两层,即输入输出控制系统和设备驱动程序,如图 2.9 所示。

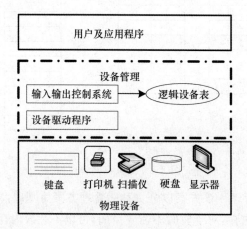

图 2.9　设备管理分层示意

设备管理功能的上层为输入输出控制系统,它负责与用户交互,完成设备的分配、调度并向程序员提供一个统一的编程接口,实现逻辑设备向物理设备的转换。输入输出控制系

44

统又称为 I/O 软件，与具体设备无关，它将逻辑设备与物理设备的转换关系保存到一张物理设备信息表中，该表称为逻辑设备表（LUT，Logical Unit Table）。

设备管理功能的下层为设备驱动程序，它直接与物理设备打交道，控制设备控制器，完成具体的输入/输出操作。设备驱动程序可以看作是硬件与操作系统的接口，有了驱动程序，系统才能识别硬件，才能发挥出硬件的性能。

通常操作系统中会配备一些典型设备的驱动程序，但由于外部设备种类繁多，层出不穷，要使操作系统中配备所有设备的驱动程序是不可能的，因此用户购买硬件设备时同时会得到该设备的驱动程序，如果恰好操作系统中已经配备了该硬件设备的驱动，则用户可以不用重复安装，但很多情况下操作系统配备的驱动只是负责硬件的基本功能。同一种硬件设备在不同的操作系统上使用的驱动程序是不同的，因此在安装硬件驱动程序时需要选择与操作系统匹配的驱动程序。例如，用户购买某一品牌的显卡，则附带的驱动程序安装光盘中会有各种操作系统下的驱动，如 Windows 9x、Windows 2000、Windows XP/2003、Linux 等，假如用户使用的是 Windows 7 操作系统，将显卡插入到机器主板上并开机，操作系统可能会自动安装自带的驱动程序，使显卡能够完成基本的功能，如果使显卡达到其最佳性能，则一般要安装在驱动程序安装光盘中适合 Windows 7 操作系统的设备驱动程序。

在 Windows 7 操作系统中，依次右键单击"计算机"，单击"属性"，弹出的属性页面左上角第一个就是"设备管理器"，单击"设备管理器"则出现如图 1.19 所示的界面。也可以依次右键单击"计算机"，单击"管理"，在弹出的管理页面左边一竖排，可以找到"设备管理器"，选择具体设备，便可以进行具体设备的添加、删除等管理操作。

操作系统安装了设备驱动程序，就可以利用输入输出控制系统与外部硬件设备进行通信，对其进行操作和控制。通常把外部设备与内存之间的数据传输操作成为输入/输出操作，简称为 I/O 操作。设备管理的主要任务之一就是控制外部设备与主机之间的 I/O 操作。输入输出控制方式直接关系到 I/O 设备的工作方式和 I/O 设备与 CPU 之间的并行速度。通常的控制方式有程序直接控制、中断控制、直接存取方式（DMA，Direct Memory Access）和通道控制 4 种方式。虽然这些技术提高了 CPU 与外部设备之间并行操作的效率，但是随着 CPU 等芯片技术的发展，CPU 与外设、内存与外设、外设与外设之间的处理速度不匹配问题仍然客观存在，为此又引入了缓冲技术来缓和不同部件之间速度不匹配的矛盾。

2.3.4　文件管理

文件管理包括对文件存储空间的管理、目录管理、文件的读/写管理，以及文件的共享和保护等功能。文件管理的主要任务是有条理地组织程序和数据等软件信息，使其能够被快速、方便地存储、访问甚至进行保护。管理用户文件和系统文件，以方便用户使用，并保证文件的安全性。

1. 文件的概念

文件可以看作是一段程序或数据的集合，这些程序或数据按照一定的格式组织，并附上一个标识名称。用户编写的源程序、可执行的二进制代码、文本、表格、图片等都可以是文件的内容。采用文件形式来组织信息是用户存储、查询和管理信息的一种很好的方式。

每个文件都有自己的标识名称来标识自己，也就是通常说的文件名，用户或操作系统可以通过文件的标识名来存取文件，而无须了解文件内容在存储介质上的具体物理位置。不

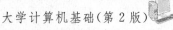

同的操作系统对文件的命名方式不尽相同,但大体上都遵循"主文件名.扩展名"的规则,例如 pig. jpg、word. exe 都可以作为文件名。其中的主文件名表示该文件具体的名字,一般由数字、字母或下画线组成;主文件名与扩展名之间用"."分割;扩展名往往具有特定的含义,用于表示该文件的类型,扩展名不是必须的,也可以省去。表 2.1 列出了部分 Windows 系统下常见的扩展名类型。

表 2.1　部分 Windows 文件扩展名类型

文件类型	扩展名
可执行文件	. exe(可执行文件)、. com(命令文件)、. bat(批处理文件)
文本文档	. txt(文本文件)、. doc(Word 文档文件)、. dat(数据文件)
源程序文件	. bas(basic 源程序)、. c(C 语言)、. asm(汇编源程序)、. java(Java 源程序)
图片文件	. bmp、. jpg、. gif、. tiff、. png
音视频文件	. wav(声音文件)、. mp3(MP3 声音文件)、. avi(视频文件)、. rm(Real Player 播放的音视频文件)、. mpeg(压缩的视频文件)
压缩文件	. rar、. zip、. arj、. gz、. z
其他文件	. sys(系统文件)、. ovl(覆盖文件)、. bak(备份文件)、. tmp(临时文件)

像 DOS、Windows 等操作系统,文件名不区分大小写,例如 ping. exe 文件与 PING. EXE 文件是同一个文件。而像 UNIX、Linux 等操作系统,文件名区分大小写。很多操作系统都支持文件通配符,使用文件通配符可以代表一组具有特定文件名的文件。文件通配符通常有两个,分别为" * "和"?",均可用于主文件名或扩展文件名中。" * "代表在当前位置有 0 个或任意个字符,"?"代表在当前位置有 0 个或 1 个字符。表 2.2 给出了文件通配符的部分示例。

表 2.2　文件通配符示例

通配符示例	含义
* . *	所有文件
A * . TXT	主文件名为 A 开头、扩展名为. txt 的所有文件
ABA?. *	主文件名为 ABA 打头、不超过 4 个字符的所有文件
? A * . *	代表主文件名第二个字符为 A 的所有文件
???. ???	主文件名和扩展文件名都不超过 3 个字符的所有文件

2. 文件目录与路径

一个磁盘的容量很大,可以存放成千上万的文件,如果这些文件都放在一起,用户查找起来也比较困难,因此又引入了文件目录的概念。文件目录类似于一本书的章节目录,每个文件目录下可以根据需要再存放若干文件和文件目录,从而方便用户查找等操作。文件目录一般采用树形结构(如图 2.10 所示),整个目录结构像一棵倒置的树,树中的根节点称为根目录。自根向下,每一个树枝节点是一个子目录,每一个树叶节点是一个文件。在 DOS 操作系统下,可以使用 TREE 命令显示文件的目录结构,而在 Windows 系统下,可以直接通过资源管理器查看目录结构,Windows 操作系统下文件目录又称为文件夹。

图 2.10　资源管理器的文件目录树形图

从根节点到某个文件所经过的所有子目录的集合成为文件路径。子目录与子目录之间用特定的分隔符分隔，例如 DOS 或 Windows 操作系统下使用"\"进行分隔，而在 UNIX 或 Linux 操作系统下使用"/"进行分隔。如果要完整地表示一个文件名称，一般在文件名前加上文件路径。

文件路径一般有绝对路径和相对路径两种：

(1) 绝对路径是指从根目录到指定文件(或目录)所经过的一组子目录名的集合。例如在 DOS 系统下，根目录表示为"\"，则文件 mydoc. txt 的绝对路径可表示为 G:\temp\mydoc. txt，其中，G:\表示 G 盘根目录，temp 表示 G 盘根目录下的子目录。

(2) 相对路径是指从当前目录到指定文件(或目录)所经过的一组的子目录名的集合。例如在 Linux 操作系统下，当前目录为/home/user2/dir1/，如果表示目录/home/user1 下的 water 文件，则用相对路径表示可为../../user1/water，其中，.. 表示上一级目录。

3.　文件系统

文件系统是操作系统中与文件管理有关的软件和数据的集合，它是操作系统以文件方式管理计算机软件资源的一套软件，负责为用户建立、撤销、读写、修改和复制文件，以及完成对文件按名存取及存取控制等操作。文件系统在操作系统底层组织程序或数据信息，使其按一定的物理存储格式存储在大容量存储器上，对用户则完全透明，用户不需要知道具体的存储方式就可以很方便地对信息进行存取和管理。文件系统主要完成的工作包括：

(1) 对文件存储空间的管理。为了合理地存放文件，操作系统必须对外存空间进行统一的管理。在用户创建新文件时为其准备空闲区，在用户删除或修改某个文件时，操作系统回收或调整存储区。

(2) 实现文件名和存储空间的映射。在按名存取时，用户不必了解文件存放的物理位置和查找方法。

（3）对文件和目录进行管理。对文件和目录进行建立、打开、读写等基本操作。

（4）完成文件的共享和提供安全保护功能。很多网络操作系统都可以控制哪些用户可以打开文件，哪些用户不能访问文件。

（5）提供用户友好透明的接口。用户只需对文件进行操作，而不管文件结构和存放的物理位置。

任何操作系统都有自己的文件系统，同时也可能支持多种其他操作系统的文件系统。如 Windows XP 操作系统的文件系统为 NTFS，同时它也支持 FAT16、FAT32 等文件系统；Linux 操作系统目前使用的文件系统为 EXT3，同时也支持 FAT、HPFS、sysv 等多种文件系统。

4. 在磁盘上创建文件系统

磁盘在使用之前必须在其上建立文件系统，即将文件系统的数据结构等信息写到磁盘上，这个过程称之为磁盘格式化。通常大多数操作系统在格式化时将文件存储设备划分为若干大小相等的物理块，又称物理记录、存储单元或簇，物理块的大小在格式化时可以指定。将硬盘格式化为 NTFS 文件系统时，可选择的物理块大小从 512 B 到 64 KB 不等。如果一个文件很大，则可能占用多个簇；如果文件很小，即使只有一个字节，它也要占用一个簇。

此外，在 Windows 7 操作系统中，自带了磁盘管理工具创建和删除分区。依次单击："开始"菜单、控制面板，如果是在分类视图下，单击"系统和安全"，选择右侧下面的"创建并格式化硬盘分区"（在"管理工具"栏目），如果是在图标视图下，单击"管理工具"，选择进入"计算机管理"界面，在左侧的树状图中，找到"磁盘管理"，单击之后，右侧就会呈现出磁盘管理的详细操作界面，如图 2.11 所示。

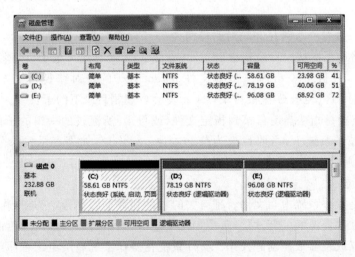

图 2.11　Windows 7 操作系统中磁盘管理操作界面

2.3.5　用户接口

为了方便用户使用操作系统，操作系统向用户提供了"用户与操作系统的接口"。该接口通常是以命令或系统调用的形式呈现在用户面前，是在人机联系的硬设备接口基础上开发的软件，如建立和清除连接、发送和接收数据、发送中断信息、控制出错、生成状态报告表等。用户接口可分为三个部分：

1. 命令接口

为了便于用户直接或间接控制自己的作业，操作系统向用户提供了命令接口。命令接口是用户利用操作系统命令组织和控制作业的执行或管理计算机系统。命令是在命令输入界面上输入，由系统在后台执行，并将结果反映到前台界面或者特定的文件内。命令接口可以进一步分为联机用户接口和脱机用户接口。

2. 程序接口

程序接口由一组系统调用命令或者 API 组成，这是操作系统提供给编程人员的接口。用户通过在程序中使用系统调用命令来请求操作系统提供服务。每一个系统调用都是一个能完成特定功能的子程序。如 Windows API（视窗操作系统应用程序接口）被设计为各种语言的程序调用，它为程序员提供大量的构建不同 Windows 的底层结构，这有助于为 Windows 程序员开发应用程序提供大量的灵活性和功能。

3. 图形接口

图形用户接口采用了图形化的操作界面，用非常容易识别的各种图标来将系统各项功能、各种应用程序和文件，直观、逼真地表示出来。用户可通过鼠标、菜单和对话框来完成对应程序和文件的操作。图形用户接口元素包括窗口、图标、菜单和对话框，图形用户接口元素的基本操作包括菜单操作、窗口操作和对话框操作等。

2.4　典型的常用操作系统

计算机所选择安装的操作系统通常与其硬件架构有很大关系，应用于 PC 的操作系统包括 Windows 家族、Mac OS X 等；类 UNIX 家族、Web OS 作为服务器以及网络操作系统网络服务；嵌入式操作系统用于专用设备上，从给 Sensor Networks 用的 Berkeley Tiny OS 到可以使用 Microsoft Office 的 Windows Phone 都有。虽然这些操作系统有的功能丰富，有的功能单一，但其基本原理都大同小异。本节分别从桌面操作系统、网络操作系统、嵌入式操作系统进行具体分析。

2.4.1　桌面操作系统

桌面操作系统是相对于网络操作系统而提出的，一般是指用于个人计算机或微型计算机上的操作系统，为个人工作、学习、办公、娱乐等提供应用。有些操作系统，如 Linux 操作系统，既可以作为桌面操作系统使用，也可以作为网络操作系统使用；再如 Windows 操作系统，有些版本作为桌面操作系统使用，而有些版本作为网络操作系统使用。这里主要介绍 Windows、Macintosh 两种操作系统。Linux 将在网络操作系统中介绍。

1. Windows 家族

微软自 1985 年推出 Windows 1.0 以来，Windows 系统经历了十多年的风风雨雨。从最初运行在 DOS 下的 Windows 3.x，到现在风靡全球的 Windows 9x、Windows XP、Windows Vista、Windows 7，以及后续的 Windows 8。"Windows"这个词用于一系列不同的产

品,它们可以划分为以下四个类别:

(1) 16 位图形用户界面

早期版本的 Windows 通常仅仅被看作是一个图形用户界面,不是操作系统,主要是因为它们在 MS-DOS 上运行并且被用作文件系统服务。16 位版本的 Windows 包括 Windows 1.0(1985 年)、Windows 2.0(1987 年)及其近亲 Windows/286。

(2) 混合的 16/32 位操作系统

这个系列的 16 位的 Windows 的升级版本,仍然需要依赖 16 位 DOS 基层程序才能运行,不算是真正意义上的 32 位操作系统,由于使用 DOS 代码,架构也与 16 位 DOS 一样,内核属于单内核。这个系列包括 Windows 95 以及 Windows 98。

(3) 32 位操作系统

这个系列是 Windows NT 架构操作系统,是真正的纯 32 位操作系统。Windows NT 架构操作系统是完整独立的操作系统,不同于依然需要 DOS 基层程序的混合 16/32 位 Windows 9x。这个操作系统是为更高性能需求的商业市场而编写的 32 位操作系统。这个系列都是 Windows NT 架构,内核采用混合式内核即改良式微内核。它们包括 Windows NT 3.1(1992 年)、Windows NT 3.5、Windows NT 3.51、Windows NT 4.0、Windows 2000、Windows XP 和 32 位 Windows Vista、32 位 Windows 7(Windows Vista 和 Windows 7 同时有 32 位与 64 位版本)。

(4) 64 位操作系统

64 位 Windows NT 架构操作系统,同样是采用改良式微内核,分为纯 64 位的 IA-64 架构与 x86-64 架构版本。最新的 Windows 版本开始采用 64 位操作系统环境。这个系列的产品包括 Windows XP 64 位版、Windows Server 2003 64 位版、Windows Vista 64 位版、Windows 7 64 位版。

2008 年 4 月 15 日微软发布适合所有语言(共 36 种)版本使用的 Windows Vista Service Pack 1,其界面效果如图 2.12 所示。

图 2.12 Windows Vista Ultimate 用户界面

　　2009 年 10 月 22 日微软发布了 Windows 7,包括:Windows 7 Starter(简易版)、Home Basic(家庭基础版)、Home Premium(家庭高级版)、Professional(专业版)、Enterprise(企业版)和 Ultimate(旗舰版)。Windows 7 做了许多方便用户的设计,如快速最大化、窗口半屏显示、跳跃列表、系统故障快速修复等,同时让搜索和使用信息更加简单,包括本地、网络和互联网搜索功能,直观的用户体验将更加高级,进一步增强了移动工作能力,无线连接、管理和安全功能会进一步扩展。其界面效果如图 2.13 所示。

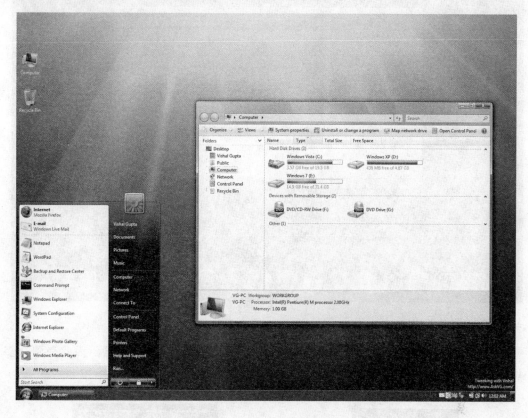

图 2.13　Windows 7 用户界面

　　Windows 之所以如此流行,是因为它功能上的强大以及易用性。具体包括:

　　(1)界面图形化:在 Windows 中的操作可以说是"所见即所得",只要移动鼠标,单击或双击即可完成。

　　(2)多用户、多任务:Windows 系统可以使多个用户用同一台计算机而不会互相影响,这意味着可以同时让计算机执行不同的任务,并且互不干扰。

　　(3)网络支持良好:用户只需进行简单的设置就能上网浏览、收发电子邮件等。同时它对局域网的支持较好,用户可以方便地在 Windows 中实现资源共享。

　　(4)出色的多媒体功能:在 Windows 中可以进行音频、视频的编辑/播放工作,可以支持高级的显卡、声卡,使其"声色俱佳"。

　　(5)硬件支持良好:新硬件安装简单。用户将相应的硬件和计算机连接好后,只要有其驱动程序 Windows 就能自动识别并进行安装。几乎所有的硬件设备都有 Windows 下的驱动程序。

（6）众多的应用程序：在 Windows 下有众多的应用程序可以满足用户各方面的需求。

2. Mac OS

Mac OS 是苹果公司推出的操作系统，目前最新版本是 2009 年 5 月 12 日发布的 Mac OS X v10.5.7，其界面效果如图 2.14 所示。

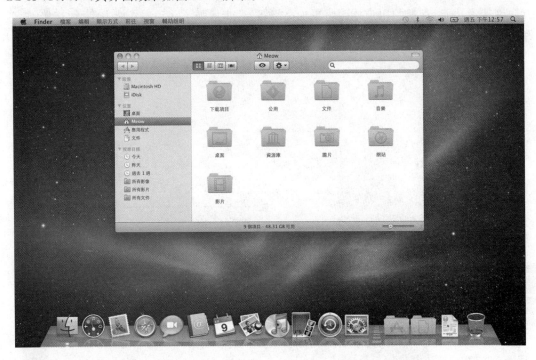

图 2.14　Mac OS X 界面

苹果公司研制的计算机一直在多媒体处理、工业设计等领域独领风骚，因此受到众多 Mac 机爱好者的推崇。图 2.15 分别展示了两款 Mac 机型。

iBook　　　　　　　　　　　　　　　iMac

图 2.15　两款 Mac 机型

Macintosh 操作系统是较早采用图形用户界面的操作系统之一，通过大量使用阴影、透明和流动等效果来改善操作系统的外观。在系统内部整合了编辑影像和声音的程序、Sherlock 搜索引擎，集成了 Internet 和本地搜索等功能，可按用户要求定制基于 Web 的新闻频道；使用 Spotlight 桌面检索技术，在输入关键字查找到计算机上的内容；集成了适用于 Mac 系统的网络浏览器 Safari，并内置 RSS 支持，使用户可以在一个简单易读、便于搜索的文章列表里浏览来自数千个网站的所有最新新闻、资讯和文章。iChat AV 支持直接在桌面上进行多方视听会谈。Mac sync 将用户喜爱的应用软件中的信息以完美的方式同步到多台苹果计算机上；英语语音界面 VoiceOver 增强了 Mac OS X 的"万能辅助"(Universal Access) 功能，为视力受损伤的用户通过语音、声控和键盘操作来控制计算机；"分级保护"功能保存多个用户的系统偏好设置和应用软件。

2006 年 4 月 5 日苹果发布了 Boot Camp 软件，能让用于在装有英特尔芯片的 Mac 计算机上进行分割磁区，分别运行 Mac OS X 和 Windows XP 系统。这能充分满足这样的用户群体：既喜欢 Mac 机器外形，又离不开 Windows 家族丰富的应用。

2.4.2　网络操作系统

网络操作系统(NOS，Network Operating System)是为计算机网络环境配置的操作系统，可以认为网络操作系统＝网络＋操作系统。网络操作系统是在原来的各自计算机系统操作上，按照网络体系结构的各个协议标准进行开发，使之包括网络管理、通信、资源共享、系统安全和多种网络应用服务的操作系统。网络操作系统同样具有通常的操作系统的五大管理功能，除此之外，网络操作系统还增加了网络支持功能，屏蔽本地资源与网络资源的差异性，为用户提供各种基本网络服务功能，完成网络共享系统资源的管理，具体表现在：

(1) 支持多用户。一般的网络操作系统支持多个用户同时使用计算机资源。每个用户通过终端登录到系统中，运行各自的程序，操作系统对每个用户的内存空间进行限制，每个用户只能使用自己的内存空间，在自己的内存空间中运行程序，不能访问其他用户的内存空间。

(2) 提供高效而可靠的网络通信能力。网络操作系统都会内置各种网络协议栈，提供可靠的网络通信。如 UNIX/Linux 提供 TCP/IP 协议栈，Netware 可以提供 IPX/SPX 以及 TCP/IP，而 Windows 2000 Server 可以提供的协议栈更为丰富，除 TCP/IP 协议栈、IPX/SPX、NetBEUI 外，还提供 Mac 机上使用的 AppleTalk 协议等。

(3) 提供多种网络服务。一般的网络操作系统都会提供丰富的网络服务，如网络文件服务、打印服务、数据库服务、信息服务、分布式服务、网络管理服务、Internet/Internet 服务等。

(4) 提供较强的安全功能。网络操作系统在目前的绝大多数网络操作系统都可以达到美国国防部定义的可信任计算机安全标准(TCSEC，Trusted Computer System Evaluation Criteria)中的 C2 级标准。

在这里将简单介绍 Microsoft Windows Server 系列操作系统、UNIX 操作系统和 Linux 操作系统。

1. Windows Server

Windows Server 为微软服务器操作系统，包括 Windows 2000 Server、Windows Server 2003、Windows Server 2008、Windows Home Server。Windows Server 2008 是微软当前最新的服务器操作系统，它继承于 Windows Server 2003，分为：

（1）Web 版

用于构建和存放 Web 应用程序、网页和 XML Web Services。它主要使用 IIS 6.0 Web 服务器并提供快速开发和部署使用 ASP. NET 技术的 XML Web Services 和应用程序。支持双处理器，最低支持 256 MB 的内存。

（2）标准版

目标是中小型企业，支持文件和打印机共享，提供安全的 Internet 连接，允许集中的应用程序部署。支持 4 个处理器；最低支持 256 MB 的内存，最高支持 4 GB 的内存。

（3）企业版

支持高性能服务器，并且可以群集服务器，以便处理更大的负荷。通过这些功能实现了可靠性，有助于确保系统即使在出现问题时仍可用。在一个系统或分区中最多支持八个处理器、八节点群集，最高支持 32 GB 的内存。

（4）数据中心版

针对要求最高级别的可伸缩性、可用性和可靠性的大型企业或国家机构等而设计的。

2. UNIX

UNIX 是 1969 年美国 AT&T 贝尔实验室的 Ritchie 和 Thompson 在 PDP-7 小型机上开发的。UNIX 是通用、交互式、多用户、多任务应用领域的主流操作系统之一，经过几十年的发展，已成为最稳定的网络操作系统，因此是服务器或工作站上首选的网络操作系统。UNIX 系统具有以下特性。

- 多用户、多任务。UNIX 操作系统可同时支持多个甚至上百个用户通过终端同时使用一台计算机，每个用户允许执行多个任务。
- 开放性。开放性意味着系统设计、开发遵循国际标准规范，彼此很好兼容，很方便地实际互联。
- 功能强大、实现效率高、规模小。UNIX 操作系统的内核只有 1 万多行代码，但它强大的系统功能和实现效率是业内公认的。
- 具有完备的网络功能。TCP/IP 已经成为 UNIX 操作系统不可分割的一部分，通过 TCP/IP，UNIX 可以非常方便地实现与其他系统的连接和信息共享。
- 友好的用户界面。UNIX 操作系统提供了包括用户界面、系统调用界面和 GUI 界面的多种界面。用户界面又称 Shell，它既可以交互式使用，又可以存放于文件中作为程序使用。
- 可靠的系统安全性。早期 UNIX 操作系统满足 C1 级安全标准，现代 UNIX 操作系统满足 C2 级安全标准。
- 可移植性好。UNIX 操作系统中 90％的系统程序是用 C 语言编写的。
- 设备独立性。UNIX 操作系统把所有外部设备统一作为文件来处理，只要安装了这些设备的驱动程序，使用时将它们作为文件对待并进行操作即可。具有设备独立性的操作系统允许连接任何种类及任何数量的设备。

虽然，UNIX 发展到今天拥有众多的版本，但基本操作和命令都是一样的，而且几乎每一款 UNIX 都拥有具有 GUI 界面的 X Window，如图 2.16 所示。在 X Window 下，用户可以方便地使用菜单和鼠标进行操作。

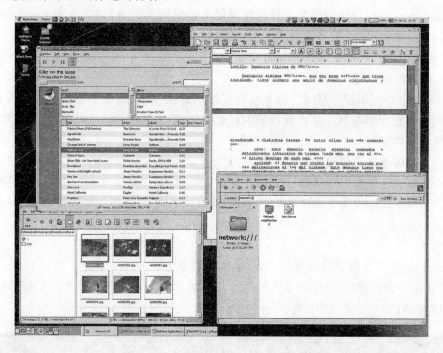

图 2.16 UNIX 界面

3. Linux

Linux 是在 UNIX 操作系统的基础上发展起来的。1991 年,芬兰赫尔辛基大学的大学生 Linus Torvalds 首先对外发布了一套全新的应用在微机上的类 UNIX 的操作系统,这就是 Linux 的原型,其后经过遍布于全世界 Internet 上自愿参加的程序员努力,加上计算机公司的支持,Linux 操作系统以其微小内核、高稳定性、高扩展性、低硬件要求、强大的网络功能,使 Linux 操作系统应用日益广泛。

Linux 从 UNIX 那里继承了许多优点,具有现代网络操作系统多用户、多任务的基本特点,同时它自身又具有很多独特的特点,具体包括:

(1) 免费、开源的类 UNIX 网络操作系统

相对于昂贵的商业 UNIX 操作系统和 Windows 系统,Linux 操作系统是一套免费使用的类 UNIX 操作系统,这个操作系统是由全世界成千上万的程序员设计和实现的,任何人都可以从网络上免费获得其源代码,并可以对其修改、参考、学习或用于商业产品。由于 Linux 是从 UNIX 中继承而来的,所以它与 UNIX 的兼容性非常好,很多 UNIX 程序的源代码都可以在 Linux 下重新编译后执行,而不需重写;大多数 UNIX 的可执行程序也可以在 Linux 上直接运行。

(2) 支持多平台,多种文件系统

同时,Linux 还支持很多种文件系统,例如,minix、xia、msdos、umsdos、vfat、proc、nfs、iso9660、hpfs、sysv、smb、ncpfs 等。Linux 可以使用 mount 命令直接把这些文件系统装载为 Linux 系统下的一个目录。

（3）可移植性强

目前 Linux 不仅仅作为网络操作系统提供丰富的网络服务，很多桌面 Linux 系统也可以作为用户日常办公、娱乐和学习的平台，而嵌入式 Linux 在嵌入式系统方面也得到迅速发展，逐渐形成了可与其他嵌入式操作系统相抗衡的局面。

（4）优秀的内存保护机制

在 Linux 中，应用程序只能访问系统分配给它的内存区域，而不能访问其他内存区域。这种应用程序使用相对独立的内存区域的好处在于当一个应用程序出错时，不会影响整个操作系统的正常运行。

（5）支持伪终端设备和虚拟控制台

Linux 允许有多个用户从网络同时登录到系统中，每个登录进程使用一个单独的伪终端设备。Linux 默认的伪终端设备数目为 64，系统管理员可以根据需要随时增加或减少伪终端设备。同时，Linux 中对于已经废弃的终端采用了自动动态回收的策略，以供别的用户使用。

Linux 提供 GUI 模式登录界面，用户输入用户名和密码后，可直接进入 X Window 界面，可以使用鼠标对窗口、菜单等进入操作。不同版本的 Linux 系统提供的 X Window 程序也不尽相同，如 GNOME、KDE 等。一个 GNOME 的示例如图 2.17 所示。

图 2.17　GNOME 3.2 版示例

目前比较常见的 Linux 操作系统有 RedHat Linux、Turbo Linux、SlackWare、Debain、SUSE Linux 等。在国内也有一些版本的 Linux 发行，如由中科院、北大方正、康柏公司联合开发的基于 RedHat Linux 改进的中文版 RedFlag Linux、WinLinux，由 Devin、Samuel、hahalee 三个中国内核黑客通过互联网联手合作的 BluePoint Linux，由北京冲浪公司制作的 Linux 发行版 Xterm Linux 等。

2.4.3 嵌入式操作系统

1. 嵌入式系统与嵌入式操作系统

嵌入式系统(ES,Embedded System)是以嵌入式计算机为技术核心,面向用户、面向产品、面向应用,软硬件可裁剪的计算机系统,嵌入式系统适用于对功能、可靠性、成本、体积、功耗等综合性能有严格要求的专用计算机系统。这类系统具有高可靠性,并且很多系统具有实时处理能力。嵌入式系统往往和具体应用有机地结合在一起,其中的软件代码要求高质量、高可靠性,一般都固化在只读存储器中或闪存中,也就是说软件要求固态化存储,而不是存储在磁盘等载体中。

嵌入式操作系统(EOS,Embedded Operating System)是用于嵌入式计算机系统的操作系统。嵌入式操作系统过去主要应用于工业控制领域和国防系统,通过不断的发展,目前已成为应用极为广泛的操作系统,目前的应用领域有:

(1) 消费电子领域。如信息家电、智能家居、机顶盒、掌上计算机、游戏机等设备都可以采用嵌入式操作系统。

(2) IT 与通信领域。如各种网络设备、手机、寻呼机、各类控制设备等。

(3) 医疗仪器领域。大量医疗仪器,如嵌入式心脏起搏器、嵌入式放射设备、分析监护设备、各种化验设备等,如果采用嵌入式操作系统进行控制,其功能与性能都将得到大幅度的提高。

(4) 智能汽车领域。随着无线通信与全球定位技术的日益成熟和广泛应用,集通信、信息、导航、娱乐和各类汽车安全电子系统于一体的车载盒会成为下一代和未来汽车的发展方向。

(5) 智能交通领域。随着人们对环境要求的不断提高,智能交通系统(ITS)必将是 21 世纪迅猛发展的支柱产业。特定应用的嵌入式操作系统将是发展智能综合路口控制机、路车交互系统、新型停车系统、高速公路的信息监控与收费综合管理系统的关键技术,其应用将确保智能交通系统的低成本与高性能,大大提高系统的可靠性和智能化程度。

2. 嵌入式操作系统的发展

嵌入式操作系统伴随着嵌入式系统的发展经历了三个比较明显的阶段:

(1) 无操作系统的嵌入算法阶段

这一阶段的嵌入式系统是以可编程控制器的形式、以单芯片为核心的系统,同时具有与一些监测、伺服、指示设备相配合的功能。这种系统大部分应用于一些专业性极强的工业控制系统中,一般没有明显的被称为操作系统的支持,而是通过汇编语言编程对系统进行直接控制,运行结束后清除内存。这一阶段系统的主要特点是系统结构和功能都相对单一,针对性强,但无操作系统支持,几乎没有用户接口。

(2) 简单监控式的实时操作系统阶段

这一阶段的嵌入式系统主要以嵌入式处理器为基础、以简单监控式操作系统为核心。系统的特点是处理器种类繁多,通用性比较弱;系统开销小,效率高;系统一般配备系统仿真器,具有一定的兼容性和扩展性;操作系统的用户界面不够友好,其主要用来控制系统负载以及监控应用程序运行。

(3) 通用的嵌入式实时操作系统阶段

以通用型嵌入式实时操作系统(RTOS,embedded Real Time Operating System)为标

志的嵌入式系统。实时性是指能够在限定时间内执行完规定的功能并对外部的异步事件作出响应的能力,实时性的强弱是以完成规定功能和作出响应时间的长短来衡量的。目前如 Embedded Linux、VxWorks、pSOS、Symbian、Windows Phone 等操作系统就是这一阶段的典型代表。这一阶段系统的特点是能运行在各种不同类型强大的微处理器上;具有强大的通用型操作系统的功能,如具备了文件和目录管理、多任务、设备支持、网络支持、图形窗口以及用户界面等功能;具有大量丰富的应用程序接口(API)和嵌入式应用软件。

3. 嵌入式操作系统的特点

前面讲述的各种微机操作系统或网络操作系统,人们都比较容易接触和使用,它们具有较好的人机界面,因此常称为通用操作系统。而嵌入式操作系统用于专用设备,因此很多情况下,用户不会意识到系统的存在。例如目前很多中高端手机除了打电话的功能外,还可以管理电话簿、玩游戏、看电子书,甚至上网聊天、收发电子邮件等,用户在手机上完成这些操作并没有意识到手机也是个计算机系统,所使用的功能则是嵌入式操作系统为平台的软件与相关硬件提供的。

相对于通用操作系统,嵌入式操作系统的主要特点有:

(1) 精而小的系统内核,开销小,效率高,并可用于各种微型计算机设备或专用设备。

(2) 具有开放性、可伸缩性的体系结构。

(3) 实时性强。嵌入式操作系统实时性一般都比较强,可用于各种设备控制系统中。

(4) 提供各种设备驱动接口。如很多嵌入式操作系统提供 USB 接口、红外线接口以及串行、并行接口。

(5) 操作方便、简单。很多嵌入式操作系统提供图形界面,追求易学易用。

(6) 固化代码,稳定性较强。嵌入式操作系统和相关应用软件被固化在嵌入式计算机系统的 ROM 中,嵌入式操作系统一般使用各种内存文件系统,而辅助存储器则很少使用。

(7) 提供 TCP/UDP/IP/PPP 网络协议支持及统一的 MAC 访问层接口,为各种移动计算设备预留接口,网络通信能力都比较强。

4. 常见的嵌入式操作系统介绍

目前嵌入式操作系统种类繁多,在这里主要介绍 VxWorks、Symbian、Windows Phone、Android 以及 iOS 五种。

(1) VxWorks

VxWorks 操作系统是美国 Wind River System 公司于 1983 年设计开发的一种嵌入式实时操作系统。该系统是嵌入式开发环境的关键组成部分,具有高性能的内核以及友好的用户开发环境。它以其良好的可靠性和卓越的实时性被广泛地应用在通信、军事、航空、航天等高精尖技术及实时性要求极高的领域中,如卫星通信、军事演习、弹道制导、飞机导航等。在美国的 F-16 战斗机、FA-18 战斗机、B-2 隐形轰炸机和爱国者导弹上,甚至连 1997年 4 月在火星表面登陆的火星探测器上也使用到了 VxWorks 操作系统。

VxWorks 的特点可概括如下:

① 可靠性:操作系统的用户希望在一个运行稳定、可以信赖的环境中工作,所以操作系统的可靠性是用户首先要考虑的问题。而稳定、可靠一直是 VxWorks 的一个突出优点。

② 实时性:VxWorks 系统本身的开销很小,进程调度、进程间通信、中断处理等系统公用程序精练而有效,它们造成的延迟很短。VxWorks 提供的多任务机制中对任务的控制采

用了优先级抢占(Preemptive Priority Scheduling)和轮转调度(Round-Robin Scheduling)机制,也充分保证了可靠的实时性,使同样的硬件配置能满足更强的实时性要求,为应用的开发留下更大的余地。

③ 可裁剪性:用户在使用操作系统时,并不是操作系统中的每一个部件都要用到。例如图形显示、文件系统以及一些设备驱动在某些嵌入系统中往往并不使用。VxWorks 由一个体积很小的内核及一些可以根据需要进行定制的系统模块组成。VxWorks 内核最小为 8 KB,即便加上其他必要模块,所占用的空间也很小,且不失其实时、多任务的系统特征。由于它的高度灵活性,用户可以很容易地对这一操作系统进行定制或作适当开发,来满足自己的实际应用需要。

(2) Symbian

Symbian 操作系统是 Symbian 公司为手机而设计的操作系统,它包含由 Symbian 公司所提供的相关的库函数、用户界面和共用工具的参考实现,它的前身是英国宝意昂公司(Psion)的 EPOC 操作系统。在 2008 年 6 月以前,Symbian 被爱立信(Ericsson)、松下(Panasonic)、西门子(Siemens)、诺基亚(Nokia)和索爱(Sony Ericsson)所共有。2008 年 6 月 24 日,诺基亚宣布,该公司收购 Symbian 公司目前尚不属于诺基亚的 52% 股份,并把 Symbian 平台完全依据 Eclipse 开放源代码授权条款。诺基亚也宣布将成立"Symbian 基金会",让各家手机厂商和软件供应商能够加入这个联盟。

Symbian 是设计为小型设备使用,使得它拥有更强大的能力、更有效率的内存管理和更灵活的身段。以 Symbian 操作系统为基础的智能手机的用户界面有许多种。Symbian 的最大优势是在于它是为便携式设备而设计,而在有限的资源下,可以执行数月甚至数年。通过节省内存、使用 Symbian 风格的编程理念和清除堆栈的技术搭配使用,使内存使用量降低且内存泄露量极少。而且,Symbian 的编程是使用事件驱动,当应用程序没有处理事件时,CPU 会被关闭。这些技术延长了电池使用时间。

在 Symbian 的架构上有多种不同的平台,提供不同的软件开发套件(SDK)给程序开发人员,最主要的分别是 UIQ 和 S60 平台。个别的手机制造商,或是同家族系列,通常也在网络上提供可下载的 SDK 和软件开发套件(Symbian Developer Network)。SDK 内含说明文件、表头档案、数据库和在 Windows 运作的模拟器(WINS),到了 Symbian v8,SDK 加入了该版本的 GCC 编译器(跨平台编译器),才能够正常在设备上使用。图 2.18 为 Symbian OS 9.3 运行在诺基亚 6120C 手机上的桌面截图。

(3) Windows Phone

2010 年 10 月 11 日,微软公司正式发布了智能手机操作系统 Windows Phone 7,并且宣布终止对原有 Windows Mobile 系列的技术支持和开发。全新的 Windows Phone 7 完全放弃了 Windows Mobile 5.x、6.x 的操作界面,而且程序互不兼容,只是沿用过去的版本号。微软在发行 Windows Phone 操作系统时,主要的销售对象是一般的消费者市场。在 Windows Phone 7 中,微软将其人机交互界面(User Interface)套用了一种称为"Metro"的设计语言(微软公司的一种基于排版的设计语言),并将微软旗下的其他软件集成到了这个操作系统中,以严格控制运行它的硬件规范。图 2.19 为 Windows Phone 7 的桌面效果图。

其他 Windows 系列嵌入式系统还包括 Windows CE、Windows XP Embedded 等。其中 Windows XP Embedded 是一个以元件模块展现出与 Windows XP Professional 操作系

统一样的界面与操作模式,可依各自需求组合出操作系统镜像文件,确保有 Windows XP Professional 操作系统相依性以及完整的功能。可以应用在各种嵌入式系统,或是硬件规格层次较低的计算机系统(如很少的存储器、较慢的中央处理器等)。目前最新版本的 Windows XP Embedded 为 Windows XP Embedded FP2007,含多个 x86 硬件平台驱动程序元件,支持随插即用设备,支持所有 x86 硬件平台设备;多个 Windows XP Professional 操作系统内基本元件,包含 Bluetooth、DirectX、. NET Framework、Windows Media Player、Internet Explorer 等。

图 2.18　Symbian OS 9.3 运行截图

图 2.19　Windows Phone 7 截图

(4) Android

谷歌(Google)于 2007 年 11 月 5 日宣布了谷歌自己研发的手机平台 Android 操作系统,该平台基于开源软件 Linux,由操作系统、中间件、用户界面和应用软件组成。2008 年 9 月 22 日,美国运营商 T-Mobile USA 在纽约正式发布第一款谷歌手机——T-Mobile G1,支持 WCDMA/HSPA 网络,理论下载速率 7.2 Mbit/s,并支持 Wi-Fi。2010 年 5 月在 Google I/O 开发者大会上,谷歌公司发布了 Android 手机操作系统的最新版 Android 2.2。最新版的 Android 2.2 对之前版本的新特性:速度提升、企业功能增加、推入消息和网络共享、浏览器提升、电子市场改进。2011 年 2 月 3 日,谷歌正式发布了专用于平板计算机的 Android 3.0 Honeycomb 系统。这是首个基于 Android 的平板计算机专用操作。首款采用 Android3.0 系统的是 MOTO XOOM。

(5) iOS

iOS 是由苹果公司开发的手持设备操作系统。苹果公司最早于 2007 年 1 月 9 日的 Macworld 大会上公布这个系统,最初是设计给 iPhone 使用的,后来陆续套用到 iPod touch、iPad 以及 Apple TV 等苹果产品上。iOS 与苹果的 Mac OS X 操作系统一样,它也是以 Darwin(Darwin 是由苹果公司于 2000 年公布的开源操作系统,来源于 Mac OS X 的操作系统部分)为基础的,因此同样属于类 UNIX 的商业操作系统。原本这个系统名为 iPhone OS,直到 2010 年 6 月 7 日 WWDC 大会上宣布改名为 iOS。截至 2011 年 11 月,根据 Canalys 的数据显示,iOS 已经占据了全球智能手机系统市场份额的 30%,在美国的市场占有率为 43%。

图 2.20　Android 系统运行界面　　　　　图 2.21　Android 2.2 Froyo SDK 模拟器测试截图

图 2.22　iOS 系统运行界面

2.5　实　验　指　导

2.5.1　Windows 的认知

1. 熟悉 Windows

(1)"开始"菜单

下面以 Windows 7 为例介绍。"开始"按钮是运行 Windows 应用程序的入口,也是执

61

行程序最常用的方式。单击屏幕左下角带 Windows 标志的圆形按钮,弹出如图2.23所示的菜单。

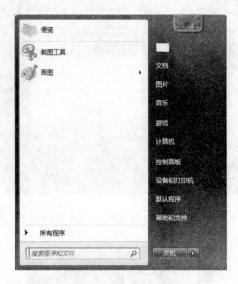

图 2.23 "开始"菜单

"开始"菜单包含使用 Windows 时需要开始的所有工作。从这里可以直接访问最近打开的程序、搜索程序及文件、打开文件、使用"控制面板"自定义系统、单击"帮助和支持"获得帮助等。

在左下角 Windows 图标上单击右键,选择"属性"进入"开始"菜单设置,如图 2.24 所示,其中可以选择是否记录最近打开的程序和项目,并且可以定义开始菜单中显示的电源软按键的功能(关机、休眠、睡眠等)。图中"自定义"按钮的文字以"..."结尾,单击 Windows 中以"..."结尾的按钮后会弹出新的对话框,所以这里单击"自定义"按钮会弹出对话框以便对开始菜单内容进行自定义设置。

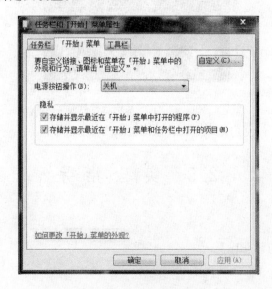

图 2.24 "开始"菜单设置

（2）任务栏及任务栏通知区域

任务栏是 Windows 7 桌面上默认在下方出现的一个长条，上面有当前运行的程序和打开程序的快捷方式。将鼠标移动到任务栏上，右击鼠标，执行"属性"选项，进入设置对话框，如图 2.25 所示。

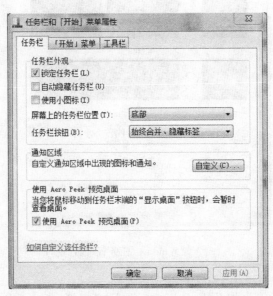

图 2.25　"任务栏和'开始'菜单属性"设置

任务栏的右端成为通知区域，其中包括系统时钟、音量调节按钮、网络连接状态等，此外还可以显示一些正在运行的程序图标，如图 2.26 所示。

图 2.26　任务栏通知区域

任务栏的通知区域中的某些图标可能临时出现，显示正在进行的活动状态。例如，当将文件发送到打印机时打印机图标将出现，打印结束时该图标消失。双击"任务栏"右端的时钟，弹出"日期和时间属性"窗口，用户可以通过该窗口设置系统的日期、时间和时区。

（3）任务管理器

Windows 任务管理器提供正在计算上运行的程序和进程的相关信息，也提供有关计算机性能的信息。使用任务管理器可以监视计算机的性能，可以查看正在运行的程序的状态、结束已停止响应的程序，也可以使用多达 15 个参数评估正在运行的进程的活动、查看反映 CPU 和内存使用情况的图形和数据。如果与网络连接，则可以查看网络状态，了解网络的运行情况。

要打开 Windows 任务管理器，同时按下 Ctrl＋Alt＋Del 组合键，然后单击"启动任务管理器"或在任务栏上右击选择"启动任务管理器"，进入如图 2.27 所示的"Windows 任务管理器"窗口，并打开资源监视器监视系统资源。

图 2.27 "Windows 任务管理器"窗口

2. 实验作业

(1) 使用 Windows 7 操作系统,认识桌面图标、任务栏、任务托盘、"开始"菜单等区域;

(2) 打开任务管理器,学会查看任务管理器各部分内容。

(3) 在桌面创建某个程序或某个文件的快捷方式。

(4) 练习 Windows 鼠标和键盘设置的方法。

2.5.2 Windows 文件操作

1. 认识资源管理器

Windows 资源管理器显示了计算机上的文件、文件夹和驱动器的分层结构,同时显示了映射到本计算机上的驱动器号的所有网络驱动器名称。通过 Windows 资源管理器,可以复制、移动、搜索文件/文件夹,以及对文件/文件夹重新命名。

要打开"Windows 资源管理器",请单击"开始"→"所有程序"→"附件",然后单击"Windows 资源管理器",就可以进入资源管理器窗口。该窗口的左侧,列出了系统文件目录树,单击某个文件夹时,右侧列出该文件夹内所有的内容。

2. 创建新文件夹

在资源管理器中,首先进入要创建新文件夹的目录,单击"文件"→"新建"→"文件夹"命令,则在当前目录中就会出现一个新文件夹,其名字为默认名"新建文件夹"(该名称处于选中状态),此时,输入新文件夹的名称,然后按 Enter 键,新文件夹就创建完成了。

通过右击文件夹窗口或桌面上的空白区域,在弹出窗口中把鼠标指向"新建",然后单击"文件夹",也可以创建新文件夹。

3. 删除文件或文件夹

首先,在资源管理器中找到要删除的文件或文件夹,也可以使用"开始"菜单中的"搜索"

功能进行查找、定位文件。单击要删除的文件或文件夹,单击"文件"→"删除"命令,则指定的文件或文件夹就被从当前目录中删除掉。或者,找到文件或文件夹后,右击文件或文件夹,然后单击"删除",或者按键盘上的 Del 键,也可删除文件或文件夹。

从硬盘上删除的文件,会暂时保存到"回收站"中,要还原已删除的文件,请双击桌面上的"回收站"图标,右击要还原的文件,然后单击"还原"就可以了。要永久地删除一个文件,可以按住 Shift 键并将其拖动到"回收站"中,或者按 Shift+Del 组合键,此项目将被永久删除而不能通过"回收站"还原。

如果想删除的文件具有较高的保密性,可以在选中文件或文件夹后,通过右键菜单中的"粉碎文件"将其彻底从磁盘中删除,不能够恢复。Windows 7 不原生支持粉碎文件功能,需要安装第三方工具。

4. 复制文件或文件夹

首先,在资源管理器中找到要复制的文件或文件夹,也可以使用"开始"菜单中的"搜索"功能进行查找。单击要复制的文件或文件夹,单击"文件"→"本地磁盘"→"复制"选项,或者按 Ctrl+C 组合键;再选择要复制到的文件夹,执行"文件"→"本地磁盘"→"粘贴"选项,或者按 Ctrl+V 组合键,即可完成文件的复制。用户也可以一次复制多个文件或文件夹。如果要选定连续的文件或文件夹,可以单击第一个项目,然后在按住 Shift 键的同时单击最后一个项目。要选定不连续的文件或文件夹,可以在按住 Ctrl 键的同时单击每个项目。

5. 移动文件或文件夹

首先,在资源管理器中找到要移动的文件或文件夹,也可以使用"开始"菜单中的"搜索"功能进行查找。单击要移动的文件或文件夹,在右键菜单中选择"剪切"选项,或按 Ctrl+X 组合键;再选中要移动到的文件夹,执行右键菜单中的"粘贴"选项,或按 Ctrl+V 组合键,就完成了文件或文件夹的移动任务了。

也可以通过将文件或文件夹拖动到期望位置来移动文件或文件夹。在同一个磁盘分区中,拖动文件夹至目标位置将完成移动操作,在不同磁盘分区上,拖动文件夹至目标位置完成复制操作,用户也可以一次移动多个文件或文件夹。

6. 更改文件或文件夹的名称

首先,在资源管理器中找到要重命名的文件或文件夹,也可以使用"开始"菜单中的"搜索"功能进行查找。单击该文件或文件夹名称,使其进入编辑状态,输入新的名称后按 Enter 键即可。也可以通过右击文件或文件夹,然后单击"重命名"来更改文件或文件夹的名称。

注意:不能更改系统文件夹的名称,如 C 盘下的 Documents and Settings、Windows 或 System32。它们是正确运行 Windows 所必需的,另外,文件名不能含有\／:*?"<>|等特殊字符。

7. 将文件与程序关联

要想浏览文件的内容,首先必须打开文件。根据创建文件的程序不同,打开时使用的程序也不同。一般情况下,系统通过文件的扩展名来匹配打开的程序,如果希望手动指定文件与程序的关联,首先找到要设置程序的文件,右击文件,然后单击"打开方式"。如果没有"打开方式",则单击"打开",打开"打开方式"对话框,如图 2.28 所示。

8. 更改打开文件的程序

在某些情况下,需要更改打开文件时选择的程序,如默认情况下,双击 jpg 文件会使用图片浏览器打开图片文件,而如果希望双击 jpg 图像文件时使用"画图"工具打开该文件,则可以更改打开文件的程序。首先找到要以其他程序打开的文件,右击该文件,在弹出的菜单中单击"属性",在"常规"选项卡上单击"更改",从"打开方式"窗口中选择用来打开文件的程序名并单击"确定"按钮即可。

图 2.28 "打开方式"对话框

注意:这种更改会影响与所选文件具有相同扩展名的所有文件。要更改打开文件的应用程序,也可以通过右击文件,在弹出菜单中单击"打开方式",单击"选择程序"后弹出"打开方式"窗口,从中选择程序名,如果所需的程序没有显示,单击"浏览"按钮来查找引用程序。

9. 设置文件夹"查看"选项

在浏览文件和文件夹时,有些时候需要对某些特殊的内容(如隐藏文件夹和文件扩展名)进行特殊显示,在"资源管理器"→"组织"→"文件夹和搜索选项"中可以对文件夹的"查看"选项进行设置,如图 2.29 所示。

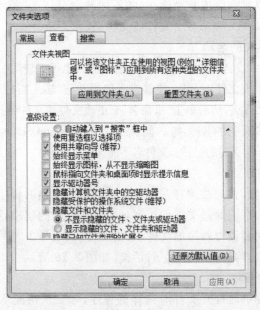

图 2.29 "文件夹选项"设置对话框

10. 磁盘的格式化

在安装系统的时候,如果对系统进行了重新分区操作,每个分区需要重新进行格式化后才能够正常使用。格式化会删除硬盘上所有的内容,所以在进行格式化时一定要谨慎。

在"我的电脑"中选择要格式化的硬盘或 U 盘,右击鼠标,选择"格式化"操作,会出现"格式化"对话框,如图 2.30 所示,在"格式化选项"中,可以选择是否进行快速格式化和是否启用压缩,这两个选项的含义如下:

完全格式化:会完全删除每个扇区中的数据,这样格式化后,硬盘中所有数据都会被清空,并且无法恢复。

快速格式化:不删除扇区中的数据,只是修改文件分区表,将其标记为空,所以执行速度非常快,格式化后可以用数据恢复软件将硬盘中的数据恢复。

图 2.30　"格式化"对话框

11. 实验作业

(1) 打开资源管理器,在 C:盘下创建一个新文件夹"文件实验";用不同方法从系统的不同位置向该文件夹复制 5 个文件;将这 5 个文件压缩为一个文件;将原来的 5 个文件删除;解压缩压缩文件,重新得到 5 个文件。

(2) 找到一个 U 盘,将其插入 USB 接口,在"我的电脑"中找到该设备;对该设备进行"格式化"操作,在执行格式化前,确保 U 盘中的重要信息都已经备份。体会使用快速格式化和不使用快速格式化的区别。

2.5.3　Windows 软件与硬件管理

1. 软件的安装

在 Windows 7 操作系统中安装软件的主要方法有以下几种:

(1) 找到要安装的程序安装文件,在文件系统中双击 setup.exe 文件,按照程序安装向导,完成程序安装;

(2) 启用 Windows 附带的某些程序和功能(如 Internet 信息服务),可以在"控制面板"→"程序"→"打开或关闭 Windows 功能"进入"Windows 功能"窗口,如图 2.31 所示。若要打开某个 Windows 功能,选择该功能旁边的复选框。若要关闭某个 Windows 功能,则清除该复选框。

2. 启动程序

启动程序的方式有以下几种:

(1) 程序安装后,有的程序会在桌面或"开始"菜单的"所有程序"子菜单下设置快捷方式,双击该快捷方式可以启动程序;

(2) 通过"运行"对话框启动程序,例如"cmd",如图 2.32 所示;

(3) 在 DOS 环境下启动程序:输入程序名称,如 notepad;

（4）在任务管理器中执行"新任务"命令。

图 2.31 打开或关闭 Windows 功能

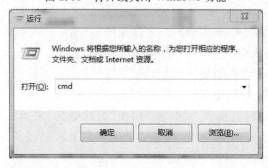

图 2.32 在"运行"中执行程序

注意：在"运行"、DOS 环境下和任务管理器中直接执行的程序，必须在系统路径中设置了该程序的路径，系统才能够找到该程序的可执行文件，并执行该程序。没有设置系统路径的程序，直接执行时，系统会提示找不到该可执行文件。

3. 切换窗口程序

当系统运行了多个程序或打开了多个文件后，如果希望在不同的程序之间切换，可以通过以下几种方法：

（1）在任务栏上单击相应的程序按钮即可将该程序切换到当前程序，其他程序均成为后台程序；

（2）用 Alt＋Tab 组合键切换窗口：选择切换；

（3）用 Alt＋Esc 组合键切换窗口：依次切换；

（4）用 Windows＋Tab 组合键切换窗口：3D 效果切换。

4. 查看程序运行状态

程序一旦得到了运行，会在系统中创建相应的进程，如果希望查看程序和进程的运行状态，可以通过以下几种方法：

（1）按 Ctrl＋Alt＋Del 组合键进入任务管理器，在"应用程序"标签中可以看到系统运行的所有程序和当前的状态；

(2) 进入"进程"标签可以查看所有进程，以及其占用 CPU 和内存的情况；

(3) 进入"性能"标签可以查看当前系统的 CPU 和内存使用情况。

5. 退出程序

当程序或文件使用完毕，用户需要将其关闭，以释放系统的内存和其他资源，退出程序的方法有以下几种：

(1) 单击程序窗口右上角的"关闭"按钮；

(2) 执行"文件"菜单中的"退出"命令；

(3) 鼠标在任务栏上右击程序图标，在菜单中选择"关闭"命令；

(4) 按 Alt＋F4 组合键，关闭当前程序；

(5) 在任务管理器中，选择该程序，执行"结束任务"命令。

6. 卸载程序

当程序不再使用时，一定要通过卸载的方式将其从系统中删除，如果仅仅将其包含的文件删除，有时候会在系统中遗留一些垃圾，甚至破坏系统的正常运行。卸载程序的方法有：

(1) 在安装的程序自带了卸载程序时，在"开始"→"所有程序"中找到该程序所在的文件夹，执行卸载程序即可；

(2) 如果安装的程序没有自带"卸载"程序，进入控制面板的"程序和功能"窗口，选中并单击该程序后，执行"卸载"操作。

7. 实验作业

(1) 找到实验素材中"Chrome 浏览器"的安装文件，执行文件，安装 Chrome 浏览器。

(2) 在资源浏览器中找到某个 htm 文件或 html 文件，设置打开方式为"Chrome 浏览器"；在系统中找到另外一个 html 文件，双击该文件，验证程序打开方式设置的效果。

(3) 卸载火狐浏览器软件。

(4) 找到一个 U 盘，链接到计算机的 USB 接口上，观察计算机安装该设备的过程。

(5) 卸载该设备。

习　题

1. 什么是操作系统？它的作用是什么？

2. 操作系统的发展历程可以分为哪几个阶段？并分析各个阶段的主要特征。

3. 推动操作系统发展的因素是什么？

4. 什么是批处理系统？

5. 简述多道程序设计机制及其解决的问题。

6. 什么是分时机制？

7. 简述操作系统的 5 大功能。

8. 存储管理的目的是什么？目前有哪几种存储管理机制？

9. 什么是嵌入式操作系统？它的主要特点是什么？

第3章　计算机网络及应用

计算机网络是计算机技术与通信技术相互结合而形成的一门交叉学科,是当今计算机应用的发展方向和热点之一。

3.1　计算机网络基础知识

计算机网络是把分布在不同地域的计算机通过专用外部设备与通信线路互联成的一个规模大、功能强的网络系统。通过网络,可以使众多的计算机互相传递信息,共享硬件、软件、信息等资源。

3.1.1　计算机网络的概念

通常,人们将计算机网络简单地理解为一些相互连接的、以共享资源为目的的、自治的计算机的集合。因此,将独立功能的计算机相互连接以实现资源共享,就成为了计算机网络发展的最初形式,其结构如图 3.1 所示。

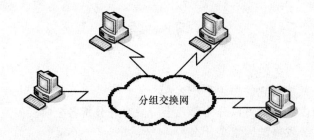

图 3.1　以通信子网为中心的计算机网络

随着计算机和网络技术的飞速进步,逐步形成了以互联网为主要表现形式的计算机网络。互联网是"网络的网络"(network of networks),它由若干网络节点(node)和连接节点的链路(link)组成。其中,网点节点是网络连接的端点或两条(或多条)线路的连接点,节点可以是处理器、控制器或工作站;链路是从一个节点到相邻节点的一段物理线路,可以是同轴链路、无线电链路、宽频带链路等。具有多种连接方式的互联网如图 3.2 所示。

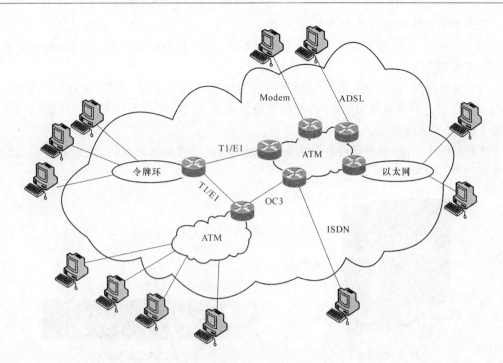

图 3.2 多种连接方式的互联网

3.1.2 计算机网络的组成

计算机网络主要由多个计算机及通信设备组成,下面分别介绍相关物理设备。

1. 网络主机设备

连接在互联网上的计算机称为主机(host)。主机可以是巨型机、小型机、微型机、笔记本计算机,甚至是掌上计算机(PDA,Personal Digital Assistant)或者平板计算机(Tablet PC,Flat PC,Tablet,Slates)。其中,掌上计算机是一种用于辅助个人工作的数字工具,包括记事、通讯录、名片交换及行程安排等功能;平板计算机是一种小型、方便携带、以触摸屏作为基本输入设备的个人计算机。笔记本计算机、掌上计算机和平板计算机如图 3.3 所示。

(a) 笔记本计算机 (b) 掌上计算机 (c) 平板计算机

图 3.3 微型计算机设备

在计算机网络中,服务器是一种运行管理软件以控制对网络或网络资源(如磁盘驱动器、打印机等)进行访问的计算机。相对于普通个人计算机来说,服务器在稳定性、安全性、性能等方面都要求更高。与服务器相对应,其他的网络计算机被称作网络工作站,简称工作站(或者客户机)。

服务器有以下多种分类方式：

(1) 按应用层次,服务器可以分为入门级服务器、工作组级服务器、部门级服务器和企业级服务器四类。

(2) 按照使用用途,服务器可以分为通用型服务器和专用型(或称"功能型")服务器。当前大多数服务器是通用型服务器;专用型服务器是专门为某一种或某几种功能专门设计的服务器,如光盘镜像服务器等。

(3) 按机箱结构,服务器可以分为台式服务器、机架式服务器、刀片式服务器和机柜式服务器四类,其结构如图 3.4 所示。

(a) 台式服务器

(b) 机架式服务器

(c) 刀片式服务器

(d) 机柜式服务器

图 3.4 服务器机箱结构

2. 网络适配器

网络适配器又称网卡或网络接口卡(NIC),是提供通信网络与计算机相连的接口,其物理形态如图 3.5 所示。有线网卡插在计算机主板插槽中,负责将用户要传递的数据转换为网络上其他设备能够识别的格式,并通过网络介质传输。网卡的主要技术参数为带宽、总线方式、电气接口方式等。

(a) 有线网卡

(b) 无线网卡

(c) 3G网卡

图 3.5 网络适配器

3. 网络互联设备

网络互联设备包括网络传输介质、网络物理层互联设备、数据链路层互联设备、网络层互联设备和应用层互联设备五类,下面分别介绍。

(1) 网络传输介质

计算机网络传输介质主要有双绞线、同轴电缆、光导纤维及无线通信等,其连接接口可以是屏蔽或非屏蔽双绞线连接器 RJ-45、RS-232 接口、T 型连接器、调制解调器等,其物理结构如图 3.6 所示。一般来说,局部范围内的中、高速局域网中使用双绞线、同轴电缆等;在对网络速度要求很高的场合下(如视频会议)会采用光纤;在远距离传输中使用光纤或卫星通信线路;在有移动节点的网络中采用无线通信。

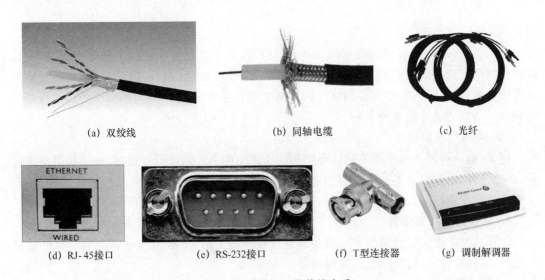

(a) 双绞线　　　　　(b) 同轴电缆　　　　　(c) 光纤

(d) RJ-45接口　　　(e) RS-232接口　　　(f) T型连接器　　　(g) 调制解调器

图 3.6　计算机网络传输介质

(2) 网络物理层互联设备

中继器是局域网互联最简单的设备,它接收并识别网络信号,然后再生信号并将其发送到网络的其他分支上。网络集线器(hub)是有多个端口的中继器。中继器和网络集线器的外观如图 3.7 所示。

(a) 中继器　　　　　　　　　　　(b) 集线器

图 3.7　中继器和集线器

集线器是一种"共享"设备,集线器不能识别目的地址,数据包在以集线器为架构的网络

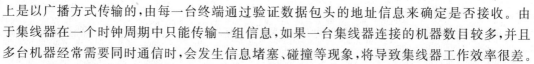

上是以广播方式传输的,由每一台终端通过验证数据包头的地址信息来确定是否接收。由于集线器在一个时钟周期中只能传输一组信息,如果一台集线器连接的机器数目较多,并且多台机器经常需要同时通信时,会发生信息堵塞、碰撞等现象,将导致集线器工作效率很差。

(3) 数据链路层互联设备

网络交换机(switch)通过对信息进行重新生成,并经过内部处理后转发至指定端口,具

备自动寻址能力和交换作用。与集线器的广播方式相比,网络交换机能够根据所传递信息包的目的地址,将每一信息包独立地从源端口送至目的端口,从而避免了和其他端口发生碰撞。网络交换机的外观结构如图3.8所示。

图3.8　网络交换机

(4) 网络层互联设备

路由器(router)是属于网络层的一种互联设备,用于连接多个逻辑上分开的网络,可以在多个网络上交换和路由数据包。路由器接收源站或其他路由器的信息,具有判断网络地址和选择路径的功能,能够在多网络互联环境中建立灵活的连接,并可用完全不同的数据分组和介质访问方法连接各种子网。

(5) 应用层互联设备

网关(gateway)是在采用不同体系结构或协议的网络之间进行互通时,用于提供协议转换、路由选择、数据交换等网络兼容功能的设施。应用网关在应用层上进行协议转换,主要功能是对数据重新分组,以便在两个不同类型的网络系统之间进行通信。

4. 其他网络共享设备

计算机网络中还包括网络共享设备和连接服务器上的、供整个网络使用的其他外部硬件设备,这些设备包括打印机、绘图仪等。

5. 网络软件

网络软件是指在网络环境下管理网络内各种资源的软件。网络软件包括通信支撑平台软件、网络服务支撑平台软件、网络应用支撑平台软件、网络应用系统、网络管理系统以及用于特殊网络站点的软件等。

3.1.3　计算机网络拓扑结构

计算机网络拓扑结构是指网络中各台计算机连接的形式和方法,主要的结构形式有总线型拓扑结构、星型拓扑结构、环型拓扑结构和树型拓扑结构,如图3.9所示。

(1) 总线型拓扑结构是指网络中所有节点都是通过总线进行信息传输的,作为总线的通信连线可以是同轴电缆、双绞线、扁平电缆。总线型拓扑结构的优点是网络简单、可扩充性能好、可靠性高、网络响应速度快、共享资源能力强、设备投入量少、成本低、安装使用方便,是最普遍使用的一种网络;缺点是由于所有节点通信均通过一条共用的总线,所以实时性较差。

(2) 星型拓扑结构是指网络中各节点都与中心节点连接,呈辐射状排列在中心节点周围,网络中任意两个节点的通信都要通过中心节点转接。星型结构的优点是传输速度快、建网容易、便于控制和管理;缺点是网络可靠性低,网络共享能力差,并且一旦中心节点出现故障则导致全网瘫痪。

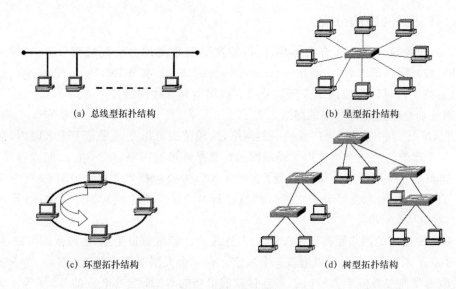

图 3.9　计算机网络拓扑结构

（3）环型拓扑结构是将各节点首尾相连形成一个闭合的环,环中的数据沿着一个方向绕环逐站传输。环型拓扑的优点是系统中通信设备和线路比较节省:由于在网中信息按照固定方向单向流动,两个工作站节点之间仅有一条通路,因此,系统中无信道选择问题;缺点是由于环路是封闭的,网络中的任意一个节点或一条传输介质出现故障都将导致整个网络故障,并且系统响应延时长、信息传输效率相对较低。

（4）树型拓扑结构由总线型拓扑演变而来,其结构图看上去像一棵倒挂的树:树的最上端节点叫根节点,一个节点发送信息时,根节点接收该信息并向全树广播。树型拓扑的优点是易于扩展与故障隔离;缺点是对根节点依赖性大。

在实际的网络结构中,往往是上述拓扑结构的综合,这一类网络拓扑也称为混合型网络拓扑。例如,图 3.10 是一个混合型网络拓扑结构示例。

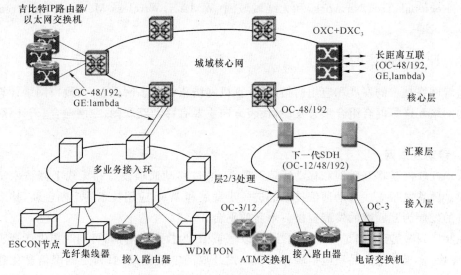

图 3.10　混合型网络拓扑结构示例

3.1.4 计算机网络的分类

计算机网络的分类方式有很多种，可以按照空间距离划分为局域网（LAN，Local Area Network）、城域网（MAN，Metropolitan Area Network）、广域网（WAN，Wide Area Network）和互联网（因特网）；可以按照网络介质划分为有线网络和无线网络。

下面分别介绍这几种常用的网络：

- LAN 是当前应用最为广泛的一种网络，地理范围可以是几米至十千米以内，常位于一个建筑物或一个单位内。局域网的特点是连接范围窄、用户数少、配置容易、连接速率高。国际标准委员会定义了多种 LAN，主要包括以太网（Ethernet）、令牌环网（Token Ring）、光纤分布式接口网络（FDDI）、异步传输模式网（ATM）以及无线局域网（WLAN）等。

- MAN 连接的网络距离比 LAN 更长，连接的计算机数量更多，地理范围可以在 10～100 千米之间，通常可以覆盖一个城市。在一个大型城市或都市地区，一个 MAN 网络通常连接着多个 LAN 网，如连接政府机构的 LAN、公司企业的 LAN 等。城域网多采用 ATM 技术做骨干网。

- WAN 也称远程网，覆盖的范围比城域网更为广阔，地理范围可从几百千米到几千千米，实现了不同城市之间的局域网或者城域网的网络互联。因为距离较远，信号衰减比较严重，所以通常需要租用专线，构成网状结构以形成网络互联。

- 因特网又称"万维网"，是当前最大的一种网络，实现了全球计算机的互联。互联网的特点包括信息量大、传播范围广等。

- 有线网络是指采用网线这种物理连接设备来连接的计算机网络。常用的有线连接介质包括同轴电缆、双绞线、光线。

- 无线网络是采用空气作传输介质，依靠电磁波作为载体来传输数据的计算机网络。常用的无线电技术包括红外线技术、射频技术等。无线网络可以进一步划分为无线个人网（WPAN，Wireless Personal Area Network）、无线区域网（WRAN，Wireless Regional Area Network）和无线城域网（WMAN，Wireless Metropolitan Area Network）。

3.1.5 计算机网络的发展

随着网络技术的发展和应用的拓展，计算机网络正朝着多网融合、大规模网络计算和复杂异构网络互连等混合组合形态发展，代表方向主要有移动互联网、三网融合、云计算、物联网等。

1. 移动互联网

移动互联网是将互联网和移动通信网融合，通过移动通信设备和无线上网技术实现数据交换。随着宽带无线移动通信技术的进一步发展和 Web 应用技术的不断创新，移动互联网业务的发展为互联网的发展提供一个新的平台。

在我国，移动互联网是一个全国性的、以宽带 IP 为技术核心的，可同时提供话音、传真、数据、图像、多媒体等高品质电信服务的新一代开放的电信基础网络，是国家信息化建设的重要组成部分。移动互联网应用是从短消息服务开始的，目前还包括移动环境下的网页浏览、文件下载、位置服务、在线游戏、视频浏览和下载等众多业务。

通常,移动互联网的代际划分如表 3.1 所示。

表 3.1 移动互联网代际划分

代际	1G	2G	2.5G	3G	4G
信号	模拟	数字	数字	数字	数字
制式		GSM、CDMA	GPRS	WCDMA、CDMA2000、TD-SCDMA	TD-LTE
主要功能	语音	数据	窄带	宽带	广带
典型应用	通话	短信/彩信	蓝牙	多媒体	高清

移动互联网业务的特点主要包括以下四点:

(1) 连接具有移动性:移动终端具有随身携带和随时使用的特点,这使得用户可以在移动状态下接入和使用互联网服务。

(2) 使用具有局限性:在终端方面,移动互联会受到终端大小、处理能力、电池容量等限制;在网络方面,移动互联会受到无线网络传输环境、技术能力等因素限制。

(3) 应用关联性强:由于移动互联网业务受到了网络及终端能力的限制,因此,其业务内容和形式也需要适合特定的网络技术规格和终端类型。

(4) 业务私密性高:在使用移动互联网业务时,常常与使用者的身份密切相关,所使用的内容和服务私密性强,对于安全性要求更高。

目前,移动互联网业务形式主要包括:

(1) 信息获取,如网络搜索服务、网络新闻服务等;

(2) 商务交易,如网络购物服务、网上支付服务、网络预订服务等;

(3) 交流沟通,如即时通信服务、博客服务(包括手机微博客)等;

(4) 网络娱乐,如网络游戏服务、网络文学服务、网络视频服务等。

2. 三网融合

三网融合是指在电信网、广播电视网、互联网三大网络在向宽带通信网、数字电视网、下一代互联网演进过程中,由于技术功能逐渐趋于一致、业务范围趋于相同,为实现不同网络互联互通、资源共享,为用户提供语音、数据和广播电视等多种服务,三者逐步整合成为统一的信息通信网络。三网融合应用广泛,遍及智能交通、环境保护、政府工作、公共安全、平安家居等多个领域。

三网融合并不意味着三大网络的物理合一,而主要是指高层业务应用的融合。三网融合的难点在于:

(1) 在技术层面上标准不统一,需要确定共同认可的网络架构、技术标准和通信协议,才能在网络层面形成无缝覆盖、实现互联互通;

(2) 互联过程中存在关键技术难题,不同特性的网络互联面临着标准兼容性、服务质量控制、网络管理和安全性方面的一系列问题,需要逐步解决和完善;

(3) 业务提供商之间存在经营合作与业务竞争,由于业务层面上互相渗透、交叉和重新整合,必然带来工作方式、业务流程和各方面利益的调整;

(4) 在行业管制和政策方面应该逐步趋向统一,这就要求突破体制或政策上的壁垒。

当前,我国三网融合的两大阶段性目标分别为:2010—2012 年,重点开展广电和电信业务双向进入试点;2013—2015 年,全面实现三网融合发展,基本形成适度竞争的网络产业格局。我国三网融合布局如图 3.11 所示。

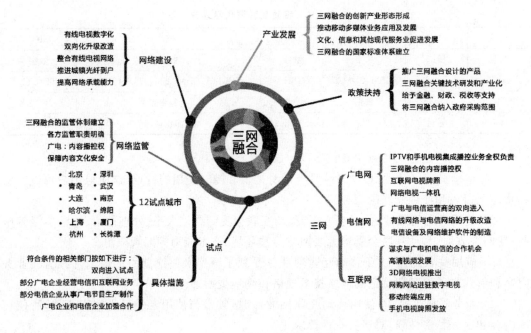

图 3.11　我国三网融合布局

3. 云计算

随着电子技术和计算机技术的发展,信息系统的计算模式也不断探索发展,目前其典型代表是云计算。云计算(Cloud Computing)是基于互联网的服务使用和交付模式,通常涉及通过互联网来提供动态易扩展的(虚拟化)资源。云计算是网格计算(Grid Computing)、分布式计算(Distributed Computing)、并行计算(Parallel Computing)、效用计算(Utility Computing)、网络存储(Network Storage Technologies)、虚拟化(Virtualization)、负载均衡(Load Balance)等传统计算机和网络技术发展融合的产物。

从商业角度看,云计算的意义在于将信息系统从传统的设备销售模式为主朝着以提供信息系统服务为主的商业模式转变;从技术角度看,云计算对大型复杂信息系统的运营和维护提出了更高的要求,将极大地促进复杂信息系统管理和信息安全防护相关技术的发展;从实现角度看,云计算要求整合多样、异构的资源(包括计算资源、存储资源、传输资源和信息资源等)提供高效、便捷的按需服务,将促进相关服务整合,进一步提高服务质量。

通常,云计算架构由基础设施即服务(IaaS,Infrastructure-as-a-Service)、平台即服务(PaaS,Platform-as-a-Service)和软件即服务(SaaS,Software-as-a- Service)三层架构组成,其架构如图 3.12 所示。

(1) 基础设施即服务(IaaS):是指将计算机基础设施作为一种服务提供给用户。

(2) 平台即服务(PaaS):是指将服务器平台或者软件开发平台作为一种服务提供给用户。

(3) 软件即服务(SaaS):是指将软件作为一种服务提供给用户,用户无须购买软件,而是向提供商租用基于 Web 的软件来管理企业经营活动。

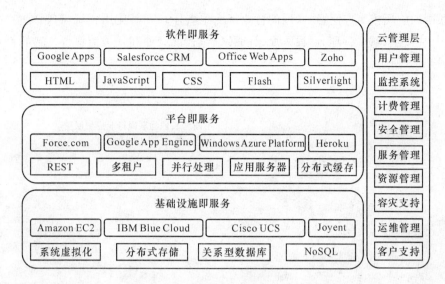

图 3.12 云计算架构

4. 物联网

物联网(IoT,Internet of Things 或 Web of Things)就是物物相连的互联网。物联网可以描述为通过射频识别、红外感应器、全球定位系统、激光扫描器等信息传感设备,按约定的协议把任何物品与互联网相连接,进行信息交换和通信,以实现对物品的智能化识别、定位、跟踪、监控和管理的一种网络。其目的是实现物与物、物与人、所有的物品与网络的连接,方便识别、管理和控制。

显然,物联网是一个基于互联网、传统电信网等信息承载体,让所有能够被独立寻址的普通物理对象实现互联互通的网络。它具有普通对象设备化、自治终端互联化和普适服务智能化等三个重要特征。

具体说来,物联网可以细化为四类:

(1) 私有物联网(Private IoT):面向单一机构内部提供服务;

(2) 公有物联网(Public IoT):基于互联网向公众或大型用户群体提供服务;

(3) 社区物联网(Community IoT):向一个关联的"社区"或机构群体(例如一个城市政府下属的各委办局)提供服务;

(4) 混合物联网(Hybrid IoT):是上述的两种或以上的物联网的组合,但后台有统一运维实体。

从技术架构上来看,物联网可分为三层:感知层、网络层和应用层。

- 感知层:由各种传感器和传感器网关组成,包括具有不同感知功能的传感器(如温度传感器)、二维码标签、RFID 标签、标签读写器、摄像头、GPS 等不同形式的感知终端。感知层的主要功能是识别物体和采集信息。

- 网络层:由私有网络、互联网、有线和无线通信网、网络管理系统和云计算平台等组成。网络层的主要功能是传递和处理感知层获取的信息。

- 应用层:是物联网和用户(包括人、组织和其他系统)的接口,它与行业需求相结合,实现物联网的应用。

物联网的应用极为广泛,物联网的行业特性主要体现在其应用领域,包括绿色农业、工业监控、公共安全、城市管理、远程医疗、智能家居、智能交通和环境监测等。物联网应用示意图如图 3.13 所示。

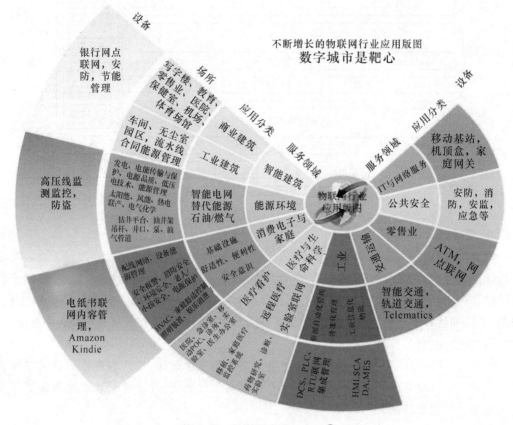

图 3.13　物联网应用示意图①

3.2　网　络　协　议

网络协议(network protocol)是指为计算机网络中进行数据交换而建立的规则、标准或约定的集合。网络协议由语法(syntax)、语义(semantics)、同步(timing)三要素组成:

- 语法涉及数据及控制信息的格式、编码及信号电平等;
- 语义涉及用于协调与差错处理的控制信息;
- 同步涉及速度匹配和排序等。

---

①　周洪波.物联网技术、应用、标准和商业模式.北京:电子工业出版社,2011.

3.2.1 开放系统互联结构模型

计算机网络是随着用户的需要而逐步发展起来的一个复杂系统,由于缺乏统一规范,产生了多种不同的网络系统和网络协议,这给不同网络的互连互通造成了很大困难。为此,国际标准化组织(ISO,International Standardization Organization)于 1981 年推出"开放系统互联结构模型",即 OSI(Open System Interconnection)标准。目标是希望消除不同系统之间因协议不同而造成的通信障碍,使得不同的网络系统在互联网范围内可以不需要专门的转换装置就能够进行通信。

OSI 标准包括体系结构、服务定义和协议规范三级抽象:

- OSI 的体系结构定义了一个七层模型,用以进行进程间的通信,并作为一个框架来协调各层的标准;
- OSI 的服务定义描述了各层所提供的服务,层与层之间的抽象接口和交互用的服务原语;
- OSI 的协议规范定义了在七层模型的每一层中发送何种控制信息,以及用何种过程解释该控制信息。

OSI 七层模型从上到下分别为应用层(Application Layer)、表示层(Presentation Layer)、会话层(Session Layer)、传输层(Transport Layer)、网络层(Network Layer)、数据链路层(Data Link Layer)和物理层(Physical Layer),其结构如图 3.14 所示。

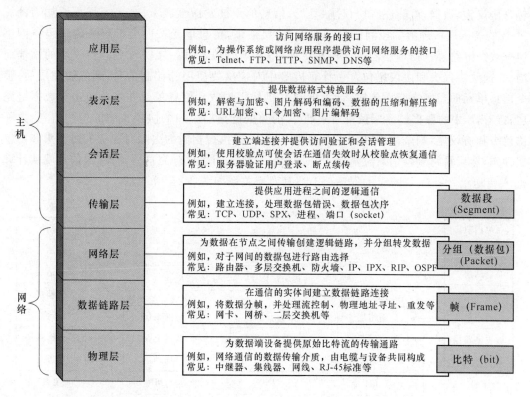

图 3.14　OSI 七层参考模型

OSI 七层参考模型中各层的分工如下:

(1) 应用层:是开放系统互连环境最高层,作用是为应用程序(如电子邮件、文件传输和终端仿真)提供网络服务。

(2) 表示层:为应用层用户提供数据或信息的语法表示变换,作用是将计算机内部的表示形式转换成网络通信中标准表示形式,还提供数据压缩和加密等表示变换功能。

(3) 会话层:为主机进程间通信建立数据传输通路,作用是在主机之间建立、保持和同步会话。会话层描述的主机上进程间通信称做会话(session)。

(4) 传输层:定义了传输数据的协议和端口号(如 WWW 的 80 端口),作用是将数据进行分段和传输,到达目的地址后再进行重组。运输层数据称做段(segment)。

(5) 网络层:定义了网络链路上数据包的特性,作用是为处于不同地理位置的网络中的两个主机系统之间提供连接和路径选择。网络层数据称做分组(packet)。

(6) 数据链路层:定义了格式化数据的传输方法,作用是控制对物理介质的访问、提供错误检测和纠正以确保数据的可靠传输。链路层数据称做帧(frame)。

(7) 物理层:定义了物理设备标准,如网线的接口类型、光纤的接口类型、各种传输介质的传输速率等,作用是传输比特流。物理层数据称做比特(bit)。

当两个端系统进行通信(即数据在两台计算机的应用程序之间传递)时,数据需要在 OSI 协议各层间传送,每一层都可以在数据上增加协议头和协议尾,协议头包含了有关层与层间的通信信息。例如,计算机 A 上的应用程序要将信息发送到计算机 B 上的应用程序:计算机 A 的应用层通过在数据上添加协议头和计算机 B 的应用层通信,所形成的信息单元包含协议头、数据,可能还有协议尾;然后,信息单元被发送至表示层,表示层再添加为计算机 B 的表示层所理解的控制信息的协议头;接下来,信息单元按照会话层→传输层→网络层→数据链路层→物理层的顺序依次传递,信息单元随着每一层协议头和协议尾的添加而增加,这些协议头和协议尾包含了计算机 B 中对应层要使用的控制信息;到达物理层后,整个信息单元通过网络介质传输;计算机 B 中的物理层收到信息单元并将其传送至数据链路层;接着,B 中的数据链路层读取计算机 A 的数据链路层添加的协议头中的控制信息,去除协议头和协议尾,剩余部分被传送至网络层;每一层执行相同的去除对应层的协议头和协议尾动作,然后再将剩余信息发送至上一层;最后,当应用层执行完这些动作后,信息就从计算机 A 传送给计算机 B 的应用程序。上述其对应关系如图 3.15 所示。

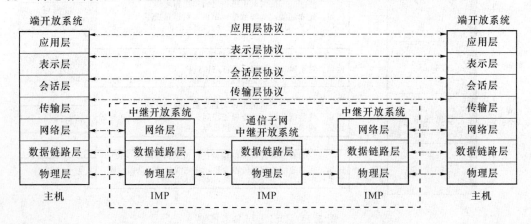

图 3.15　端开放系统互连时的层对应关系

　　OSI 是一个规范化的网络协议逻辑参考模型,不是一个实际的物理模型。OSI 根据网络系统的逻辑功能对每一层规定了功能、要求、技术特性等,但没有规定具体的实现方法:网络开发者可以据此开发自己的网络系统,制定符合自己要求的网络协议;同时,网络用户也可以参考该标准来考察现有网络系统和分析网络协议。

3.2.2　传输控制协议/网际协议

　　OSI 七层模型是一个网络协议逻辑参考模型,当前,事实上的计算机网络工业标准是传输控制协议/网际协议模型(TCP/IP,Transmission Control Protocol/Internet Protocol)。TCP/IP 模型自顶向下包括应用层、传输层、网际层和网络接口层四层,每一层中包含了若干协议,TCIP/IP 四层结构包含的全体协议称为 TCP/IP 协议族,其模型结构如图 3.16 所示。数据报在 TCP/IP 各层的格式如图 3.17 所示。

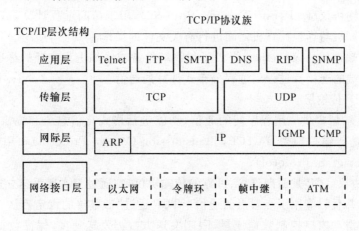

图 3.16　TCP/IP 模型

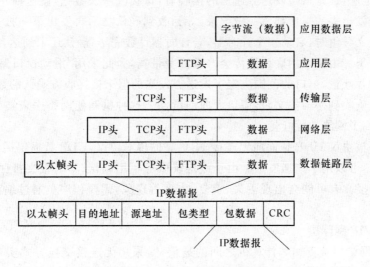

图 3.17　TCP/IP 数据报格式

　　(1) TCP/IP 应用层

　　TCP/IP 应用层是面向用户的服务,向用户提供一组常用的应用程序。应用层主要包括的协议如下：

- 超文本传输协议(HTTP,HyperText Transfer Protocol)是因特网上应用最为广泛的一种网络协议,最初设计目标是为了提供一种发布和接收 HTML 页面的方法。HTTP 协议详细规定了浏览器和因特网服务器之间互相通信的规则。HTTP 工作在 TCP/IP 协议体系中的 TCP 协议上。
- 安全超文本传输协议(HTTPS,HyperText Transfer Protocol over Secure Socket Layer 或 HTTP over SSL)是 HTTP 协议的安全版本。
- 简单邮件传送协议(SMTP,Simple Mail Transfer Protocol),用于发送电子邮件。
- 邮局协议(POP3,Post Office Protocol, version 3),用于接收电子邮件。
- 域名服务(DNS,Domain Name Service),提供域名到 IP 地址的转换,允许对域名资源进行分散管理。
- 文件传输协议(FTP,File Transfer Protocol),用于访问远程计算机,使用户可以在本地计算机与远程计算机之间进行有关文件的操作。
- 远程终端访问协议 Telnet,提供了与终端设备或终端进程交互的标准方法,支持终端到终端的连接及进程到进程分布式计算的通信。

(2) TCP/IP 传输层

TCP/IP 传输层提供应用程序间的通信,功能包括格式化信息流和提供可靠传输。传输层主要协议是传输控制协议(TCP,Transmission Control Protocol)和用户数据报协议(UDP,User Datagram Protocol)。

传输控制协议 TCP 是面向连接、可靠的传输协议,它通过三次握手建立连接,通信完成时要拆除连接,并且只能用于点对点的通信。TCP 通过"带重传的肯定确认"技术保证传输的可靠性,利用滑动窗口控制数据流量,限制发送方数据发送速度,保证数据传输可靠性。"带重传的肯定确认"是指与发送方通信的接收者,每接收一次数据,就送回一个确认报文,发送者对每个发出去的报文都留一份记录,等到收到确认之后再发出下一报文分组。发送者发出一个报文分组时,启动一个计时器,若计时器计数完毕,确认还未到达,则发送者重新发送该报文分组。由于采用确认重传会严重浪费带宽,为此采用"滑动窗口"流量控制机制来提高网络的吞吐量,窗口的范围决定了发送方发送的但未被接收方确认的数据报的数量。每当接收方正确收到一则报文时,窗口便向前滑动。这种机制使网络中未被确认的数据报数量增加,提高了网络的吞吐量。

用户数据报协议 UDP 是面向无连接、不可靠的传输协议,UDP 数据包括目的端口号和源端口号信息,可以用于广播发送。由于该协议服务不用确认、不对报文排序、也不进行流量控制,UDP 报文有可能会出现丢失、重复、失序等现象,需要程序员通过编程验证来保证数据的可靠性。

(3) TCP/IP 网际层

TCP/IP 网络层负责相邻计算机之间的通信,是采用无连接交换方式实现互连网络环境下的端到端数据分组传输。网际层的主要功能包括基于无连接的数据传输、路由选择、拥塞控制和地址映射等。

TCP/IP 的网际层中协议主要包括：

- 网际协议(IP,Internet Protocol),是网络层的核心,作用是通过互联网传送数据报。

IP 不保证服务的可靠性,在主机资源不足的情况下,它可能丢弃某些数据报,同时,IP 也不检查被数据链路层丢弃的报文。在数据传送时,IP 将来自于传输层的数据封装为互联网数据报,并交给链路层协议通过局域网传送。若目的主机在本网中,IP 直接将数据报传给目的主机;否则,IP 通过路由器将数据报传送到目的主机或下一个路由器。

- 网际控制报文协议(ICMP,Internet Control Message Protocol),是网络层的补充,可以回送报文,用来检测网络是否通畅。例如,ping 命令就是发送 ICMP 的 echo 包,通过回送的 echo relay 进行网络测试。

- 地址转换协议(ARP,Address Resolution Protocol),正向地址解析协议,用于实现将 IP 地址(在国际范围标识主机的一种逻辑地址)转换为相应物理地址。例如,以太网环境中,为了正确地向目的站传送报文,必须把目的站的 32 位 IP 地址转换成 48 位以太网目的地址。在进行报文发送时,如果源网络层报文只有 IP 地址,没有以太网地址,则网络层广播 ARP 请求以获取目的站信息,目的站必须回答该请求。ARP 使主机可以找出同一物理网络中任一个物理主机的物理地址,从而实现网络的物理编址对网络层服务透明。

- 反向地址转换协议(RARP,Reverse ARP),反向地址解析协议,通过 MAC 地址确定 IP 地址。RARP 用于一种特殊情况,如果站点初始化以后,只有自己的物理地址而没有 IP 地址,则它可以通过 RARP 协议,发出广播请求,征求自己的 IP 地址,而 RARP 服务器则负责回答。RARP 广泛用于获取无盘工作站的 IP 地址。

(4) TCP/IP 网络接口层

TCP/IP 的网络接口层中详细定义了如何通过网络实际发送数据,包括直接与网络接触的硬件设备(如同轴电缆、光纤或双绞铜线)如何将比特流转换成电信号。网络类型包括以太网(Ethernet)、令牌环(Token Ring)、光纤数据分布接口(FDDI)、端对端协议(PPP)、X.25、帧中继(Frame Relay)、ATM、RS-232、v.35 等。

3.2.3　OSI 参考模型与 TCP/IP 模型关系

TCP/IP 模型与 OSI 参考模型的对应关系如图 3.18 所示。

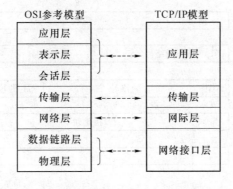

图 3.18　TCP/IP 模型与 OSI 参考模型的对应关系

TCP/IP 模型协议族和 OSI 参考模型关系如表 3.2 所示。

表 3.2　TCP/IP 模型协议族和 OSI 参考模型关系

OSI 层次	功能	TCP/IP 协议族
应用层	文件传输,电子邮件,文件服务,虚拟终端	TFTP, HTTP, HTTPS, SNMP, FTP, SMTP, DNS, RIP, Telnet
表示层	数据格式化,代码转换,数据加密	没有协议
会话层	解除或建立与别的节点联系	没有协议
传输层	提供端对端的接口	TCP,UDP
网络层	为数据包选择路由	IP,ICMP,ARP,RARP,BGP,IGMP
数据链路层	传输有地址的帧以及错误检测功能	SLIP,CSLIP,PPP,MTU,ARP,RARP
物理层	以二进制数据形式在物理媒体上传输数据	ISO 2110,IEEE 802,IEEE 802.2

3.2.4　IP 地址和域名

网际协议地址(IP 地址)标识因特网上主机位置。因特网上的每一台计算机都被赋予一个世界上唯一的 32 位二进制地址,称为 IP 地址(Internet Protocol Address),这一地址可用于与该计算机有关的全部通信。

为了方便,32 位二进制位以"点分十进制(Dotted Decimal)"方法来表示,即每 8 位为一单位、组成四组十进制数字形式,每段数字范围为 0～255,段与段之间用句点隔开。例如,某台计算机的 IP 地址为 11001010 01110110 01000000 00000010,则写成点分十进制表示形式是 202.118.64.2。

为了便于寻址以及将网络层次化,IP 地址分成两部分:网络地址和主机地址。相应地,每个 IP 地址包括两个标识码(ID),即网络 ID 和主机 ID。同一个物理网络上的所有主机都使用同一个网络 ID,每一个主机(包括网络工作站、服务器和路由器等)都有一个唯一的主机 ID 与其对应。IP 地址根据网络 ID 的不同分为 5 种类型:A 类地址、B 类地址、C 类地址、D 类地址和 E 类地址,其结构如图 3.19 所示。

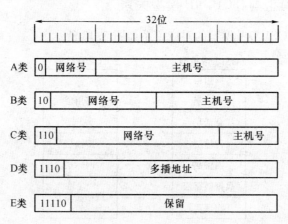

图 3.19　IP 地址分类

其中,A、B、C 3 类 IP 地址在全球范围内统一分配,D、E 类为特殊地址。其分配如表 3.3所示。

表 3.3　A、B、C 类地址分配表

网络类别	最大网络数	第一个可用网络号	最后一个可用网络号	每个网络中最大主机数
A	126	1	126	16 777 214
B	16 382	128.1	191.255	65 534
C	2 097 150	192.0.1	223.255.255	254

A 类 IP 地址：由 1 字节网络地址和 3 字节主机地址组成，网络地址的最高位必须是"0"，地址范围从 1.0.0.1 到 126.255.255.254。可用的 A 类网络有 126 个，每个网络能容纳 1 600 多万台主机。

B 类 IP 地址：由 2 字节网络地址和 2 字节的主机地址组成，网络地址的最高位必须是"10"，地址范围从 128.1.0.1 到 191.254.255.254。可用的 B 类网络有 16 382 个，每个网络能容纳 6 万多台主机。

C 类 IP 地址：由 3 字节网络地址和 1 字节主机地址组成，网络地址的最高位必须是"110"，地址范围从 192.0.1.1 到 223.255.254.254。可用的 C 类网络 209 万余个，每个网络能容纳 254 台主机。

D 类 IP 地址：以"1110"开始，是一个保留地址，用于多点广播（Multicast）。多点广播地址用来一次寻址一组计算机，它标识共享同一协议的一组计算机。

E 类 IP 地址：以"11110"开始，为将来使用保留。

全零（"0.0.0.0"）地址对应于当前主机。全 1 的 IP 地址（"255.255.255.255"）是当前子网的广播地址。

为了快速确定 IP 地址的网络号和主机号，判断两个 IP 地址是否属于同一网络，产生了子网掩码。子网掩码是一个 32 位二进制地址，按照 IP 地址格式给出，A、B、C 类的子网掩码为：A：255.0.0.0；B：255.255.0.0；C：255.255.255.0。

例如，10.65.96.1 是 A 类 IP 地址，默认的子网掩码是 255.0.0.0；202.10.138.6 和 202.10.138.95 是 C 类 IP 地址，默认的子网掩码是 255.255.255.0。

查看主机 IP 可以在"控制台"界面中输入"ipconfig /all"，可以显示主机的 IP 地址、网关、子网掩码等详细信息。

因特网的迅猛发展使得网络上现有的 IP 地址数量不足以满足为每一个网络用户分配网络地址，为此，提出了动态主机配置协议（DHCP，Dynamic Host Configure Protocol）。DHCP 属于 TCP/IP 协议族，主要用于为网络主机分配动态 IP 地址：当计算机 A 联网时，DHCP 服务器从地址池中为 A 临时分配一个 IP 地址（每次上网分配的 IP 地址可能会不同，与当时 IP 地址资源使用情况有关）；当 A 不再连网时，DHCP 服务器可能把这个地址重新分配给新联网的其他计算机。DHCP 可以有效节约 IP 地址，提高 IP 地址的使用率。

IP 地址能够唯一地标识网络上的计算机从而实现信息共享，但是由于用户记忆这类数字型 IP 地址十分不方便，于是发明了域名地址，将域名和 IP 地址一一对应。如百度的 IP 地址是 220.181.111.111，对应域名地址为 www.baidu.com。域名地址信息存放在域名服务器（DNS，Domain Name Server）中，使用者只需知道易记的域名地址，由 DNS 实现将域名地址转换为 IP 地址，从而就可以实现对具有该域名的计算机的访问。

域名地址是从右至左来表述其意义的，最右边的部分为顶层域（顶层域一般是网络机构

或所在国家地区的名称缩写),最左边的则是这台主机的机器名称。一般域名地址表示为:

主机机器名.单位名.网络名.顶层域名

例如域名地址为 scs. bupt. edu. cn,scs 是北京邮电大学的一个主机的机器名,bupt 代表北京邮电大学,edu 代表中国教育科研网,cn 代表中国。域名空间的结构如图 3.20 所示。

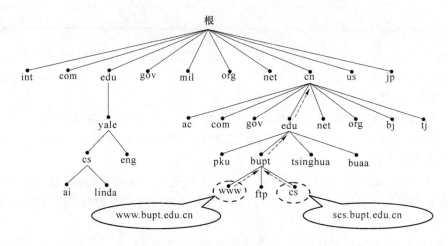

图 3.20　域名空间的结构

现有的互联网是在 IPv4 协议(Internet Protocol version 4)的基础上运行的,IPv6(Internet Protocol Version 6)则是下一版本的互联网协议,提出 IPv6 的初衷是为了解决 IPv4 定义的有限地址空间将被耗尽的问题(IPv4 采用 32 位地址长度,只有大约 43 亿个地址)。IPv6 采用 128 位地址长度,几乎可以不受限制地提供地址,从而确保了端到端连接的可能性。

与 IPv4 相比,IPv6 的优势主要包括:

- 扩大了地址空间。按保守方法估算,IPv6 实际可分配的地址平均分配到地球表面上,每平方米上可分配 1 000 多个地址。

- 提高了网络吞吐量。由于 IPv6 数据包可以远远超过 64 KB,应用程序可以利用最大传输单元获得更快、更可靠的数据传输,同时,在设计上改进了选路结构,采用简化的报头定长结构和更合理的分段方法,使路由器加快数据包处理速度,提高了转发效率,从而提高网络的整体吞吐量。

- 改善了网络服务质量。利用报头中的业务级别和流标记,通过配置路由器就可以实现优先级控制和服务质量保障,从而极大地改善网络服务质量。

- 增强了网络安全性。采用网际协议安全性(IPSec)可以为上层协议和应用提供有效的端到端安全保证,提高了在路由器层次上的安全性。

- 支持即插即用和移动性。设备接入网络时通过自动配置可自动获取 IP 地址和必要的参数,实现即插即用,简化了网络管理,易于支持移动节点。

- 更好地实现了多播功能。IPv6 的多播功能中增加了"范围"和"标志",限定了路由范围,同时可以区分永久地址与临时地址,有利于多播功能的实现。

3.3　网　上　浏　览

万维网 WWW(World Wide Web)是当前因特网上最为流行的信息检索服务系统。WWW 将因特网上现有资源全部连接起来,为全世界人们提供查找和共享信息的手段,是基于因特网的查询、信息分布和管理系统,是"一种广域超媒体信息检索原始规约,目的是访问巨量的文档"。

WWW 常被当成因特网的同义词,但实质上两者有着本质的差别:因特网指的是一个硬件的网络,全球的所有计算机通过网络连接后便形成了因特网;万维网则是一种信息检索服务系统。

3.3.1　WWW 架构、核心和工作流程

1. WWW 的架构

从计算机系统结构上看,WWW 采用的是客户机/服务器(Client/Server)架构。客户机又称为用户工作站,是用户与网络打交道的设备,客户机可以享受网络上提供的各种资源;服务器是指向其他计算机提供各种网络服务(如数据、文件的共享等)的计算机。严格说来,客户机/服务器模型并不是从物理分布的角度来定义,它所体现的是一种网络数据访问的实现方式。通常,WWW 客户机也可称为浏览器(Browser)。

WWW 基于客户机/服务器模式来存取世界各地的超媒体文件,内容包括文字、图形、声音、动画、资料库,以及各式各样的软件。

(1) 客户机

WWW 上浏览器主要包括 IE(Internet Explorer)、火狐(Firefox)、Opera 等。客户机的主要功能包括:

- 帮助用户制作一个请求(通常在单击某个链接点时启动);
- 将用户请求发送给某个服务器;
- 通过对直接图像适当解码,提交 HTML 文档和传递各种文件给相应的"观察器"(Viewer),并将结果报告给用户。

一个观察器是一个可被 WWW 客户机调用而呈现特定类型文件的程序。当一个声音文件被 WWW 客户机查阅并下载时,它只能用某些程序(如 Windows 下的"媒体播放器")来"观察"。

通常,WWW 客户机不仅限于向 Web 服务器发出请求,还可以向其他服务器(如 Gopher、FTP、news、mail 等)发出请求。

(2) 服务器

服务器的主要功能包括:

- 接受请求;
- 对请求进行合法性检查,包括安全性屏蔽;
- 针对请求获取并制作数据,包括 Java 脚本和程序、CGI 脚本和程序、为文件设置适

当的类型来对数据进行前期处理和后期处理；

- 审核信息的有效性；
- 把信息发送给提出请求的客户机。

2. WWW 的核心

WWW 的核心是由 HTML、URL 和 HTTP 三者组成，下面分别介绍。

（1）超文本标记语言

超文本(Hypertext)是一种按信息之间关系非线性地存储、组织、管理和浏览信息的计算机技术。超文本采用超链接的方法，将各种不同空间的文字信息组织在一起的网状文本。超链接是指从一个网页指向一个目标的连接关系，这个目标可以是另一个网页，或者相同网页上的不同位置，或者一张图片，或者一个电子邮件地址，甚至可以是一个应用程序。相对于"传统文本都是线性的，阅读者必须按照制作者预先制作的顺序依次阅读"，采用了超链接的多媒体应用者则可以随心所欲地阅读自己想要阅读的内容：当浏览者单击已经链接的文字或图片后，链接目标将显示在浏览器上，并且根据目标的类型来打开或运行。超文本链接方法示意如图 3.21 所示。

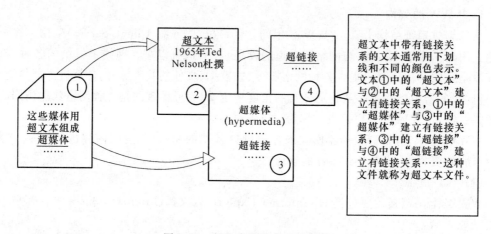

图 3.21 超文本链接方法示意图

超文本是用超文本标记语言(HTML，HyperText Markup Language)来实现的，超文本标记语言 HTML 负责定义超文本文档的结构和格式。HTML 文档本身只是一个文本文件，只有在专门阅读超文本的程序中才会显示成超文本格式。日常浏览的网页上的链接都属于超文本。

一个采用超文本标记语言 HTML 书写的超文本文档示例如下：

＜HTML＞

＜HEAD＞

＜TITLE＞这是一个关于 HTML 语言的例子＜／TITLE＞

＜／HEAD＞

＜BODY＞这是一个简单的例子＜／BODY＞

＜／HTML＞

形如＜HTML＞、＜TITLE＞等内容称做 HTML 语言的标记。整个超文本文档是包含在＜HTML＞与＜／HTML＞标记对中，整个文档又分为头部和主体两部分，分别包含在标记对＜ HEAD ＞＜／ HEAD ＞与＜ BODY ＞＜／ BODY ＞中。

HTML 语言中还有许多其他的标记（对）（如＜style＞等），HTML 使用这些标记（对）来定义文字的显示、图像的显示、链接等多种格式。

（2）统一资源标识符

统一资源标识符（URL，Uniform Resource Locator）是专为标识因特网上资源位置而设的一种编址方式，它一般由三部分组成：

传输协议:∥主机 IP 地址或域名地址/资源所在路径和文件名

如北京邮电大学的 URL 为：http：∥www. bupt. edu. cn/ news/wnw. html，这里 http 指超文本传输协议，www. bupt. edu. cn 是 WWW 服务器域名地址，news 是网页所在路径，wnw. html 是相应的网页文件。

一般说来，标识因特网上资源位置的三种方式：

- IP 地址，如 202. 206. 64. 33；
- 域名地址，如 dns. bupt. edu. cn；
- URL，如 http：∥www. bupt. edu. cn/ news/wnw. html。

一些常见的 URL 中定位和标识的服务或文件包括：

- http：文件在 WWW 服务器上；
- file：文件在用户的局部系统或匿名服务器上；
- ftp：文件在 FTP 服务器上；
- gopher：文件在 gopher 服务器上；
- news：文件在 Usenet 服务器上；
- telnet：连接到一个支持 Telnet 远程登录的服务器上。

（3）超文本传输协议

超文本传输协议（HTTP，HyperText Transfer Protocol）负责规定浏览器和服务器怎样互相交流。HTTP 是因特网上应用最为广泛的一种网络协议，其设计最初目的在于提供一种发布和接收 HTML 页面的方法。

HTTP 是一个用于客户端和服务器间请求和应答的协议，但并不局限于使用网络协议（TCP/IP）及其相关支持层，HTTP 可以"在任何其他互联网协议之上执行，或者在其他网络上执行"。HTTP 需要可靠的传输，任何能够提供可靠的传输的协议都可以被其使用。

3．WWW 的工作流程

当访问万维网上一个网页或者其他资源的时候，工作流程如下：

（1）在浏览器上输入想访问网页的 URL，或者通过超链接方式链接到那个网页或网络资源；

（2）URL 的服务器名部分被分布于全球的因特网域名系统数据库解析，并根据解析结果决定访问哪一个 IP 地址；

（3）向在待访问 IP 地址的服务器发送 HTTP 请求，通常情况下，HTML 文本、图片和构成该网页的一切其他文件会被逐一请求并发送回用户；

（4）浏览器把 HTML 和其他接收到的文件所描述的内容，加上图像、链接和其他必须的资源，显示给用户（这些就是用户所看到的"网页"）。

3.3.2　网络浏览器

1. IE 浏览器

IE 是美国微软公司推出的一款网页浏览器,是 Windows 操作系统中默认的浏览器。截至 2010 年 9 月,IE 占有率为 59.65%。

2009 年 3 月 20 日,微软官方网站开放了 IE8 的正式下载,无须正版验证即可下载安装使用,IE8 的界面如图 3.22 所示。IE 的最新版本是 2011 年 4 月发布的第十版,即 IE10。伴随 Windows 8 操作系统的 IE10 有两个版本:一个是适合平板使用的、无法安装插件的、采用 Metro 风格的 IE10;另一个是台式计算机或笔记本计算机使用的、可以安装插件的采用传统风格的 IE10。IE10 的传统界面如图 3.23 所示,IE10 的 METRO 界面如图 3.24 所示。

图 3.22　IE8 浏览器界面

图 3.23　IE10 浏览器传统界面

图 3.24　IE10 浏览器 METRO 界面

2. Firefox 浏览器

Mozilla Firefox(中文俗称为"火狐")是采用开源与社群共同开发的网页浏览器,可以在多种操作系统执行。截至 2011 年 10 月,Firefox 是市场占有率第二高的浏览器,占 26.2%。

Firefox 包含了许多突出的特色,如分页浏览、拼字检查、增量搜索、即时书签、下载管理员、自订搜寻引擎、私密浏览等。使用者可以通过附加组件和布景主题来自定义 Firefox 的功能和外观。同时,Firefox 也是一个良好的开发平台:网页开发者可以通过内建的工具来进行开发工作,如错误主控台、DOM 观察器。Firefox 浏览器界面如图 3.25 所示。

图 3.25　Firefox 浏览器界面

3. Opera 浏览器

Opera 是由挪威 Opera Software ASA 公司制作的支持多页面标签式浏览的网络浏览器,由于新版本的 Opera 增加了大量网络功能,官方将 Opera 定义为一个网络套件。目前,官方发布的个人计算机使用的最新稳定版本为 11.61。

Opera 主要以速度见长,在许多配置较低的计算机或网速较慢的情况下也能流畅运行。Opera 充分利用缓存机制,快速加载页面,开启多页签时尤其明显。Opera 是最先通过 Acid2 及 Acid3 测试的桌面浏览器之一(Acid 是指由网页标准计划小组设计,是针对网页浏览器及设计软件支持 HTML、CSS 2.0 及 PNG 图像标准的综合测试),严格执行 W3C 网页标准,不支持其他扩展标准、ActiveX 和某些只对 IE 兼容的页面,这样使得 Opera 浏览器安全性高、兼容性低。Opera 浏览器界面如图 3.26 所示。

图 3.26　Opera 浏览器界面

3.3.3 搜索引擎

随着因特网的迅速发展,网上的信息以爆炸性的速度不断扩展,这些信息分布在成千上万台服务器中,要快速有效地找到需要的信息,就需要借助于搜索引擎。

1. 搜索引擎的工作原理

搜索引擎(Search Engines)是以 WWW 为平台,以超文本链接技术为基础,对因特网上的信息资源进行搜集、过滤、组织,并提供检索的网络信息在线检索工具。

搜索引擎包括三部分:数据采集机制、数据组织机制和用户检索机制。

- 数据采集机制是对网络上的各种信息资源进行采集,并将采集到的网站信息和网页信息储存到临时数据库中;
- 数据组织机制是对临时数据库中的网站信息和网页信息进行标引、排序等,整理后形成各种倒排档,并相应地建立起索引数据库;
- 用户检索机制提供用户检索界面,受理用户提交的检索请求,并根据检索要求访问相应的索引数据库,然后将符合检索要求的结果按一定的规则排序后返回给用户。

搜索引擎的工作原理如图 3.27 所示。

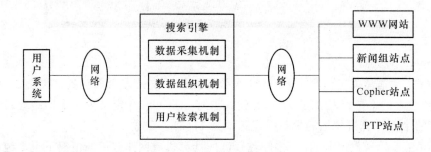

图 3.27　搜索引擎的工作原理

2. 搜索引擎分类

搜索引擎包括全文索引、目录索引、元搜索、垂直搜索、免费链接列表等,下面分别介绍。

(1) 全文索引

全文搜索引擎是名副其实的搜索引擎,国外代表有谷歌,国内代表有百度。

全文搜索引擎从互联网提取各个网站的信息(以网页文字为主),建立起数据库,并能检索与用户查询条件相匹配的记录,按一定的排列顺序返回结果。当用户以关键词查找信息时,搜索引擎会在数据库中进行搜寻,如果找到与用户要求内容相符的网站,便采用特殊的算法——通常根据网页中关键词的匹配程度,出现的位置、频次,链接质量——计算出各网页的相关度及排名等级,然后根据关联度高低,按顺序将这些网页链接返回给用户。

根据搜索结果来源,全文搜索引擎可分为两类:一类是拥有自己的检索程序 Indexer(俗称蜘蛛 Spider 程序或机器人 Robot 程序),能自建网页数据库,搜索结果直接从自身的数据库中调用,谷歌和百度就属于此类搜索引擎;另一类则是租用其他搜索引擎的数据库,并按自定的格式排列搜索结果,如 Lycos 搜索引擎。

搜索引擎的自动信息搜集功能分两种:

- 定期搜索:即搜索引擎每隔一段时间(比如谷歌一般是 28 天)主动派出"蜘蛛"程序,

对一定 IP 地址范围内的互联网站进行检索,一旦发现新的网站,它会自动地将网站信息和网址加入搜索引擎数据库。

- 提交网站搜索:网站拥有者主动向搜索引擎提交网址,它在一定时间内(2 天到数月不等)向申请网站派出"蜘蛛"程序,扫描申请网站并将有关信息存入数据库,以备用户查询。由于近年来搜索引擎索引规则发生很大变化,主动提交网址并不保证能进入搜索引擎数据库,目前最好的办法是多获得一些外部链接,让搜索引擎有更多机会找到并自动将网站收录。

全文索引引擎的特点是搜全率比较高。

(2) 目录索引

目录索引虽然有搜索功能,但在严格意义上不能称为真正的搜索引擎,只是提供按目录分类的网站链接列表。用户可以按照分类目录找到所需要的信息,不依靠关键词(Keywords)进行查询。目录索引中最具代表性是雅虎、新浪分类目录搜索。

目录索引将网站分门别类地存放在相应的目录中,用户在查询信息时,既可以选择关键词搜索,也可以按分类目录逐层查找:如果以关键词搜索,返回的结果跟搜索引擎一样,是根据信息关联程度排列网站;如果按分层目录查找,某一目录中网站的排名则是按照某种规则排序,例如由标题字母的先后顺序决定。

全文搜索引擎和目录索引引擎之间的区别如表 3.4 所示。

表 3.4　全文搜索引擎与目录索引引擎的区别

	全文索所引擎	目录索引引擎
自动化程度	自动网站检索:由检索程序 Indexer 自动完成	完全依赖手工操作:用户提交网站后,目录编辑人员浏览申请网站,并根据一套评判标准决定是否接纳申请网站
收录要求	只要网站本身没有违反有关的规则,一般都能收录成功	网站的要求则高得多,有时即使申请多次也不一定成功
网站分类	不考虑网站分类	必须将网站放到一个最合适的目录中
自主权	各网站相关信息都是从用户网页中自动提取,用户拥有更多的自主权	要求必须手工另外填写网站信息,而且还有诸多限制

目前,全文搜索与目录索引有相互融合渗透的趋势:原来一些纯粹的全文搜索引擎现在也提供目录搜索,如谷歌就借用 Open Directory 目录提供分类查询;雅虎目录索引通过与谷歌等全文搜索合作扩大搜索范围。在默认搜索模式下,一些目录索引首先返回的是目录中匹配的网站,如搜狐、新浪等;而另外一些则默认的是网页搜索,如雅虎。

目录索引引擎的特点是准确率比较高。

(3) 元搜索

元搜索引擎(META Search Engine)就是通过一个统一的用户界面帮助用户在多个搜索引擎中选择和利用合适的(甚至是同时利用若干个)搜索引擎来实现检索操作,是对分布于网络的多种检索工具的全局控制机制。国外代表有 InfoSpace、Dogpile、Vivisimo 等,国内代表有搜魅网(someta)等。在搜索结果排列方面,有的直接按来源排列搜索结果,如 Dogpile;有的则按自定的规则将结果重新排列组合,如 Vivisimo。

（4）垂直搜索

垂直搜索专注于特定的搜索领域和搜索需求（如机票搜索、旅游搜索、生活搜索、小说搜索、视频搜索等），在其特定的搜索领域有更好的用户体验。相比通用搜索动辄数千台检索服务器，垂直搜索需要的硬件成本低、用户需求特定、查询的方式多样。

（5）免费链接列表

免费链接列表 FFA（Free For All Links）：一般只简单地滚动链接条目，少部分有简单的分类目录，不过规模要比雅虎等目录索引小很多。

3. 搜索策略

由于不同的搜索引擎采用不同的搜索方法，并且往往一种搜索引擎具有多种搜索方法。

（1）分类搜索

分类搜索是按照搜索引擎提供的分类目录逐级单击搜索网站的一种方法，适合于搜索某一类信息或已知某类信息所属的类目。用户从分类大纲入手逐层逐级单击类目，在单击最适合搜索命题要求的类目之后，便会显示出这种分类体系所连接的网站，再单击网站便可看到网站所包含的网页信息。

分类搜索检准率高，简易实用。雅虎被认为是分类搜索的鼻祖，搜狐开创了中文分类搜索的先河。

（2）关键词搜索

关键词搜索是引擎搜索中最常用的一种方法，适合于明确搜索课题但不知其类属的用户。通过在搜索框内输入关键词，在搜索日期选择框内选择要搜索的文档创建时间，并单击下面的"搜索"按钮，搜索结果会返回与用户搜索命题相关的网页。

关键词搜索方法简便，易于操作，特别是利于实现搜索的自动化，但返回的无关信息太多，检准率较低。

（3）布尔逻辑搜索

布尔逻辑搜索是用布尔运算符连接搜索词，再由计算机进行逻辑运算，最后搜索出与搜索命题相关信息的一种方法。布尔逻辑搜索常用"与"、"或"、"非"三种运算。

逻辑"与"的运算符用"AND"或"and"、" * "或"&"表示，其含义是只有当相"与"的关键词全部出现时，搜索结果才算符合条件。

逻辑"或"的运算符用"OR"或"or"、"＋"或"/"，其含义是只要相"或"的关键词中有任何一个出现时，搜索结果都算符合条件。

逻辑"非"的运算符用"Not"或"not"、"－"或"!"，其含义是搜索结果中不应含有提问关键词，搜索结果才算符合条件。

（4）截词搜索

截词搜索是指在搜索词的合适位置上进行截断，然后再采用截词符号进行搜索的一种方法，主要用于西文搜索中词干相同的词及英、美不同拼法的词的搜索。

截词搜索中用的截词符号有" * "、"?"、" $ "等。按截断的位置可分为后截、前截、中截三种：前截是将截词符号放在字符串的前面，保持后面一致，如输入 * Computer 可搜索出 microComputer，miniComputer 等；后截是将截词符号放在字符串的后面，保持前面一致，如输入 Computer * ，可搜索出 Computerac，Comupterise，Computers 等。

截词搜索方法可以扩大搜索范围，方便用户，增强搜索效果，但容易造成误检。由于汉语字间没有办法分隔开来,因此,截词搜索在中文搜索引擎中很少使用。英文雅虎则支持这种搜索方式,而中文雅虎、中文谷歌、百度等都不支持截词搜索。

（5）词组搜索

词组搜索是指将两个以上的单词词组（短语）作为一个独立的运算单元进行匹配,并把搜索结果返回给用户的一种搜索方法。两个以上单词构成的词组也就是短语,因此,词组搜索也叫短语搜索。

词组搜索常用的符号是双引号（""）。词组搜索不但规定了搜索式中各个搜索词及其相互间的逻辑关系,而且还规定了搜索词之间的临近位置关系。选择一个主词再配几个副词有助于缩小搜索范围,再加上双引号能作到精确搜索,从而提高检准率。

（6）限制搜索

限制搜索是指将搜索范围限定在某一字段或某一范围用以缩小命中信息数量的一种搜索方法,如将搜索词的范围限制在文章标题字段之内,限定在某一时间段范围之内等。其他限制还包括主机名限制、超级链接限制、网址限制、域名限制、新闻组限制、URL 限制、E-mail限制等。上述字段限制功能限定了搜索词在数据库记录中出现的位置,借以控制搜索结果的相关性,达到与搜索命题更贴切的效果。

4. 常用搜索网站

（1）百度网站

百度自从 2000 年 6 月正式推出中文搜索引擎之后,已成为全球中文信息搜索和传递技术的供应商。百度的网址是 http://www.baidu.com,界面如图 3.28 所示。

图 3.28　百度搜索引擎界面

百度搜索引擎具有中文分词技术、三环架构采集器、信息内容提取技术、网页快照功能和浏览器/服务器架构的特征。中文分词技术是百度搜索引擎的核心技术,其中,智能分词技术和分词算法可智能识别中文人名、地名、概念、专有名词等中文独有的语义特征,使用户的信息搜索更加精确。

百度快照是对该网页留有的一个纯文本的备份。如果该网页打不开或者速度慢,可以单击"百度快照"浏览页面内容。

拼音提示是解决只知道查询词的发音而不知道如何拼写的问题。只要输入查询词的发音,百度会把最符合要求的对应的汉字提示出来。如输入"zhongguo",则有如下提示:"您要找的是不是中国",拼音提示显示在搜索结果上方。

错别字提示是指当用户输入错别字时,百度会给出错别字纠正的提示。如输入"唐醋排骨",则有如下提示:"您要找的是不是糖醋排骨",错别字提示显示在搜索结果上方。

英汉互译词典的功能是当用户输入一个英语单词或是词组,或者是输入一个汉语单词或词组,单击结果网页上词典链接,百度在线词典就会翻译出用户需要的结果。

(2)谷歌网站

谷歌是世界上最大的搜索引擎,目录中收录了 10 亿多个网址,现在,每天需要提供 1.5 亿次查询服务。谷歌的中文网址是 http://www.google.com.hk,其界面如图 3.29 所示。

图 3.29　谷歌搜索引擎界面

谷歌采用的自动搜索技术"googlebot"是一种网站扫描工具,每隔 28 天对一定 IP 地址范围内的新网站搜索一遍,从而建立了庞大的信息库。谷歌界面可用语言达 100 多种,搜索结果采用语言 35 种。

谷歌搜索引擎的核心技术就是"PageRank"。传统的搜索引擎在很大程度上依赖于文字在网页上出现的频率,而谷歌的 PageRank 技术和超文本匹配技术是搜索整个网络链接结构,并确定网页的重要性,然后再进行超文本匹配分析,以确定哪些网页与正在执行的特定搜索相关,从而确保返回给用户的网站及网页的质量及其客观公正性。

谷歌主要是关键词搜索,搜索方法简便,只需把搜索词输入搜索框内,再单击"Google搜索"按钮或按 Enter 键即可。谷歌搜索不区分英文字母大小写,所有的字母均当作小写处理。谷歌支持词组搜索,还有汉字简、繁体自动转换功能,其拼音汉字自动转换系统还支持模糊拼音搜索和容错及纠错的功能。如当输入"wan luoxing wen"时,谷歌会提示:"您是不是要找:万罗兴文 网络新闻",其中"网(wang)络新(xin)闻"是纠错后得到的搜索词,单击"网络新闻"后便可等到所需要的网页。

除了上述之外,谷歌还具有自己的特色搜索,主要包括:

- 手气不错。在"Google 搜索"按钮旁有一个"手气不错"按钮。当用户在搜索框内输入关键词之后,再单击"手气不错"按钮,谷歌将会把用户带入搜索到的第一个网页,而看不到其他的搜索结果。使用"手气不错"用于搜索网页的时间较少而用于检查网页的时间较多,能够使用户直接进入最符合搜索条件的网站。
- 网页快照。在访问网站时,谷歌会将查询过的网页复制一份网页快照,以备在找不到原来网页时使用。单击"网页快照"时,用户会看到谷歌将该网页编入索引时的页面。在显示网页快照时,其顶部有一个标题,用来提醒用户这不是实际的网页,同时,符合搜索条件的词语在网页快照上给予了突出显示,便于用户快速查询到所需要的信息。

- 类似网页。类似网页是指与搜索结果的网页相关联的网页。谷歌在搜索结果网站的下方设有"类似网页"。当用户单击"类似网页"时,谷歌便开始寻找与该网页相关的、数以万计的类似网页。
- 中英文翻译。用户只需在搜索框内先输入一个关键词(中文译英文是"翻译",英文译中文是"FY"或"fy"皆可),然后再在搜索框内输入要查询的中文单词,并单击"Google 搜索"按钮即可。如输入"翻译因特网"之后,再单击"Google 搜索",会得到"因特网:Internet"及其中文网页。

此外,谷歌还支持多语种搜索、语句搜索、布尔逻辑搜索、自然语言搜索、高级搜索、分类目录搜索等。谷歌还具有查找 Flash 文件、错别字改正、中英文翻译、查找本地公司及特定大学、查找学术文章等功能。

3.4　电子邮件

电子邮件(E-mail)是因特网上用户之间一种快捷、简便、廉价的现代通信手段,是目前因特网上使用最频繁的服务。电子邮件系统把邮件发送到邮件服务器中的收件人邮箱中,收件人可随时上网到自己使用的邮件服务器进行读取。电子邮件不仅可传送文字信息,而且还在附件中传送声音和图像。

3.4.1　电子邮件系统组成和工作流程

电子邮件系统由用户代理(如 Outlook、Foxmail 等)、邮件服务器和邮件协议(如发送邮件的协议 SMTP 和读取邮件的协议 POP3 或 IMAP)三个主要组成部分。电子邮件工作过程遵循客户机/服务器模式:发送方构成客户端;接收方构成服务器,服务器含有众多用户的电子信箱。

用户代理 UA(User Agent)是用户与电子邮件系统的接口,是电子邮件客户端软件,其功能是撰写、显示、处理和通信。常用的电子邮件客户端软件有微软的 Outlook Express 和我国张小龙制作的 Foxmail。

邮件服务器是电子邮件系统的核心,其功能是发送和接收邮件,同时还要向发信人报告邮件传送情况(如已交付、被拒绝、丢失等)。邮件服务器按照客户/服务器方式工作,一个邮件服务器既可以作为客户,也可以作为服务器。

邮件协议包括发送协议(SMTP)和接收协议(POP3 或 IMAP),其功能如下:

- 简单邮件传送协议 SMTP 是一组用于从源地址到目的地址传输邮件的规范。SMTP 协议属于 TCP/IP 协议族,是事实上的 E-mail 传输的标准,默认端口是 25。SMTP 使用客户/服务器方式:负责发送邮件的 SMTP 进程是 SMTP 客户;负责接

收邮件的 SMTP 进程就是 SMTP 服务器。

- 邮局协议 POP 是一个邮件读取协议,常用版本是 POP3。POP3 属于 TCP/IP 协议族,默认端口是 110。POP 使用客户机/服务器的工作方式:接收邮件的用户代理上运行 POP 客户程序;邮件服务器运行 POP 服务器程序。POP3S 是提供了安全套接层(SSL,Secure Sockets Layer)加密的 POP3 协议。

- IMAP(Internet Message Access Protocol)是一个邮件读取协议,常用版本是 IMAP4。IMAP 协议运行在 TCP/IP 协议之上,默认端口是 143。它与 POP3 协议的主要区别是用户不用把所有的邮件全部下载,可以通过客户端直接对服务器上的邮件进行操作。目前,国内免费的 IMAP 服务提供商包括腾讯 QQ 邮箱、搜狐邮箱和网易邮箱等。

发送和接收电子邮件的工作流程如图 3.30 所示。

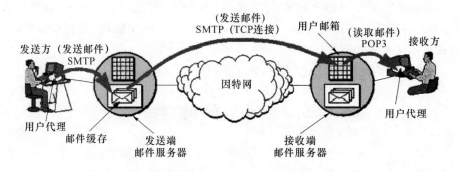

图 3.30　电子邮件系统工作流程

在发送和接收电子邮件时,发件方工作如下:

- 调用用户代理撰写和编辑要发送的邮件,然后通过 SMTP 协议把邮件发给"发送方邮件服务器";

- "发送方邮件服务器"把邮件临时存放在邮件缓存队列中,当"发送方邮件服务器"的 SMTP 客户与"接收方邮件服务器"的 SMTP 服务器建立 TCP 连接后,将邮件缓存队列中的邮件依次发出;

- "接收方邮件服务器"中的 SMTP 服务器进程收到邮件后,把邮件放入收件人的用户邮箱中,等待收件人进行读取。

在发送和接收电子邮件时,接收方工作如下:

- 运行用户代理;

- 用户代理使用 POP3(或 IMAP)客户和"接收方邮件服务器"中的 POP3(或 IMAP)服务器建立 TCP 连接后,通过 POP3(或 IMAP)协议从"接收方邮件服务器"读取自己的邮件。

3.4.2　电子邮件格式

电子邮件由信封(envelope)和内容(content)两部分组成。电子邮件的传输程序根据邮件信封上的信息来传送邮件。用户在从自己的邮箱中读取邮件时才能见到邮件的内容。

在邮件的信封上,最重要的就是收件人的地址。TCP/IP 体系的电子邮件系统规定电子邮件地址的格式为：

    收件人邮箱名@邮箱所在主机的域名

其中，符号"@"读作"at"，表示"在"的意思。例如，电子邮件地址 wangxiao@bupt.edu.cn，wangxiao 这个用户名在该域名的范围内是唯一的，bupt.edu.cn 邮箱所在的主机的域名在全世界必须是唯一的。

邮件内容首部包括一些关键字，其含义如下：

- "To"：一个或多个收件人的电子邮件地址。用户可以打开地址簿，单击收件人名字，收件人的电子邮件地址就会自动地填入到合适的位置上。
- "Subject"：邮件主题，反映邮件的主要内容，便于用户查找邮件。
- "Cc"：表示发送一个邮件副本。
- "From" 和 "Date"：发信人地址和日期。
- "Reply-To"：对方回信所用的地址。

3.4.3 基于 WWW 的电子邮件

几乎所有的著名网站、大学、企业都可以通过 WWW 浏览器收发电子邮件。在实现上，电子邮件从用户 A 发送到邮件发送服务器是使用 HTTP 协议，邮件发送服务器和邮件接收服务器之间的传送使用 SMTP，邮件接收服务器将邮件传送到用户 B 是使用 HTTP 协议。例如，网易邮件用户 A 给新浪邮件用户 B 发送邮件的示意图如图 3.31 所示。

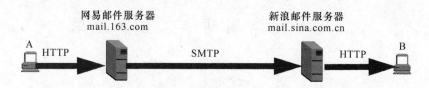

图 3.31 基于 WWW 的电子邮件

3.4.4 电子邮件其他相关概念

1. 垃圾邮件

垃圾邮件(spam)现在还没有一个非常严格的定义。一般来说，指凡是未经用户许可就强行发送到用户的邮箱中的任何电子邮件。

2. 邮件病毒

邮件病毒是指通过电子邮件传播的病毒。一般是放在邮件的附件中，在用户运行了附件中的病毒程序后，就会使计算机染毒。需要说明的是，电子邮件本身不会产生病毒，只是病毒的寄生场所。

3. 电子邮件炸弹

电子邮件炸弹(E-mail Bomber)是匿名攻击方法之一，它设置一台计算机向同一地址不断的发送大量的电子邮件，从而耗尽收信服务器的网络宽带。电子邮件炸弹不仅会干扰用户电子邮件系统的正常使用，而且还能影响到邮件系统所在的服务器系统安全，甚至造成整个网络系统全部瘫痪。

4．电子邮件广告

电子邮件广告是以电子邮件为传播载体的一种网络广告形式,电子邮件广告有可能全部是广告信息,也可能在电子邮件中穿插一些实用的相关信息,可能是一次性的,也可能是多次的或者定期的。通常情况下,网络用户需要事先同意加入到该电子邮件广告邮件列表中,以表示同意接收这类广告信息才会接收到电子邮件广告,这是一种许可行销的模式。那些未经许可而收到的电子邮件广告通常被视为垃圾邮件。

5．电子邮件过滤器

电子邮件过滤器(E-mail Filter)是可以根据电子邮件中包含的信息自动地将收到的电子邮件进行归类并将其收入相应的文件夹或邮件箱的阅读软件。过滤器也可用于封锁或接收发自指定来源的电子邮件。

6．电子邮件数据库

电子邮件数据库是存储在计算机上电子邮件的特殊格式数据库。在接收/发送邮件后,每封接收/发送的邮件都被保存在数据库中。在全面扫描计算机时,将扫描这个数据库;在实时监控模式中,将扫描所有收到和发出的电子邮件是否有病毒。

7．网盘

网盘又称网络U盘、网络硬盘,是基于网络、向用户提供文件的存储、访问、备份、共享等文件管理功能的网络服务。目前,很多电子邮件系统提供不同容量空间的网盘服务。

3.5　其他常用网络工具和应用

3.5.1　Windows网络常用命令工具

Windows中比较常用的网络工具有 ping、netstat、tracert、ipconfig、route、nslookup、ftp、telnet 等,下面分别介绍。

1．网络探测工具 ping

网络探测工具 ping 用于向某主机发出一个试探性的IP检测包,来测试该主机是否可以到达,同时,利用该工具可以获知从本机到达对方主机的速度和该主机的IP地址等信息。

ping 格式如下:

ping 目的地址［参数1］［参数2］［参数3］

其中,目的地址是指被探测主机的地址,既可以是域名,也可以是IP地址。

主要参数含义如下:

-t:继续 ping 直到用户终止。

-a:解析主机地址。

-n 数值:发出的探测包的数目,默认值为4。

例如,使用命令行"ping www.baidu.com"的运行结果如图3.32所示。

2．网络统计工具 netstat

网络统计工具 netstat 用于显示协议的统计和当前 TCP/IP 网络连接。

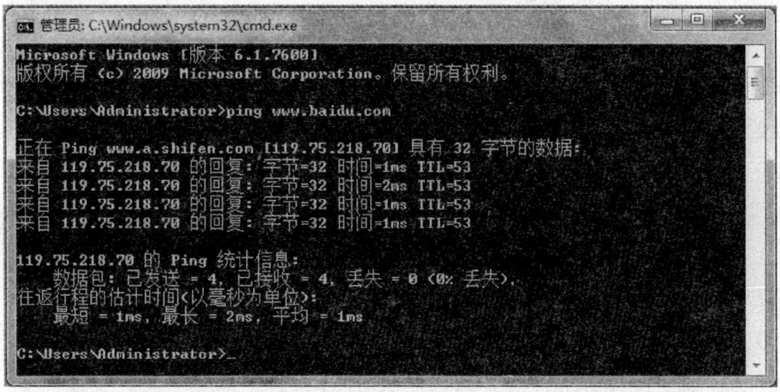

图 3.32　ping 命令工具示例

netstat 格式如下：

netstat［参数 1］［参数 2］［参数 3］

其中，主要参数含义如下：

　　-a：显示所有网络连接和监听端口。

　　-e：显示以太网统计资料。

　　-n：以数字格式显示地址和端口。

　　-r：显示路由表。

　　-s：显示每一个协议的统计。协议可以是 TCP、UDP、IP。

3. 跟踪路由工具 TraceRT

跟踪路由工具 TraceRT 用于查看从本地主机到目标主机的路由，通过该工具可以了解网络原理和工作过程。通过显示从本地主机到目标主机所经过的每一个主机地址和来回时间，可以了解一个数据包是如何经过迂回路由传送到目标主机和分析阻塞发生的环节。

在 IP 数据包中有一个字段 TTL(Time To Live)决定该数据包能够在网络上传送的距离，发出数据包时，通常预置了初始值。每当该数据包遇到一个主机（经过一次路由），该字段值减一，然后向邻近的下一个主机发送，直到其值为零就停止传送，若在 TTL 值的范围内到达目的地，则发送成功，否则必须重发。这样可以防止一个数据包无限制地在网上传递，造成网络阻塞。TraceRT 工具通过发送探测包来获得所经过的每一个主机的地址和往返时间。

TraceRT 格式如下：

TraceRT［参数 1］［参数 2］目标主机

其中，主要参数含义如下：

　　-d：不解析目标主机地址。

　　-h：指定跟踪的最大路由数，即经过的最多主机数。

　　-j：指定松散的源路由表。

　　-w：以毫秒为单位指定每个应答的超时时间。

4. TCP/IP 配置工具 ipconfig

TCP/IP 配置工具 ipconfig 用于在 DOS 界面查看和改变 TCP/IP 配置参数。在默认模式下显示本机的 IP 地址、子网掩码、默认网关。

ipconfig 格式如下:

ipconfig［参数］

其中,主要参数含义如下:

-All:显示所有细节信息,包括主机名、节点类型、DNS 服务器、NetBIOS 范围标识、启用 IP 路由、启用 WINS 代理、NetBIOS 解析使用 DNS、适配器地址、IP 地址、网络掩码、默认网关、DHCP 服务器、主控 WINS 服务器、辅助 WINS 服务器、获得租用权等。

-release:DHCP 客户端手工释放 IP 地址。

-renew:DHCP 客户端手工向服务器刷新请求。

-showclassid:显示网络适配器的 DHCP 类别信息。

-setclassid:设置网络适配器的 DHCP 类别。

5. 网络路由表设置工具 route

网络路由表设置程序 route 用于查看、添加、删除、修改路由表条目。

route 格式如下:

route［-f］［command［destination］］［MASK netmask］［gateway］［METRIC metric］

其中,主要参数含义如下:

-f:清除所有网关条目的路由表,如果该参数与其他命令组合使用,则清除路由表的优先级大于其他命令。

command 参数选项如下:

- add:添加一个路由。
- delete:删除一个路由。

destination:指定目标主机。

MASK netmask:mask 后指定该路由条目的子网掩码,若未指定,则默认为 255.255.255.255。

gateway:指定网关。

6. 域名查询工具 nslookup

域名查询工具 nslookup 是 Windows NT、Windows 2000 中连接 DNS 服务器,查询域名信息的工具。

nslookup 格式如下:

nslookup 目标主机

7. 文件传输工具 ftp

文件传输工具 ftp 利用 FTP 协议在网络上传输文件。

ftp 格式如下:

ftp 目标主机

8. 远程登录工具 telnet

远程登录工具 telnet 协议属于 TCP/IP 协议族,是因特网远程登录服务的标准协议和主要方式。telnet 是常用的远程控制 Web 服务器的方法,为用户提供了在本地计算机上完成远程主机工作的能力。终端使用者可以使用 telnet 程序连接到服务器,然后在 telnet 程序中输入命令,这些命令会在服务器上运行,就像直接在服务器的控制台上输入一样,可以在本地就能控制服务器。

telnet 格式如下：

telnet 目标主机

3.5.2　文件传输协议与工具

FTP(File Transfer Protocol)协议属于 TCP/IP 协议族，是因特网文件传送的基础。FTP 完成两台计算机之间的文件复制：从远程计算机复制文件至本地计算机上，称为"下载(download)"文件；将文件从本地计算机中复制到远程计算机上，称为"上载(upload)"文件。在 TCP/IP 协议中，FTP 服务一般运行在端口 20 和 21：端口 20 用于在客户端和服务器之间传输数据流；端口 21 用于传输控制流，并且是命令通向 FTP 服务器的进口。

FTP 采用客户机/服务器工作模式：用户通过客户端程序连接至在远程计算机上运行的服务器程序。依照 FTP 协议提供服务，进行文件传送的计算机就是 FTP 服务器，而连接 FTP 服务器，遵循 FTP 协议与服务器传送文件的计算机就是 FTP 客户。

FTP 格式如下：

ftp://用户名:密码@FTP 服务器 IP 或域名:FTP 命令端口/路径/文件名

例如，以下地址都是有效 FTP 地址：

ftp://ftp.bupt.edu.cn

ftp://list:list@ftp.bupt.edu.cn

ftp://list:list@ftp.bupt.edu.cn:2003

ftp://list:list@ftp.bupt.edu.cn:2003/soft/list.txt

如果要登录 FTP 服务器，必须要有该服务器授权的账号，为此，提出了匿名文件传输方法。匿名文件传输是指用户与远程主机建立连接并以匿名身份从远程主机上复制文件，而不必在该远程主机上注册。在互联网中，有很多匿名 FTP 服务器：这类服务器的目的是向公众提供文件复制服务，不要求用户事先在该服务器进行登记注册，也不用取得 FTP 服务器的授权。用户使用"anonymous"用户名登录 FTP 服务器，将电子邮件地址作为口令，就可访问远程主机上公开的文件。匿名 FTP 一直是因特网上获取信息资源的主要方式之一：公共的匿名 FTP 服务器中存储着大量的文件，只要知道特定信息资源的 IP 地址，就可以用匿名 FTP 登录获取所需的信息资料。虽然目前使用 WWW 环境已取代匿名 FTP 成为最主要的信息查询方式，但是匿名 FTP 仍是因特网上传输分发软件的一种基本方法。

常用 FTP 客户程序有 CuteFTP(如图 3.33 所示)、迅雷(如图 3.34 所示)等。

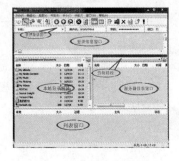

图 3.33　CuteFTP 运行界面

图 3.34　迅雷运行界面

3.5.3　社交网络服务

社交网络服务(SNS,Social Network Service),也称为社会性网络服务或社会化网络服务,其含义包括硬件、软件、服务及应用。社交网络源自网络社交,是基于互联网、为用户提供各种联系和交流的交互通路。多数社交网络会提供多种使用者互动方式,包括网络聊天、寄信、影音、档案分享、讨论群组等。

1. 社交网络概况

社交网络的出现使得人们可以利用计算机网络实现社交:电子邮件是网络社交的起点,它解决了远程的邮件传输的问题;电子布告栏系统(BBS,Bulletin Board System),也称电子公告牌系统,能够为用户提供一块公共电子白板,使得每个用户都可以在上面自由发布信息或提出看法,从而实现了"群发"和"转发"常态化,从理论上实现了向所有人发布信息并讨论话题的功能;即时通信则进一步提高了即时效果(传输速度)和同时交流能力(并行处理);博客则开始体现社会学和心理学的理论——信息发布节点开始体现越来越强的个体意识,因为在时间维度上的分散信息开始可以被聚合,进而成为信息发布节点的"形象"和"性格"。

网络社交不仅仅是一种商业模式,从历史维度来看,它更是一个推动互联网向现实世界无限靠近的关键力量。目前,社交网络涵盖以人类社交为核心的所有网络服务形式,使得互联网从研究部门、学校、政府、商业应用平台扩展成一个人类社会交流的工具。

当前,国内外社交网络对比情况如图 3.35 所示。

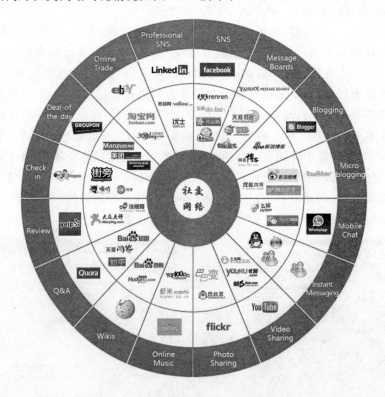

图 3.35　国内外社交网络的主要网站分布

2. 网络即时通讯

网络即时通讯(Instant Messenger)是指能够即时发送和接收互联网消息等的服务。大部分的即时通讯软件都可以显示联络人名单,并能显示联络人是否在线。有专家预测,到2014 年,即时通讯软件将取代电子邮件,成为最流行的互联网通讯工具。

目前,即时通讯的功能日益丰富,逐渐集成了电子邮件、博客、音乐、电视、游戏和搜索等多种功能,而不仅是一个单纯的聊天工具,它已经发展成集交流、资讯、娱乐、搜索、电子商务、办公协作和企业客户服务等为一体的综合化信息平台。

近年来,许多即时通讯软件开始提供视讯会议、网络电话(VoIP),与网络会议服务开始整合为兼有影像会议与即时讯息的功能。常用的网络即时通讯软件有 ICQ、MSN Messenger、QQ、飞信、Skype 等,分别如图 3.36 所示。

(a) ICQ运行界面　　　　(b) QQ运行界面　　　　(c) MSN运行界面

(d) 飞信运行界面　　　　(e) Skype运行界面

图 3.36　即时通讯软件运行界面示例

3. 微博

微博是微博客(MicroBlog)的简称,是一个基于用户关系的信息分享、传播以及获取平台,用户可以通过 Web、WAP 以及各种客户端组建个人社区,以 140 字以内的文字更新信息,并实现即时分享。最早也是最著名的微博是美国的 twitter,根据相关公开数据,截至2011 年 1 月份,全球注册用户已经达到 2 亿。2009 年 8 月新浪网推出"新浪微博"内测版,成为中文门户网站中第一家提供微博服务的网站,微博正式进入中文上网主流人群视野。当前,国内著名的微博包括新浪博客、搜狐博客等。

据中国互联网络信息中心(CNNIC)报告显示,截至 2011 年 12 月底,我国微博用户数达到 2.5 亿,较上一年底增长了 296.0%,网民使用率为 48.7%。在近一年时间内,微博已经发展成为近一半中国网民使用的重要互联网应用。

微博客广泛分布在桌面、浏览器、移动终端等多个平台上,有多种商业模式并存,或形成多个垂直细分领域,其特征包括:

- 内容短小精悍。微博内容一般限定在 140 字,这就要求内容简短而精炼。
- 信息获取具有很强的自主性、选择性。用户可以根据兴趣偏好、对方发布内容类别与质量,来选择是否"关注"该用户,并可以对所有"关注"的用户群进行分类。
- 微博宣传的影响力具有很大弹性,与内容质量高度相关,其影响力基于用户现有的被"关注"的数量。用户发布信息的吸引力、新闻性越强,对该用户感兴趣、关注该用户的人数也越多,影响力越大。
- 信息共享便捷迅速。可以通过各种连接网络的平台,在任何时间、任何地点即时发布信息,信息发布速度超过传统纸质媒体及网络媒体。

微博网站现在通常提供即时通讯功能,在事发现场用户可以通过 QQ 和 MSN 直接书写,即使没有计算机网络,只要有手机就能即时更新自己的内容。当前,有一些大的突发事件或引起全球关注的大事,常常由在场人员通过微博发布,其实时性、现场感以及快捷性甚至超过其他所有媒体。

然而,在微博发展的过程中也遇到了不良人员利用微博造谣生事、混淆视听等恶意事件。为规范微博发展,北京市 2011 年 12 月推出《北京市微博客发展管理若干规定》,要求微博用户"后台实名,前台自愿",即微博用户在注册时必须使用真实身份信息,但用户昵称可自愿选择。新浪、搜狐、网易等各大网站微博都在 2012 年 3 月 16 日全部实行实名制,用户注册采取的都是前台自愿、后台实名的方式。

3.6 实 验 指 导

3.6.1 计算机网络配置

1. 观察计算机网络配置情况

以 Windows 7 操作系统环境为例,单击"开始"按钮,执行"控制面板"选项,进入"调整计算机的设置"界面,如图 3.37 所示。

图 3.37 "调整计算机的设置"界面

单击"网络和 Internet"中的"查看网络状态和任务",进入"网络和共享中心"界面,如图 3.38所示。

图 3.38　"网络和共享中心"界面

单击"本地连接",进入"本地连接 状态"对话框,查看本机当前连接状态,如图 3.39 所示。

图 3.39　"本地连接 状态"对话框

2. 观察计算机网络协议配置情况

在"本地连接 状态"对话框中单击"属性"按钮,进入"本地连接 属性"对话框,如图 3.40 所示。

单击"Internet 协议版本 4(TCP/IPv4)"列表项,查看 TCP/IPv4 的配置情况,如图 3.41 所示。

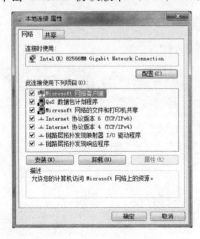

图 3.40　"本地连接 属性"对话框

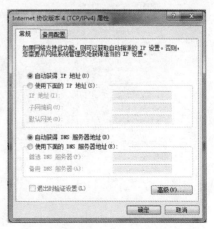

图 3.41　"Internet 协议版本 4
(TCP/IPv4)属性"对话框

3. 实验作业

(1) 查看计算机的网络配置情况,给出该计算机的如下配置信息:

IPv4 地址、IPv4 子网掩码、IPv4 默认网关、IPv4 DHCP 服务器、IPv4 DNS 服务器、IPv6 地址、IPv6 默认网关、IPv6 DNS 服务器。

(2) 说明该机是否使用了 DHCP 协议。

3.6.2 科技信息检索

1. 通过北京邮电大学图书馆进行科技信息检索

在 IE 浏览器(或其他任何浏览器)的地址栏中输入"http://lib.bupt.edu.cn",进入北京邮电大学图书馆主页,如图 3.42 所示。

单击"中文数据库"后,进入"中文数据库"页面,如图 3.43 所示。

图 3.42　北京邮电大学图书馆主页

图 3.43　中文数据库页面

单击"CNKI 中国学术期刊全文数据库"的"学术平台"链接,进入"中国知网"主页进行相关学术期刊、论文等科技信息检索,如图 3.44 所示。

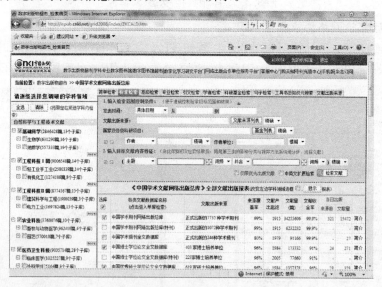

图 3.44　中国知网主页

2. 利用通用搜索平台进行科技信息检索

在 IE 浏览器(或其他任何浏览器中)的地址栏中输入"http://www.baidu.cn"(或其他

通用搜索平台),进入百度搜索引擎主页,如图 3.28 所示。

利用百度搜索引擎,进行科技信息检索。

3. 实验作业

(1) 从北京邮电大学电子图书馆下载一篇题目中包含"网络"关键字的本校优秀博士论文。

(2) 利用任意通用搜索引擎,下载一篇题目中包含"云计算"的技术报告或演示文稿。

3.6.3　电子邮件应用

1. 申请并进入任一免费电子邮箱

在 IE 浏览器(或其他任何浏览器中)的地址栏中输入"http://www.163.cn"(或其他提供免费电子邮箱网页),注册并进入电子邮箱系统,如图 3.45 所示。

图 3.45　进入免费电子邮箱示例

2. 练习邮件系统中的相关工具使用

练习邮件系统的网盘等子工具的使用,如图 3.46 所示。

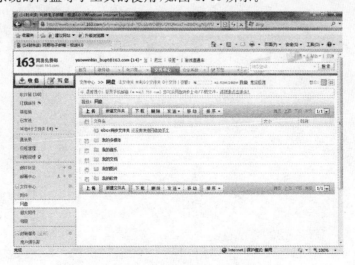

图 3.46　电子邮件系统子工具使用示例

3. 实验作业

给任课教师发送一封电子邮件,该邮件要求如下:

(1) 标题是"×××网络基础练习"(×××为学生姓名);

(2) 邮件抄送给学生自己;

(3) 邮件正文为红色黑体字;

(4) 该邮件为"紧急"并且要求读者有"回执";

(5) 附件中带有实验 2 中的作业。

习　题

1. 简述计算机系统的拓扑结构分类。

2. 简述 OSI 模型的基本结构与组成部分。

3. 简述 TCP/IP 与 OSI 模型的对应关系。

4. IP 地址是怎样构成的? IP 地址可以分成哪几种? IP 地址与域名的关系是什么?

5. URL 指的是什么?

6. 简述电子邮件系统的组成和工作流程。

第4章 文字编辑软件

文字编辑软件是办公软件的一种,早期的文字处理软件是以文字处理为主,而现代的文字处理软件集文字、表格、图形、图像、声音于一体,可以帮助用户方便地编辑和处理图文并茂的文件。本章以中文版 Word 2010 为例介绍 Word 软件的使用方法,同时介绍其他常用的文字编辑软件。

4.1 文字编辑软件概述

最早较有影响的文字编辑软件是 MicroPro 公司在 1979 年研制的 WordStar(简称 WS),该软件风行于 20 世纪 80 年代,汉化的 WS 曾在我国非常流行。

1982 年,微软公司开始争夺文字处理软件的市场,比尔·盖茨将微软公司开发的文字编辑软件命名为 MS Word,1983 年,Word 1.0 版本正式推出,并得到了广大用户的喜爱。随着 Windows 操作系统的推出,微软公司又相继推出了几版能够适应 Windows 操作环境的 Word 软件,如 Word 97、Word 2000、Word 2003、Word 2007、Word 2010 等,微软公司的 Word 软件逐步成为文字编辑软件销售市场上的主导产品。

1989 年,中国香港金山电脑公司推出了 WPS(Word Processing System),该软件是完全针对汉字处理开发设计的,具有字体格式丰富、控制灵活、表格制作方便等优点,但该软件不能处理图文并茂的文件。从 WPS 97 起,WPS 软件吸取了 Word 软件的优点,功能和操作方式与 Word 非常相似,逐步成为了国产文字编辑软件的杰出代表。

目前常用的文字编辑软件有微软公司的 Word,Windows 自带的写字板、记事本,金山公司的 WPS 等,其中 Word 软件是目前使用用户最多的文字编辑软件。

4.2 中文版 Word 2010 的基本知识

Microsoft Office Word 2010 是微软公司开发的办公软件 Office 2010 的组件之一,在 Windows 环境下运行的文字编辑软件,它充分利用了 Windows 图文并茂的特点,秉承了

Windows 友好的窗口界面、风格和操作方法,为处理文字、表格、图形、图片等提供了一整套齐全的功能。

4.2.1 中文版 Word 2010 的工作界面

启动 Word 2010 后,将打开如图 4.1 所示的工作界面。由图 4.1 可以看出,Word 2010 的工作界面是标准的 Windows 应用程序窗口,主要由标题栏、功能区、编辑区、标尺、滚动条、"导航"窗格和状态栏组成。

在 Word 2010 中,最常用的鼠标操作方法有单击、双击、三击、右击和拖动五种。单击是指单击鼠标的左键;双击是指连续两次快速单击鼠标左键;三击是指连续三次快速单击鼠标左键;右击是指单击鼠标右键;拖动是指按住鼠标左键拖动鼠标。

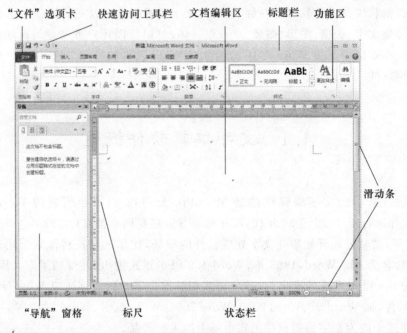

图 4.1 Word 2010 的工作界面

1. 标题栏

标题栏位于主窗口的最上方,从左到右依次为:控制菜单按钮、快速访问工具栏、当前编辑的文档名称、软件名称、最小化按钮、还原按钮和关闭按钮,如图 4.2 所示。双击控制菜单按钮,将关闭当前文档。在标题栏上按住鼠标左键可以把当前窗口拖动到其他位置。最小化按钮、最大化(或还原)按钮和关闭按钮统称为窗口控制按钮,单击最小化按钮将使当前窗口最小化;单击还原按钮,可将最大化或最小化按钮还原到未最大化或未最小化前的状态;单击关闭按钮将关闭当前的主窗口。

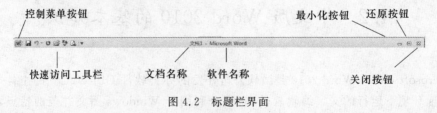

图 4.2 标题栏界面

用户可以使用快速访问工具栏实现常用的功能,默认按钮包括"保存"、"撤销"和"恢复",该工具栏中的按钮可以根据需要进行添加和删除,单击"自定义快速访问工具栏"右边下拉按钮,在打开的下拉选项中可以选择所需显示的工作按钮,如图 4.3 所示。

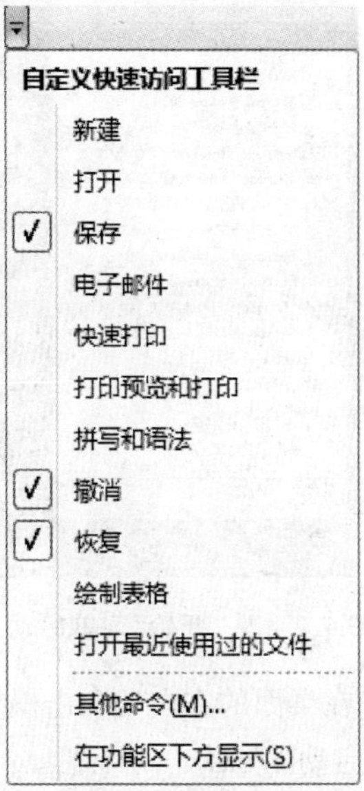

2. 功能区

功能区是菜单和工作栏的主要显现区域,几乎涵盖了所有的按钮、库以及对话框。功能区首先将控件对象分为多个选项卡,然后在选项卡中将控件细化为不同的组,参见图 4.1。选项卡有"开始"、"插入"、"页面布局"、"引用"、"邮件"、"审阅"和"视图"等。

3. 文档编辑区

文档编辑区也叫文本区,是用户输入和编辑文本、表格、图形的区域,也是向用户显示文档内容的主要区域。在编辑区中,有一条竖直的、不断闪烁的短线"|",称之为光标或插入点,用来控制用户在编辑区中输入字符的位置。

4. 标尺

标尺包括垂直标尺和水平标尺,用于显示文档边界和

图 4.3 "自定义快速访问工具栏"下拉选项

位置,使用标尺可以查看文档的高度和宽度,也可以调整段落编排方式、制表位、左右页边距及表格的栏宽。

5. 滚动条

滚动条包括垂直滚动条和水平滚动条。如果文本文件过大,就无法完全显示在文档窗口中,这时可以通过拖动滚动条中的方形滑块或单击滚动条两端的箭头来查看整个文档。拖动滚动条中的方形滑块可快速查看文档的内容;单击垂直滚动条两端的上箭头 ▲ 或下箭头 ▼ ,可使文档窗口中的内容向上或向下移动一行;单击水平滚动条两端的左箭头 ◀ 或右箭头 ▶ ,可使文档窗口中的内容向左或向右移动一列;单击文档垂直滚动条下端的上双箭头 ▲ 或下双箭头 ▼ ,则可显示文档窗口中当前页的上一页或下一页。

6. "导航"窗格

"导航"窗格中的上方是搜索框,用于搜索文档中的内容。在下方的列表框中通过单击三个按钮分别实现浏览文档的标题、页面和搜索结果。

7. 状态栏

状态栏位于主窗口的底部,用于显示当前编辑的文档的各种状态,包括文档页数、字数、"拼写检查"快捷按钮,语言设置按钮,插入与改写切换按钮、视图按钮、显示比例调节按钮。

4.2.2　中文版 Word 2010 的启动和退出方法

1. Word 2010 的启动方法

Word 2010 的启动方法有很多种,下面介绍 3 种常用的启动方法。

(1)从"开始"菜单启动 Word 2010

Word 2010 安装完成后,会自动在"开始"菜单中添加一个 Office 的菜单项。单击 Win-

图 4.4　从"开始"菜单启动 Word 2010

dows 窗口底部任务栏左端的"开始"按钮，把鼠标指针移动到"所有程序"选项，其右侧会出现一个子菜单，单击"Microsoft Office"选项下的"Microsoft Word 2010"命令，如图 4.4 所示，即可启动 Word 2010。

（2）通过双击"快捷方式"启动 Word 2010

双击桌面上的快捷方式图标 来启动 Word。如果桌面上没有 Word 2010 的快捷方式，则可以通过下述方法创建：右击图 4.4 中的"Microsoft Word 2010"命令，在弹出的子菜单中，单击"发送到"选项下的"桌面快捷方式"命令，即可在桌面上创建"Microsoft Office Word 2010"快捷方式。

（3）使用"快捷菜单"启动 Word 2010

在桌面的空白处右击鼠标，在打开的快捷菜单中单击"新建"选项，选择"Microsoft Word 文档"启动 Word。

另外，对于某一已经存在的 Word 文档，可通过双击来启动 Word 2010。

2. Word 2010 的退出方法

Word 2010 的退出方法也有很多种，这里主要介绍 3 种常见的方法。

（1）单击"文件"选项卡中的"退出"命令即可退出 Word；

（2）单击标题栏右侧的"关闭"按钮即可退出 Word；

（3）双击标题栏左侧的控制菜单图标也可退出 Word。

注：若在退出 Word 2010 前没有保存当前文档，系统会弹出询问是否保存对文档的更改的消息提示框，若单击"是"按钮，则会先保存文档再退出 Word；若单击"否"按钮，则不保存对文档的更改直接退出 Word。

4.3　文档的基本操作

下面先介绍文档的管理和编辑方面的基本操作，文档的编辑是对文档进行内容的录入、删除、修改以及插入等操作，以达到想要的效果。

4.3.1　文档的基本管理

1. 新建 Word 文档

创建 Word 文档的方法有很多，这里主要介绍几种常用的方法。

（1）通过启动 Word 2010 来创建一个新文档。启动 Word 2010 后，系统会自动新建一个名为"文档1"的空白文档。

（2）在打开的 Word 文档中，单击快速访问工具栏上的"新建"按钮，可以创建一个新的 Word 空白文档。

（3）在打开的 Word 文档中，单击"文件"选项卡中"新建"命令也可创建一个新的 Word 空白文档。

（4）在打开的 Word 文档中，按 Ctrl＋N 组合键即可创建一个新的 Word 空白文档。

（5）在磁盘或文件夹中的任意位置右击，会弹出一个菜单选项，单击"新建"选项中的"Microsoft Word 文档"命令，可以在相应的位置创建一个新的 Word 空白文档。

2．保存文档

新创建的文档或经过编辑的文档，必须执行保存操作后才能被存储在磁盘中，也可以通过设置定时自动保存功能来保存正在编辑的文档。

（1）直接保存当前编辑的文档

可以通过单击"文件"选项卡中的"保存"命令，或单击快速访问工具栏中的"保存"按钮，或按 Ctrl＋S 组合键来直接保存文档。

（2）将当前编辑的文档更名保存或更改路径保存

如果要对当前编辑的文档进行更名保存或要更改保存路径（即保存到磁盘的其他位置），则可以单击"文件"选项卡中的"另存为"选项，在弹出的"另存为"对话框中对文档的名称或保存路径进行更改即可。

（3）自动保存文档

Word 2010 有自动保存文档的功能，用户可以按照设定的时间间隔来自动保存自己的文档。单击菜单栏中的"文件"选项卡中的"选项"命令，会弹出如图 4.5 所示的"Word 选项"对话框，再勾选"保存"选项卡中"保存自动恢复信息时间间隔"前面的复选框，然后单击"确定"按钮，就启动了自动保存文档的功能。系统默认的自动保存文档的时间间隔为 10 分钟，用户可以在"保存自动恢复信息时间间隔"后面的时间文本框内根据自己的需要设置自动保存文档的时间间隔。

图 4.5　"Word 选项"对话框

要注意的是，如果要保存的文档还未经过存盘，那么在执行保存文档操作时，会自动弹出"另存为"对话框，用户可以根据自己的需要更改文件名称和文件路径。

3．关闭文档

当完成对文档的编辑并进行保存后，应当将其窗口关闭，以便释放它所占的内存空间。

关闭文档最简单最常用的方法是单击文档主窗口标题栏右侧的关闭按钮。另外，我们还可以通过双击文档主窗口标题栏左侧的快速访问工具栏关闭当前文档，或通过"文件"选择卡下的"关闭"命令关闭文档。如果需要关闭当前打开的所有文档，则可以单击"文件"选择卡中的"退出"按钮关闭当前打开的所有文档。

4. 打开文档

Word 2010 文档的默认扩展名是 .docx，打开某个已关闭的文档最简单最常用的方法是找到该文档的存放位置，双击该文档的图标来打开文档。此外，启动 Word 2010 后，单击"文件"选择卡中的"打开"命令，或单击快速访问工具栏的打开按钮，或按 Ctrl＋O 组合键，会弹出一个"打开"对话框，从中查找需要打开的 Word 文档后，单击"打开"按钮，也可以打开文档。

4.3.2 文档的基本编辑

对文档的编辑和修饰主要是通过功能区的"开始"选项卡进行操作，如图 4.6 所示。

图 4.6 "开始"选项卡

1. 输入文档内容

用户可以在新建的 Word 文档的编辑区内输入文档内容，在 Word 2010 中，文档内容主要包括英文、中文、数字、特殊符号、表格和图形等。通过键盘可以直接输入英文、汉字、阿拉伯数字等文本。在默认情况下，Word 文档有"即点即输"，即在文档页面的任意空白位置双击，即将插入点光标移动到当前位置，光标的位置就是开始输入文档内容的位置。

文档的"即点即输"功能可以通过选择"文件"选项卡中的"选项"按钮，在打开的"Word选项"对话框中切换到"高级"选项卡，勾选"启用'即点即输'"复选框即可。

录入英文时，要把输入法切换到英文状态；录入中文时，要把输入法切换到中文状态。使用 Ctrl＋Shift 组合键可以实现不同的输入法之间的快速切换；使用 Ctrl＋Space 组合键可以实现中、英文输入法之间的快速切换；使用 Shift 快捷键可以实现同一种输入法的中/英文状态的切换；使用 Shift＋Space 组合键可以实现全角和半角之间的切换。

2. 插入特殊符号

在输入文档内容时，往往需要输入一些键盘上没有的特殊符号，这时需要通过"插入"选项卡中"符号"组的"符号"按钮实现这些特殊符号的输入。例如，插入符号"★"的步骤如下：打开"插入"选项卡，单击"符号"组的"符号"按钮，在下拉列表中选择"其他符号"选项，这时会弹出一个如图 4.7 所示的"符号"对话框，然后单击"★"，再单击"插入"按钮即可在光标所在位置插入符号"★"。

3. 选定文本

在文档中编辑文本时，必须先选定相应的文本，然后才能对该文本进行复制、删除、格式设置等操作。选定文本的范围主要包括：一个或几个词语、一个或几个句子、一行或多行文本、一个或多个段落、一块或多块矩形文档区域、整篇文档。用户可以通过操作鼠标或键盘来选定文本,这里主要介绍用鼠标选定文本的方法。

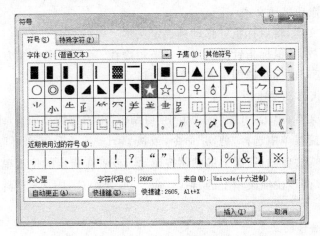

图 4.7　"符号"对话框

要选定的文本范围比较小时,可以从要选定文本的起始位置到终止位置拖动鼠标,鼠标拖过的文本即被选中。

要选定的文本范围比较大且是连续的时,可以先用鼠标在要选定文本的起始位置单击一下,然后按住 Shift 键,同时单击要选定文本的终止位置,这样起始位置与终止位置之间的文本即被选中。

要选定的文本为一块矩形区域时,可以按住 Alt 键,同时从要选定的矩形文本的一个顶点向这个顶点的对角顶点拖动鼠标,这样以这两个顶点为对角顶点的矩形区域即被选定。

要选定的文本范围是一些比较特殊的区域时,可以通过一些特殊的操作来选定文本。例如,要选定一行,则可以把鼠标移至该行的左端,当光标变为向右的箭头时,单击鼠标即可。要选定一段,则在段落内的任意位置三击鼠标即可选定该段,也可以把鼠标移至该段左端的任意位置,当光标变为向右的箭头时,双击鼠标来选定该段。要选定整篇文档时,只要按 Ctrl＋A 组合键即可,也可以通过单击"开始"选项卡右边"编辑"组中"选择"按钮,在下拉列表中单击"全选"命令来选定整篇文档。

此外,如果要选定的文本不连续,则可以先选定一部分连续的文本,然后按住 Ctrl 键,同时再选定其他的文本即可。要想取消对文本的选定,只要在文本的任意位置单击即可。

4. 删除文本

在编辑文本时,经常需要删除一些不合适的、不正确的或不必要的文本,常用的删除文本的方法主要有以下 3 种。

(1) 按 BackSpace 键,删除光标插入点前面的一个字符;

(2) 按 Delete 键,删除光标插入点后面的一个字符;

(3) 选定要删除的文本后,单击"开始"选项卡中"剪贴板"组的"剪切"按钮,或在选定的文本上单击鼠标右键并在快捷菜单中选择"剪切"命令,或按 Delete 键,或按 Ctrl＋X 组合键都可以删除选定的文本。

5. 移动文本

在编辑文档的过程中,有时候需要将某块文本移动到其他位置,用来组织和调整文档的

119

结构。常用的移动文本的方法主要有以下 3 种。

(1) 使用鼠标拖动移动文本

选定要移动的文本,将鼠标指针移动到选定文本上,这时鼠标指针会变成箭头形状,然后按住鼠标左键不放,待鼠标指针前面出现一条短虚线、尾部出现虚线方框时,拖动鼠标至指定的位置,然后松开鼠标左键即可实现文本的移动。

(2) 使用剪贴板移动文本

选定要移动的文本,单击"开始"选项卡中"剪贴板"组的剪切按钮✂,或在选定的文本上单击鼠标右键在快捷菜单中选择"剪切"命令,或按 Ctrl+X 组合键都可以把选定的文本放到剪贴板上,然后单击"剪贴板"组上的粘贴按钮📋,或者在指定的位置单击鼠标右键,会弹出一个快捷菜单,单击该快捷菜单上的"粘贴"命令,或者按 Ctrl+V 组合键即可实现文本的移动。

(3) 使用快捷键移动文本

选定要移动的文本,然后按 F2 键,在指定的位置单击,这时会在该位置出现一条虚线,再按 Enter 键,即可把文本移动到指定的位置。

6. 复制文本

选定要复制的文本后,单击"开始"选项卡中"剪贴板"组的复制按钮📋,或按 Ctrl+C 组合键,然后将光标定位在目标位置,单击"剪贴板"组的"粘贴"按钮,或按 Ctrl+V 组合键即可。

7. 撤销与恢复

在编辑文本的过程中,如果刚才执行的操作是错误的或不必要的,则可以撤销刚才的操作。单击"快速访问工具栏"中的撤销按钮↩▾,或按 Ctrl+Z 组合键可以撤销刚才的一步操作。如果想撤销之前的多步操作,则可以连续执行多次撤销命令来完成,也可以单击撤销按钮右侧的下三角按钮,在出现下拉列表框中单击某项操作,则该项操作以及其后的所有操作都被撤销。恢复是撤销的逆操作,当执行撤销操作后,如果认为不应该撤销刚才的操作,单击"快速访问工具栏"中的恢复按钮↪,或按 Ctrl+Y 组合键可以恢复刚才的撤销操作。

执行了一种操作后,若想重复执行这种操作,单击"快速访问工具栏"中的重复按钮⟳即可。

8. 查找与替换

单击"开始"选项卡中"编辑"组的"查找"命令,或按 Ctrl+F 组合键,将会在文档编辑区的左侧出现"导航"窗格的搜索框,在其中输入要查找的内容,Word 2010 会自动查找出该内容在文档中的第一个位置,同时标示出该内容出现的所有章节,继续单击 ▲▼ 按钮,Word 2010 会自动查找出该内容在文档中的下一个位置。使用查找功能可以逐个找出某些内容在文档中的所有位置,用户可以根据自己的需要对这些内容进行编辑。

当该内容在文档中出现多次时,如果需要把这些内容全部替换成其他内容,则可以使用替换功能进行快速替换。

单击"编辑"中的"替换"命令,或按 Ctrl+H 组合键,将会弹出"查找和替换"对话框(如图 4.8 所示),在"查找内容"右侧的文本框中输入要查找的内容,在"替换为"右侧的文本框中输入要替换的内容,然后单击"替换"(单击一次替换一处内容)按钮或"全部替换"(把查找到的内容进行全部替换)按钮,Word 2010 会自动把查找的内容替换为要替换的内容。

图 4.8　"查找和替换"对话框中的"替换"选项卡

9. 项目符号和编号

为了使文档层次分明,结构清晰,便于读者阅读,有时候需要给段落添加项目符号和编号。下面介绍两种创建项目符号和编号列表的方法:

(1) 自动创建项目符号和编号

中文版 Word 2010 默认状态下,可以在输入文本时自动产生带项目符号或编号的列表。如果要创建带项目符号的列表,可以在段落开始处输入一个星号(＊)或者一个连字符(-)或者两个连字符(--),后跟一个空格或制表符,然后输入文本,当按 Enter 键结束该段时,Word 会自动把星号转换成项目符号"•",或者把一个连字符转换成项目符号"-",或者把两个连字符转换成项目符号"■"。

如果要创建编号列表,可以在段落开始处输入一个用于编号的字符,如"1."、"(1)"、"1)"、"一、"、"a)"等,后跟一个空格或制表符,然后输入文本,当按 Enter 键结束该段时,Word 会自动在下一段的开头按照顺序插入下一个编号。

(2) 为文本添加项目符号和编号

单击"开始"选项卡中"段落"组的项目符号按钮 ≡ (或编号按钮 ≡)可以为选定的文本添加默认的项目符号(或编号)。同时,单击右边的倒三角还可以选择常用种类的项目符号(或编号)。

Word 2010 还提供了定义新的符号(或编号)功能,可以根据各自喜好选择多种多样的符号(或编号)。

4.3.3　文档的基本修饰

为了使文档看起来更加美观,便于阅读,符合某些特定的格式,需要对文档进行排版。文档排版的基本操作对象是字符、段落和页面,主要操作是设置字符格式、段落格式和页面格式。

1. 设置字符格式

设置字符格式主要包括设置字体、字号、字形、颜色、下划线、字符修饰效果、字符间距等。在设置字符格式之前必须先选定要设置的字符,设置字符格式的方法主要有两种,一种是利用"开始"选项卡(如图 4.9 所示)中的"字体"组进行设置;另一种是单击"字体"组右下角 ▣ 按钮或者右击选择"字体"命令进行设置。

（1）设置字体

Word 文档默认的中文字体为宋体，西文字体为 Time News Roman。选定要改变字体的文本，单击"字体"组中字体列表框右侧的向下箭头，在出现的列表框中选择所需的字体即可改变选定文本的字体。

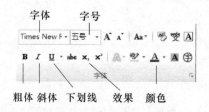

图 4.9　功能区字体组

（2）设置字号

字号是指字的大小，Word 文档默认的字号为五号。在中文字号中，最大字号是初号，最小字号是八号；在字号的磅值表示中，最小是 5 磅，最大是 72 磅。选定要改变字号的文本，单击"字体"组中字号列表框右侧的向下箭头，在出现的列表框中选择所需的字号即可改变选定文本的字号。

（3）设置字形

字形包括常规、加粗、倾斜、加粗并倾斜四种，Word 文档默认的字形是常规格式。单击"字体"组中加粗按钮 **B** ，可以使选定的文本从非加粗格式变为加粗格式，或从加粗格式变为非加粗格式；单击"字体"组中倾斜按钮 *I* ，可以使选定的文本从非倾斜格式变为倾斜格式，或从倾斜格式变为非倾斜格式。组合使用加粗按钮和倾斜按钮，可以使选定的文本变为加粗并倾斜的格式。

（4）设置字体颜色

Word 文档默认的字体颜色为黑色，要想改变字体的颜色，只需先选定需要改变颜色的文本，再单击"字体"组中字体颜色按钮右侧的向下箭头，在弹出的列表框中选择所需的颜色即可。

（5）设置下划线

如果想给选定文本的下方加下划线，可以单击"字体"组中下划线按钮右侧的向下箭头，在弹出的列表框中选择所需的线型或颜色即可。如果想取消下划线，只需再次单击下划线按钮。

（6）字符修饰效果

Word 2010 提供了强大的文字修饰功能。选定要加效果的文本，单击"字体"栏右下角
 按钮，会弹出如图 4.10 所示的对话框，在"效果"选项区中，勾选所要添加效果前面的复选框（可以同时选中多个复选框），然后单击"确定"按钮即可。也可以通过对话框中"文字效果"按钮添加更多的效果。

可以看出，在"字体"对话框中，也可以设置字符的字体、字号、字形、颜色、下划线等，设置效果和使用"字体"组中的工具按钮进行设置是一样的。

（7）字符间距

字符间距是相邻文字之间的距离，一般情况下不需要设置字符间距，但是有时为了达到理想效果，需要调整字符间距。在"字体"对话框中"高级"选项卡下，用户可以根据自己的需

要设置字符间距。

2. 设置段落格式

段落是 Word 文档的重要组成部分，为了使文档层次分明、整体美观，需要设置段落格式。设置段落格式可以利用"开始"选项卡中的"段落"组。

（1）设置段落缩进方式

段落缩进是指调整文本与左、右页边距之间的距离。段落缩进方式主要包括首行缩进、悬挂缩进、左缩进、右缩进四种。首行缩进是控制段落中第一行第一个字符的起始位置，通常习惯把每段的第一行缩进 2 个字符；悬挂缩进是控制段落中除第一行之外的其他行的第一个字符的起始位置；左缩进是控制段落左边的起始位置；右缩进是控制段落右边的终止位置。可以使用标尺上的移动缩进标志设置段落缩进方式，也可以使用"段落"对话框设置段落缩进方式，这里主要介绍第二种方法。

单击"段落"组右下角 按钮或者单击右键选择"段落"命令，打开"段落"对话框（如图4.11所示），在缩进选项区中输入或选择要缩进的值，在特殊格式列表框中选择"首行缩进"或"悬挂缩进"选项，然后单击"确定"按钮即可。

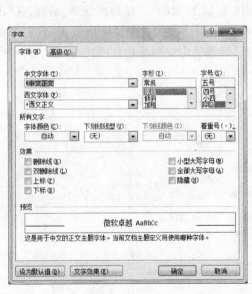

图 4.10 "字体"对话框

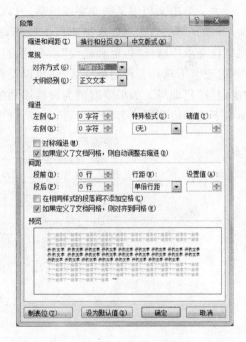

图 4.11 "段落"对话框

（2）设置段落对齐方式

对齐方式是指段落中选定的文本相对于段落左右边界的位置。段落的对齐方式主要有左对齐、居中对齐、右对齐、两端对齐和分散对齐五种。

单击"段落"组中某个"对齐方式"按钮，或者使用图 4.11 中"对齐方式"右侧的下拉列表框中选择一种对齐方式，都可以改变选定文本的对齐方式。

（3）设置段间距和行间距

段间距是指某个段落与其相邻段落之间的距离，行间距是指段落中行与其相邻行之间的距离,要为选定的文本设置段间距和行间距,单击"段落"组中"行和段落间距"按钮 ，或者使用图 4.11 中行距右侧的下拉列表框中选择一种行距,或选择相应的值即可。

(4) 设置换行和分页

用户可以使用 Word 2010 提供的换行和分页功能精确的对段落格式进行设置,设置方法为:单击"段落"栏右下角 按钮或者单击右键选择"段落"命令,在打开的如图 4.11 所示的"段落"对话框中选择"换行和分页"选项卡。

其中"孤行控制"选项可以防止在页面底部单独显示段落第一行,或者防止在页面顶部单独显示段落的最后一行;"与下段同页"选项可以防止在选定的段落与其后面相邻的一个段落间插入分页符;"段中不分页"功能可以防止在选定的段落中插入分页符;"段前分页"选项可以在选定的段落前面插入分页符;"取消行号"选项可以防止在选定的段落旁边出现行号,该选项对未设行号的文档或节无效;"取消断字"选项可以防止段落自动断字。

根据自己的需要选中某些选项前面的复选框,然后单击"确定"按钮即可把这些功能应用到整片文档或选定的段落中。

(5) 边框和底纹

为了突出文档中某些文字或段落,可以给它们加上各种颜色的边框和底纹。为段落添加边框的步骤为:选定要添加边框的段落,单击"段落"组中"边框"按钮 右边的倒三角,在下拉菜单中选择"边框和底纹"命令,会打开如图 4.12 所示的"边框和底纹"对话框,在"边框"选项卡下选择一种边框样式,还可以设置边框的线型、颜色、宽度及应用范围,然后单击"确定"按钮即可。如果要取消为段落添加的边框,只需选定要删除边框的段落,在"边框"选项卡下选择边框样式为"无"即可。

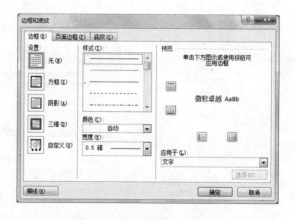

图 4.12 "边框和底纹"对话框

为段落添加底纹的步骤为:选定要添加底纹的段落,打开如图 4.12 所示"边框和底纹"对话框,选择"底纹"选项卡,在"样式"列表框中选择一种底纹样式,在"填充"选项区选择一种颜色,在应用范围列表框中选择"段落"选项,单击"确定"按钮即可。如果要取消为段落添加的底纹,只需选择要删除底纹的段落,在"底纹"选项卡的"样式"列表框中选择"清除"选项即可。

3. 设置文档样式

样式是指一组已经命名的字符格式和段落格式。使用样式可以方便、快速地编排具有统一格式的字符和段落,能够减少许多重复的操作,并且有利于保持文档格式的一致性。

样式包括字符样式和段落样式。字符样式设定了字符的字体、字号、字符间距和特殊效果等属性,该样式只作用于选定的字符。段落样式设定了字体、制表符、边框、行间距、编号、对齐方式、段落格式等属性,该样式作用于整个段落而不是段落中选定的字符。

(1) 创建新样式

Word 本身自带了许多样式,称为内置样式,用户可以利用这些样式对文档进行排版,也可以根据自己的需要创建新的样式。用户自己创建的新样式称为自定义样式,创建新样式的步骤如下:

单击"开始"选项卡中"样式"组右下角 ,在下拉列表中选择 ,打开如图 4.13 所示的"根据格式设置创建新样式"对话框,在该对话框中设置新建样式的名称、类型、格式等内容,然后单击"确定"按钮保存设置,新建的样式就会显示在"样式"组的列表框中。

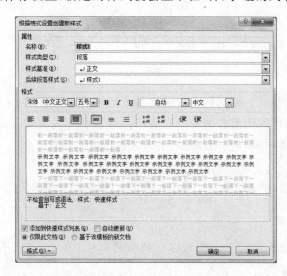

图 4.13　"根据格式设置创建新样式"对话框

(2) 应用样式

用户可以使用内置样式或者自定义样式来设置文档中已有的字符格式或段落格式,应用样式的具体步骤为:选定要应用样式的文本或者把光标移至要应用样式的段落中,单击"样式"组中的"更改样式",在下拉列表中单击"样式集",选择相应的样式即可把该样式应用到选定的文本上或者光标所在的段落中。

使用"开始"选项卡中"剪贴板"组的格式刷按钮 也可以应用样式,具体步骤为:选定文档中已设置好格式的字符或段落,单击或双击"剪贴板"组上的格式刷按钮 ,从要应用该格式的字符或段落的起始位置拖动格式刷至终止位置,然后在文档的任意位置单击即可。要注意的是,如果是单击格式刷按钮,则只能应用一次所选的格式;如果是双击格式刷按钮,则可以连续多次应用所选的格式,设置完成后,再次单击格式刷按钮可以退出使用所选的格式。

(3) 修改和删除样式

在应用样式时,有时候需要对现有的内置样式或自定义样式进行稍加修改,使之成为所需的样式。把原来的样式进行修改后,文档中所有使用该样式的文本也会自动应用修改后的样式。修改样式的具体步骤如下：单击"样式"栏右下角 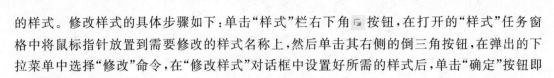 按钮，在打开的"样式"任务窗格中将鼠标指针放置到需要修改的样式名称上，然后单击其右侧的倒三角按钮，在弹出的下拉菜单中选择"修改"命令，在"修改样式"对话框中设置好所需的样式后，单击"确定"按钮即可完成样式的修改。

对于不再使用的样式，可以将其删除。删除样式的方法是：单击"样式"组栏右下角 按钮，弹出"样式"任务窗格，将鼠标指针放置到需要删除的样式上，然后单击右侧的倒三角按钮，在弹出的下拉菜单中选择"删除"命令，这时会弹出是否要删除该样式的消息提示框，单击"是"按钮后即可删除该样式。

内置样式和自定义样式在使用和修改时没有任何区别，但是用户可以删除自定义样式，却不能删除内置样式。

4.4　图文制作与表格

为了增强文档的表现力，使文档获得图文并茂的效果，Word 2010 允许用户在文档中插入、绘制和编辑各种各样的图形和图片以及表格。这些功能主要是通过功能区"插入"选项卡进行操作（如图 4.14 所示），以达到想要的效果。

图 4.14　"插入"选项卡

4.4.1　插入和编辑图片

在 Word 文档中，用户可以根据需要插入各种图片，这些图片可以来自剪辑库、文件夹，也可以是通过复制获得的图像文件。

1. 插入剪贴画

Word 2010 提供了一个内容丰富的媒体剪辑库，其中自带了大量的图片。从剪辑库中插入图片的步骤如下：

把光标移至要插入图片的位置，单击"插入"选择卡中的"插图"组中的"剪贴画"命令，在 Word 窗口的右侧会显示"剪贴画"任务窗，在"搜索文字"列表框中选择要搜索图片的范围，在"结果类型"列表框中选择要搜索的图片类型，然后单击"搜索"按钮，符合条件的图片将会显示在任务窗的下部，单击要插入的图片（或者单击该图片右侧的下拉按钮，在弹出的快捷菜单中选择"插入"命令）就可以将该图片插入到光标所在位置。

2. 插入图片文件

除了从剪辑库中插入图片外，用户也可以插入来自其他文件夹（如用户自己创建的文件）的图片，具体方法是：

把光标移至要插入图片的位置，单击"插图"组中的"图片"命令，弹出"插入图片"对话框，在该对话框中找到要插入的图片，双击该图片（或者选择该图片后单击"插入"按钮）就可以完成插入。

3．编辑图片

在文档中插入图片后，可以根据需要对图片进行必要的修改，如修改图片的大小、图片的颜色、图片的亮度和对比度、图片在文档中的位置、文字对图片的环绕方式等。

单击要编辑的图片后，在图片的上方的功能区，同时会显示如图 4.15 所示的"图片工具-格式"选项卡，利用该选项卡上的工具按钮就可以对图片进行修改。例如可以删除背景、增加艺术效果、在文档中的布局以及图片边框选项等，此外还可以把鼠标指针移到图片控制柄上，按住鼠标指针拖动，在合适的位置松开鼠标就可以对图片的大小进行调整。Word 2010 可以把图片和文字结合在一个版面上，丰富的图片编辑功能实现了图文并茂的良好效果。

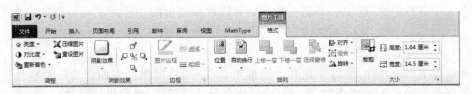

图 4.15　"图片工具-格式"选项卡

4.4.2　绘制和编辑图形

Word 2010 允许用户使用绘图工具手工绘制各种图形。在"插入"选项卡中"插图"组的"形状"命令下拉框中为用户提供了线条、箭头总汇、流程图等各种类型的自选图形，用户可以利用这些基本的自选图形绘制各种常用的图形。值得注意的是，绘制图形的操作必须在页面视图下进行，在普通视图或大纲视图下，绘制的图形是不可见的。

1．绘制自选图形

单击"插入"选项卡中"插图"组的"形状"命令，在弹出的列表框中选择"新建绘图画布"，这时文档中光标所在的位置就会出现一个绘图区域，同时"绘图工具"的"格式"选项卡（如图 4.16 所示）就会出现在 Word 窗口的功能区。

图 4.16　"绘图工具-格式"选项卡

在"绘图工具-格式"选项卡"插入形状"组中选择所需的图形形状，在绘图区域中要插入图形的位置单击鼠标即可绘制所选的图形。

2．编辑图形

对于绘制的图形，用户还可以根据自己的需要对其进行修改和调整。对图形的编辑操作主要包括为图形添加文字、复制图形、移动图形、调整图形的大小、把多个图形组合在一起等。

（1）添加文字

在编辑图形的时候，最常见的操作是在绘制的图形内添加文字，方法为：选定需要添加文字的图形后右击，在弹出的快捷菜单中选择"添加文字"命令，这样就可以在图形上显示的文本框中输入文字了。

（2）复制和移动图形

复制图形的方法和复制普通文本的方法一样，这里不再说明。移动图形的方法为：选定要移动的图形，把鼠标移至该图形上，鼠标指针的顶端会出现一个十字箭头，这时按住鼠标左键就可以把图形拖动到任意位置。

（3）调整图形的大小

单击要调整的图形后，图形的周围会出现调整句柄，用户可以通过拖动这些句柄来调整图形的大小。在调整图形大小时，按住 Shift 键拖动句柄可以在保持原图形比例的情况下对图形大小进行调整，按住 Ctrl 键拖动句柄可以以原图形的中心为基点对图形的大小进行调整。

（4）图形的组合操作

在编辑图形时，有时候需要把几个图形组合在一起，以便把它们作为一个整体进行操作。组合图形的具体步骤是：先选定要进行组合的几个图形，然后执行"绘图工具"选项卡中"排列"组的"组合"命令即可把这几个图形组合在一起。

组合图形的另一种方法是：先选定要进行组合的几个图形，然后右击，在弹出的快捷菜单中选择"组合"列表框中的"组合"命令也可把这几个图形组合在一起。

如果要对组合在一起的几个图形进行分别编辑，需要先取消组合再进行编辑。取消组合的方法为：选定组合的图形，执行"排列"组的"组合"下拉列表中的"取消组合"命令或者右击该选定图形，在弹出的快捷菜单中选择"组合"列表框中的"取消组合"命令都可以取消组合。

此外，如果需要设置自选图形的颜色、大小、文字对图形的环绕方式等属性，可以通过下面的方法实现：选定自选图形，然后右击该图形，在弹出的快捷菜单中选择"设置形状格式"命令，会弹出"设置形状格式"对话框，在该对话框中设置所需的属性后，单击"关闭"按钮即可。

4.4.3　插入和编辑文本框

文本框是存放文字、表格、图形等内容的一种图形工具，存放在文本框中的内容可以随着文本框的移动而同时移动。

1. 为文档中已存在的内容插入文本框

先选定要存储在文本框中的内容，然后单击"插入"选项卡中"文本"组的"文本框"下拉按钮，在列表框中选择"绘制文本框"命令。

2. 先建立文本框，再插入内容

单击"文本"组的"文本框"下拉按钮，在打开的文本框列表中选择一种，即可在光标所在位置插入一个空文本框，然后在文本框中插入内容。

3. 编辑文本框

选定文本框，会在文本框的周围出现 8 个控制句柄，用户可以利用这些控制句柄对文本框进行缩放。用户还可以通过"设置形状格式"对话框对文本框的格式进行设置,例如设置文本框的颜色、线条、大小、文字环绕方式等。设置文本框格式的步骤为:选定要进行编辑的对话框后右击,在弹出的快捷菜单中选择"设置形状格式"命令,在该对话框中设置需要的属性,然后单击"关闭"按钮即可完成文本框格式的设置。

4.4.4 插入和编辑艺术字

为了使文档的内容显得丰富多彩,可以在 Word 文档中插入一些艺术字,插入艺术字的步骤为:把光标移至要插入艺术字的位置,单击"插入"选项卡中"文本"组的"艺术字"按钮,会打开如图 4.17 所示的"艺术字库"列表,在该列表中选择一种艺术样式,会打开艺术字框,直接输入文本即可。

图 4.17 "艺术字库"列表

插入艺术字后,若对艺术字的样式不满意,可以通过切换到"绘图工具"的"格式"选项卡,在"艺术字式样"组改变其样式,也可以通过"形状样式"组设置"艺术字"框的轮廓样式。

4.4.5 插入和编辑数学公式

Word 2010 还提供了一个功能强大的公式编辑器,利用该编辑器可以在文档中插入和编辑一些特殊的数学公式和数学符号,在文档中插入公式的具体步骤为:把光标移至要插入公式的位置,单击"插入"选项卡中"符号"组的"公式"按钮,在插入点处出现一个空白的公式框 在此处键入公式 ,同时在功能区将自动切换到如图 4.18 所示的"公式工具"的"设计"选项卡,在公式框内用户可以输入字母、数字等所需的字符,添加"结构"和"符号"组中的内容,编辑好公式以后,在公式框外的任意位置单击即可完成公式的编辑。对于常用的标准公式,Word 提供了内置的预设公式供用户直接使用,可在"插入"选项卡中单击"符号"组的"公式"按钮的倒三角,在打开的下拉列表中选择需要插入的公式。

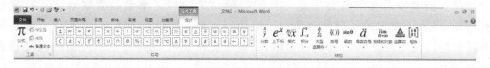

图 4.18 "设计"选项卡

如果要对已经存在的数学公式进行修改,则只需要单击要修改的公式,即可进入公式编辑状态,修改好以后在编辑区外的任意位置单击即可实现对公式的修改。

4.4.6 创建和编辑表格

1.创建表格

用户可以创建一个空表格,也可以把已输入的文本转换成表格。建立空表格的方法主要有以下3种:

(1) 选择"插入"选项卡,单击"表格"组的"表格"按钮,在打开的下拉列表中移动鼠标选择至需要的行列数,单击即可生成表格,如图4.19所示。这种方法比较方便,但最多只能生成8行、10列的表格。

图4.19 "表格"列表数

(2) 单击图4.19中的"插入表格"选项,打开"插入表格"对话框,在"表格尺寸"选项区中输入或选择适当的列数和行数,单击"确定"按钮,就会在光标插入点处插入一个空表格。

(3) 单击图4.19中的"绘制表格"选项,这时鼠标变成铅笔形状。按住鼠标左键拖动鼠标,可画出表格,鼠标经过处为虚线,释放鼠标后,虚线变实线。绘制表格时,功能区自动变成"表格工具"的"设计"选项卡。若要取消绘制表格功能,可单击"绘制边框"组的"绘制表格"按钮。

此外,可以把已输入的文本转换成表格。选定需要转换成表格的文本,在"插入"选项卡中单击"表格"组的"表格"按钮,在下拉列表中选择"文本转换成表格"命令,会打开"将文字转换成表格"对话框,在该对话框中输入或选择适当的行数、列数以及其他属性,单击"确定"按钮即可。

2.编辑表格

编辑表格包括对表格内容的编辑和对表格的编辑。

1) 对表格内容的编辑

对表格内容的编辑主要包括在单元格内插入文本、设置表格与文本的对齐方式、文字的环绕方式等。

(1) 插入文本

把光标移至某个单元格内,就可以为该单元格添加文字了,在单元格内插入文字的方法与在文档中输入文本的方法是一样的。单元格的列宽不会随着输入文本长度的增加而增加,当输入文本的长度超过该单元格的列宽时,文本会自动换行,所以单元格的高度会随着输入文本长度的增加而自动增高,该单元格所在行的其他单元格的高度也会同步增加。

在表格中,文本的字体、字号、颜色等基本属性的设置与在普通文档中执行这些操作的方法基本相同。

（2）表格内文本的对齐方式

在默认情况下，表格内文本的对齐方式是左对齐，即表格内文本与单元格的左边界对齐，如果需要改变表格与文本的对齐方式，可将光标移至单元格中的任意位置，右击鼠标，在弹出的快捷菜单中选择"单元格对齐方式"选项，从中选择所需的方式；或在"表格工具"的"布局"选项卡中，单击"对齐方式"中的相应按钮。

（3）表格内文字的方向

将光标移至单元格中的任意位置，右击鼠标，在弹出的快捷菜单中选择"文字方向"选项，从打开的对话框的 5 种方向中选择其中的一种；或在"表格工具"的"布局"选项卡中，单击"对齐方式"中的"文字方向"按钮，将单元格内文字的方向由横向转为纵向，或由纵向转为横向。

2）对表格的编辑

对表格的编辑包括选定单元格、插入行、插入列、删除行和列、合并和拆分单元格、移动和调整表格等操作。

（1）选定单元格、行、列

与选定文本的方法一样，单元格、行和列的选定也可以通过拖动鼠标来完成。要想在表格中选定一个矩形区域，可以将鼠标指针移至该矩形区域左上角的单元格内，单击并拖动鼠标至该矩形区域右下角的单元格内，然后松开鼠标左键。

如果要选定一个单元格，可以把鼠标指针移至单元格左侧，当鼠标指针变为指向右上角的黑色箭头时，单击鼠标左键。

把鼠标指针移至某行左侧，当鼠标指针变为指向右上角的空心箭头时，单击鼠标可以选定该行，向上或向下拖动鼠标可以选定多行。

把鼠标指针移至某列上侧，当鼠标指针变为向下的黑色箭头时，单击鼠标可以选定该列，向左或向右拖动鼠标可以选定多列。

把鼠标指针移至表格左上角的控制柄 ⊞ 上，当鼠标指针的顶部出现一个十字箭头时，单击鼠标左键可以选定整个表格。

此外还可以按住 Shift 键，同时使用键盘上的方向键来选定单元格。

（2）插入单元格、行、列

选定要插入新单元格的位置，单击"表格工具-布局"选项卡中"行和列"组右下角 ▫ 按钮，进入"插入单元格"对话框，选择合适的选项后单击"确定"按钮即可，如图 4.20 所示。

插入行和插入列的方法可选择"表格工具-布局"选项卡中"行和列"组的相应按钮完成。

另外，把光标定位到行尾，然后按 Enter 键，也会在光标所在行的下方插入一行。

（3）删除单元格、行、列

选定要删除的单元格，按 Backspace 键，或者在选定区域内右击鼠标，在出现的快捷菜单中选择"删除单元格"命令，或者单击"行和列"组中"删除"按钮，在出现的下拉菜单中选择"删除单元格"，会打开如图 4.21 所示的"删除单元格"对话框，在该对话框内选择适当的选项，然后单击"确定"按钮即可。

图 4.20 "插入单元格"对话框

图 4.21 "删除单元格"对话框

如果要删除整行或整列,可以单击"行和列"组中"删除"按钮,在出现的下拉菜单中选择"删除行"或"删除列",如在出现的下拉菜单中选择"删除表格",则将整个表格删除。

(4) 合并和拆分单元格

合并单元格是指将多个相邻的单元格合成一个单元格,拆分单元格是指将一个或多个单元格重新分成多个单元格。

合并单元格的方法为:先选定要进行合并的两个或多个单元格,然后单击"表格工具-布局"选项卡中"合并"组的"合并单元格"按钮,或者在选定区域中右击,在弹出的快捷菜单中单击"合并单元格"命令即可。

拆分单元格的方法为:先选定要进行拆分的一个或多个单元格,再单击"合并"组中的

图 4.22 "拆分单元格"对话框

"拆分单元格"按钮,会打开如图 4.22 所示的"拆分单元格"对话框,在文本框中输入或选择适当的数值,单击"确定"按钮即可把选定的单元格拆分成多个单元格。需要说明的是,当选定多个单元格时,如果勾选"拆分前合并单元格"前面的复选框,则会先合并选定的单元格,然后再把合并后的单元格按要求拆分成多个等宽的单元格。如果不勾选"拆分前合并单元格"前面的复选框,则会把选定的每个单元格分别按要求拆分成多个等宽的单元格。

此外,还可以把一个表格拆分成为两个表格,方法为:先把光标移至要拆分的位置上,然后单击"合并"组中的"拆分表格"命令,就会把原先的表格以光标所在行为分界行拆分成两个表格,即光标所在行以及其后面的各行被拆分为另一个表格。

(5) 移动和调整表格

可以通过拖动表格左上角的控制柄 ⊞ 来移动表格;也可以先选定要移动或复制的表格,再执行"剪切"或"复制"命令,然后在目标位置执行"粘贴"命令,来达到移动表格的目的。

调整表格的操作主要包括调整表格的大小、调整行高和列宽、设置斜线表头等。

把鼠标移至表格的任意位置,在表格的右下角就会出现一个方形调整句柄,把鼠标移至该句柄上时,鼠标指针会变成一个向左上角倾斜的双箭头,这时拖动鼠标就可以调整表格的大小。

用户可以根据自己的需要调整表格的行高和列宽,设置行高和列宽的方法类似,这里仅介绍调整列宽的两种方法。

方法一：将鼠标光标移至要改变宽度的列的左框线或右框线上，按住鼠标左键向左或向右拖动网格线，就可以达到改变列宽的目的。

方法二：选定要调整列宽的一列或多列，单击"表格工具-布局"选项卡中"单元格大小"组右下角 按钮，则会打开"表格属性"对话框，在"列"选项卡下设置所需的数值，然后单击"确定"按钮即可。

在"表格属性"对话框中，通过"表格"选项卡，可以设置表格的大小、文字的对齐和环绕方式。

表头一般指表格的第一个单元格，即左上角的单元格。单击"表格工具-设计"选项卡中"表格样式"组的"边框"右边的倒三角按钮，在弹出的下拉列表中选择相应的命令，可在表头单元格内添加横线、竖线或者斜线。

3) 对表格的修饰

(1) 设置表格边框和底纹

为了增加表格的可视性，强调某些单元格内的内容，有时候需要对表格的边框进行处理，或者给某些单元格加上底纹。选中表格，切换到"表格工具"的"设计"选项卡，单击"表格样式"组中的 边框，在下拉列表中直接选择边框的类型，单击 底纹 的下拉按钮选择底纹的颜色即可；或单击"绘制表格"组右下角的 ，打开"边框和底纹"对话框，如图 4.23 所示，可进行相应的设置。

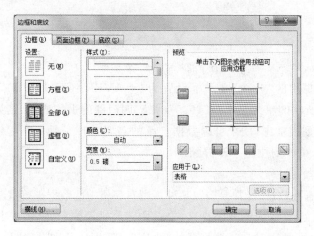

图 4.23　"边框和底纹"对话框

(2) 使用内置的表格样式

使用 Word 2010 提供的表格自动套用格式功能，可以快速创建精美的表格，其操作步骤为：先把光标移至表格的任意位置，选择"表格工具-设计"选项卡中"表格样式"组的相应样式，如图 4.24 所示。可以选择"表格样式选项"组中的复选框来进一步修饰表格。

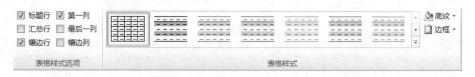

图 4.24　"设计"选项卡

4) 表格中数值数据的计算

Word 2010 提供了一些基本的公式和函数,利用它们可以自动进行数据计算。如在表 4.1 中,计算张三四门课的平均成绩(结果保留两位小数)。

表 4.1　成绩表

科　目 姓　名	数学	语文	英语	政治	平均分
张三	73	76	84	85	
李四	85	88	92	82	
王五	70	90	86	88	

把光标移至张三这一行的平均分单元格中,单击"表格工具-布局"选项卡中"数据"组的"公式"按钮,打开如图 4.25 所示的"公式"对话框,在"公式"文本框中输入公式的内容,格式为"=函数名称(引用范围)"。函数名称可以在"粘贴函数"的下拉列表中进行选择或直接写入,引用范围可以是 ABOVE(光标上方的数据)、LEFT、RIGHT 或 BELOW。

图 4.25　"公式"对话框

将"公式"对话框中的"公式"文本框设置为"=AVERAGE(LEFT)"或"=AVERAGE(B2:E2)",则光标所在的单元格出现"79.5"(张三四门课的平均成绩,结果保留两位小数)。

在"编号格式"列表框中,用户可以根据自己的需要选择一种数字显示格式。关于公式的写法,将在 Excel 的学习中进一步介绍。

5) 表格中数据的排序

为了能够快速查找数据,经常要按照某种规则对表格中的数据进行重新排列。如在表4.1 中,依次按数学、语文、英语成绩升序排序,先选中需要排序的单元格,单击"表格工具-布局"选项卡中"数据"组的"排序"按钮,在打开的"排序"对话框中分别设置"关键字"等内容,如图 4.26 所示,单击"确定"按钮,完成排序任务。

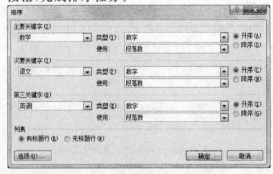

图 4.26　"排序"对话框

6）生成图表

Word 2010 还提供了一种将表格中的数据生成图表（如直方图、饼图、折线图等）的功能，具体操作步骤如下：

选定要生成图表的数据表格，选择"插入"选项卡中"文本"组的"对象"命令，弹出"对象"对话框，在"新建"选项卡下选择"Microsoft Graph 图表"，选中"显示为图标"前面的复选框，会在该对话框的右下角显示一个默认的图标，如果这个图标不是想要的图表类型，可以单击"改变图标"命令来选择一种适合的图标，然后单击"确定"按钮即可。

4.4.7 创建超链接和使用书签

1. 创建超链接

在 Word 文档中可以直接创建超链接，方法为：选定要创建超链接的文本（如选定文本"创建超链接"），单击"插入"选项卡中"链接"组的"超链接"按钮，或者在选定的文本上右击鼠标，在弹出的快捷菜单中单击"超链接"命令，弹出如图 4.27 所示的"插入超链接"对话框，在该对话框内找到并选定要进行链接的内容后，单击"确定"按钮即可。

创建超链接后，按住 Ctrl 键并在创建了超链接的文本上单击，可直接打开该链接。

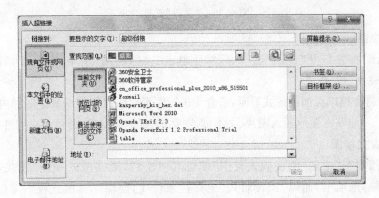

图 4.27 "插入超链接"对话框

2. 使用书签

Word 文档中使用的书签和平时阅读书籍的过程中使用的书签作用相同，都是用来记录位置的。单击要插入书签的位置或者选定要添加书签的文本，执行"插入"选项卡中"链接"组的"书签"命令，会弹出"书签"对话框，在该对话框的"书签名"文本框中输入要创建书签的名称，然后单击"添加"按钮即可。

创建书签后，执行"插入"选项卡中的"书签"命令，在弹出的"书签"对话框选中一个书签，然后单击"定位"按钮即可快速定位到该书签所记录的位置。此外，还可以利用"查找和替换"对话框中"定位"选项卡中的"书签"选项快速定位到某书签所记录的位置。

4.5　视图与页面布局

　　视图指的是文档窗口的显示方式。页面布局是对文档的整个页面进行设计,使文档具有美观的视觉外观,页面布局的设置对文档的显示和打印都产生影响。

4.5.1　文档的视图

　　Word 2010 的视图模式包括页面视图、阅读版式视图、Web 版式视图、大纲视图和草稿视图。在对文档进行编辑、审阅和修改时,可通过"视图"选项卡(如图 4.28 所示)选用不同的视图模式,以方便操作。

图 4.28　"视图"选项卡

1.　页面视图

　　单击"视图"标签打开"视图"选项卡,然后单击"文档视图"组中的"页面视图"按钮即可切换到"页面视图"模式。

　　页面视图将文档以页面的形式显示,适合于进行图形对象操作和对其他附加内容进行操作,在该视图模式下,能够方便地插入图片、文本框、图文框、媒体等对象,并可对它们进行操作。

2.　阅读版式视图

　　单击"文档视图"中的"阅读版式视图"按钮可切换到"阅读版式视图"模式,该视图模式将隐藏不必要的选项卡,而以"阅读版式"工具栏来替代,使用阅读版式视图可以更方便地查看文档。

3.　Web 版式视图

　　单击"文档视图"组中的"Web 版式视图"按钮可切换到该模式。使用 Web 版式视图可以在屏幕上获得极佳的阅读和显示效果,该视图模式下显示的正文能够自动换行以适应窗口的大小,而不是以实际打印的页面形式显示。

4.　大纲视图

　　单击"文档视图"组中的"大纲视图"按钮可切换到"大纲视图"模式。在大纲视图模式下,文档的标题能够分级显示,使得文档的层次分明,更易于理解和编辑处理。

　　Word 使用层次结构来组织文档,大纲级别是指段落所处层次的级别编号,为文档的章节标题和正文设置好大纲级别后,就可以使用大纲视图方便、快速地查看和组织文档的结构,Word 提供 9 个大纲级别(1~9 级)。

　　1) 创建大纲

　　为文档创建大纲主要有两种方法:一种方法是先设计好各级大纲标题,再添加详细的正文;另一种方法是为已经存在的文档的段落指定大纲级别。

用第一种方法创建大纲的具体步骤如下:

(1) 创建一个新文档并单击"视图"选择卡"文档视图"组中的"大纲视图"按钮,依次输入要创建的各个标题,每输入一个标题后,按 Enter 键可以输入下一个标题。

(2) 拖动标题前面的分级符号" ⊕ "或" ⊖ "把标题调整为指定的级别或移动到指定的位置。在"大纲视图"模式下,功能区出现"大纲"选项卡,可利用"大纲"选项卡中"大纲工具"组的工具按钮调整标题的级别和位置,如图 4.29 所示。

图 4.29 大纲工具

(3) 设置好文档的大纲后,切换到普通视图或页面视图中,为文档添加详细的正文内容。

第二种方法是为已经存在的文档创建大纲:使用"大纲"选项卡中"大纲工具"组的工具按钮可以把选定的文本设置为所需的大纲级别。此外,选定想要设置为大纲级别的文本,单击"开始"选择卡中"段落"组栏右下角 按钮,弹出"段落"对话框(见图 4.11),在"缩进和间距"选项卡中的"大纲级别"列表框中选择相应的级别后,单击"确定"按钮即可。

2) 使用大纲查看文档结构

为文档创建好大纲后,切换到大纲视图中可以看到文档按大纲级别的不同分为不同的层次。在大纲视图中,可以将文档大纲折叠起来(只能折叠或展开设置了大纲级别的文本),仅显示所需标题和正文,而将不需要的标题和正文隐藏起来,这样可以突出文档结构,节省查看文档的时间。

双击某标题前面的分级符号,可以展开或折叠该标题下的所有子标题和正文;把光标移至某标题中,每单击一次"大纲工具"组中的折叠按钮 ━ (或展开按钮 ✚),该标题下的子标题和文本会逐次折叠(或展开)一级;把光标移至某标题中,在"大纲工具"栏中的"仅显示首行"前打勾,该标题中所有正文部分都只显示首行,如果要重新显示其他行,只需将"仅只显示首行"后面的勾除去即可;在"大纲工具"组中的"显示级别"下拉框选定一个选项后,则在大纲视图中只显示级别比该选项级别高(包含该级别)的标题。

3) 重新组织文档

在大纲视图中,不仅可以使用折叠和展开的方法快速地查看文档外,还可以快速地重新组织文档。通过拖动标题前面的分级符号或者使用"大纲工具"组中的工具按钮可以任意移动标题和文本,从而达到调整标题和文本的位置或级别的目的。

5. 草稿视图

单击"文档视图"组中的"草稿"按钮可切换到草稿视图模式。草稿视图是一种显示文本格式设置或简化的页面视图模式,不显示页边距、页眉、页脚、背景及图形对象。

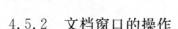

4.5.2 文档窗口的操作

为了方便文档内容的查看和编辑,需要对文档窗口进行一些变换,如改变视图的显示比例、拆分文档窗口以及并排文档窗口等。

1. 改变文档的显示比例

查看或编辑文档时,放大文档可以更方便地查看文档内容,缩小文档可以在一屏中显示更多内容。

打开文档后,在"视图"选项卡中,单击"显示比例"组的"显示比例"按钮,将打开"显示比例"对话框,如图4.30所示。在"百分比"增量框中输入或选择文档显示的百分比,也可以在对话框的"显示比例"栏中选择不同的显示比例,单击"确定"按钮,文档即按照确定的比例进行显示。另外,在Word工作界面最底端的状态栏中,通过拖动"显示比例"滚动条上的滑块可以直接改变文档在窗口的显示比例。

图4.30 "显示比例"对话框

2. 拆分文档窗口

当文档的长度过长而同时又需要对文档的前后内容进行比较时,可将文档窗口拆分为两个部分,拆分文档窗口不会对文档造成影响。

打开需要拆分的文档窗口,在"视图"选项卡中单击"窗口"组的"拆分"按钮。此时鼠标变成 ↔ ,同时在文档中会出现一条拆分线,移动鼠标可移动这条线。将鼠标移动到文档的需要位置,单击鼠标,文档窗口就被拆分成两个部分,可在这两个部分中对照比较文本内容。此时,功能区中的"拆分"按钮变为"取消拆分"按钮,单击该按钮可取消对窗口的拆分。

3. 并排查看文档

拆分文档窗口能够对比查看同一个文档中不同位置的内容,但如果要对比查看两个不同文档的内容,需要使用并排查看文档的方法。

打开多个Word文档后,在其中一个文档窗口的功能区中打开"视图"选项卡,单击"窗口"组中的"并排查看"按钮,将出现"并排比较"对话框,在对话框给出的列表中选择需要与当前文档进行并排比较的文档后单击"确定"按钮,此时,两个文档将在屏幕上并排显示。在完成两个文档的对比查看后,再次单击功能区中的"并排查看"按钮,可取消窗口的并排状态。

4．文档窗口的切换和新建

同时编辑多个文档时，常常需要在不同的文档间进行切换，以便对不同的文档进行编辑，使用"视图"选项卡中的"切换窗口"按钮能方便地进行文档窗口的切换。

需要同时编辑多个 Word 文档时，可在单击当前文档的"视图"选项卡中"窗口"组的"切换窗口"按钮，在打开的选项菜单中选择需要切换的文档，即可对该文档进行编辑。

在"窗口"组中单击"新建窗口"按钮，可创建一个与当前文档窗口相同大小的文档窗口，文档的内容为当前文档的内容。

4.5.3　设置页面格式

文档的页面布局主要通过"页面布局"选项卡完成，如图 4.31 所示。

图 4.31　"页面布局"选项卡

页面的排版格式反映了文档的整体外观和打印输出的效果，页面设置主要包括设置页边距、选择纸张、设置页眉和页脚、页面分栏、设置文档背景等。

1．设置页边距

页边距是指文本区域与纸张边缘的距离，进行文档排版时，一般先设置好页边距再进行文档的排版操作。

单击功能区"页面布局"选项卡中"页面设置"组的"页边距"按钮，在下拉列表中选择需要使用的页边距设置项，或在下拉列表中单击"自定义边距"选项打开"页面设置"对话框，如图 4.32 所示。单击功能区"页面布局"选项卡中"页面设置"组右下角的 按钮，可以直接打开"页面设置"对话框。

图 4.32　"页边距"选项卡

在"页边距"选项卡中的"上"、"下"、"左"、"右"文本框中输入或选择适当的数值,单击"确定"按钮即可。此外,在"页边距"选项卡中,还可以设置装订线的位置和纸张的方向。

2. 选择纸张

Word 文档默认的纸张是标准 A4 纸,按照下面的方法可以改变纸张的类型:单击功能区"页面布局"选项卡中"页面设置"组的"纸张大小"按钮,在下拉列表中选择需要使用的纸张类型,或在下拉列表中单击"其他页面大小"选项打开"页面设置"对话框,打开"纸张"选项卡。如图 4.33 所示,选择所需的纸张类型,或者在"宽度"和"高度"文本框中输入或选择自定义纸张大小的数值,单击"确定"按钮即可。

图 4.33 "纸张"选项卡

3. 设置文档网格

在 Word 中使用文档网格使用户有在稿纸上书写的感觉,同时可利用文档网格来对齐文字。单击功能区"页面布局"选项卡中"页面设置"组右下角的 按钮,打开"页面设置"对话框(如图 4.32 所示),选择"文档网格"选项卡。在该选项卡中可以定义每页显示的行数和每行显示的字数,可以设置正文的排列方式以及水平或垂直的分栏数。

4.5.4 设置文档背景

Word 2010 可给文档添加背景,包括填充颜色、纹理、图案以及水印等,用以增强文档页面的美观性,便于阅读。

1. 使用纯色背景

在功能区"页面布局"选项卡中单击"页面背景"组的"页面颜色"按钮,在下拉列表的"主题颜色"组中选择需要使用的颜色,如图 4.34 所示,Word 将以该颜色填充文档背景。

在下拉列表中选择"其他颜色"选项,将打开"颜色"对话框,在对话框的"标准"或"自定义"选项卡中可以选择颜色。

2. 使用渐变色填充背景

Word 2010 可以使用渐变色填充背景,使文档获得更美观的效果。在如图 4.34 所示的界面中选择"填充效果"选项,将打开"填充效果"的"渐变"选项卡,在"渐变"选项卡中,选中"预设"单选按钮,并在"预设颜色"下拉列表中选择一种 Word 预设的渐变色,在"底纹样式"组单击选中相应的单选按钮选择一种渐变样式,如图 4.35 所示。完成设置后单击"确定"按钮即可。

3. 添加水印

水印是出现在文档背景上的文本和图片。单击功能区"页面布局"选项卡中"页面背景"组的"水印"按钮,在下拉列表中选择需要添加的水印,在下拉列表中选择"自定义水印"选项,可打开"水印"对话框,可以设置相应的水印图案,在下拉列表中选择"删除水印"选项,可以将已经添加在文档中的水印图案删除。

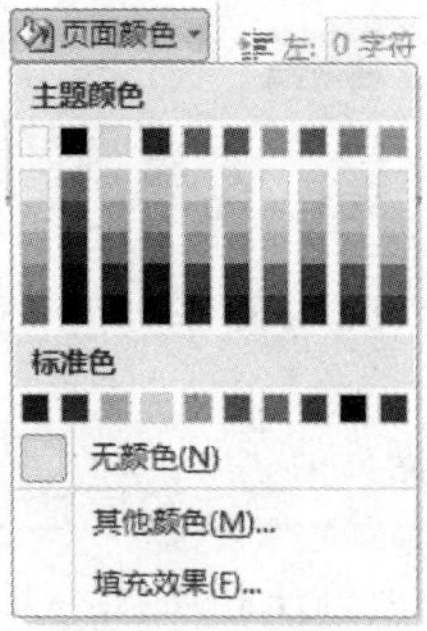

图 4.34　"页面颜色"
下拉列表

图 4.35　"渐变"选项卡

4.6　文档的引用与审阅

在 Word 文档中经常会使用目录、脚注、引文与书目、题注和索引等方面的功能,这些可以通过 Word 2010 的引用功能来实现。为方便其他用户对文档进行审阅,Word 具有修订和为文档添加批注的功能。

4.6.1　文档中的引用

"引用"功能区包括目录、脚注、引文与书目、题注、索引和引文目录几个组,如图 4.36 所示。

图 4.36 "引用"选项卡

1. 脚注和尾注

脚注和尾注不是文档的正文,只是对文档中文本的补充说明。脚注一般位于页面的底部,用来对该页内某处内容进行注释或者用来说明该页的主要内容;尾注一般位于文档的末尾,用来解释说明文档中的重要注释或者用来列出引文的名称、作者、出处等信息。

插入脚注和尾注的步骤如下:

(1)将光标移至要插入脚注或尾注的位置;

(2)单击"引用"选项卡中"脚注"组右下角 按钮,打开如图 4.37 所示的"脚注和尾注"对话框;

(3)设置编号格式、起始编号等属性,如果选中"脚注"前面的单选按钮,可以插入脚注,如果选中"尾注"前面的单选按钮,可以插入尾注;

(4)单击"确定"按钮后在脚注或尾注的插入位置会出现一条注释标记线,在此标记线的下方就可以开始输入脚注或尾注的内容了。

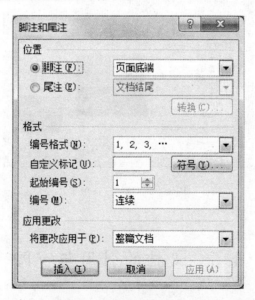

图 4.37 "脚注和尾注"对话框

脚注和尾注由注释标记和注释内容两个关联的部分组成。修改脚注或尾注的方法与修改普通文本的方法完全相同,在添加、删除或移动自动编号的注释时,Word 将自动对注释标记重新编号。如果文档中已经存在脚注或者尾注,可以使用"脚注和尾注"对话框中的"转换"命令来实现脚注和尾注之间的相互转换。

2．使用题注

在编写 Word 文档时，有时需要在文档中插入许多图形或图片（插图、图表、表格、公式等），为了方便引用和阅读，通常会为这些图形或图片加上编号和注释。使用 Word 提供的题注功能，能够在每次插入图形或图片后自动为其编号，并且当增加或删除一个图形或图片时，其他图形或图片的编号会被自动更新。

插入题注的具体方法是：单击"引用"选项卡中"题注"组的"插入题注"按钮，会打开如图4.38所示的"题注"对话框，在"标签"列表框中选择图形或图片的类型（图标、表格、公式等类型）或者使用"新建标签"按钮新建一种所需的类型，在"题注"文本框中输入适当的题注，还可以根据需要设置题注位置、编号方式等属性，然后单击"确定"按钮即可。

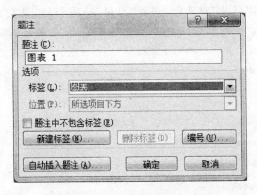

图 4.38　"题注"对话框

如果删除或移动了一个题注，Word 2010 会自动对其他的图形或图片进行重新编号。如果要更新单个题注的编号，可以先选中要更新的题注编号，然后按 F9 键或者在其上右击鼠标，在弹出的快捷菜单中单击"更新域"选项即可。

3．交叉引用

当文档某处需要引用该文档其他部分的内容，并且希望这些引用能够随着引用内容的变化而同步变化时，常用到交叉引用。Word 提供的交叉引用功能能够自动确定引用内容的页码、章节等内容，交叉引用常用与语句"详细内容请参阅第×章的第×节"类似的语句，创建交叉引用的具体步骤如下：

（1）在文档中输入交叉引用开头的介绍文字，如"详细内容请参阅"；

（2）单击"引用"选项卡中"题注"组的"交叉引用"按钮，打开"交叉引用"对话框；

（3）在该对话框中，设置引用类型、引用内容、是否插入超链接等属性，设置完成后，单击"插入"按钮即可。

在创建了交叉引用后，如果想要修改交叉引用的内容，可以执行下面的操作：先选定要进行修改的交叉引用，但不要选定介绍性文本，然后按照上面讲述的创建交叉引用的方法，在"交叉引用"对话框中重新设置引用类型、引用内容、是否插入超链接等属性，然后单击"插入"按钮即可。

有时候需要更新交叉引用以适应引用内容的变化，具体步骤如下：先选定要更新的交叉引用（如果要更新所有的交叉引用，则要选定全文），然后按 F9 键或者在选定区域右击鼠标，在弹出的快捷菜单中单击"更新域"选项，即可更新选定的交叉引用。

4. 创建目录

目录通常是长文档不可缺少的部分,可以帮助读者快速了解文档的主要内容。Word提供了自动生成目录的功能,使目录的制作变得非常简便,而且在文档发生了改变以后,还可以利用更新目录的功能来适应文档的变化。

Word 一般是利用标题样式或者大纲级别格式来创建目录的。在创建目录之前,应确保希望出现在目录中的标题都应用了标题样式或者指定了大纲级别。如果各级标题都指定了恰当的标题样式或大纲级别,则可以通过下面的步骤创建目录:

(1) 把光标移至要插入目录的位置(一般是文档的开始位置)。

(2) 打开功能区的"引用"选择卡,单击"目录"组中的"目录"按钮,在下拉列表中选择"插入目录"命令,即弹出"目录"对话框,选择"目录"选项卡,如图 4.39 所示。

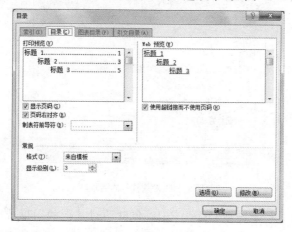

图 4.39 "目录"选项卡

(3) 在"常规"选项区的"格式"下拉列表框中选择一种目录格式,在"显示级别"文本框中输入或选择要显示级别的数目,还可以根据需要设置是否显示页码、制表符前导符的类型等属性,在"打印预览"列表框中可以看到目录格式的预览效果,达到满意的效果后单击"确定"按钮即可在光标所在位置插入文档的目录。

在由 Word 自动生成的目录中,把鼠标指针移至某个标题上,按住 Ctrl 键单击鼠标左键,可以快速跳转到该标题在文档正文中的位置。此外,Word 还提供了自动创建图表目录和引文目录的功能,其创建方法和上面讲的创建目录的方法类似,这里不再详细说明。

Word 所创建的目录是以文档的内容为依据,如果文档的内容(如页码、标题等)发生了变化,为了使目录与文档的内容保持一致,就要更新目录。在目录中的任意位置单击鼠标右键,在弹出的快捷菜单中单击"更新域"选项,或者选中目录后按 F9 键,会弹出如图 4.40 所示的"更新目录"对话框,在该对话框中选择所需更新类型前面的单选按钮,单击"确定"按钮即可。

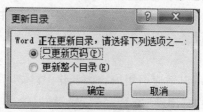

图 4.40 "更新目录"对话框

如果需要改变目录的格式或者显示的标题等,可以先重新设置标题样式或大纲级别,然后在"索引和目录"对话框中的"目录"选项卡中重新选择所需的格式和显示级别等选项,单击"确定"按钮后,会弹出一个询问是否要替换所选目录的消息提示框,单击"是"按钮即可更新目录。

4.6.2　文档的校对

"审阅"功能区包括校对、语言、中文简繁转换、批注、修订、更改、比较和保护几个组,主要用于对 Word 2010 文档进行校对和修订等操作,适用于多人协作处理 Word 2010 长文档。"审阅"功能区如图 4.41 所示。

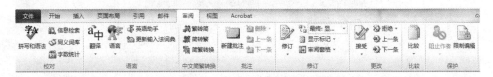

图 4.41　"审阅"选项卡

1. 字数统计

Word 提供了一项字数统计功能,使用该功能可以方面地对文档的页数、字数、段落数、行数等信息进行统计。单击"审阅"选项卡中"校对"组的"字数统计"按钮,会打开"字数统计"对话框,在该对话框内可以查看整个文档的统计信息或者选定文本的统计信息。

2. 拼写和语法检查

校对主要是对选定文档或整片文档的拼写错误和语法错误进行检查,与标准词典进行比较,如果与标准词典不一致,则判定为错误,并在文本下面用红色波浪线标出拼写错误,用绿色波浪线标出语法错误。校对时经常会出现一些误判和漏判的现象,如有时输入的人名、地名、专业名称的缩写等会被误判为是错误,如果检查出的是错误,则可以根据提示进行更正,如果属于误判,忽略即可。校对的方法为:单击"校对"组的"拼写和语法"按钮即可实现对整片文档的校对;选定要校对的文档,单击"拼写和语法"按钮即可实现对选定文档的校对。

3. 自动更正校对

自动更正可以帮助用户更正一些常见的输入错误,对于更正英文单词或词组特别有效。用户可以将一些又长又容易出错的词条定义为自动更正词条,这样在输入时就可以减少很多错误,也可以节省不少时间。定义自动更正词条的具体步骤如下:

(1) 选定要定义为自动更正词条的文本,如"北京邮电大学";

(2) 单击"文件"选项卡中"选项"按钮,在弹出的"Word 选项"对话框中单击"校对"按钮,再单击"自动更正选项",弹出"自动更正"对话框,如图 4.42 所示;

(3) 勾选"输入时自动替换"前面的复选框,选中"纯文本"前面的单选按钮(替换时只替换文本内容,不替换格式)或者选中带格式文本前面的单选按钮(连同文本内容的格式一起替换);

(4) 在"替换"下面的文本框中输入需要替换的词条,如"北邮";

(5) 单击"添加"按钮,选中的词条就定义为了自动更正词条,再单击"确定"按钮即可。以后在文档中输入"北邮"时,就会自动更正为"北京邮电大学"。

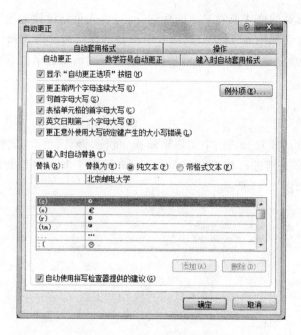

图 4.42 "自动更正"对话框

4.6.3 文档的批注和修订

利用 Word 提供的批注和修订功能,用户可以方便地给文档添加注释、插入备注,对文档进行修改、提出问题、提出建议等。批注功能在审阅者给文档添加注释、给作者提供意见和建议时非常有用,而修订功能可以帮助审阅者方便地记录对文档所做的各种修改,帮助文档作者快速地了解审阅者所做的修改。

1. 批注

在文档中插入批注的操作步骤为:将光标移至要插入批注的位置或者选定要批注的内容,单击"审阅"选项卡中"批注"组的"新建批注"命令,会在文档中出现一个批注条目,在该批注条目的输入框中输入要批注的内容后,在输入框以外的任意位置单击即可。

如果文档中添加了多条批注,可以通过"批注"组中的"上一条"按钮和"下一条"按钮,即可浏览文档中的批注。

如果要删除批注,只需在要删除的批注上右击鼠标,在弹出的快捷菜单中单击"删除批注"命令即可。如果要删除所有的批注,可以单击"批注"组中的"删除"按钮,在下拉列表中选择"删除文件中的所有批注"命令。

2. 修订

单击"审阅"选项卡中"修订"组的"修订"按钮,如果想取消修订功能,只需再次单击"修订"按钮即可。启动修订功能后,对文档的任何修改都会被记录下来,把鼠标指针放在修订的内容上,会出现一个提示框,在该提示框中可以看到修订内容的详细记录。

文档作者可以根据自己的判断决定接受或拒绝审阅者对文档的修改。单击"审阅"选项卡中"更改"组的"接受"按钮可以接受所选定的修订;单击"接受"按钮下方的下三角按钮,在弹出的下拉列表框中选择"接受对文档所做的所有修订"命令可以接受对文档的所有修订,如

图 4.43所示。类似地,单击"更改"组中的"拒绝"按钮可以拒绝所选定的修订;单击"拒绝"按钮
下方的下三角按钮,在弹出的下拉列表框中选择"拒绝对文档的
所有修订"命令可以拒绝对文档做的所有修订。

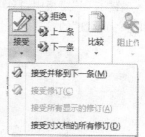

3. 强制保护

在 Word 2010 中,可以通过启动强制保护功能来限制其他
用户对文档进行编辑修改。

（1）启动强制保护

切换到"审阅"选项卡中,单击"保护"组的"限制编辑"按钮,
展开"限制格式和编辑"任务窗格。选中"编辑限制"下面的"仅

图 4.43　"接受"列表

允许在文档中进行此类型的编辑"选项,并根据需要设定相应的选项。单击其中的"是,启动
强制保护"按钮,打开"启动强制保护"对话框,输入"新密码"和"确认新密码"后,单击"确认"
按钮返回即可。启动上述设置的强制保护后,用户不能对文档进行相应的修改操作,功能区
中的很多按钮都呈灰色不可用状态。

（2）停止强制保护

文档被强制保护后,包括原作者在内的用户都受到相应的限制,如果需要解除这些限
制,需要先停止强制保护功能。展开"限制格式和编辑"任务窗格,单击其下方的"停止保护"
按钮,打开"取消保护文档"对话框,输入正确的密码后单击"确认"按钮即可。

4.7　文档的打印与共享

打印文档是日常工作中一项重要的内容,用户在打印文档之前,可以进行打印预览、打
印机属性设置、以及设置打印份数等。同时,Word 还可以将文档转换成其他格式。

4.7.1　文档的打印

完成文档打印时一般先进行打印选项设置、打印预览,然后再打印输出。打开"文件"选
项卡,单击"打印"选项,进入到"打印"窗格,如图 4.44 所示。也可以单击"自定义快速访问
工具栏"右边的下三角,在下拉列表中选择"打印预览和打印"选项,将"打印预览和打印"按
钮添加到"快速访问工具栏",单击此按钮,打开"打印"窗格。

1. 打印预览

"打印"窗格右侧为文档的打印预览区,当前显示的是光标所在页面的打印预览效果。
拖动窗格右侧的垂直滚动条,或者单击窗格上方的三角按钮（或下方的倒三角按钮）可进行
翻页。直接输入页面序号,按 Enter 键可预览指定的页面。拖动"打印"窗格右下侧的显示
比例柄,可以调节预览页面的显示比例。

单击"开始"选项卡可以退出打印预览状态,返回文档编辑状态。

2. 打印设置

在"打印"窗格中,打印预览区的左侧是有关"打印"的选项,在这里可以设置"打印"参数和"页面设置"的参数。

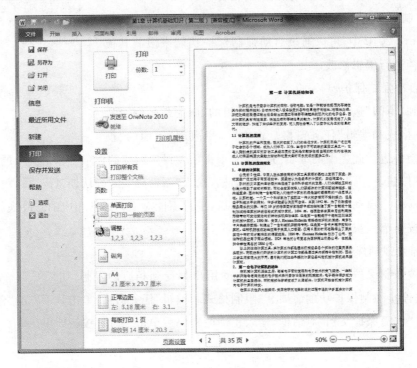

图 4.44 "打印"窗格

在"打印机"处选择要使用的打印机,在打印"份数"增量框中设置需要打印的份数,单击"打印"按钮就可以进行打印了。

Word 2010 默认是打印文档中的所有页面,单击"打印"窗格中的"打印所有页"按钮,在打开的列表中选择相应的选项,可以对需要打印的页进行设置。在"打印"命令的列表窗格中提供了常用的打印设置按钮,用户只需要单击相应的选项按钮,在下拉列表中选择预设参数即可。如果需要进行进一步的设置,可单击"页面设置"按钮,打开"页面设置"对话框来进行设置。

4.7.2 文档的共享

在 Word 2010 中,可以通过多种途径和多种格式实现文档的共享。

1. 保存为低版本格式

考虑到有相当多的读者仍在使用 Word 2010 以前的版本,因此,在 Word 2010 编辑完文档后,将其保存为以前的版本格式是相当重要的。

打开"文件"选项卡,单击"另存为"按钮,弹出"另存为"对话框,单击"保存类型"下拉按钮,在随后出现的下拉菜单中,选择"Word97-2003 文档"选项,然后命名保存即可。

2. 保存为网页格式

在"文件"选项卡中单击"另存为"按钮,打开"另存为"对话框,单击"保存类型"下拉按钮,在随后出现的下拉菜单中,选择"网页"或"单个文件网页"选项,然后命名保存即可。

以后可以用 IE 游览器打开相应的网页文档,同时系统会在网页文档所在的文件夹中,自动生成一个名称为"文档名称.files"的文件夹,将插入到 Word 文档中的图片一一分开,存放在其中。

3. 转换为 PDF/XPS 文档

在"文件"选项卡中单击"保存并发送"按钮,打开"保存并发送"窗格,单击"保存类型"下拉按钮,选择"PDF"或"XPS 文档"选项,然后命名保存即可。同时可单击"选项"按钮,在对话框中设置相关的保存参数,这样便可利用 XPS Viewer 程序(或 PDF 文档阅读软件),打开并浏览 XPS(或 PDF)格式的文档。也可以在"文件"选项卡中单击"另存为"按钮,打开"另存为"对话框,单击"保存类型"下拉按钮,选择相应的文件类型,然后命名保存。

在"保存并发送"窗格中,还可以将 Word 文档转换成指定的文件类型后使用电子邮件发送,也保存到 Web。

4. 文档的加密

如果想给特定的授权用户直接阅读 Word 文档,可将 Word 文档加密,只有知道密码的人才能阅读,如果只允许对方阅读,而不允许其对文档进行修改,可对修改进行加密保护,只有知道该密码的人才能进行修改。

在"文件"选项卡中单击"另存为"按钮,打开"另存为"对话框,单击其下端的"工具"按钮,在随后出现的菜单中,选择"常规选项"。打开对话框后,根据需要在"打开文件时的密码"和"修改文件时的密码"文本框中输入密码,单击"确认"按钮,弹出密码对话框,再次输入密码后单击"确认"按钮返回"另存为"对话框,单击"保存"按钮即可,如图 4.45所示。

图 4.45　"常规选项"对话框

当要去掉文档密码时,打开"常规选项"对话框,删除"打开文件时的密码"和"修改文件时的密码"文本框中的密码(星号),单击"确认"按钮返回"另存为"对话框中,单击"保存"按钮即可。

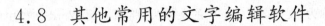

4.8 其他常用的文字编辑软件

除了微软公司的 Word 之外,目前适用于 Windows 9x/Me/2000/XP/NT 以及 Windows 7 操作环境的文字编辑软件还有很多,例如,Windows 自带的记事本、Windows 自带的写字板、金山公司的 WPS、WordStudio、EditPlus、EmEditor 等。

1. 记事本

记事本是 Window 系统自带的一个小工具,是一个简单的文本编辑器,常用来查看或编辑文本(后缀为 .txt)文件。单击"开始"菜单,把鼠标移至"程序"选项上,打开"程序"子菜单,单击该子菜单下"附件"列表框中的"记事本"命令,即可打开记事本。

记事本只提供了新建、保存、打印、撤销、复制、剪切、粘贴、查找、替换、字体设置等几种最简单的文本编辑功能,仅支持很基本的格式,因此使用记事本只能用来创建、编辑和保存最简单的文档,不能编辑或者保存具有特殊格式的文档。

记事本的优点主要体现在文件小、打开速度快、可以保存无格式文件这三个方面。

2. 写字板

写字板也是 Window 系统自带的一个小工具,除了具有新建、保存、撤销、复制、剪切、粘贴、查找、替换等基本的文本编辑功能外,还具有字体选择、字体颜色设置、文本格式设置、插入对象、打印页面设置、打印预览等功能。对于一般的文本编辑来说,写字板提供这些编辑功能已经是足够用了。

与记事本最明显的区别是写字板具有插入对象的功能。利用写字板的插入对象功能可以在文档中插入 Photoshop 图像、位图图像、视频剪辑图像、微软的 Office 办公套件中的各种文件等对象。

3. 金山文字处理系统(WPS)

WPS(Word Processing System)是金山软件公司完全针对汉字处理推出的一种办公软件,自 1989 年问世以来,不仅带动了国内办公自动化的发展,而且自身也得到了空前的发展。WPS 曾是中国最流行的文字处理软件,也是当前最著名的国产文字编辑软件。

WPS 的功能和操作方式与 Word 非常相似,它不仅具有输入、修改、编辑、排版、块操作、查找和替换、制表等丰富的创建、编辑和处理文档的功能,而且还提供了模拟显示和打印输出功能。使用 WPS 可以制作既美观又规范的文档,并且能够按照要求打印出来,基本上能满足各界文字工作者编辑、打印各种文件的要求。

4. WordStudio

WordStudio 是一种功能强大的通用的新型文字编辑软件,除了具备一般的文字编辑软件所具有的基本特征和功能外,还可以通过键盘直接输入数学公式、化学分子式等复杂的技术文字和符号,能够绘制各种几何图形、化学实验装置、力学、电子学和光学等各种物理图形,甚至是机械的、建筑的等复杂的工程设计图形,是一种针对工作在技术第一线的科技人员而设计的专业的技术文档处理系统。

5. EditPlus

EditPlus 是一款功能强大、可取代记事本使用的文字编辑软件，它拥有无限制的撤销与重做功能；具有强劲的英文拼字检查、自动换行、列数标记、搜寻取代、全屏幕浏览、同时编辑多个文件的功能；还具有监视剪贴板的功能，能够同步于剪贴板自动将文字粘贴进 EditPlus 的编辑窗口中，让用户省去粘贴的步骤。EditPlus 还是一个非常好用的 HTML 编辑器，它除了支持颜色标记、HTML 标记外，还支持 C、C＋＋、Perl、Java 语言。

6. EmEditor

EmEditor 是一种简单好用的文本编辑器，它支持多窗口显示及程序语言的语法多色显示，自定义颜色、字体、工具栏、快捷键设置，可以调整行距，避免中文排列过于紧密，具有选择文本列块的功能（按 Alt 键拖动鼠标），并允许无限制撤销与重做。

4.9　实验指导

4.9.1　模板使用

1. 以个人简历的制作为例学会使用 Word 2010 的模板。

2. 实验步骤

（1）执行"文件"选项卡"新建"命令打开"新建文档"任务窗格，选择"可用模板"选项。

（2）选择"简历"，双击进入简历向导。

（3）按照所选择的简历模板，在地址中填入个人的基本通信信息，在标题中选择简历中要包含的内容标题，也可以选择一些其他的标题，最后添加自定义标题，并对所有标题的顺序进行排列，按照设定创建一个简历表格，如图 4.46 所示。

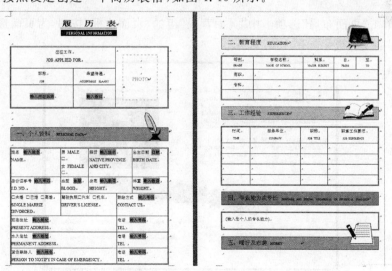

图 4.46　简历表效果图

（4）在各部分填写个人的信息，便完成了表格简历的制作。

读者还可以从网络上"office.microsoft.com"选择更加精美的模板。

3．实验作业

（1）用 Word 2010 模板制作一份个人简历，可以选择任何简历样式；

（2）用 Word 2010 模板制作一份个人名片。

4.9.2 文档排版

1．学会使用 Word 2010 对各种文档格式进行排版。

2．实验步骤

（1）执行 Word 2010 程序，新建一个新 Word 文档，并将其保存为"排版.docx"。

（2）从因特网上找到一篇新闻，选中该新闻的文本内容，按 Ctrl＋C 组合键复制新闻内容，到 Word 文档中执行"粘贴"命令，选择"无格式文本"选项，去掉复制的文本的格式信息。

（3）执行"插入"选项卡中的各命令，将该新闻的标题编辑为艺术字体，调整艺术字的字体、字形。

（4）选中文档的文本部分，在"开始"选项卡中执行"字体"组各命令，选择字体为"楷体-GB2312"，选择字号为"小四号"，其他设置采用默认值。

（5）选中文档的文本部分，打开"段落"对话框（见图 4.11），将段前和段后的间距都设置成 0.5 行，将行距设置成"固定值"，设置值为"20 磅"，其他设置采用默认值。

（6）在"页面布局"选项卡中单击"页面设置"组的"分栏"按钮，选择分栏为两栏。

（7）如果文中有图片，使其在文中处于合适的位置。

（8）按照 4.4.4 节的方法插入"艺术字"，在显示的艺术字上右击鼠标，在弹出的快捷菜单上选择"设置艺术字体格式"命令，在弹出的对话框中选择"版式"标签，设置艺术字体为"四周式"版式，然后使其位于分栏文本中央。

（9）选中文章的第一段，单击"插入"选项卡中"文本"组的"首字下沉"按钮，选择首字下沉三行。

（10）单击"页面布局"选项卡中"页面背景"组的"页面边框"按钮，为页面选择外边框。

设置好的文档效果如图 4.47 所示。

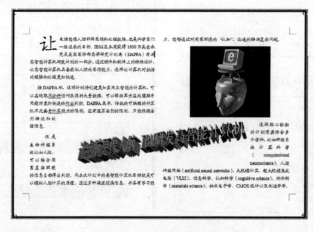

图 4.47　排版效果图

3. 实验作业

（1）用 Word 2010 撰写一封家书，设定字符格式和段落格式、设置边框和底纹效果，并通过 E-mail 方式发送给父母。

（2）用 Word 2010 制作一幅体育比赛（篮球赛、足球赛等）的海报，可以通过插入图片、艺术字体、剪贴画等方式增强海报的宣传效果。

4.9.3　论文的版面设计

1. 学会使用 Word 2010 对论文进行版面设计。

2. 实验步骤

（1）执行 Word 2010 程序，新建一个新 Word 文档，并将其保存为"论文.docx"。

（2）就某一主题从因特网上查找相关资料，在复制相关资料时去掉原来文本的格式信息，将其整理组织成一篇论文。

（3）使用 4.5.1 节的方法设置大纲的级别，1 级大纲用三号黑体，2 级大纲用四号黑体，3 级大纲用小四号黑体。

（4）将正文用小四号宋体，将行距设置成"固定值"，设置值为"20 磅"。

（5）将光标移到文档的最前面，在功能区的"页面布局"选项卡中单击"页面设置"组中的"分隔符"按钮，在下拉列表中选择"分页符"选项，此时，文档从插入点处插入了一个分页符，第一页为空白页。将光标移到以后各章的标题前，依次插入分页符，使每章各起一页。如果要使章的页码编号单独从 1 开始，以及为文档的各章创建不同的页眉和页脚，应在"分隔符"按钮的下拉列表中选择"分节符"栏中的选项。

（6）在"插入"选项卡中单击"页眉和页脚"组的"页码"按钮，在下拉列表中选择在页面底端的右侧插入页码。

（7）在"插入"选项卡中单击"页眉和页脚"组的"页眉"按钮，在下拉列表中选择需要使用的格式。此时功能区出现"页眉和页脚工具-设计"选项卡，文档编辑区出现页眉的编辑框，将"页眉和页脚工具-设计"选项卡"选项"组中的"奇偶页不同"选中，在页眉的编辑框中分别输入奇偶页的页眉，输入完成后在文档的任意位置双击，可返回到文档的编辑状态，按同样的方法可输入页脚。

（8）将光标移到第 1 页空白页，按照 4.6.1 节创建目录的方法创建论文的目录。

（9）在功能区打开"视图"选项卡，勾选"显示"组中的"导航窗格"复选框，在文档窗口左侧将打开"导航窗格"，在窗格中将按照级别显示文档中的所有大纲，如图 4.48 所示，在此状态下对文档进行修订。

3. 实验作业

试着撰写一篇论文，至少 5 页内容，包含图片（或图形）、表格和数学公式，大纲要求到 3 级，1 级大纲用三号黑体，2 级大纲用四号黑体，3 级大纲用小四号黑体，正文用小四号宋体，行间距为 20 磅的固定值，居中插入页码，插入页眉，要求奇偶页的页眉内容不同，自动生成目录，并通过 E-mail 方式发送给任课教师。

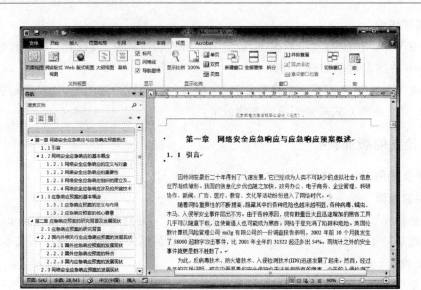

图 4.48 "文档结构图"窗格

习 题

1. 简述 Word 2010 的启动和退出方法,各列出三种。

2. 在 Word 2010 中,常用的删除、移动和复制文本的方法分别有哪些?

3. 段落的缩进方式有哪几种? 段落的对齐方式有哪几种?

4. 在编辑 Word 文档时,如何使用格式刷复制字符格式?

5. 如何为 Word 文档添加页眉和页脚?

6. 文档编辑好后,怎样创建文档的大纲?

7. 使用 Word 自动创建目录的前提是什么? 具体步骤是什么?

8. 在 Word 文档中插入图形后,怎样把几个图形组合在一起?

第5章　演示文稿软件

演示文稿软件是办公软件的一个重要组件,它是一种图形程序,是功能强大的制作软件。在微软公司开发的办公软件中,演示文稿软件的最新版本 PowerPoint 2010 增强了多媒体支持功能,使可视化程度大幅度的提升。现在,演示文稿正成为人们工作和生活的重要组成部分,被人们广泛的应用于工作汇报、企业宣传、产品推介、婚礼庆典、项目竞标、管理咨询等领域。本章将着重介绍演示文稿的基础知识以及操作方法和技巧。

5.1　演示文稿软件概述

目前应用比较广泛的演示文稿软件是由美国微软公司开发的 Microsoft PowerPoint,是 Office 软件系列的一个重要组件。它是一种图形程序,是功能强大的制作软件。PowerPoint 首先引入了"演示文稿"这个概念,改变了过去幻灯片零散杂乱的缺点。在 PowerPoint 的发展过程中,先后出现了多个版本,现在应用的最新版本为 PowerPoint 2010。

此外,应用较为广泛的还有金山公司开发的 WPS Office 系列的 WPS 演示软件。WPS 演示功能强大,并兼容 Microsoft Office PowerPoint 的 PPT 格式,同时也有自己的 dpt 格式。WPS 演示的体积更小,速度也较快且更为人性化,但在功能使用上,PowerPoint 的功能更为全面。

另外,还有一些类似的演示文稿制作软件,如 OpenOffice Impress、PagePlayer 等。其中,OpenOffice Impress 是 OpenOffice 办公套件的主要模块之一。它与各个主要的办公室软件套件兼容,默认以 odf 格式存档。PagePlayer 是全新的课件及演示文稿制作软件,专门应用于学术交流及教学。

5.2　中文版 PowerPoint 2010 的基础知识

PowerPoint 2010 继承了以往 PowerPoint 版本的所有功能,并在此基础上进行改进,使用户能以更多的方式创建动态演示文稿并与观众共享。新增音频和可视化功能可以帮助用户讲述一个简洁的电影故事,该故事既易于创建又极具观赏性。此外,PowerPoint 2010 可使用户与其他人员同时工作或联机发布演示文稿并使用 Web 或智能手机从几乎任何位置访问。这些操作将在以后的章节中予以介绍,本节将着重讲解 PowerPoint 2010 的相关基础知识,包括新增功能、界面介绍等。

5.2.1 PowerPoint 2010 的主要功能

PowerPoint 2010 是微软公司推出的 PowerPoint 的最新版本,是 Office 2010 的一个独立软件,其功能强大,易学易用,界面友好,在设计制作多媒体课件中得到了广泛应用。在该版本中,在保留基本功能的基础上还新增了视频和图片编辑功能以及增强功能。Power-Point 2010 的切换效果和动画运行起来比以往更为平滑和丰富,同时与 PowerPoint 2007 相比也增加了许多 SmartArt 图形版式。

PowerPoint 2010 在主题获取上更加丰富,除了内置的几十组主题之外,还能直接下载网络主题。同时在 PowerPoint 2010"文件"选项卡中,只需选择"打印"项,就能设置与打印有关的项目,操作起来十分方便。另外在 PowerPoint 2010 管理中心的"信息"页面中,除了能够全面地了解到当前文档的所有信息,如文档是否受到保护、目前存在多少版本、文档的大小、页数、字数及备注等外,还可利用其提供的相关功能,轻松地进行相应操作。

PowerPoint 2010 提供的一个重头功能,是文档"共享"。在 Office 2010 中,我们可根据自己的意愿,将文档共享或保存到 SkyDrive、SharePoint 等网络存储平台中。另外我们可以远程共享 PowerPoint 幻灯片,还可以在对方没有安装 PowerPoint 2010 的条件下共享幻灯片中的视频。Office 2010 的这一改进,无疑表明新版本正在向在线办公方面过渡。

在 PowerPoint 2007 及先前版本中,并未提供截图功能。但在实际的编辑文档过程中,截图并将其插入文档,却是最常用的操作。为此,我们不得不用第三方截图工具帮忙。而 PowerPoint 2010 内置了该功能,可让用户轻松截图并将其直接插入文档中。此外它除了提供旧版本所提供的所有图片调整项外,还提供了"锐化"、"模糊"以及"图片特效"、"抠图"等以前只有专门的图片处理工具才有的功能。借助这些功能,无疑会极大减少操作步骤,仅利用 PowerPoint 2010 本身,就能便捷地将插图调整完美。

在 PowerPoint 2010 中,我们可以对视频执行更多操作,如添加标签,包括淡入淡出、裁剪、音量大小调整等;此外也可以通过鼠标悬停,直接在幻灯片上预览影像,大大降低了复杂幻灯片的制作难度。而更为特殊的功能是,还可以对整个视频重新着色,或轻松应用视频样式。可以在演示文稿中嵌入视频,让视频绝不再丢失。另外 PowerPoint 2010 还会自动压缩视频,更适合演示用途。

5.2.2 PowerPoint 2010 的工作界面

PowerPoint 2010 的工作界面如图 5.1 所示。

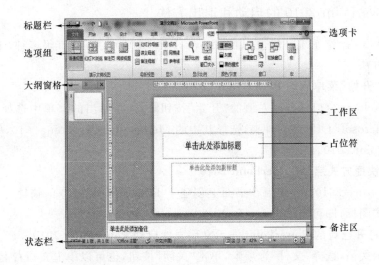

图 5.1　PowerPoint 2010 工作界面

标题栏：显示软件名称"Microsoft PowerPoint"以及当前演示文稿名称"演示文稿 1"。在标题栏左侧还有经常使用的按钮，如保存、撤销等。

选项卡：通过选择选项卡中的某一个选项，可以打开相应的功能菜单，当前显示的为默认的"开始"选项卡的功能菜单。右侧的箭头按钮，可以选择"显示或隐藏"选项组。

选项组：将相应选项的常见命令按钮集中在一起，可方便用户操作。

工作区：编辑演示文稿的工作区，向用户显示演示文稿制作情况。

备注区：添加该张幻灯片的相关备注。

大纲窗格：在该窗格中，用户可以选择"大纲视图"和"幻灯片视图"，并可以快速对幻灯片进行操作。默认显示为"幻灯片视图"。

状态栏：显示当前文档的相应状态要素，如幻灯片页数、主题等。右侧的按钮可在视图之间轻松进行切换，如图 5.2 所示。

占位符：单击占位符，可以直接输入内容。

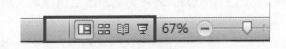

图 5.2　视图转换快捷按钮

普通视图包含 3 个窗格，即大纲窗格、幻灯片窗格和备注窗格。这些窗格使得用户可以在同一位置使用演示文稿的各种功能。拖动窗格边框可以调整窗格的大小。

其中，使用大纲窗格可组织和开发演示文稿中的内容，如输入演示文稿中的所有文本，重新排列项目符号、段落和幻灯片等。在幻灯片窗格中，可以查看每张幻灯片中的文本外观。可以在单张幻灯片中添加图形、影片和声音，并创建超级链接，以及向其中添加动画。在 PowerPoint 2010 工具界面中，选择"大纲视图"左侧的"幻灯片"选项，屏幕将切换到幻灯片视图方式窗格下。备注窗格使用户添加与观众共享的备注信息。如果在备注中含有图形，必须向备注页视图中添加备注。

5.2.3 PowerPoint 2010 的启动和退出方法

在 Windows 操作系统环境下,启动 PowerPoint 2010 的方法有很多种,下面介绍 3 种常用的启动方法。

1. 通过"开始"菜单启动 PowerPoint 2010

单击 Windows 窗口任务栏左侧的"开始"按钮。在弹出的菜单中选择"所有程序",接着找到"Microsoft Office"文件夹,选择其中的 Microsoft PowerPoint 2010,单击图标即可打开 PowerPoint 2010。

2. 通过快捷方式启动 PowerPoint 2010

在安装 Office 2010 后,如果在桌面上创建了 PowerPoint 2010 的快捷方式图标,双击该快捷方式图标,即可启动 PowerPoint 2010。

3. 通过打开已有的 PowerPoint 演示文稿文件启动 PowerPoint 2010

关闭演示文稿,选择"文件"选项卡,单击"关闭"按钮,也可以单击文档右上角 按钮即可关闭演示文稿。

5.3 演示文稿的基本操作

Microsoft PowerPoint 可以使用文本、图形、照片、视频、动画等设计具有视觉震撼力的演示文稿。演示文稿的基本操作包括演示文稿的创建、保存以及幻灯片的创建等。本节将对这些操作进行讲解。

5.3.1 创建演示文稿

在 PowerPoint 2010 中,提供给用户很多新建演示文稿的方法。当启动 PowerPoint 2010 时,默认创建一个新的空白演示文稿。

在启动的演示文稿中选择"文件"选项卡,单击"新建"按钮,即可进入新建界面,然后选择"空白演示文稿"选项,单击"创建"按钮,即可创建新的空白演示文稿。操作过程如图 5.3～图 5.5 所示。

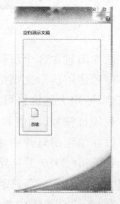

图 5.3 单击"新建"按钮　　图 5.4 单击"空白演示文稿"　　图 5.5 单击"创建"按钮

5.3.2　保存演示文稿

对演示文稿进行编辑后,需要保存所编辑的演示文稿,选择"文件"选项卡,单击"保存"按钮,即可进入保存界面,在输入需要的文件名并选择好想要保存的文件类型后,单击"保存"按钮即可。同样的,在保存文稿时,也可以单击左上角中快速工具栏的"保存"按钮,对演示文稿进行保存。

为了最大程度上减少因断电或者死机等所造成的损失,PowerPoint 还提供了自动保存的功能。在"文件"选项卡中,单击"选项"按钮,即可打开"PowerPoint 选项"对话框,如图 5.6 所示。在对话框中,选择"保存"选项,在"保存演示文稿"组中勾选"保存自动恢复信息时间间隔"复选框,填入时间即可。设置完成后,单击"确定"按钮,这样,系统便会按照用户所设置的时间间隔自动保存演示文稿。

图 5.6　设置保存时间间隔

5.3.3　幻灯片的操作

幻灯片的基础操作包括幻灯片的创建、幻灯片的移动和幻灯片的删除等,下面将具体介绍幻灯片的基础操作。

由前面讲述可以知道,演示文稿由多个幻灯片构成,因此用户在编辑幻灯片的过程中,往往会根据内容的需要创建新的幻灯片。创建幻灯片的方法很简单,在演示文稿中,将鼠标移到要创建幻灯片的位置单击鼠标右键,在弹出的菜单中选择"新建幻灯片"选项,即可创建一张新的幻灯片。用户还可以选择"开始"选项卡,单击"幻灯片"组中的"新建幻灯片"菜单中选择特定的幻灯片母版进行创建。

在编辑演示文稿的过程中,常常需要根据内容的更改移动幻灯片之间的位置,此时,只需在左侧的幻灯片列表中选中需要移动的幻灯片,按下鼠标左键拖动到所需位置即可。当想要删除一张幻灯片时,只需选中要删除的幻灯片,单击右键,在弹出的菜单中选择"删除幻灯片"选项即可。

在演示文稿中创建的幻灯片并不是每张都需要播放,在 PowerPoint 中用户可以隐藏那些不需要播放的幻灯片。用户只需要右键单击需要隐藏的幻灯片,在弹出的菜单中选择"隐藏幻灯片"即可。隐藏了的幻灯片的标号上会显示一条删除线,表明此幻灯片已经被隐藏。

那么,如何重新显示被隐藏的幻灯片呢? 只需要右键单击被隐藏的幻灯片,在弹出的快捷菜单中选择"隐藏幻灯片"选项,即可将该幻灯片重新显示。

在 PowerPoint 2010 中,可以使用新增的节功能组织幻灯片,就像使用文件夹组织文件一样。添加节的方法有两种,一种是使用功能区进行设置,选择要新增节的幻灯片,切换至"开始"选项卡,单击"节"按钮,在展开的下拉列表中单击"新增节"选项。经过操作后,从所选的幻灯片开始被添加了节。另一种是使用右键菜单设置新增节。右击需要添加节的幻灯片之间的位置,在弹出的快捷菜单中单击"新增节"命令。

当用户添加节后,可以看到默认的名称为"无标题节",此时用户可以根据需求对其进行设置。具体操作步骤如下:

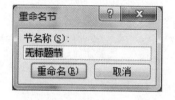

图 5.7 "重命名节"对话框

(1) 在左侧"幻灯片窗格"中右击之前新增的节;

(2) 在弹出的快捷菜单中单击"重命名节"命令,弹出如图 5.7 所示的"重命名节"对话框,输入节名称后,单击"重命名"按钮。

(3) 此时所选的节名称应用了设置的重命名,按照同样的方法设置其他节的名称即可。

如果用户不需要在幻灯片中使用节,可以将其删掉。在删除的过程中,用户可以选择两种情况:删除所选节和删除所有节。

(1) 删除所选节。右击需要删除的节,在弹出的快捷菜单中单击"删除节"命令。

(2) 删除所有节。右击演示文稿的任意节,在弹出的快捷菜单中单击"删除所有节"命令。

5.4 制作演示文稿

制作演示文稿的主要内容是向幻灯片添加内容,包括文本、表格、图表和图形等,是整个制作过程的基础。向演示文稿中添加幻灯片内容的功能主要由"插入"选项卡实现。"插入"选项卡主要是用于添加对象,可将表格、形状、图片、图表以及页码等插入到演示文稿中,如图 5.8 所示为"插入"选项卡。

图 5.8 "插入"选项卡

5.4.1 编辑文本

文本操作是编辑幻灯片的一个步骤，文本包括汉字、外文字符、各类符号、日期和时间等。文本操作是幻灯片的基础，它不仅是输入文本，还需要对所输入的文本进行编辑，如字体大小、颜色等。

在 PowerPoint 2010 中输入文本的方法与 Word 类似，既可以通过标题占位符和内容占位符输入文本，也可以使用文本框输入文本。具体操作步骤如下：

(1) 通过占位符输入文本。

单击占位符，此时会出现闪烁的光标，在光标处输入文本即可。

(2) 通过文本框输入文本。

选择一张幻灯片，在"插入"选项卡的"文本"组中单击"文本框"按钮，在展开的下拉列表中选择文本框的类型。

在对文本进行输入后，还需要对其进行编辑，包括文本字体格式的编辑、段落的编辑等。PowerPoint 中文本的编辑同样与 Word 中文本编辑类似，具体的操作步骤如下：

(1) 文本字体编辑。选中文本，单击"开始"选项卡中"文本"组右下角 按钮，即可弹出如图 5.9 所示的"字体"对话框，在对话框中对选中文本进行字体编辑即可。

(2) 文本段落编辑。选中文本，单击"开始"选项卡中"段落"组右下角 按钮，即可弹出如图 5.10 所示的"段落"对话框，在对话框中对选中文本进行段落编辑即可。

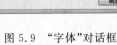
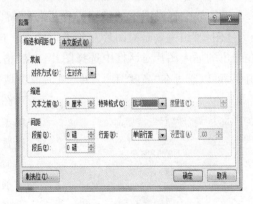

图 5.9 "字体"对话框　　　　　　　　图 5.10 "段落"对话框

在"插入"选项卡的"文本"组中还可以插入艺术字。单击"文本"组中的"艺术字"按钮，可以弹出下拉菜单，在该菜单中可以选择艺术字的形状。单击选择的艺术字形状，并在该幻灯片中出现的文本框中输入内容，将其移动到相应位置即可。艺术字可以在"格式"选项卡中的"艺术字样式"组中选择相应选项进行设置。同时也可以单击该选项组右下角的 按钮，在弹出的"设置文本效果格式"对话框中进行设置。

当制作的演示文稿需要插入特殊的符号和公式时，只需要使用"插入"选项卡中的"符号"组中的功能就可以实现。

5.4.2 编辑表格

表格可以添加有规律的数据，使观众看起来一目了然。在 PowerPoint 中创建表格的方式有很多种,具体执行哪种方法和操作,取决于用户的实际需求和拥有的资源。

在 PowerPoint 中,插入表格的方式有很多种,最常见的是通过对话框的方式插入。在插入时,将光标移到要插入表格处,单击"插入"选项卡的"表格"组,插入所需表格即可。

在插入好表格后,还需要对其进行编辑,如调整表格结构、设置外观样式等。

1. 调整表格结构

(1)插入、删除行或列。将光标置于单元格中,单击鼠标右键,在弹出的菜单中选择相应选项即可。

(2)设置行高和列宽。将光标置于单元格中,选择"布局"选项卡,在"单元格大小"组中设置行高和列宽。

(3)合并和拆分单元格。选中要合并或拆分的单元格,单击鼠标右键,在弹出的菜单中选择相应选项即可。

2. 设置外观样式

选中要设置的表格,在"设计"选项卡中,单击"表格样式"右下角的 ▼ 按钮,在弹出的对话框中选择表格样式即可。

5.4.3 编辑图像

演示文稿的互动性,决定了图片和图形是 PowerPoint 的两个重要部分。通过图片和图形的点缀,往往可以达到意想不到的效果。在本小节中主要对图像的编辑操作进行讲解,在5.4.4 小节中将对图形的编辑操作进行讲解。

"图像"组主要是对图片对象进行插入。选择"插入"选项卡中的"图像"组中"图片"按钮,在弹出的插入图片对话框中选择图片。在"格式"选项卡下,可以对图片进行设置。在"大小"组中,可以通过在"高度"和"宽度"对话框中填入数值来改变图片的大小。在"调整"组中可以对图片的外观进行设置,如图片的对比度、亮度等。单击"图片样式"组右下角的 按钮,可以在弹出的设置图片格式对话框中对图片进行相关设置。

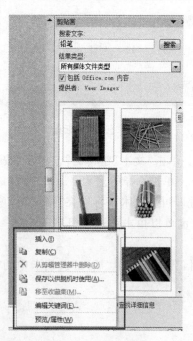

图 5.11 剪贴画设置

在 PowerPoint 中,用户还可以插入剪贴画,插入剪贴画的操作跟插入形状的操作类似,用户只需选择"插入"选项卡中"图像"组中的"剪贴画"按钮,即可在窗口的右侧打开"剪贴画"窗格。

在窗格中的文本框中,输入想要查找的剪贴画主题,即可快速找到与该主题相关的素材,如输入"铅笔",即可找到库中与铅笔有关的剪贴画素材。

在搜索到的剪贴画素材中单击选用的剪贴画,即可插入到幻灯片中。同时在将光标移动到剪贴画窗格中的剪贴画上时,会在图片的右侧显示一个下拉按钮,单击该按钮,会弹出菜单,如图 5.11 所示,可在该菜单中选择选项进行剪贴画的设置。同时,用鼠标可将剪贴画拖动到任意位置。如果用户想进行更高级的设置,只需要选择"格式"选项卡,在其中选择合适选项对剪贴画进行设置。

5.4.4　编辑图形

"插图"组则主要是对图形进行插入。将光标移到所需插入形状的位置,单击"插入"选项卡中"插图"组中"形状"按钮的下拉箭头,在弹出的菜单中,选择需插入的形状即可。在对形状进行设置时,往往需要对其填充颜色,此时,只需要选中形状,单击"格式"选项卡中"形状样式"组中的"形状填充"按钮,并在弹出的菜单中选择颜色。如果还想改变形状的外部轮廓颜色,需要单击"形状轮廓"按钮,在弹出的菜单中选择颜色。如果想要更好的形状效果,还可以单击"形状效果"按钮进行效果设置。

在 PowerPoint 中,还可以插入 SmartArt 图形。SmartArt 图形是 PowerPoint 自带的图形,可以以直观的方式交流信息。具体的操作方法如下:

(1) 单击"插入"选项卡中"插图"组中的"SmartArt"按钮;

(2) 在弹出的如图 5.12 所示的"选择 SmartArt 图形"对话框,在其中选择所要插入的图形即可。

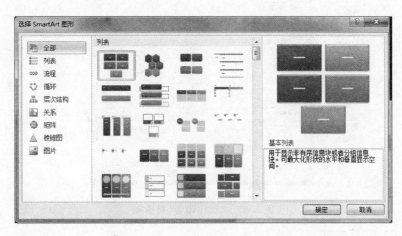

图 5.12　"选择 SmartArt 图形"对话框

(3) 单击"确定"按钮,即可在当前幻灯片中插入,然后适当地调整 SmartArt 图形的位置和大小。

(4) 在 SmartArt 图形的各个形状中输入适当的文本。

为了更好地达到可视化效果,用户可以在 PowerPoint 中插入丰富多彩的图表来代替单调的表格,将数字形象化,以达到更好的交互效果。

插入图表的方法与插入表格的方法类似,将光标移到所需插入图表的位置,单击"插入"选项卡中的"图表"组,在弹出的对话框中选择图表类型,即可插入图表。

插入图表后,系统会自动打开 Excel 2010 应用程序,在 Excel 中输入相应数据,就可以自动创建符合数据的图表。

在插入图表后,单击"设计"选项卡,即可完成对图表的编辑工作。

(1) 更改图表类型。单击"更改图表类型"选项,在弹出的对话框中选择图表类型即可。

(2) 更改图表外观样式。在"图表布局"和"图表样式"组中选择即可。

5.4.5　编辑超链接

在 PowerPoint 中,用户可以通过插入超链接、添加动作等方式将幻灯片链接在一起,从而进行快速切换,增加演示文稿的交互性。

在幻灯片中,插入超链接的具体操作如下:

(1) 选择"插入"选项卡中"链接"组的"动作"按钮,打开"动作设置"对话框;

(2) 选择"超链接到"单选按钮,从下拉菜单中选择一张幻灯片,单击"确定"按钮即可完成操作。

在幻灯片中添加交互性动作按钮的具体步骤如下:

(1) 选择"插入"选项卡中"链接"组中的"动作"按钮;

(2) 在弹出的如图 5.13 所示的"动作设置"对话框中,选择适当动作即可。

图 5.13　"动作设置"对话框

(3) 单击"确定"按钮。

除了前面介绍的链接幻灯片的方法之外,用户还可以在幻灯片中添加动作按钮,链接到其他幻灯片。添加动作按钮的具体步骤如下:

(1) 选择"插入"选项卡中的"插图"组中,单击"形状"按钮;

(2) 在弹出的菜单中选择最后一行的动作按钮进行插入即可。

5.4.6　多媒体剪辑

在 PowerPoint 的演示文稿中添加多媒体剪辑可以提升视觉和听觉效果,增强演示文稿的表现力。在 PowerPoint 中,多媒体剪辑分为音频文件和视频文件。

PowerPoint 2010 中插入音频的方法有 3 种,即插入文件中的音频、插入剪贴画音频和录制音频。

1) 插入文件中的音频

(1) 选择"插入"选项卡,单击"媒体"组中的"音频"选项,在弹出的菜单中选择"文件中的音频"选项;

（2）在打开的对话框中选择要插入的音频即可。

2）插入剪贴画音频

（1）选择"插入"选项卡，单击"媒体"组中的"音频"选项，在弹出的菜单中选择"剪贴画音频"选项；

（2）完成上一步骤后，将弹出"剪贴画"窗格，在窗格中单击选中音频，即可在当前幻灯片中插入一个音频。

3）录制音频

（1）选择"插入"选项卡，单击"媒体"组中的"音频"选项，在弹出的菜单中选择"录制音频"选项。

（2）在弹出的"录音"对话框中，单击 ⏺ 按钮即可开始录制音频，单击 ⏹ 按钮停止录制音频，音频录制好后，单击 ▶ 按钮可以收听录制的音频。单击"确定"按钮即可将录制的音频插入到当前幻灯片中。

插入音频后，选择"格式"选项卡可以对音频图标的外观进行设置，如更改图标形状等。选择"播放"选项卡即可对音频的播放效果进行设置，如图 5.14 所示。

图 5.14　音频播放效果

PowerPoint 2010 中插入视频的方法同样有 3 种，即插入文件中的视频、插入来自网站的视频和插入剪贴画视频。

1）插入文件中的视频

（1）选择"插入"选项卡，单击"媒体"组中的"视频"选项，在弹出的菜单中选择"文件中的视频"选项；

（2）在打开的对话框中选择要插入的视频即可。

2）插入来自网站的视频

（1）选择"插入"选项卡，单击"媒体"组中的"视频"选项，在弹出的菜单中选择"来自网站的视频"选项；

（2）在弹出的对话框中输入视频文件的嵌入代码，即可在当前幻灯片中插入来自网站的视频。

3）插入剪贴画视频

（1）选择"插入"选项卡，单击"媒体"组中的"视频"选项，在弹出的菜单中选择"剪贴画视频"选项；

（2）完成上一步骤后，将弹出"剪贴画"窗格，在窗格中单击选择的视频，即可在当前幻灯片中插入视频。

插入视频后，选择"格式"选项卡可以对视频图标的外观进行设置，如更改图标形状等。选择"播放"选项卡即可对视频的播放效果进行设置。

5.5 动画和切换

幻灯片中的动画和切换是演示文稿制作过程中的精华所在,恰当而精美的动画效果以及切换效果可以集中观众的注意力,有效地表达内容,增强视觉观赏效果。PowerPoint 2010 着重优化了这些的操作,本节将详细介绍幻灯片中的动画和切换操作。

5.5.1 添加动画效果

用户可以为演示文稿中的各个要素赋予动画效果,如进入、退出、颜色变化等。动画效果的制作主要使用"动画"选项卡,"动画"选项卡可对幻灯片上的对象进行动画效果的添加、设置或者删除等操作。如图 5.15 所示为"动画"选项卡。

图 5.15 "动画"选项卡

PowerPoint 2010 可以为演示文稿中的各个要素赋予动画效果,如进入、退出、颜色变化等。

在幻灯片中设置动画效果,一般应遵循以下原则。

(1) 醒目原则。不要用尽心思去做那些观众根本看不到的细微动画,制作动画应该醒目,达到强调效果。

(2) 自然原则。基本思想就是要符合常识,如由远及近的时候肯定也会由小到大,球形物体运动时往往伴随着旋转,两个物体相撞时肯定会发生抖动等。自然原则在视觉上的集中体现就是连贯,在观众不知不觉中转换背景。

(3) 适当原则。该原则是指动画的幅度必须与 PPT 演示的环境相吻合,即动画的多少、强弱要适当。

(4) 简洁原则。节奏调快一点,把数量精简一点。

(5) 创意原则。设置动画时要注意创意,使观众有眼前一亮的感觉。

在进行动画效果设置时,首先选中要添加动画效果的对象,然后在"动画"选项卡中选择"动画"选项的 ▼ 下拉按钮,在如图 5.16 所示的菜单中选择所需动画效果。

动画效果分为进入、强调、退出和自定义路径 4 种。进入是指幻灯片中的对象进入幻灯片的动画效果。在如图 5.16 所示的菜单中显示了常用的 13 种进入效果。如果想要选择更多的进入效果,只需选择更多进入效果选项,可弹出如图 5.17 所示的"更改进入效果"对话框,在该对话框中进行选择即可。

　　强调是指幻灯片中的对象从初始状态变化到另一个状态,再回到初始状态的动画效果。强调的动画效果可以起到突出幻灯片中对象的作用。设置强调动画效果与设置进入动画效果的方法相似。图 5.18 是"更改强调效果"对话框。

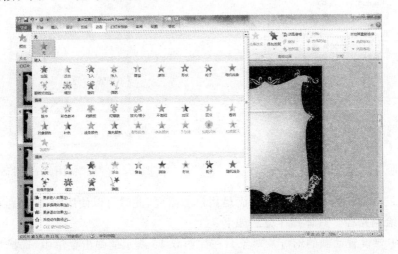

图 5.16　动画效果

图 5.17　"更改进入效果"对话框

图 5.18　"更改强调效果"对话框

　　退出是指幻灯片对象从有到无的动画效果,与进入的动画效果正好相反。设置了退出动画效果的幻灯片对象,在该动画触发前在屏幕上是存在的,触发后会以设置的动画形式退出。图 5.19 是"更改退出效果"对话框。

　　动作路径动画效果是通过引导线使幻灯片对象沿着引导线运动。在设置该动画效果时,首先应选中幻灯片中的对象,然后在图 5.16 的菜单或图 5.20 的"更改动作路径"对话框中选择路径。设置好动画后,会在幻灯片上显示出引导线,其中绿色的三角形代表开始位置,红色三角形代表结束位置,在起始位置之间有若干顶点。需要注意的是,用户可以根据自己的需要调整动作路径长度以及弧度。选中某一顶点,按住鼠标左键拖动引导线即可对该路径进行调整。

图 5.19 "更改退出效果"对话框

图 5.20 "更改动作路径"对话框

有时预设的动作路径并不能完全满足用户的需要,此时可以使用"自定义路径"选项,根据实际需要绘制路径。具体操作方法如下:

(1)选中要设置动画的幻灯片对象。在如图 5.16 所示的弹出菜单中,选择"动作路径"组中的"自定义路径"选项。

(2)单击"动画"组中的"效果选项"按钮,在展开的菜单中选择一种路径形式。

(3)在想要绘制路径的起始位置单击鼠标左键,开始绘制路径,在各个顶点处单击即可,此时可以拖动鼠标调整动作路径线条的弧度。完成动作路径绘制后,双击鼠标左键。

(4)路径绘制完成后,可以对自定义的路径进行进一步编辑。选择"编辑顶点"选项,此时在自定义路径上的顶点以黑色小方形显示。

(5)在顶点上单击鼠标右键,在弹出的菜单中对顶点进行编辑。

(6)编辑完成后,选择"退出节点编辑"选项,或在路径外任意位置双击鼠标左键即可退出编辑。

在 PowerPoint 中,系统默认一个幻灯片对象只允许添加一个动画效果。当需要为一个幻灯片对象添加多个动画效果时,只需要选择"动画"选项卡中的"添加动画"选项。单击该选项后,在弹出的动画选择菜单中选择需要添加的动画即可。

5.5.2 编辑动画效果

在 PowerPoint 中,有些动画形式具有多种不同的动画效果,此时可根据需要选择不同的动画效果。选择"动画"选项卡中"动画"组的"效果选项",可以在弹出的菜单中选择跟该动画效果相关的效果。如选择"轮子"的进入效果,单击"效果选项"将弹出一个菜单选项,可以根据需要选择不同的轮辐图案。

选择"动画"选项卡中"高级动画"组中的"动画窗格"按钮,将在界面右边打开动画窗格。在动画窗格中可以对动画效果进行更为细致的编辑。

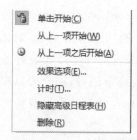

图 5.21 动画效果菜单

在动画窗格中选择一个动画效果,单击右侧向下箭头,将弹出如图 5.21 所示的菜单。其中,"单击开始"选项代表该动画在单击鼠标后作用；"从上一项开始"选项代表该动画跟上一项动画同时作用，不需要单击鼠标；"从上一项之后开始"选项代表该动画在上一项动画结束之后开始作用，不需要单击鼠标。单击"效果选项"会弹出如图 5.22 所示的效果设置对话框，在其中用户可根据自己的需要修改参数，对动画效果进行设置。单击"声音"选项的向下箭头，可以在弹出的菜单中选择是否为该动画效果添加声音。

在设计演示文稿时，有时需要在动画播放后对动画效果的层次进行继续设置，此时选择图 5.22 中"动画播放后"选项的向下箭头，将弹出一个选择菜单。在该菜单中，可以选择任意颜色，是某一幻灯片对象在动画播放完后自动更改为所选择的颜色。同时也可以在动画播放完后，将该对象隐藏。其中有"播放动画后隐藏"和"下次单击后隐藏"两种选择。

图 5.22　效果设置对话框

单击"计时"选项卡，会出现如图 5.23 所示的时间设置对话框，在该对话框用户可以对动画效果的相关时间参数进行设置。"开始"选项是指开始动画的时间；"延迟"是指经过几秒后播放动画。在"期间"选项中，单击向下箭头，在弹出的菜单中用户可以对动画持续的时间进行选择。在"重复"选项中，可以对该动画是否重复以及重复的次数进行设置。单击"触发器"按钮，如图 5.23 所示的对话框将变为如图 5.24 所示的对话框，此时可对动画的触发形式进行设置。

图 5.23　时间设置对话框

图 5.24　触发器设置

169

在对动画效果进行计时设置时,也可以在"动画"选项卡中的"计时"组中进行设置。

当一张幻灯片总有多个动画效果时,还可以在"计时"组中对动画重新排序,将某一动画"向前移动"或"向后移动"。

在动画窗格下方出现的高级日程表,是用来说明每一个动画所用的时间,用户可以通过拖动日程表标记来调整动画效果所用的时间。单击高级日程表左侧的"秒"按钮,在弹出的菜单中选择"放大",可以看见动画效果中的橘色条变大了,反之选择"缩小"则可以看见动画效果中的橘色条变小了。将鼠标放在动画效果的橘色条上,当鼠标变成左右箭头形状时,拖动鼠标到合适位置放手,即可以改变时间条的大小。

在动画设置完成后,选中某一幻灯片对象,单击"动画"选项卡中的"预览"选项,即可对该幻灯片对象对应的动画效果进行预览。

5.5.3 综合动画效果

在前面的章节中,已经详细介绍了在 PowerPoint 2010 中添加动画效果的操作方法,用户可以合理组合动画效果,制作出精美漂亮的动画。下面将介绍两个具体的动画效果。

1. 为幻灯片添加电影字幕式效果

1)"由下到上"滚动的字幕效果可以直接选取"进入"动画效果中的"字幕式"来实现;

2)"由上到下"滚动的字幕效果不能够直接实现,不过可以借助"飞入"和"缓慢移出"动画效果来实现。

(1)首先需要为文本添加"进入"动画效果中的"飞入"动画效果,接着单击动画窗格中该动画右侧下拉箭头,选择"效果"选项。在弹出的对话框中,将"方向"设置为"自顶部"。在计时中,将"期间"设置为"非常慢"。设置完成后,单击"确定"按钮。

(2)单击"添加动画"按钮,为文本添加"退出"动画效果中的"飞出"动画效果。单击"飞出"动画效果右侧的下拉箭头,选择"效果"选项。在弹出的动画框中,将"方向"设置为默认的"到底部",将计时中的"期间"设置为"非常慢"。

(3)添加完动画效果后,需要对动画播放时间进行设置。在动画窗格中,单击"飞出"动画效果的右侧的下拉箭头,在弹出的菜单中,选择"从上一项之后开始"。

3)"由左到右"和"由右到左"滚动的字幕效果设置方法与"由上到下"的动画效果类似,只需要在设置"方向"的时候设置成用户所需要的方向即可。

2. 图片从模糊到清晰动画效果

(1)选择图片,为其添加"退出"动画效果中的"淡出"效果。

(2)在"动画"选项卡上,在"计时"组中,在"开始"列表中,选择"上一动画之后",在"持续时间"框中,输入 00：50。在"开始"选项卡上的"剪贴板"组中,单击"复制"右侧的箭头,然后单击"复制"。重复此过程五次,直到有六个重复的图片。

(3)在"动画窗格"中,选择第一个动画效果(淡出),然后按 Delete 键。

(4)在"开始"选项卡上的"编辑"组中,单击"选择"旁边的箭头,然后单击"选择窗格"。在"选择和可见性"窗格中,选择第一个(顶部)对象。在"图片工具"下的"格式"选项卡上的"调整"组中,单击"艺术效果",然后单击"艺术效果"选项,在弹出的如图 5.25 所示的"设置图片格式"对话框的"艺术效果"窗格中,单击"预设"旁边的按钮,然后单击"虚化"(第二行),在"辐射"框中输入 100%。

(5) 在"选择和可见性"窗格中,选择第二个对象。在"图片工具"下的"格式"选项卡上的"调整"组中,单击"艺术效果",然后单击"艺术效果"选项。在"设置图片格式"对话框中,单击右窗格中的"艺术效果",然后在"艺术效果"窗格中,单击"预设"旁边的按钮,然后单击"虚化"(第二行),在"辐射"框中输入80%。

图 5.25 "设置图片格式"对话框

(6) 在"选择和可见性"窗格中,选择第三个对象。在"图片工具"下的"格式"选项卡上的"调整"组中,单击"艺术效果",然后单击"艺术效果"选项。在"设置图片格式"对话框中,单击右窗格中的"艺术效果",然后在"艺术效果"窗格中,单击"预设"旁边的按钮,然后单击"虚化"(第二行),在"辐射"框中输入60%。

(7) 在"选择和可见性"窗格中,选择第四个对象。在"图片工具"下的"格式"选项卡上的"调整"组中,单击"艺术效果",然后单击"艺术效果"选项。在"设置图片格式"对话框中,单击右窗格中的"艺术效果",然后在"艺术效果"窗格中,单击"预设"旁边的按钮,然后单击"虚化"(第二行),在"辐射"框中输入40%。

(8) 在"选择和可见性"窗格中,选择第五个对象。在"图片工具"下的"格式"选项卡上的"调整"组中,单击"艺术效果",然后单击"艺术效果"选项。在"设置图片格式"对话框中,单击右窗格中的"艺术效果",然后在"艺术效果"窗格中,单击"预设"旁边的按钮,然后单击"虚化"(第二行),在"辐射"框中输入20%。

(9) 在"选择和可见性"窗格中,选择第六个对象。在"图片工具"下的"格式"选项卡上的"图片样式"组中,单击"图片效果",指向"发光",然后单击"发光"选项,如图 5.26 所示。在"设置图片格式"对话框中,单击左窗格中的"发光和柔化边缘",然后在"发光和柔化边缘"窗格中的"发光"下,单击"颜色"旁边的按钮,单击"其他颜色",然后在"颜色"对话框中的"自定义"选项卡上,为红色输入值:79,绿色:129,蓝色:189;在"大小"框中输入 18 pt;在"透明度"框中输入 60%。

(10) 在"开始"选项卡上的"编辑"组中,单击"选择",然后单击"全选"。在"绘图"组中单击"排列",指向"对齐",单击"对齐所选对象",单击"左右居中",单击"上下居中",如图5.27所示。

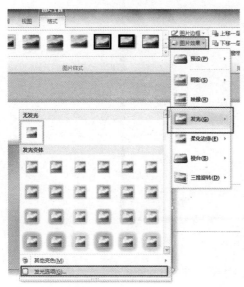

图 5.26 "发光"选项

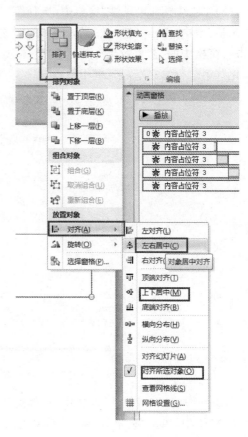

图 5.27 设置对齐方式

5.5.4 添加切换效果

切换效果是演示文稿的制作过程中必不可少的动态效果,幻灯片之间自然连贯的切换效果,可以达到更好的放映效果。幻灯片之间的切换效果可以由"切换"选项卡来实现。在"切换"选项卡中可对当前幻灯片的切换方式进行添加、更改或删除操作。如图 5.28 所示为"切换"选项卡。

图 5.28 "切换"选项卡

幻灯片切换效果是在演示期间从一张幻灯片移动到下一张幻灯片时在"幻灯片放映"视图中出现的动画效果。用户可以控制切换效果的速度,添加声音,甚至还可以对切换效果的属性进行自定义。

PowerPoint 2010 包含了许多不同类型的幻灯片切换效果,用户只需根据需要进行选择。具体操作步骤如下：

（1）选择一张幻灯片，选择"转换"选项卡，单击"切换到此幻灯片"右侧的下拉箭头；

（2）在展开的如图 5.29 所示的菜单中选择切换样式。

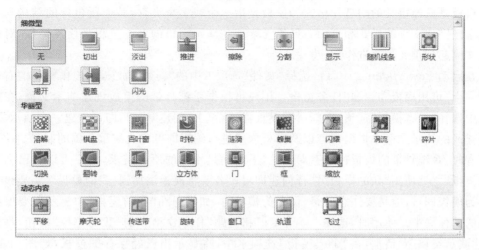

图 5.29　切换效果

经过操作后，所选的幻灯片应用了切换效果，按照同样的方法为其他幻灯片设置切换效果。

5.5.5　编辑切换效果

应用的切换动画通常是默认的，如果用户对该效果不满意，还可以重新设置该切换动画的效果，具体步骤如下：

（1）选择需要的幻灯片，为其设置一个切换效果；

（2）选择"效果选项"按钮，为选择的切换效果更改细节，如切入切换效果的方向等。

同时，PowerPoint 2010 提供了近 20 种内置的转换声音效果，用户可以根据需要进行选择，具体操作步骤如下：

（1）选择需要的幻灯片，选择"转换"选项卡；

（2）在"计时"组中单击"声音"下三角按钮；

（3）在展开的下拉列表中选择一种声音效果即可。

除了更改以上效果外，用户还可以对切换的方式进行设置。关于演示文稿的换片方式，用户可以选择两种方式进行设置：一种是单击鼠标时切换；另一种是设置自动换片时间。设置时，用户选择需要的幻灯片，选择"转换"选项卡，在"计时"组中勾选切换方式。如选择"设置自动换片方式时间"复选框，还需要设置时间。

5.6　演示文稿风格和审阅

在 PowerPoint 2010 中使用母版和主题等可以统一演示文稿的风格，这样可以使制作的演示文稿更加简洁、清晰。审阅是对演示文稿进行的整体把握。在本节中，主要介绍

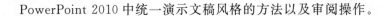
PowerPoint 2010 中统一演示文稿风格的方法以及审阅操作。

5.6.1 模板

模板是已经定义的幻灯片格式。模板是指一个或多个文件,其中所包含的结构和工具构成了已完成文件的样式和页面布局等元素。在演示文稿的制作过程中使用模板,对规范演示文稿起到重大的改进作用。

在启动 PowerPoint 2010 后,选择"文件"选项卡中的"新建"命令,在工作窗口的右侧会显示一个"可用模板和主题"任务窗格。用户可根据系统自带的模板创建演示文稿,在任务窗格中选择"样本模板"选项,选择所需模板样式,单击"创建"按钮,即可创建一个演示文稿。在新建成的演示文稿中根据内容以及模板样式进行编辑即可完成演示文稿的制作。

有时,系统自带的模板往往有局限性,不能满足用户的所有需求,用户可以自己创建使用的模板,之后使用"我的模板"进行创建即可。若要将模板添加到"我的模板",需要该文件另存为模板即可,但是要注意的是,保存为模板时,如果想在"我的模板"中显示需要保存在默认的文件夹中。使用时,选择"可用模板和主题"任务窗格中的"我的模板"按钮,将打开"新建演示文稿"对话框,在"个人模板"选项卡中,将显示出已经保存的模板,如图 5.30 所示。在右侧的预览中可以看到模板的大概样式,按照需要选择模板进行创建即可。如果没有已经保存的模板,则在"个人模板"选项卡中没有选项。

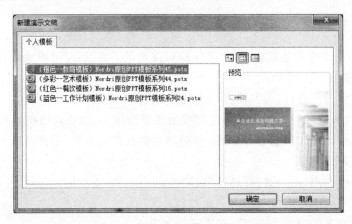

图 5.30 "新建演示文稿"对话框

在 Office 的官网中,提供了很多可供下载的模板。在新建窗口的"Office.com 模板"任务窗格中,可以下载相应的模板。在任务窗格中选择要下载的模板样式,如选择"Power-Point 演示文稿和幻灯片",并进一步选择"学术演示文稿",将打开模板样式。在模板样式中选择一个所需下载的模板,单击"下载"按钮,即可下载该模板。

5.6.2 母版

幻灯片母版可以用来统一演示文稿的风格,它存储有关演示文稿的主题和幻灯片版式的信息,包括背景、字体、颜色、效果、占位符大小和位置。修改和使用幻灯片母版的好处是可以对演示文稿中的每张幻灯片进行统一的样式修改,节省用户编辑时间。

要使用幻灯片母版,首先需要进入幻灯片母版视图。用户只需将演示文稿切换到"视图"选项卡下,在"母版"组中单击"幻灯片母版"选项,即可进入到幻灯片母版视图。在幻灯片母版视图中自带了 11 个版式,可供用户选择。

在用户选择好要设置的幻灯片母版后,往往还需要对母版进行修改,具体操作方法如下:

(1) 右击"单击此处编辑母版标题样式",从弹出的快捷菜单中选择"字体"命令打开"字体"对话框,如图 5.31 所示。在该对话框中进行选择,对相关字体进行设置即可。

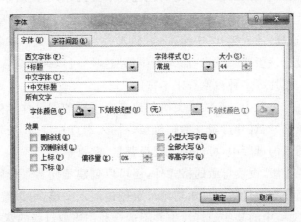

图 5.31　"字体"对话框

(2) 选择"插入"选项卡,在"文本"组中单击"页眉和页脚"按钮。

(3) 在弹出的如图 5.32 所示的"页眉和页脚"对话框中单击"幻灯片"标签,在"幻灯片包含内容"下勾选"日期和时间"复选框,激活其下的选项按钮和文本框。

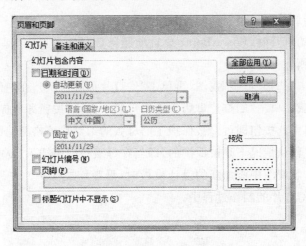

图 5.32　"页眉和页脚"对话框

如果希望每次运行演示文稿时都能显示当前的时间,那么选中"自动更新"单选按钮,其下的列表框中会自动显示当前的系统日期;如果希望显示固定的日期,选中"固定"单选按钮,在其下的文本框中输入要显示的日期值即可。

(4) 勾选"幻灯片编号"复选框,将会在幻灯片中显示编号,勾选"页脚"复选框,可以在其下的文本框中输入要显示在页脚区的内容。

(5) 选择"插入"选项卡,在"图像"组中单击"图片"按钮。

(6) 在弹出的对话框中选择要插入的图片。

(7) 将插入到幻灯片母版中的图片的大小调整到和幻灯片尺寸相同,右击并从快捷菜单中执行"置于底层→置于底层"命令。

(8) 选择图片,单击"图片工具→格式→调整→颜色→设置透明色"选项,在视图中出现图标然后将鼠标指针移到插入的图片中的白色位置单击鼠标,设置该标记的底色为透明色。

如果一组幻灯片母版不能满足全部需要,还可以在该组幻灯片母版中插入版式。在幻灯片母版选项卡中,选择"插入版式"按钮,即可插入一张新的版式。在新插入的版式中,还可以插入占位符来设计该版式。选择"插入占位符"选项,可以弹出选项菜单,在该菜单中,可以插入内容、文本、图片等多种占位符来丰富版式。

在 PowerPoint 中,可以为一个演示文稿创建多个不同的幻灯片母版。切换到"幻灯片母版视图"状态下,单击"幻灯片母版→编辑母版→插入幻灯片母版"按钮,会自动创建一个默认的母版。在新插入的母版中,可以设置模板背景、标题等。

除了创建幻灯片母版、设置母版的格式外,还可以创建不同背景母版的幻灯片,以及为幻灯片母版添加动画及保护母版。虽然利用母版创建演示文稿,可以统一整个演示文稿的风格,但可能在演示文稿中的某些幻灯片中并不适合利用当前母版的背景效果。这里,可以为这些幻灯片设置与母版不同的背景。

单击幻灯片,在幻灯片背景上单击鼠标右键,单击弹出菜单中的"更改图片"命令,在弹出的"插入图片"对话框中单击选定用作背景图片后,单击"插入"按钮,即可创建与幻灯片母版中不同背景的幻灯片。

某些情况下,当删除所有遵循某幻灯片母版的幻灯片时,或者将另一个设计模板应用于所有遵循该母版的幻灯片时,PowerPoint 会自动删除该母版。可以"保护"母版,以防在这些情况下将其自动删除。

在"视图"选项卡,选择"母版"视图,再单击"幻灯片母版"按钮,在左侧的缩略图上,选择要保护的幻灯片母版。单击"幻灯片母版→编辑母版→保留"按钮即可保护母版。如果不想保护该母版,再次单击此按钮即可。被保护了的母版的幻灯片缩略图前面会出现一个标记。有时,幻灯片母版在默认情况下是被保护的,即当在母版视图中插入、复制/粘贴或拖动幻灯片母版时,抑或向母版视图中添加新的设计模板时,母版均被保护。在母版建立好了之后,我们就将其应用到幻灯片的制作过程中。

5.6.3 主题

为了使演示文稿比较美观,用户可以设计版式的主题效果,具体的操作步骤如下:

(1) 选择"设计"选项卡中"主题"组中的主题样式列表框中的下拉箭头;

(2) 在弹出的如图 5.33 所示的菜单中选择所需主题;

(3) 单击"颜色"按钮,在其中选择相关颜色方案,即可为所选主题使用该配色方案;

(4) 单击"字体"按钮,在其中选择相关字体方案,即可为所选主题使用该字体方案;

(5) 单击"效果"按钮,在其中选择相关效果方案,即可为所选主题使用该效果方案。

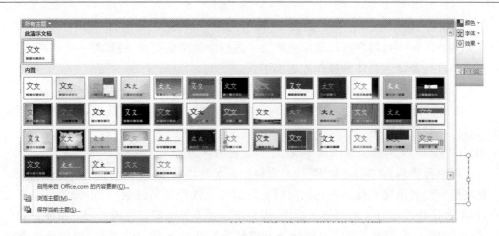

图 5.33 主题样式菜单

5.6.4 审阅演示文稿

添加演示文稿的内容时,可能会出现一些错误,此时可以使用 PowerPoint 2010 中的审阅功能,由"审阅"选项卡实现。在"审阅"选项卡中,用户可以检查拼写、更改演示文稿中的语言或比较当前演示文稿与其他演示文稿的差异等,如图 5.34 所示为"审阅"选项卡。

图 5.34 "审阅"选项卡

制作的演示文稿可能含有公司或个人的信息,所以保护演示文稿的安全是一项不可忽视的操作。在本节中将对演示文稿的审阅与安全进行介绍。

Microsoft Office 附带含标准语法和拼写的词典,但这些语法和拼写并不全面。在 PowerPoint 中如果出现红色波浪下画线,代表 PowerPoint 检查出单词的拼写有可能错误;如果出现绿色下画线,代表 PowerPoint 检查出文本语法有可能错误。在"拼写检查"对话框中,用户可以进行忽略、更换等操作。进行拼写检查的操作方法如下:

(1) 将光标定位在文档中需要检查拼写和语法的位置,在"审阅"选项卡中的"校对"组中,单击"拼写检查"按钮;

(2) 在弹出的如图 5.35 所示"拼写检查"对话框中,可以看到拼写检查的结果;

图 5.35 "拼写检查"对话框

(3) 根据提示的错误信息进行更改即可。

在 PowerPoint 中,用户可以使用英语助手进行中英文的翻译,可以对一个单词、句子或者整个文档进行翻译。具体的操作方法如下:

(1) 在幻灯片中选择要翻译的文本,选择"审阅"选项卡中的"语言"组;

(2) 单击"翻译"按钮,在展开的下拉列表中单击"翻译所选文字"选项,此时在文档右侧显示"信息检索"任务窗格;

(3) 在"搜索"文本框中输入文本"你好",设置翻译语言。

经过以上操作后,在"信息检索"任务窗格中显示翻译结果,并显示相关单词的运用。

批注是审阅者添加到独立的批注窗口中的幻灯片注释或者注解,当审阅者只是评论幻灯片,而不直接修改幻灯片时要插入批注,因为批注并不影响幻灯片的内容。批注是隐藏的文字,PowerPoint 会为每个批注自动赋予不重复的编号和名称,在"批注"组中可以新建批注。插入批注的具体操作方法如下:

(1) 选择需要插入批注的文本,切换至"审阅"选项卡;

(2) 在"批注"组中单击"新建批注"按钮,所选的文本被插入了批注,在批注框中输入需要注释的内容,如图 5.36 所示;

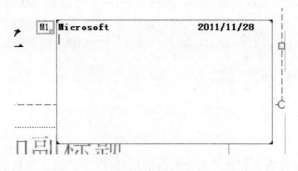

图 5.36　在批注框中输入批注内容

(3) 按照同样的方法,用户可以继续插入新的批注,并输入需要注释的内容,此时批注的编号会自动开始递增。

当用户插入批注后,有批注的文本右上角会显示批注的序号。如果要查看批注,用户只需单击序号,即可显示批注内容。

删除批注的方法有两种,一种是使用功能区的"删除"按钮,可以选择删除一个批注或删除整个幻灯片中的批注;另一种是使用右键快捷菜单删除当前批注。

(1) 使用"删除"按钮删除批注。在幻灯片中选择需要删除的批注,选择"审阅"选项卡,在"批注"组中单击"删除"按钮的下三角按钮。在展开的下拉列表中单击"删除"选项,即可将当前所选择的批注删除。

(2) 使用右键快捷菜单删除批注。在幻灯片中选择需要删除的批注,右键单击,在弹出的快捷菜单中单击"删除批注"命令即可。

5.6.5　保护演示文稿安全

保护演示文稿的安全,首先需要检查演示文稿中是否含有隐私数据,并根据需要对这些数据进行操作。单击"文件"选项卡中"信息"选项,在设置界面单击"检查问题"按钮,从弹出的菜单中选择"检查文档"选项可打开"文件检查器"对话框,并在对话框中勾选要进行检查的项目。单击"检查"按钮进行检查,在检查完毕后显示相应的检查结果。如果想要删除隐私数据,单击"全部删除"按钮。

为了禁止自己创建的演示文稿被别人随意篡改,可以通过为演示文稿添加标记的方法来实现。其具体的操作步骤如下:

选择"文件"选项卡,单击"信息"按钮,即可打开"信息"设置界面,单击"保护演示文稿"按钮,从弹出的菜单中选择"标记为最终状态"选项,即可弹出如图 5.37 所示的信息提示对话框。

图 5.37　信息提示对话框

单击"确定"按钮,即可弹出一个提示框显示该文档已经被标记为最终状态,且禁止输入、编辑以及校对等操作的信息提示框,单击"确定"按钮,PowerPoint 演示文稿的状态中将显示出最终状态标记。

一份完整的演示文稿有时会含有用户的个人信息,为了更好地保护用户隐私,避免自己创建的演示文稿被偷窥或恶意修改,可以为演示文稿设置密码。具体操作步骤如下:

(1) 选择"文件"选项卡,单击"信息"按钮,进入信息界面;

(2) 单击"保护演示文稿"按钮,在菜单中选择"用密码进行加密"选项;

(3) 在打开的"加密文档"对话框中的"密码"文本框中输入密码,如图 5.38 所示。

(4) 单击"确定"按钮,弹出"确认密码"对话框,在文本框中再次输入所设密码,单击"确定"按钮即可完成对演示文稿的加密操作,如图 5.39 所示;

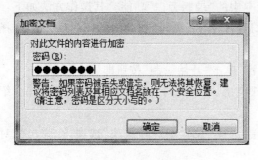

图 5.38　输入密码

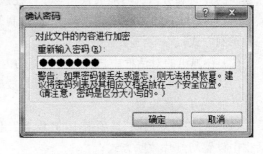

图 5.39　确认密码

(5) 用户打开加密过的演示文稿时将弹出"密码"对话框,输入密码,单击"确定"按钮,即可打开演示文稿。

同样,演示文稿也可以取消加密,具体操作如下:

(1) 选择"文件"选项卡,单击"信息"按钮,进入信息界面;

(2) 单击"保护演示文稿"按钮,在菜单中选择"用密码进行加密"选项,将打开的"加密文档"对话框中的"密码"文本框中的密码清空,单击"确定"按钮。

5.7　放映和共享演示文稿

演示文稿的制作目的是为了演示和放映。在完成演示文稿的编辑之后,还将进行演示文稿放映前的准备工作,然后将其进行演示。另外,如果要在其他地方进行演示,还需要将演示文稿进行打包,以方便使用。

5.7.1　放映前准备工作

PowerPoint 中的排练计时功能可以记录下放映幻灯片的整体时间以及每张幻灯片在放映过程中的时间。如果在演示文稿中包含动画对象,则会对每一个项目逐一进行排练和计时。

(1) 选择"幻灯片放映"选项卡中"设置"组中的"排练计时"按钮,即可进入演示文稿放映状态。在窗口上将显示一个如图 5.40 所示的录制工具并开始计时。

图 5.40　录制工具

(2) 完成放映退出后,会出现一个信息提示对话框,单击"是"按钮保存排练计时。

(3) 排练计时被保存后会自动切换到"幻灯片浏览"视图,在每张幻灯片下方将显示播放时间。

在 PowerPoint 2010 中新增了"录制幻灯片演示"功能,该功能可以选择开始录制或清除录制的计时和旁白。功能大致相当于以往版本中的"录制旁白"功能。其操作方法如下:

(1) 单击"幻灯片放映"选项卡中的"录制幻灯片演示"按钮,在弹出的下拉菜单中选择一种录制方式;

(2) 在弹出的对话框中选择想要录制的内容,单击"开始录制"按钮即可。

幻灯片的放映方式包括很多,如幻灯片放映类型、放映幻灯片范围等。下面将具体介绍幻灯片放映方式的设置。

(1) 在"幻灯片放映"选项卡中的"设置"组中选择"设置幻灯片放映"选项,在弹出的对话框中设置幻灯片放映方式;

(2) 设置完成后,单击"确定"按钮。

5.7.2　放映演示文稿

当演示文稿放映前的准备工作已经就绪,用户就可以放映相应的演示文稿,在放映过程中,用户可以根据实际需要对演示文稿进行控制。在 PowerPoint 中,用户想要放映幻灯片,可以选择"幻灯片放映"选项卡中"开始放映幻灯片"组的选项,根据需要选择"从头开始"或"从当前幻灯片开始"。同样,用户也可以单击界面右下角的 按钮,从当前幻灯片开始放映。

如果用户想要退出放映，单击鼠标右键，在弹出的菜单中选择"结束放映"选项，即可退出幻灯片放映。在全部幻灯片放映结束后，单击鼠标左键，即可退出幻灯片放映。另外，按Esc键可以退出幻灯片放映。

在演示文稿进行演示的过程中，有时只需要为观众演示特定部分，这需要用户自定义幻灯片的播放顺序和播放范围，具体操作如下：

（1）单击"幻灯片放映"选项卡中"开始放映幻灯片"组中"自定义幻灯片放映"按钮，从弹出的菜单中选择"自定义放映"选项，即可打开"自定义放映"对话框，如图 5.41 所示；

图 5.41　"自定义放映"对话框

（2）单击"新建"按钮，可打开"定义自定义放映"对话框，如图 5.42 所示；

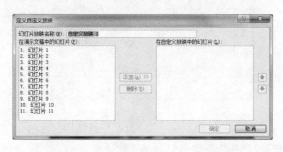

图 5.42　"定义自定义放映"对话框

（3）在"幻灯片放映名称"文本框中输入自定义放映的名称，并添加"在演示文稿中的幻灯片"至"在自定义放映中的幻灯片"；

（4）设置结束后，单击"确定"按钮关闭"定义自定义放映"对话框，同时显示"自定义放映"对话框，如果想要浏览自定义的幻灯片，只需要单击"放映"按钮，如果不需要浏览，只需要单击"关闭"按钮。

放映演示文稿时，根据观众的现场反馈和实际需要，用户可以在放映过程中进行编辑，有选择地播放，进行切换与定位幻灯片。切换幻灯片是指在放映过程中转换幻灯片的内容，定位是指快速跳转到指定幻灯片。在幻灯片放映过程中，右键单击屏幕任意位置，在弹出的菜单中单击"下一张"按钮，可快速转换至下一张幻灯片。同样，如果想要快速跳转到上一张幻灯片，只需要单击"上一张"按钮即可。

在放映中，若想快速跳转至其他幻灯片，只需要右键单击屏幕，在弹出的菜单中单击"定位至幻灯片"选项，在弹出的菜单中选择要跳转的幻灯片。在放映过程中，还可以跳转至其他程序。右键单击屏幕，在弹出的菜单中选择"屏幕"选项，接着选择"切换程序"命令，此时屏幕下方将显示出"开始"菜单和任务栏，选择要切换的程序即可。

使用墨迹对幻灯片进行标注。在 PowerPoint 中不仅可以添加墨迹，还可以更改墨迹的颜色和形状,以及将这些标注保存以便日后查看。在放映过程中右键单击鼠标,在弹出的菜单中选择"指针"选项,接着选择一种指针,在"墨迹颜色"选项中选择颜色。选择结束后,即可对演示文稿进行标注。

5.7.3　共享演示文稿

在 PowerPoint 中,演示文稿还有很多高级操作。PowerPoint 2010 的亮点之一是提供了很多将演示文稿与他人共享的操作方式。根据用户的个人风格和工作需要,往往有一些常用的幻灯片,用户可将那些常用的幻灯片发布到幻灯片库中,以供日后使用。具体操作步骤如下:

(1) 选择"文件"选项卡,单击"保存并发送"按钮,进入"保存并发送"界面;

(2) 单击"发布幻灯片"选项,进入"发布幻灯片"界面,如图 5.43 所示;

(3) 单击"发布幻灯片"按钮,打开"发布幻灯片"对话框,在其中选择要发布的幻灯片;

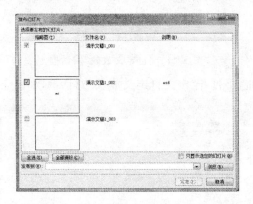

图 5.43　选择要发布的幻灯片

(4) 单击"浏览"按钮,弹出"选择幻灯片库"对话框,选择要发布到的幻灯片库;

(5) 单击"选择"按钮返回到"发布幻灯片"对话框,单击"发布"按钮,即可完成发布幻灯片的操作。

在 PowerPoint 2010 中可以直接将当前的演示文稿作为附件发送至目标邮箱中,与他人共享演示文稿信息。需要注意的是,在使用该功能前需要使用 Windows Outlook 添加一个默认的邮件账户。具体操作如下:

(1) 选择"文件"选项卡中的"保存并发送"选项,接着选择"使用电子邮件发送"选项,在右侧弹出的设置界面中选择"作为附件发送"选项;

(2) 自动启动邮件窗口,在其中提供了默认的发件人邮箱地址,并自动输入了主题及附件,用户只需要在"收件人"文本框中输入收件人的电子邮箱地址即可;

(3) 在邮件编辑文本框中输入邮件内容,单击"发送"按钮。

将演示文稿创建为讲义是指创建一个包含此演示文稿中的幻灯片和备注的 Word 文档,并且能使用 Word 设置讲义布局,设置格式和添加其他内容。将演示文稿创建为讲义,可以将其作为书面材料,便于观众学习参考。其具体操作如下:

(1) 选择"文件"选项卡中的"保存并发送"选项,接着选择"创建讲义"选项,在右侧弹出的设置界面中选择"创建讲义"选项;

(2) 在"发送到 Microsoft Word"对话框中进行选择,单击"确定"按钮;

（3）在自动启动的 Word 中，用户可以看见创建的讲义，保存该 Word 即可。

5.8　实　验　指　导

在本实验中，将指导用户制作一份完整的演示文稿，该演示文稿的主题为城市介绍。通过对该实验指导的学习，用户将对演示文稿的制作过程有更直接、具体的认识，并能够制作出一份完整的演示文稿。演示文稿的制作过程由浅及深，即先完成基本内容的添加，再对其进行细致的动态效果设计。下面将对该实验进行具体讲解。

5.8.1　演示文稿制作

1）实验内容：制作城市介绍演示文稿。

2）实验目的：通过该实验，能够了解演示文稿的基本制作过程，并独立制作出简单的演示文稿。

3）实验步骤：

（1）新建一个演示文稿，保存为"城市.pptx"的演示文稿。

（2）通过分节组织幻灯片。创建 4 个分节，分别为"基本概况"、"历史沿革"、"行政区划"和"旅游景点"，根据分节制作幻灯片。

（3）使用主题统一演示文稿风格。在"设计"选项卡中，选择"主题"组中的"暗香扑面"主题。

（4）在"视图"选项卡中将"显示"组中的选项选中，此时在幻灯片中将出现标尺、网格线和参考线，可以更好地布局，便于制作幻灯片。在第一张幻灯片中，在标题处插入艺术字"北京"，在格式选项卡中的艺术字样式组中，设置文字效果。在"文字效果"选项中选择"映像"中的"紧密映像 4pt 偏移量"。

（5）在第一节中新建一张空白幻灯片。在幻灯片中插入一张图片，图片效果选择"映像棱台"，并在图片的右侧插入文本框输入介绍北京的文字，文字效果为"微软雅黑"、"16pt"、"茶色"并将段落行间距设置为"1.5 倍行间距"。制作效果如图 5.44 所示。

图 5.44　幻灯片制作效果 1

(6) 在"历史沿革"分节下插入一张版式为"仅标题"的幻灯片。在标题栏输入"历史沿革"。在幻灯片中部插入"燕尾形箭头",设置形状样式为"细微效果—深黄,强调颜色1"。在箭头上方插入文本框输入"西周初年燕都或燕京",在下方输入"秦代蓟县"。依次类推,上下交替输入北京历史沿革相关内容。制作效果如图5.45所示。

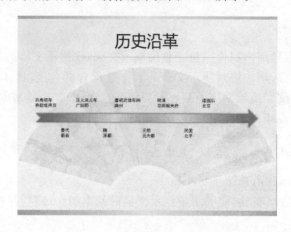

图 5.45 幻灯片制作效果 2

(7) 在"行政区划"分解中插入功能区划的表格。制作效果如图5.46所示。

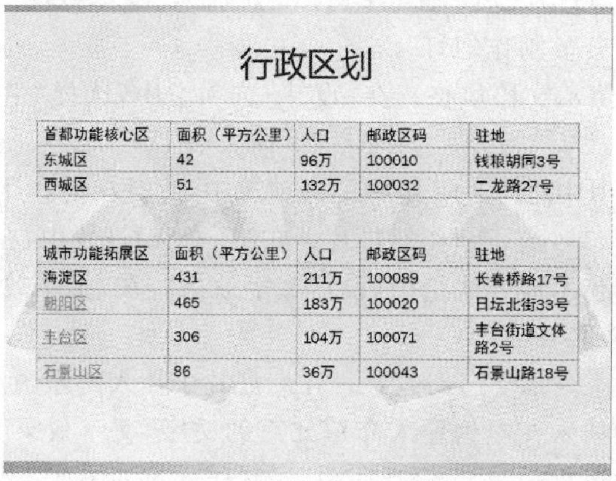

行政区划

首都功能核心区	面积(平方公里)	人口	邮政区码	驻地
东城区	42	96万	100010	钱粮胡同3号
西城区	51	132万	100032	二龙路27号

城市功能拓展区	面积(平方公里)	人口	邮政区码	驻地
海淀区	431	211万	100089	长春桥路17号
朝阳区	465	183万	100020	日坛北街33号
丰台区	306	104万	100071	丰台街道文体路2号
石景山区	86	36万	100043	石景山路18号

图 5.46 幻灯片制作效果 3

4) 实验作业:制作一张内容完整的演示文稿,介绍自己喜欢的城市。

5.8.2 演示文稿修饰

1) 实验内容:对5.8.1小节完成的"城市.pptx"演示文稿进行修饰补充。

2) 实验目的:通过本实验,能够了解动画和切换效果的添加操作以及对图片和多媒体剪辑等的应用操作,并可以为演示文稿设置多个母版,统一效果。

3) 实验步骤:

(1) 在第一节中新建一张空白的幻灯片,插入在线的北京城市形象片视频。视频样式设置为"柔化边缘矩形",在"播放"选项卡中,开始选项选为"自动"。

(2) 在旅游景点分节下插入一张版式为"图片与标题"的幻灯片。在图片位置插入长城的图片。在"格式"选项卡中设置图片的格式。在"更正"选项中选择"柔滑25％",在"颜色"选项中"色温7200K"。"图片样式"选择"矩形投影"。在标题文本框中输入"八达岭长城",在下方的文本框中输入"全国十大风景名胜之首"。制作效果如图5.47所示。

图 5.47 幻灯片制作效果

(3)选中幻灯片1,选择"北京"文本框,在"动画"选项卡中,选择"强调动画效果"中的"字体颜色"。在"计时"组中,将"持续时间"改为4秒。单击"预览"按钮查看预览。

(4)选中幻灯片2,选择"天安门"图片,在"动画"选项卡中,选择"进入动画效果"中的"飞入",在"效果选项"中选择"自左侧"。同时选择两个文本框,在"动画"选项卡中,选择"进入动画效果"中的"飞入",在"效果选项"中选择"自右侧"。在"动画"选项卡中选择"动画窗格"按钮,在右侧将出现动画窗格。选择第二个动画效果右侧的下拉箭头,在弹出的菜单中选择"从上一项之后开始"。

(5)选中幻灯片6,选择"长城"图片,在"动画"选项卡中,选择"动作路径"中的"弧形",在"效果选项"中选择"向上"。

(6)选中幻灯片2,在"切换"选项卡中设置切换效果。选择"华丽型"效果中的"库"效果。单击"预览"按钮查看预览。

(7)选中幻灯片3,在"切换"选项卡中设置切换效果。选择"华丽型"效果中的"百叶窗"效果。单击"预览"按钮查看预览。

(8)选中幻灯片4,在"切换"选项卡中设置切换效果。选择"动态内容"效果中的"旋转"效果。单击"预览"按钮查看预览。

(9)在母版视图中统一幻灯片布局格式。选择"视图"选项卡,单击"幻灯片母版"。选择"标题和内容"版式,单击"开始"选项卡中的段落符号按钮,选择"带填充效果的大方形项目符号"。

(10)选择"图片与标题"版式,选中"单击此处编辑母版标题样式",设置字体格式为"20pt",颜色设置为"深黄"。

4)实验作业:对在5.8.1小节中制作的演示文稿进行修饰。

5.8.3 演示文稿放映与共享

1)实验内容:对5.8.2小节完成的"城市.pptx"演示文稿进行放映与共享。

2) 实验目的:通过本实验,能够对演示文稿进行放映并且学会与他人共享的方法。

3) 实验步骤:

(1) 为演示文稿录制旁白。选择"幻灯片放映"选项卡,单击"录制幻灯片演示"按钮,选择"从头开始录制",在弹出的对话框中选择"开始录制"。

(2) 自定义幻灯片。选择"幻灯片放映"选项卡,单击"自定义幻灯片放映"按钮,选择"自定义幻灯片放映"。在弹出的"自定义放映"对话框中,单击"新建"按钮。此时,将弹出"定义自定义放映"对话框,选择幻灯片1、幻灯片2、历史沿革和行政区划幻灯片,单击"确定"按钮。

(3) 放映幻灯片。选择"幻灯片放映"选项卡,单击"从头开始"按钮,这样用户可以从第一张幻灯片开始放映。如果想要从当前所在的幻灯片开始放映,则可以单击"从当前幻灯片开始"按钮,另外也可以单击软件界面右下角的"幻灯片放映"按钮 ☲。

(4) 单击"文件"选项卡中"信息"选项,在设置界面单击"检查问题"按钮,从弹出的菜单中选择"检查文档"选项可打开"文件检查器"对话框,并在对话框中勾选要进行检查的项目。单击"检查"按钮进行检查,在检查完毕后显示相应的检查结果。如果想要删除隐私数据,单击"全部删除"按钮即可。

(5) 将演示文稿标记为最终状态。单击"文件"选项卡中"信息"选项,在设置界面单击"保护演示文稿"按钮,从弹出的菜单中选择"标记为最终状态"选项,在弹出的对话框中单击"确定"按钮。

(6) 将制作好的演示文稿以邮件的形式与他人共享。选择"开始"选项卡中"保存并发送"选项,在功能界面中选择"使用电子邮件发送",选择"作为附件发送",在弹出的邮件界面中填写信息,发送即可。

4) 实验作业:将演示文稿进行录制和放映,并与他人共享。

习 题

1. PowerPoint 2010 主题有什么新增功能?

2. 如何隐藏幻灯片?

3. 在 PowerPoint 中输入文本的方法有哪些?

4. 如何将网站的视频插入幻灯片?

5. 什么是幻灯片母版?为什么要使用幻灯片母版?

6. 如何设置幻灯片切换效果?

7. 如何添加标记?添加标记有什么作用?

8. 如何对演示文稿进行加密?

9. 如何将演示文稿创建为讲义?

第6章 电子表格软件

Microsoft Excel 是微软公司为使用 Windows 和 Apple Mac OS 操作系统的计算机开发的一款电子表格软件,是目前应用最为广泛的电子表格软件。电子表格软件,是指一种数据处理和表格制作工具软件,将数据按一定的规律输入到按行和列排列的单元格中,电子表格软件可以帮助用户制作各种复杂的表格文档,使用多种公式进行算术运算、逻辑运算和字符运算,将大量枯燥无味的数据变为可视性极佳的表格和商业图表,极大地增强了数据的直观性。由于电子表格软件具备丰富的制表、计算和绘图功能,可对数据进行直观操作、即时计算更新、统计分析运算,因此在财务、税务、统计、计划、数据分析等许多领域得到了广泛应用,并成为日常工作使用的软件之一。

6.1 概 述

1982 年,微软公司推出了它的第一款电子制表软件 Multiplan,并在 CP/M 系统上大获成功,但在 MS-DOS 系统上,Multiplan 败给了 Lotus 1-2-3。这个事件促使了 Excel 的诞生,正如 Excel 研发代号 Doug Klunder:做 Lotus1-2-3 能做的,并且做得更好。

1985 年,第一款 Excel 诞生,当时只用于 Mac 系统;1987 年 11 月,第一款适用于 Windows 系统的 Excel 也产生了(与 Windows 环境直接捆绑,在 Mac 中的版本号为 2.0)。由于 Lotus1-2-3 迟迟不能适用于 Windows 系统,1988 年,Excel 的销量超过了 Lotus1-2-3,使得 Microsoft 站在了 PC 软件商的领先位置。

1993 年 Excel 第一次被捆绑进 Microsoft Office 中,微软公司对 Microsoft Word 和 PowerPoint 的界面进行了重新设计,以适应 Microsoft Excel 的操作界面。从 1993 年,Excel 就开始支持(VBA Visual Basic for Applications),它使 Excel 形成了独立的编程环境。VBA 允许创建窗体来获得用户输入的信息,但是,VBA 的自动化功能也导致 Excel 成为宏病毒的攻击目标。

作为 Microsoft Office 的组件发布了 5.0 版之后,大约每两年,微软公司就会推出新的版本来扩大自身的优势。Excel 历经了 Excel 5.0、Excel 95、Excel 97、Excel 2000、Excel 2003、Excel 2007 和 Excel 2010 等不同版本。

6.2 Excel 的工作环境与基本概念

电子表格软件与字处理软件、幻灯片制作软件类似,是一种通用的办公软件。利用现代电子表格软件,可以方便地完成制表输出,进行数据计算、汇总统计、图表绘制等,是办公自动化中最常用的基础性应用之一。

电子制表的应用大致可分为两种方式,一种是为某种目的专门设计的程序,如财务程序,适于输出特定的表格,但其通用性较弱;另一种就是所谓的“电子表格”了,它是通用的制表工具,能够适用于大多数的制表需求,面对的是普通的计算机用户,而非专业的开发人员或某特定领域的用户。

电子表格一开始只作为财务账表的电子版本,也就是利用计算机里的财务账表来替代印刷品的财务账表,并能对表格中一行或一列数据进行简单的算术运算。通过对算术计算结果的公式化处理,可以简化由于数据更改而造成的重复计算,是对纸上分类表格计算的计算机化的产物。

一个电子表格可以由列、行及由特定行列指向的单元格组成,在每个单元格中,可以包含各种类型的信息,如文字、数值等,同时利用公式和函数可方便快速地完成分类表格计算工作。在电子表格中,列用来定义一个自上向下的垂直区域,并用字母来表示列的位置;行用来定义一个自左向右的水平区域,并用数字来表示行的位置;单元格是用特定的列和行来表示的一个区域,单元格可以用其列号和行号来命名,采用列名在前行名在后的表示方式,如 C6 表示第 C 列的第 6 行的单元格,如图 6.1 所示。

	paper ledger	
	car loan	$12,000
	interest	9.6%
	# of payments	60
	monthly payment	$252.61

	A	B	C
1		computer ledger	
2			
3		car loan	$12,000.00
4		interest	9.60%
5		# of payments	60
6			
7		Monthly Pmt.	$252.61

图 6.1　认识电子表格

6.2.1 Excel 窗口界面

1. Excel 的启动

Excel 的启动方法一般有 3 种:打开 Windows 任务栏上的“开始”菜单,单击 Microsoft Excel 程序的图标;在资源管理器中双击表格文件(带. xlsx 或. xls 后缀)的图标启动 Excel,并同时将该文件打开;双击桌面上的 Excel 快捷图标。

2. Excel 的退出

文档创建完成后即可退出 Excel,在退出之前要将工作簿按文件名存盘。退出方法很多,如打开“文件”选项卡,选择“退出”命令;单击窗口左上角“控制菜单”,在下拉菜单中单击

"关闭"命令或双击此图标皆可退出应用软件;用鼠标直接单击 Excel 工作窗口右上角的关闭按钮或使用 Alt+F4 组合键。

3. Excel 的窗口工作界面

Excel 一经启动,通常在该应用程序的工作区中显示一个新的、空白的工作簿,如图 6.2 所示。Excel 应用程序窗口由菜单栏、工具栏、编辑栏、状态栏和一个空工作簿文档等组成。

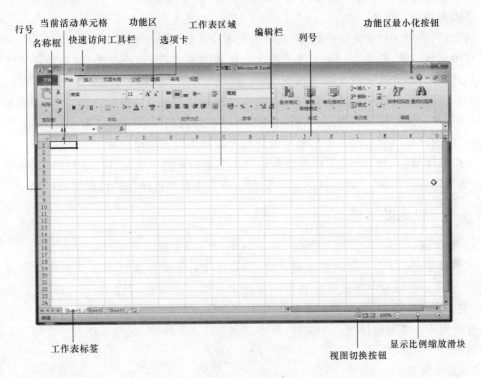

图 6.2　Excel 界面

标题栏:位于 Excel 应用程序窗口的最上面,用于显示正在运行的程序名称和正在打开的文件的名称。

当前活动单元格:用加粗的黑色框表示当前活动单元格,即当前可以进行数据输入的单元格。

行名:位于各行左侧的灰色编号区,用从 1 到 1 048 576 的整数表示的行号。

列名:位于各列上方的灰色字母区,用 A 到 XFD 的字符串表示的列号。

选项卡:在 Excel 2007 中,用各种功能区替代了传统的菜单;在窗口上方看起来像菜单的名称其实是功能区的名称,即选项卡;当单击这些选项卡时并不会打开菜单,而是切换到与之相对应的功能区,并显示相应的功能区中的命令图标。在 Excel 2010 中,默认自动打开的是"开始"选项卡,其中包括了绝大多数常用的命令。

文件选项卡:Excel 2010 在"文件"选项卡中采用 Backstage 视图取代了 Excel 2007 中的"Office 按钮" ,以及 Excel 2003 和早期版本中的"文件"菜单;单击"文件"选项卡后,可在此视图中进行打开、保存、打印、共享和管理文件以及设置程序选项等工作。

编辑栏:默认在工具栏的下方,用来输入、编辑单元格或图表的内容,也可以显示出活动单元格中的数据或公式;由"名称框"、"复选框"和"数据区"三部分组成。"名称框"用于显示当前活动单元的地址或单元格区域名;"复选框"用于控制数据的输入,在活动单元格输入数据时,"复选框"被激活:在框中会包含三个按钮,三个按钮从左至右分别是: ✖ (取消)按钮、✔ (确认)按钮和 𝒇𝒙 (插入函数)按钮;"数据区"用于编辑单元格中的数据或公式。

名称框:用来显示被选中的单元格、区域或对象的地址或名称,可在名称框中直接输入单元格地址或名称用于对单元格的快速定位。

工作表标签:"工作表标签"用于显示工作表的名称,用鼠标单击工作表标签将激活相应的工作表为当前工作表。

状态栏:位于 Excel 窗口的底部,显示的是 Excel 的当前工作状态。

视图切换按钮:Excel 2010 工作表包含三种视图模式,即普通视图、分页预览视图和页面布局视图;其中普通视图为默认视图模式,用于正常显示工作表;在分页预览视图可显示蓝色的分页符,用鼠标拖动分页符可以改变显示的页数和每页的显示比例;在页面布局视图中,每一页都会同时显示页边距、页眉、页脚,可以在此视图模式下编辑数据、添加页眉和页脚,并可以通过拖动上边或左边标尺中的浅蓝色控制条设置页面边距。

工作表区域:一个 Excel 工作簿通常包含了多张独立的工作表,窗口中只显示一张工作表,该表为当前工作表;工作表区域用于显示当前工作表中被操作的数据表格区域。

6.2.2 Excel 的基本概念

1. 工作簿

工作簿是 Excel 中重要的基础概念之一,一个 Excel 文件就是一个工作簿。所谓工作簿是指:在 Excel 环境中用来储存数据和处理工作数据的文件,其扩展名为 xls 或 xlsx;在 Excel 的一个工作簿中,可以拥有多张具有不同类型的工作表,如数据表和图表。一个工作簿文件类似于一本书组成的一个文件,其中又包含许多工作表,这些工作表可以储存不同类型的数据。

2. 工作表

工作簿中的每一张电子表格称为工作表,是指由按列、行排列的单元格所构成的一个表格。工作表内可包括字符串、数字、公式、图表等信息,在 Excel 中以工作表为基本单位来进行数据的显示和分析。利用工作簿,可以对同一个工作簿内的多张工作表进行数据的输入、编辑,并对这些数据进行计算和分析。

每一个工作表用一个标签来进行标识和命名(如 Sheet1),工作表的名字显示在"工作表标签"中;利用"工作表标签",可在不同的工作表中选择合适的工作表来作为当前活动工作表进行数据处理。利用"工作表标签"的右键快捷菜单,可完成对工作表的重命名、添加、删除、复制和移动等操作。

工作簿如同活页夹,工作表如同其中的一张张活页纸。

3. 单元格

单元格是 Excel 工作表的基本元素,是工作表中的最小组成单位;在工作表区域中的列和行交叉点上的长方形方格就是一个单元格。在单元格内可以输入文字、数字、公式等类型的数据,可以设置单元格的长度、宽度,还可以设置单元格的信息的显示格式;通常在单元格中显示的是数据和公式计算后的结果形式。

为了更好地定位单元格,在 Excel 中采用了通过位置来进行标识的方式来对单元格进行定位;在 Excel 中,每一个单元格都处于某列和某行的交叉位置,这个以列号和行号描述的位

置即为单元格的"引用地址",如第 C 列和第 6 行的交叉处的单元格为 C6,如第 AB 列和第 104
行的交叉处的单元格为 AB104,用户也可以给单元格命一个其他名称以更方便使用。

当前活动单元格是指正在进行编辑的单元格,在每个工作表中,只有一个单元格为当前活
动单元格,其单元格方框为粗框线。默认所有的数据输入内容为对当前活动单元格的输入,当
前活动单元格的内容也会显示在编辑栏中:如果当前活动单元格中保存的是数据,编辑栏中显
示数据内容;如果当前活动单元格中保存的是公式,在编辑栏中将显示公式的原始形式。

建立工作表后,可以对单元格进行格式化,完成字体、数字和日期格式、对齐方式、边框
和底纹、列宽、行高等方面的修饰和美化。

4. Excel 中的鼠标形状和含义

利用鼠标进行操作是 Excel 中完成数据输入和编辑的基本方式,在 Excel 中,对于不同
的操作,鼠标的形状会随着操作的变化而发生相应的形状的变化,在表 6.1 中表示了常见的
鼠标形状和对应的操作功能。

表 6.1　常见的鼠标形状和操作功能表

鼠标形状	操作功能
✛	加粗的加号形式,表示可以在工作表的区域内进行选取、拖动等操作,此时鼠标单击,会选中一个单元格为当前活动单元格;鼠标单击后拖动,会选中一个单元格区域
I	鼠标双击单元格,Excel 将进入当前活动单元格的编辑状态;此时鼠标如果位于当前活动单元格上时,将显示为左图的形状,表示可在键盘上进行单元格内容的输入和编辑
	移动箭头的形式,将鼠标指向选定单元格或区域的边框线时,鼠标形状变成移动箭头的形式,表示可以对选中的单元格或区域进行移动操作,此时通过鼠标的拖动操作,可将选定的单元格或区域移动到目标区域,并对目标区域内的单元格的内容进行替换;原始区域内单元格的内容被删除
	复制箭头的形式,将鼠标指向选定单元格或区域的边框线同时按下 Ctrl 键,鼠标形状变成复制箭头的形式,表示可以对选中的单元格或区域进行复制操作,此时通过鼠标的拖动操作,可将选定的单元格或区域复制到目标区域,并对目标区域内的单元格的内容进行替换;原始区域内单元格的内容依然保留
	瘦加号的形式,把鼠标移动到当前选择区域的右下角的小黑块(这个小黑块被称为填充柄)上时,鼠标形状变为瘦加号的形式,表示可以利用拖动操作来将内容复制到相邻的单元格或根据选择区域的内容对相邻单元格进行自动数据填充
D ↔ E	将鼠标移动到两列之间时,鼠标形状改变为左图的形式,表示拖动鼠标操作可设置鼠标左侧列的列宽
4 水电煤气 5 固定电话费	将鼠标移动到两行之间时,鼠标形状改变为左图的形式,表示拖动鼠标操作可设置鼠标上方行的行高
↓ F	当鼠标移动到列名上方时,鼠标形状改变为左图的形式,表示单击鼠标操作可选中整列
→3	当鼠标移动到行名上方时,鼠标形状改变为左图的形式,表示单击鼠标操作可选中整行

6.3　Excel 的基本操作

Excel 的重要功能是对表格形式数据的处理和保存,对日常生活中大量以表格形式组织的信息,可利用 Excel 来进行处理和保存。

6.3.1　创建一个电子表格

运行 Excel 软件后,通常会自动打开一个带有 3 张工作表(分别命名为 Sheet1、Sheet2、Sheet3,且 Sheet1 为当前工作表)的名为 Book1 的工作簿,用户可以在这个空白的电子表格中输入录入和编辑数据,使用公式进行计算,设置单元格的格式,设置数字格式,加入数据标题行,调整文字对齐方式,设置边框和底纹,预览和调整报表外观,将数据制作为图表,最后将电子表格保存为文件,形成自己的一个电子表格文件。

在启动后的 Excel 中用"文件"选项卡中的"新建"命令也可以为用户自动建立一个新的电子表格。在"新建"命令的界面中,可选择新建一个空白表格,也可根据已有模板来创建一个带有格式和公式的电子表格。

6.3.2　在工作表中移动

在一个 Excel 的工作表中,有多行和多列数据,通常无法在一个窗口中显示所有数据,可利用鼠标、键盘及 Excel 中一些功能来快速定位到所需的单元格或数据区域。

1. 使用鼠标移动

使用鼠标可快速将一个工作表进行上下左右的翻动来查找所需的单元格,找到单元格后,用鼠标单击可选中单元格成为当前活动单元格。

用鼠标单击、拖动窗口中的滚动条,或使用鼠标滚轮,可将工作表显示区域进行移动,需要注意的是,鼠标操作只是将显示的内容进行了移动,当前活动单元格的位置并未相应移动,需用鼠标选中要进行操作的单元格来将活动单元格的位置进行重新定位。

2. 使用键盘移动

利用键盘中的方向键、Page Up 键、Page Down 键、Home 键、End 键、Tab 键、Enter 键,可方便控制当前活动单元格在工作表中的移动。

利用 Ctrl＋Home 组合键,可移动到 A1 单元格;利用 Ctrl＋End 组合键,可移动到工作表中最后一个有数据的单元格。

3. 使用名称框定位

在 Excel 中,对每个单元格均有一个引用地址或默认名,即由其列号和行号组成的字符串;有时候,我们会给特定的单元格和单元格区域命名,利用这样的名字,可以在一个工作表中快速定位所需的单元格。

在 Excel 的名称框中,输入单元格的引用地址或名字,按下 Enter 键确认后,Excel 将当前活动单元格设置为此单元格,并将单元格显示在窗口的合适位置。

关于如何给单元格命名,参见 6.6.1 节中的"单元格的名称"。

4. 使用工作表的拆分和冻结

当工作表中的行列过多时,在一个窗口内不能将工作表数据全部显示出来,需移动当前活动单元格来查看数据,这样会使某些显示内容移动到窗口之外,不便于使用者进行表格的编辑和浏览。当行数过多时,无法看到每列的名称;当列数过多时,无法看到每行的名称或序号。使用 Excel 中的工作表窗口拆分和冻结可在大数据表中方便地进行浏览。

选择"视图"选项卡,单击"窗口"组中的"拆分"命令,可将当前窗口一分为四,每个窗口都可以显示同一表格的任意部分,如图 6.3 所示。用鼠标拖动分割线,可改变窗口的分割尺寸;在分割后的窗口内,可以分别显示不同的内容,从而将列标题、行序号放在不同的窗口中固定显示,在另外一个窗口中进行数据的编辑。再次执行相同的操作将取消对窗口的拆分。利用鼠标拖动垂直滚动条上部的▤,可快速将当前窗口拆分为上、下两个窗口。

	A	B	C
1		一 季度支出记录表	
2	支出项目	一月	二月
3	房租	¥1,200.00	¥1,200.00
4	水电煤气	¥200.00	¥100.00
5	固定电话费	¥30.00	¥30.00
6	手机话费	¥150.00	¥196.50
7	有线电视费	¥18.00	¥18.00
8	交通费	¥300.00	¥700.00
9	外出就餐	¥600.00	¥200.00
10	日常饮食	¥800.00	¥800.00
11	零散购物	¥200.00	¥1,200.00
12	其他支出	¥200.00	¥800.00
13			
14	汇总	¥3,698.00	¥5,244.50
15			

图 6.3 Excel 窗口拆分图

为了在工作表滚动时保持行列标志或其他数据可见,可以使用"窗口冻结"将部分区域的显示内容"冻结"在窗口顶部和左侧区域。窗口中被冻结的数据区域不会随工作表的其他部分一同移动,并始终保持可见。在图 6.4 中,由于"支出项目"和"月份"数据较多,在屏幕上一次显示不完整,可将前两行和第一列"冻结"以便数据在屏幕上滚动时,始终能看得见前两行的"月份"和第一列的"支出项目"。其操作步骤如下:

(1) 选择 B3 单元格为当前活动单元格。

(2) 选择"视图"选项卡,在"窗口"组中使用"冻结窗格"命令,选择"冻结拆分窗格",则在第二行下面和第一列右侧出现一条黑色的冻结线,以后通过滚动条滚动屏幕查看数据时,前两行和第一列的提示标志始终冻结在屏幕上。选择"冻结首行"或"冻结首列",只将首行或首列冻结。操作命令如图 6.5 所示,操作结果见图 6.4。

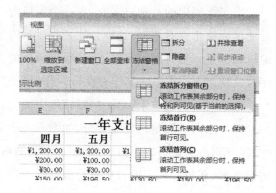

图 6.4　Excel 窗口冻结　　　　　　　　图 6.5　Excel 冻结窗口命令

6.3.3　在工作表中选取

当用户需要对某个或某些单元格进行编辑和格式设定时,需先选中单元格:通过鼠标单击、键盘的方向键的移动、在名字框中输入单元格引用地址的方式,可以将一个特定单元格选中为当前活动单元格,从而对其内容和格式进行编辑和设定;当需要对多个单元格进行相同的内容和格式设置时,可采用对单元格区域进行操作的方式进行。

单元格区域是一组被选中的单元格,这些单元格可以是相邻的,也可以是分离的;对单元格区域内的一个单元格进行内容编辑和格式时,其改变会同时应用到单元格区域内的所有单元格上;为了方便使用,可对单元格区域进行命名。通过在单元格区域外单击鼠标的操作可取消单元格区域。

表 6.2 为进行单元格和不同类型的单元格区域选定操作的步骤。

表 6.2　单元格和单元格区域选定操作表

选定对象	操作功能
单个单元格	鼠标单击单元格,或用键盘方向键移动到相应单元格
多个连续单元格	鼠标单击选定开始的单元格,拖动鼠标直到最后一个单元格,或者在按下 Shift 键的同时用鼠标单击最后一个单元格
多个不连续单元格	鼠标单击选定第一个单元格,在按下 Ctrl 键的同时再选定其他所需单元格
整列	单击列号
整行	单击行号
整个工作表	单击工作表左上角的全选按钮
连续的列或行	选定开始的列或行,在按下 Shift 键的同时选定其他列或行
不连续的列或行	选定开始的列或行,在按下 Ctrl 键的同时鼠标单击其他列号或行号
单元格区域	用选定多个连续单元格和多个不连续单元格的方式可选定一个单元格区域

6.3.4　工作表的操作

一个工作簿中可包含多个工作表(可包含的表的数量取决于系统的内存,默认为 3 个工作表),用户可利用多张工作表来共同完成一个数据处理任务,这时就需要利用 Excel 中的工作表管理功能来完成工作表的选择、插入、复制、移动、命名和重命名、隐藏和保护等工作,通过用鼠标右键单击工作表标签,可调出如图 6.6 所示的工作表操作菜单,执行相关命令可完成上述对工作表的操作。

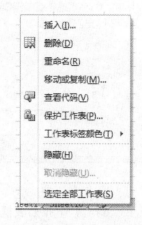

图 6.6　工作表操作菜单

1. 选择和打开工作表

利用位于工作簿底部的工作表标签,可以来选择和打开某一个工作表,当需要激活某一个工作表时,只需用鼠标单击相应的标签即可;如果需打开的工作表不在工作表标签的当前显示中时,只需用工作表标签中的翻页箭头来找到所需的工作表即可。

2. 插入工作表

在进行数据处理时,经常需要在当前工作簿中插入一个新的工作表,单击工作表标签区域的 标签,可在工作簿中插入一个新的工作表。使用“开始”选项卡的“单元格”组中的“插入”按钮的“插入工作表”命令,也可插入一个新的工作表。

利用右键快捷菜单,执行“插入”命令,会打开一个对话框来选择想插入的工作表的类型。如需插入多张工作表,可在按下 Shift 键的同时,选定工作表标签中的多个工作表的标签后,调出快捷菜单,执行“插入”命令来完成。

被插入的新的工作表,通常按照工作表中的数量命名为“Sheet$X$”。

3. 删除工作表

删除一个工作表时,可在工作表标签上右键单击想删除的工作表,调出快捷菜单,执行“删除”命令,来删除工作表。

当工作表中有数据时,Excel 将弹出一个对话框来提醒进行删除确认。在工作簿中删除一个工作表是无法恢复的操作,即无法用“撤销”命令进行工作表的恢复。

4. 移动或复制工作表

Excel 中可以将工作表在一个或多个工作簿之间进行移动或复制。

在同一工作簿内移动工作表,只需单击需移动的工作表标签,将其拖动到所希望的目的位置。

在同一工作簿内复制工作表,只需在拖动工作表标签的同时按下 Ctrl 键,在目的位置释放鼠标和 Ctrl 键,即可在目的位置产生一个当前工作表的副本;Excel 将自动为副本工作表命名,通常为原工作表名加上字符串“(2)”的形式。

在不同的工作簿间移动或复制工作表时,可利用菜单命令完成,使用工作表标签的快捷菜单中的“移动或复制工作表”命令来调出“移动或复制工作表”对话框来完成在不同工作簿间的工作簿的移动或复制,如图 6.7 所示。

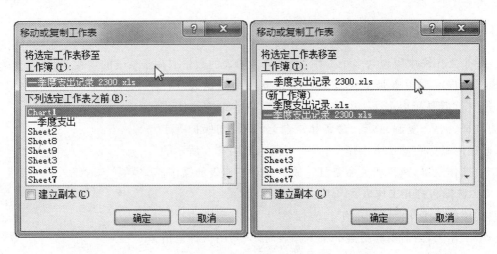

图 6.7　移动工作表

在"工作簿"下拉列表框中选择目的工作簿,选择"(新工作簿)",Excel 会新建一个空白工作簿作为目的工作簿;从"下列选定工作表之前"的列表框中选择工作表的目的位置,当进行的是复制操作时,还需将对话框中的"建立副本"复选框选中。单击"确定"按钮后,将完成工作表在不同工作簿间的移动或复制操作,需注意的是,移动或复制数据表后,会将某些单元格的数据引用关系从工作簿内部扩展到工作簿之间。

利用"移动或复制工作表"对话框也可完成同一个工作簿内工作表的复制和移动。

5. 命名和重命名工作表

在创建一个工作簿或在工作簿中插入一个工作表后,Excel 都会为工作表做自动命名,通常采用"SheetX"的形式来命名;我们在日常数据处理时,需要用有意义的名字来为电子表格进行命名:双击需要重命名的工作表标签,或在工作表标签上调出快捷菜单,使用"重命名"命令,在工作表标签的编辑状态完成重命名操作。

6. 隐藏工作表

对于含有重要数据或公式的工作表,可将其隐藏起来。选定要隐藏的工作表,执行右键快捷菜单中的"隐藏"菜单命令,即可将当前工作表隐藏起来,不显示在工作表标签中。使用"取消隐藏"菜单命令,即可调出"取消隐藏"对话框,可从已经隐藏的工作表列表中选择要恢复的工作表,使其取消隐藏。

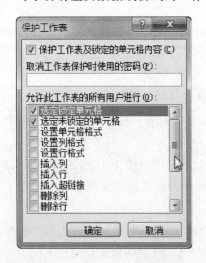

图 6.8　"保护工作表"对话框

7. 保护工作表

对于不希望其他使用者修改的数据表,可对其进行保护:执行右键快捷菜单中的"保护工作表"命令,将调出如图 6.8 所示的"保护工作表"对话框,可禁止对受保护工作表中的单元格的内容、格式等进行编辑操作。对保护后的数据表,在右键快捷菜单中可撤销保护。

6.4　编辑工作表数据

创建一张工作表是为了进行数据的计算和管理，我们可以根据不同的数据类型选择合适的输入方法将数据输入到工作表中；如利用 Excel 的功能进行数据的智能填充，或从其他格式的文件中导入数据；对已经存在于电子表格中的数据，可以通过查找、替换、复制、移动、清除等操作进行内容和格式等方面的修改；通过这些编辑工作，将各种数据保存在电子表格中供后续进行格式化和图表化等视觉效果修饰。

6.4.1　数据输入

在工作表中输入数据有许多方法，可以通过手工单个输入，也可以利用 Excel 的功能在单元格中自动填充数据。输入数据可以在单元格上完成，也可以在"编辑栏"的"数据区"中完成。当一个单元格的内容输入完毕后，可用方向键、Enter 键或者 Tab 键使相邻的单元格成为活动单元格。数据输入的步骤如下：

（1）选中需要输入数据的单元格使其成为活动单元格；

（2）输入数据并按 Enter 键、Tab 键或方向键移动输入焦点；

（3）重复步骤（2）直至输入完所有数据。

在单元格中可输入三种基本的数据：数值、文本和公式。前两种数据又被称为常量，在本节中，主要讨论前两种数据的输入，公式的使用和输入参见 6.6 节公式的应用。

常量是指没有以"＝"开头的单元格数值，包括文字、数字、日期和时间等数据，还可以包括逻辑值和错误值，每种数据都有它特定的格式和输入方法。

1．输入文本和数值

Excel 单元格中的文本包括任何中西文文字或字母以及数字、空格和非数字字符的组合，每个单元格中最多可容纳 32 767 个字符数。在 Excel 的单元格中输入文本时，按一下 Enter 键表示结束当前单元格的输入，光标会自动移到当前单元格的下一个单元格；如果想在单元格中分行，则必须在单元格中输入硬回车：即按住 Alt 键的同时按 Enter 键。

当输入的文本是纯数字符号组成时，Excel 会将其自动识别为数值型数据。

2．输入负数

在单元格中输入负数时，可在负数前输入"－"作标识，也可将数字置在（）括号内来标识，比如在单元格中输入"（88）"，按一下 Enter 键，则会自动显示为"－88"。

3．输入小数

在输入小数时，用户可以像平常一样使用小数点，还可以利用逗号分隔千位、百万位等。

4．输入货币值

Excel 几乎支持所有的货币值，如人民币（￥）、英镑（£）等。可以直接在单元格中输入货币值，Excel 会自动套用货币格式，在单元格中显示出来。

5．输入分数

几乎在所有的文档中，分数格式通常用一道斜杠来分隔分子与分母，其格式为"分子/分母"，在 Excel 中日期的输入方法也是用斜杠来区分年月日的，比如在单元格中输入"1/2"，按 Enter 键则显示"1月2日"，为了避免将输入的分数与日期混淆，我们在单元格中输入分数时，要在分数前输入"0"（零）以示区别，并且在"0"和分子之间要有一个空格隔开，比如我们在输入 1/2 时，应该输入"0 1/2"。如果在单元格中输入"8 1/2"，则在单元格中显示"8 1/2"，而在编辑栏中显示"8.5"。

6. 输入日期

Excel 是将日期和时间视为数字处理的，它能够识别出大部分用普通表示方法输入的日期和时间格式。用户可以用多种格式来输入一个日期，可以用斜杠"/"或者"－"来分隔日期中的年、月、日部分。比如要输入"2001年12月1日"，可以在单元各种输入"2001/12/1"或者"2001-12-1"。要在单元格中插入当前日期，可使用 Ctrl＋;组合键。

7. 输入时间

在 Excel 中输入时间时，用户可以按 24 小时制输入，也可以按 12 小时制输入，这两种输入的表示方法是不同的，比如要输入下午2时30分38秒，用24小时制输入格式为 2：30：38，而用 12 小时制输入时间格式为 2：30：38 p，注意字母"p"和时间之间有一个空格。要在单元格中插入当前时间，可使用 Ctrl＋Shift＋;组合键。

8. 文本类型的数字输入

在输入证件号码、电话号码、数字编码时，我们要将数字当成文本输入。可采用两种方法：一是在输入第一个字符前，输入单引号'；二是先输入等号＝，并在数字前后加上双引号""。请参考以下例子：

- 输入'010，单元格中显示 010；
- 输入＝"001"，单元格中显示 001；
- 输入＝"""1001"""，单元格中显示"1001"（前后加上三个双撇号是为了在单元格中显示一对双引号）；
- 输入＝"1'30""，单元格中显示 1'30"。

9. 公式的输入

公式和函数是 Excel 的核心，在单元格中输入正确的公式或函数后，会立即在单元格中显示计算出来的结果，如果改变了工作表中与公式有关或作为函数参数的单元格里的数据，Excel 会自动更新计算结果。请参考6.6节公式的应用。

10. 输入时对数据的编辑

在输入过程中，可利用键盘的方向键、Backspace 键、Del 等键进行编辑，输入完毕后，可利用如下方式进行确认或撤销：

按下 Esc 键或单击"数据区"的 ✖ 按钮，将取消本次编辑；

按下 Enter 键，将确认本次编辑结果，并将当前活动单元格在同一列上下移一行；

按下 Tab 键，将确认本次编辑结果，并将当前活动单元格在同一行内右移一列；

鼠标单击"数据区"的 ✔ 按钮，将确认本次编辑结果，但是当前活动单元格位置不变；

按下键盘的上、下、左、右方向键，将确认本次编辑结果，并将当前活动单元格向方向键的方向移动一个单元格。

11. 快速输入

除了在单元格中逐个输入数据外,也可以利用"复制"、"粘贴"的方法来进行重复数据的输入;对于非重复但有规律的数据,Excel 提供了自动填充数据功能为输入数据序列提供便利。关于自动填充功能,请参考 6.4.3 小节数据的填充。

6.4.2　数据和单元格的编辑

对单元格的编辑操作包括对单元格及单元格内数据的编辑操作。对单元格内数据的操作包括复制和删除单元格数据,清除单元格内容、格式等;对单元格的操作包括移动和复制单元格、插入单元格、插入行、插入列、删除单元格、删除行、删除列等。

1. 对单元格内数据进行编辑

首先选中需要编辑的单元格成为当前活动单元格,如果需要重新输入内容,则直接输入新内容;若只是修改部分内容,按 F2 功能键或用鼠标双击活动单元格,用→、←或 Del 等键对数据进行编辑,按 Enter 键或 Tab 键表示编辑结束。

2. 清除单元格内的内容和批注

清除单元格、行或列是指将选定的单元格中的内容、格式或批注等从工作表中删除,而单元格仍保留在工作表中;删除单元格、行、列则是将单元格和内容一起从工作表中删除掉。

清除单元格、行、列或多个单元格的内容的操作步骤如下:

(1) 选定需要清除的单元格、行、列或多个单元格。

(2) 按下键盘的 Del 键将清除所选的单元格、行、列或单元格区域内的数据,但是会保留单元格的格式、批注;使用右键菜单中的"清除内容"命令,也可删除单元格的内容。

清除单元格的批注,可使用右键快捷菜单中的"清除批注"命令;在右键快捷菜单中,还包括"编辑批注"和"显示/隐藏批注"操作命令。

也可使用"开始"选项卡中"编辑"组的"清除"按钮,选择相应的命令来完成清除格式、清除内容、清除批注、清除超链接等相应的工作。

3. 移动和复制单元格

移动和复制单元格可利用"开始"选项卡中的"剪贴板"组中的命令按钮或键盘、鼠标来完成。

利用鼠标移动和复制单元格的操作步骤如下:

(1) 选定需要移动和复制的单元格。

(2) 将鼠标指向选定区域的选定框,此时鼠标形状为 。

(3) 如果要移动选定的单元格,则用鼠标将选定区域拖到粘贴区域,然后松开鼠标,Excel 将以选定区域替换粘贴区域中现有数据。如果要复制单元格,则需要按住 Ctrl 键,再拖动鼠标进行随后的操作。

利用"开始"选项卡、右键菜单或按 Ctrl+C 组合键、Ctrl+X 组合键、Ctrl+V 组合键,也可完成复制、粘贴、剪切的操作。

4. 选择性粘贴

在单元格复制时,除了复制整个单元格外,Excel 还可以选择单元格中的特定内容进行复制:在进行粘贴时,使用右键菜单中"选择性粘贴"或单击粘贴按钮的下箭头调出选择性粘贴快捷工具,在其中选择对格式、数字、引用等不同的粘贴方式;使用"选择性粘贴(S)…"命令,可打开"选择性粘贴"对话框,根据单元格的内容和格式要求,选择所需选项来进行粘贴,如图 6.9 所示。

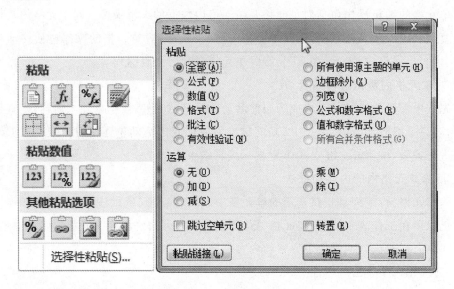

图 6.9　选择性粘贴

5. 插入单元格、行或列

在电子表格处理中,有时需要在现有表格中增加一些内容,如插入空单元格、行或列等。

1) 插入单元格

(1) 在需要插入空单元格处选定相应的单元格区域,选定的单元格数量应与待插入的空单元格的数量相等。

(2) 执行右键菜单上的"插入"命令,调出插入对话框,选择插入单元格的方式;单击"开始"选项卡中的"单元格"组中的"插入"按钮执行默认插入,单击按钮中的向下箭头,可选择插入单元格的方式。

2) 插入行

(1) 如果需要插入一行,则单击需要插入的新行之下相邻行中的任意单元格;如果要插入多行,则选定需要插入的新行之下相邻的若干行,选定的行数应与待插入空行的数量相等。

(2) 在"插入"菜单上单击"行"命令。

可以用类似的方法在表格中插入列。

6. 删除单元格、行或列

删除单元格、行或列是指将选定的单元格从工作表中移走，并自动调整周围的单元格填补删除后的空格，操作步骤如下：

（1）选定需要删除的单元格、行或列。

（2）执行右键菜单上的"删除"命令，调出删除对话框，选择删除内容和方式；单击"开始"选项卡中的"单元格"组中的"删除"按钮执行默认删除，即被删除的单元格下方的单元格将向上移动，单击按钮中的向下箭头，可选择删除单元格的内容和方式。

6.4.3　数据的填充

当表格中的行或列的部分数据形成了一个序列时（所谓序列，是指行或者列的数据有一个相同的变化趋势。例如，数字 2、4、6、8、…，日期 1 月 1 日、2 月 1 日等），可以使用 Excel 提供的自动填充功能来快速填充数据。

对于大多数序列，我们都可以使用自动填充功能来进行操作，在 Excel 中使用"填充柄"来进行自动填充："填充柄"是位于当前活动单元格右下方的黑色方块，当将鼠标移动到"填充柄"上时，鼠标将显示为一个瘦加号，此时可以用鼠标拖动它进行自动填充，拖动时，可以向上、向下、向左、向右来填充所需单元格，可将选定单元格中的内容复制到同行或同列中的其他单元格。

1. 填充相同的数据

（1）选定同一行（列）上包含复制数据的单元格或单元格区域，对单元格区域来说，如果是纵向填充应选定同一行，否则应选择同一列；

（2）将鼠标指针移到单元格或单元格区域填充柄上，将填充柄向需要填充数据的单元格方向拖动，然后松开鼠标，复制来的数据将填充在单元格或单元格区域里。

使用"填充柄"进行数据的自动填充时，当释放鼠标后，在被填充的最后一个单元格右下方将出现一个小按钮，按下鼠标后将激活一个弹出菜单，如图 6.10 所示。

在菜单上，可以看到 Excel 除了采用复制单元格的方式自动填充相同的数据外，还可以用序列等方式填充这些单元格。根据所选的自动填充的内容的不同，如数字序列、时间序列、字符串序列等，这个弹出菜单也有所不同。

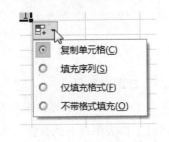

图 6.10　填充柄弹出菜单

2. 按序列填充数据

当表格中的行或列的部分数据形成了一个序列时，使用填充功能时，Excel 可首先识别序列的趋势规律，然后使用识别出的趋势规律来填充剩余的表格。

例一：在单元格 A1 中输入"问题 1:"，利用填充柄向下或向右拖动鼠标，将会在被填充的单元格内填充"问题 2:"、"问题 3:"、"问题 4:"、……的序列数据；

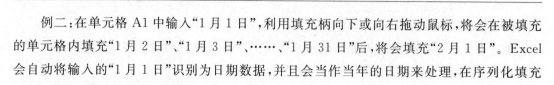

例二:在单元格 A1 中输入"1 月 1 日",利用填充柄向下或向右拖动鼠标,将会在被填充的单元格内填充"1 月 2 日"、"1 月 3 日"、……、"1 月 31 日"后,将会填充"2 月 1 日"。Excel会自动将输入的"1 月 1 日"识别为日期数据,并且会当作当年的日期来处理,在序列化填充时,会按照日期的序列进行自动填充。

例三:在单元格 A1 中输入"1",在单元格 A2 中输入"3",选中 A1 和 A2 单元格,利用填充柄向下拖动鼠标,将会在被填充的单元格内填充"5"、"7"、"9"、……,在自动填充时 Excel会根据选中的单元格中的数据去预测序列趋势,然后按预测趋势自动填充数据。例如要建立学生登记表,在 A 列相邻两个单元格 A1、A2 中分别输入学号 200904001、200904002,即可利用填充功能自动完成大量序列化数据的填充。

3. 使用填充命令填充数据

当 Excel 自动填充的序列和用户需要的不同时,可以使用命令来选择合适的填充方式,完成复杂的填充操作,在"开始"选项卡中单击"填充"按钮,调出级联菜单,如图 6.11 所示。

可以直接用菜单命令"向下"、"向右"、"向上"、"向左"来自动填充,也可调出"序列"对话框来设置序列的填充方式。在"序列"对话框中,可方便指定一种序列方式来让 Excel 完成自动填充,如图 6.12 所示。

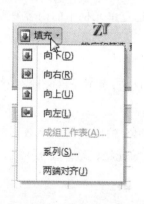

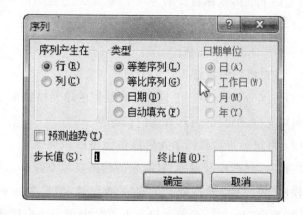

图 6.11 "填充"菜单   图 6.12 "序列"对话框

4. 自定义序列

在 Excel 2010 中提供了自定义填充功能,可以根据自己的需要来定义填充内容,即可以通过工作表中现有的数据项或自己输入一些新的数据项来创建自定义序列。

如果已输入了将要作为填充序列的数据序列,则先选定工作表中相应的数据序列区域,使用"文件"选项卡中的"选项",选择"高级"中的"常规",单击"编辑自定义列表"按钮,单击"导入"按钮,即可使用选定的数据序列。

如果要创建新的序列列表,应选择"自定义序列"列表框中的"新序列"选项,然后在"输入序列"编辑列表框中从第一个序列元素开始输入新的序列,每输入一个元素后按 Enter键,整个序列输入完毕后,单击"添加"按钮。操作如图 6.13 所示。

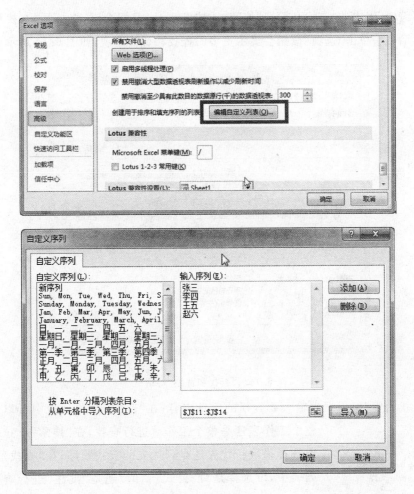

图 6.13　自定义序列

5. 同时填充多个工作表

有的时候,用户需要将自己做好的一种样式或数据填充到多个表格中,那么就要进行下面的操作:在工作表中选中数据区域,按下 Ctrl 键同时单击其他的工作表标签(多重选择其他工作表),执行"开始"选项卡中"编辑"组的"填充"弹出菜单中的"成组工作表..."菜单命令。

在"填充成组工作表"对话框中,选择合适的方式,对多个工作表进行相同区域范围内的数据、格式的填充。

如果在自己的 Excel 工作表中没有显示填充柄,那么可以执行"文件"选项卡中的"选项",在"高级"中的"编辑选项"中,勾选"启用填充柄和单元格拖放功能"复选框即可。

6.4.4　数据的查找和替换

在 Excel 中可以对选定区域、整张工作表和整个工作簿中的单元格数据内容、数据值和公式内容进行查找和替换。在一个区域内查找时,需先选定查找的单元格区域,也可选定多张工作表;当没有选定单元格区域时,查找会针对整个工作表或工作簿进行。使用"开始"选项卡中的"编辑"组中的"查找和筛选"按钮,或按下 Ctrl＋F 组合键,将打开"查找和替换"对话框,在对话框中单击"选项"按钮会显示更多的查找和替换选项,如图 6.14 所示。

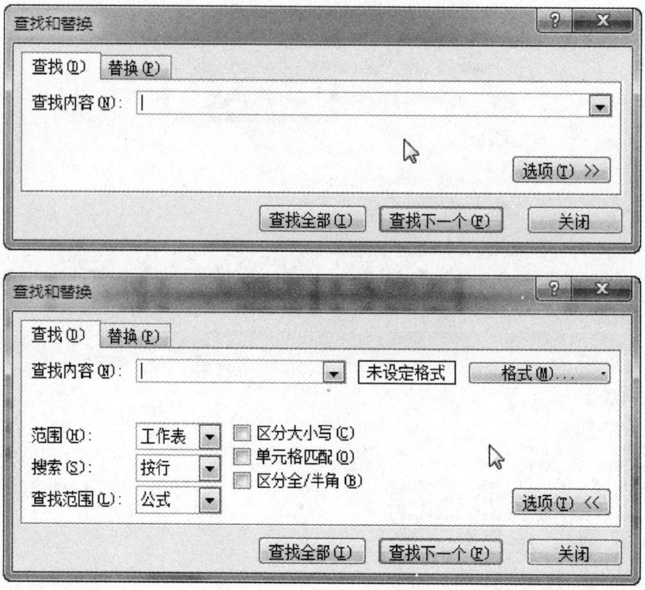

图 6.14 "查找和替换"对话框

图 6.15 查找和替换菜单

在"查找内容"编辑框中输入要查找的信息内容;在"范围"下拉列表中可以选择针对整个工作表还是整个工作簿进行查找;在"搜索"下拉列表中可以选择采取行优先还是列优先的查找顺序;在"查找范围"下拉列表中,可选择是对"公式"、"值"还是"批注"进行查找。在查找中,也可以单击"格式"按钮弹出的对话框来指定格式、指定大小写、对中文数字是全角还是半角、查找结果是否和"查找内容"完全匹配等选项来提高查找结果的精确性。

单击"查找下一个"按钮将在选定范围内查找下一个匹配项,并将光标定位在此单元格;单击"查找全部"按钮将在选定范围内查找全部匹配项,并用一个列表窗口来显示。

替换操作和查找操作类似,选择"查找和替换"对话框中的"替换"选项卡或按 Ctrl＋H 组合键,打开替换的对话框。

在 Excel 2010 中,除了可以对单元格数据内容、数据值和公式内容查找外,还增加了按照"定位条件"、"条件格式"等进行查找的功能:通过单击"开始"选项卡中的"查找和筛选"按钮中的下拉菜单,可弹出查找和替换菜单,并选择相应命令完成特殊查找和替换工作。弹出菜单如图 6.15 所示。

6.5　格式化工作表

建立一张工作表后,需要对工作表进行格式设置,以便形成格式清晰、内容整齐、样式美观的工作表,对工作表的格式化和美化包括对单元格内容的字体和颜色等的格式化、设置行列中的数据的对齐方式、设置表格的边框和底纹、对行高和列宽的调整等内容,通过对工作表的各项格式化调整、设置,可以形成不同的数据表现形式。格式化的过程只是调整数据和表格的显示形式,并不会改变工作表中的数据。

单元格的格式化功能集中在"开始"选项卡中的"字体"、"对齐方式"、"数字"、"样式"和"单元格"组中,如图 6.16 所示。

图 6.16　格式化工作表的相关功能按钮

6.5.1　单元格的格式化

工作表中单元格的格式设置包括单元格格式的设置和单元格中的数据格式的设置。设置单元格格式时,需先选中要格式的单元格或区域,然后再使用格式化命令;简单的格式化操作可以用相应功能区中的快捷按钮,进行复杂的操作时单击"字体"组、"对齐方式"组和"数字"组右下方的 按钮,调出相应的对话框进行设置。

1. 设置数字格式

表格中的数字在实际工作中有各种不同含义,Excel 为用户提供了丰富的数据显示和保存格式,它们包括:常规、数值、货币、会计专用、日期、时间、百分比、分数、科学记数、文字和特殊等。

可以通过"开始"选项卡中的"数字"组中的快捷按钮对单元格的数字格式进行快速定义,也可以单击"数字"组的 按钮调出"设置单元格格式"对话框中的"数字"选项卡来定义数字格式,而每一种选择都可通过系统即时提供的说明和示例来了解,如图 6.17 所示。

在进行数据格式化以前,通常要先选定需格式化的区域,然后指定数据格式。有时用户面对的是不同含义的数据,可针对性地设置其数字显示格式以更好地体现其数据的含义,图 6.18 为对"12.34"采用不同的数字格式设置的效果。

2. 设置数据对齐方式

单元格的内容在水平和垂直方向都可以选择不同的对齐方向,并可选择缩进及旋转等。

在水平方向，包括左对齐、右对齐、居中对齐等功能，默认的情况是文字左对齐，数值、日期和时间右对齐，还可以使用缩进功能使内容不紧贴表格边框。垂直对齐具有靠上对齐、靠下对齐及居中对齐等方式，默认的对齐方式为靠下对齐。在"方向"框中，可以将选定的单元格内容完成从$-90°$到$+90°$的旋转；可以设置文字方向是从上到下，这样就可将表格内容由水平显示转换为各个角度的显示。

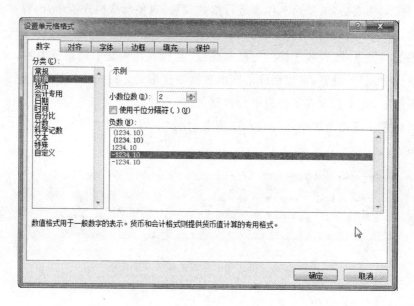

图 6.17　单元格数字格式设置

常规	数值	货币	会计专用	日期
12.34	12.34	￥12.34	￥12.34	1900-1-12
时间	百分比	分数	科学计数	文本
8:09:36	1234.00%	12 1/3	1.23E+01	12.34

图 6.18　数字格式设置效果

可以通过"开始"选项卡中的"对齐方式"组中的快捷按钮对单元格的数据对齐方式进行快速定义，也可以单击"对齐方式"组的 按钮，打开"设置单元格格式"对话框中的"对齐"选项卡来定义数字格式，而每一种选择都可通过系统即时提供的说明和示例来了解，如图6.19 所示。

在"设置单元格格式"对话框的"文本控制"中，可以进行"自动换行"、"缩小字体填充"、"合并单元格"等格式设置，这些设置方便用户在单元格的大小受限制时选择合适的方式来显示单元格的内容："自动换行"设置允许单元格内容的显示范围超出单元格大小后可以将其自动在同一个单元格内显示为多行；"缩小字体填充"设置允许单元格内容的显示范围超出单元格大小后可以将其自动缩小字体以同一个单元格内显示为一行；"合并单元格"设置将选中的多个单元格合并为一个单元格，同时只保留左上角单元格内的内容为合并后的单元格的内容。

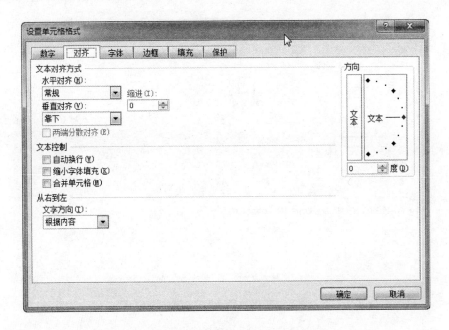

图 6.19　"设置单元格格式"对话框

3. 设置字体

为了使表格的内容更加醒目,可以对一张工作表的各部分内容的字体做不同的设定。

可以通过"开始"选项卡中的"字体"组中的快捷按钮对单元格的字体进行快速定义,也可以单击"字体"组的 按钮,打开"设置单元格格式"对话框中的"字体"选项卡来定义所选中内容的字体。

在"设置单元格格式"对话框中,可以选择"字体"、"字形"、"字号"、"下划线"、"颜色"及部分"特殊效果",利用该对话框设置字体格式同 Word 的字体设置选项卡类似,可方便地根据工作表的要求进行各项设置,设置完毕后单击"确定"按钮。

4. 设置表格的边框

在编辑电子表格时,窗口中显示的表格线是利用 Excel 本身提供的网格线,但在打印时 Excel 并不打印网格线。通常需要给表格设置打印时所需的边框,使表格打印出来更加整洁和美观。

可以通过"开始"选项卡中的"字体"组中的 快捷按钮下拉后弹出的菜单对单元格的边框进行快速定义,也可以用弹出菜单中的"其他边框..."命令调出"设置单元格格式"对话框中的"边框"选项卡来定义所选中单元格的边框。

设置边框时依然使用"设置单元格格式"对话框,先选定要设置字体的单元格或区域,然后选择"边框"选项卡,如图 6.20 所示。

在"设置单元格格式"对话框中,先在"线条"中为边框选择线条形式和颜色,然后可在"预置"中快速设置表格边框,或在"边框"中逐个设置表格的每个边框。

为单元格的不同边框选择不同的线条样式和颜色,需为不同的边框重复上述过程。

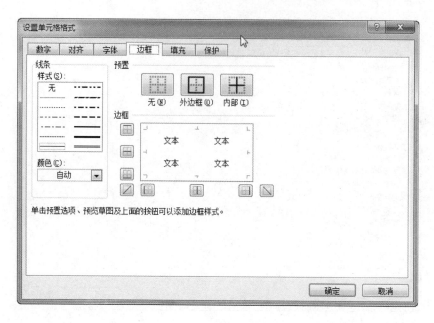

图 6.20　边框格式设置

5．设置表格的底纹

为了使表格各个部分的内容更加醒目、美观,通常会在工作表的不同部分设置不同的底纹图案或背景颜色来进行区分或提醒。

可以通过"开始"选项卡中的"字体"组中的 快捷按钮下拉后弹出的快捷工具栏对单元格的填充色进行快速定义,也可以用"字体"组的 按钮,打开"设置单元格格式"对话框中的"填充"选项卡来定义所选中单元格的填充颜色和底纹。

在"颜色"列表中选择单元格区域的背景颜色,还可在"图案"下拉列表框选择底纹图案,单击"确定"按钮后设置单元格的颜色和底纹。

6．利用格式刷来快速复制格式

在 Excel 中也有格式刷,和 Word 中的格式刷一样,利用格式刷,可以将已有的单元格的格式快速复制到其他单元上。

首先选择含有要复制的格式的单元格或单元格区域,用鼠标单击"开始"选项卡中的"剪贴板"组中的格式刷,再选择需要应用格式的单元格或单元格区域即可完成格式的复制。如需将格式复制到多个位置,可以用鼠标双击"格式刷",然后分别对目标进行格式复制。完成后单击格式刷或按下 Esc 键完成复制过程。

6.5.2　调整工作表的列宽和行高

Excel 通常会自动对表格的行高进行自动调整,一般不需人工干预;也会根据数据的内容进行数值的表现形式的调整来适应列宽,如采用科学记数法来显示数值。但是这种调整是有限度的,当表格中的内容的宽度大大超过当前的列宽时,就必须对列宽进行调整以正确显示数值或文本。

在一个单元格中输入过多的文本内容会自动显示在相邻的单元格内,如果相邻的单元格内也有内容,那么这些文本将被截断;如果是数值型数据,将显示为类似"＃＃＃＃＃＃"的内容。

这时必须调整内容的显示格式、显示字体、行高或者列宽来让内容正确地显示出来。利用鼠标来调整列宽的步骤如下:

(1) 把鼠标移动到要调整宽度的列的标题右侧的边线上;

(2) 当鼠标的形状变为左右双箭头时,按住鼠标左键;

(3) 在水平方向上拖动鼠标调整列宽;

(4) 当列宽调整到满意的时候,释放鼠标左键。

还可以用一些简单的方法来快速自动调整行高和列宽:

单击"开始"选项卡中的"格式"按钮来进行列宽和行高的调整,选择弹出菜单中的"列宽"或"行高"命令,可以在对话框中输入新的列宽或新的行高。

选中需要调整的行(或列),在行之间(或列之间)双击鼠标,会自动根据各行的实际要求调整行高(或列宽);选中多行(或多列),在行间(或列间)拖动鼠标,会将所有选中行(或列)设置为相同的行高(或列宽)。

6.5.3　使用自动套用格式

对工作表的格式化也可以通过使用 Excel 提供的常用格式来对自己的电子表格进行格式化,从而快速设置单元格和数据清单的格式,制作出优美的报表。

自动套用格式是指使用 Excel 内置的表格方案来进行格式化,在内置的表格方案中已经对表格中的各个组成部分定义了适当的格式,可自动套用到电子表格中。

首先选择要格式化的单元格区域,单击"开始"选项卡中"样式"组的"套用表格格式"按钮,弹出预定义的表格格式,选择一种适合的格式来对选定区域进行快速设置;也可以使用菜单命令"新建表样式"来创建自己的表格格式供自动套用时使用。

6.5.4　条件格式化

对于不同的单元格,可以通过上述格式化方法在数字格式、字体、对齐、边框、颜色等方面来进行设置,以突出显示不同的单元格;当需要根据单元格的值来进行单元格的格式化时,如果按照上述格式化方法逐一设置,就会花费大量的时间来进行设置和修改,而在数据值变化后,还需逐一修改格式设置;在 Excel 中,可利用条件格式功能,按"条件"自动对选定单元格区域中满足条件的单元格进行相应的格式设定,快速地达到上述格式化设置目的。

例如在数值的格式设置中,按照"货币"的数字格式显示时,可以选择负数的显示方式为:采用红色字体显示;这样,就是根据数值的不同采取了不同的显示格式,并且不需要对每个单元格进行颜色设置。

使用条件格式功能时,首先选中单元格区域,使用"开始"选项卡中"样式"组的"条件格式"按钮,弹出条件格式选择菜单,使用预定义的格式化菜单命令可快速完成对选中数据的条件格式设置;也可以选择"新建规则"菜单命令,打开"新建格式规则"对话框。

首先选择"规则类型",不同的规则类型会有不同的条件格式设置对话框,现以"只为包含以下内容的单元格设置格式"为例,介绍条件格式设置方法,如图 6.21 所示。

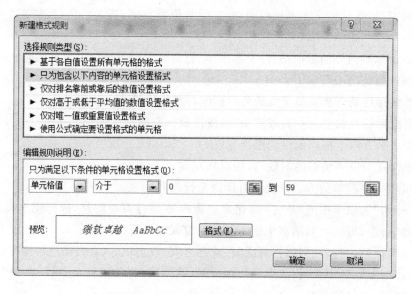

图 6.21 新建"只为包含以下内容的单元格设置格式"规则

首先选择条件作用范围,可以按照"单元格值"、"特定文本"、"发生日期"、"空值"、"错误"等内容来设置条件;在对数值进行条件设置时,可选择"介于"、"大于"、"小于"、"等于"等多种比较逻辑运算;当条件设置好后,可通过"格式"按钮设置其计算结果为真时的显示格式,可对"字体"、"边框"和"底纹"进行设置。单击"确定"按钮完成设置。

对于选中的单元格区域,可同时设置多个条件,多个条件可通过"管理规则"菜单命令来调出"条件格式规则管理器"对话框进行管理,如图 6.22 所示。

通过"新建规则"、"编辑规则"、"删除规则"和调整规则的前后顺序来调整在一个单元格区域内的多个规则的使用情况。

当同时有多个条件格式时,Excel 将根据规则的前后顺序关系以及规则是否设置为"如果为真则停止"来决定单元格最终的显示格式;如果不满足设定任何一个条件,即保留原有的单元格格式。

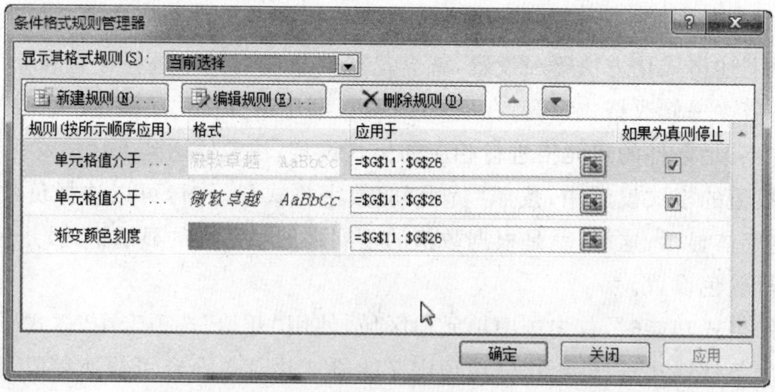

图 6.22 "条件格式规则管理器"对话框

6.6　公式的应用

实际工作中往往会有许多数据项是相关联的，通过规定多个单元格数据间关联的数学关系，能充分发挥电子表格的作用。在 Excel 的单元格中输入正确的公式后，会立即在单元格中显示计算出来的结果，当改变了工作表中与公式有关或作为函数参数的单元格里的数据时，Excel 会自动更新计算结果。

Excel 2010 将公式相关的功能集中在"公式"选项卡的功能区（如图 6.23 所示）中，分为"函数库"、"预定义名称"、"公式审核"、"计算"四个组，利用这些命令按钮可方便地完成各种公式编辑和计算的任务；在"函数库"中提供了快速查找和使用预定义函数的功能按钮，在"计算"中提供了控制表格自动计算和重新计算的设置功能按钮。

图 6.23　"公式"选项卡和功能区

6.6.1　公式和相关概念

1. 公式

公式是一个对工作表内的数值数据进行计算的等式，在公式中可以利用单元格的引用地址来取得存放于其中数据作为参与计算的参数。利用公式可以完成数学计算（如加、减、乘、除等运算）、文本处理（如文本比较、合并、部分内容提取）、日期和时间计算（如日期比较、时间差）、逻辑运算、数据库操作等。

在语法上，Excel 单元格中的公式是一个以"＝"开始的字符串，组成字符串的是参与计算的各项元素：操作数和运算符。操作数可以是常量、名称、对单元格或单元格区域的引用、函数等；运算符是用于指明对数据如何计算的符号。

2. 常量

常量是指直接输入到单元格或公式中的数字或文本值，或由名称所代表的数字或文本值。例如，日期 2009/01/25、数字 6700 和文本"大学计算机基础"都是常量。公式或由公式计算出的数值均不是常量。

3. 单元格地址、相对地址和绝对地址

每个单元格在工作表中都有一个固定的地址，这个地址一般通过指定其坐标来实现。如在一个工作表中，B6 指定的单元格就是第"6"行与第"B"列交叉位置上的那个单元格。直接用列名和行号组成的地址称为相对地址。指定一个单元格的绝对位置只需在行、列号前加上符号"＄"，例如，"＄B＄6"。

由于一个工作簿文件可以有多个工作表，为了区分不同的工作表中的单元格，要在地址

前面增加工作表的名称,有时不同工作簿文件中的单元格之间要建立连接公式,前面还需要加上工作簿的名称:[工作簿名称]工作表名称！单元格地址。例如,[Book1]Sheet1！B6 指定的就是"Book1"工作簿文件中的"Sheet1"工作表中的"B6"单元格。

4. 单元格引用或单元格区域引用

"引用"是对工作表的一个或一组单元格进行标识,用于告诉计算公式如何从当前工作表或其他工作表的单元格中提取数据进行计算。

如 B2,表示对第 B 列第 2 行交叉处的单元格的内容的引用;如 B2:C10,表示对从 B2 单元格到 C10 单元组成的矩形区域内所有的单元格的引用。

(1) 相对引用

相对引用是用单元格相对地址引用单元格数据的方法。当一个单元格的计算公式一旦建立,我们可以利用复制的方法在其他单元格中自动产生公式,产生的公式中的单元格名称会根据单元格的位置相当关系自动改变。

(2) 绝对引用

绝对引用是用单元格绝对地址引用单元格数据的方法,即在单元格的行号和列号前加上" $ "符号;绝对引用的单元格地址将不会随着公式被复制到其他单元格而改变。

(3) 混合引用

混合引用是将相对引用和绝对引用结合起来。如 E $ 2,对列进行相对引用对行进行绝对引用; $ F2,对列进行绝对引用对行进行相对引用。在复制时,相对引用的部分会自动改变,绝对引用的部分不会自动改变。

(4) 非当前工作表中单元格的引用

采用引用格式"工作表标签！单元格引用"可以在本工作表内使用其他工作表内的数据;采用引用格式"[工作簿]工作表！单元格引用"可以在本工作表内使用其他工作簿内的数据。

5. 单元格和单元格区域的名称

当公式需要引用工作表中的数据时,可以使用列号和行号来引用相应的数据;如果要引用的数据没有标志或者需要使用同一个工作簿不同工作表中的数据时,可以给单元格、单元格区域定义一个描述性的、便于记忆的名称,使其更直观地反映单元格或单元格区域中的数据所代表的含义。

在选定工作表的单元格或单元格区域后,可在"名称框"中直接输入名字的方式来对其命名;也用右键弹出菜单的"定义名称"菜单来为其命名。

6. 函数

Excel 中所提的函数其实是一些预定义的公式,函数使用参数按特定的顺序或结构进行计算,可参见 6.6.3 节认识函数。

7. 运算符

运算符是用于指明对公式中的数据如何计算的符号,包括算术运算符、比较运算符、文本运算符和引用运算符四类。

(1) 算术运算符

用于执行基本的数学运算,包括加、减、乘、除和乘方^。

（2）比较运算符

用于比较两个运算对象，返回结果为逻辑值 TRUE 或 FALSE。

（3）文本运算符

即文本串联符"&"，可将文本串和文本串、文本串和单元格内容、单元格内容和单元格内容连接起来。文本串指用双引号括起来的字符序列。

（4）引用运算符

通过使用引用运算符对工作表单元格的数据进行引用，进而实现公式计算，如表 6.3 所示。

表 6.3　引用运算符含义表

引用运算符	含义	举例
:	区域运算符，表示引用区域内全部单元格的数据	=SUM(B1:C10)
,	联合运算符，表示引用多个区域内的全部单元格	=SUM(A1,A3:A5,B4:D13)
空格	交叉运算符，表示只引用交叉区域内的单元格	=SUM(B2:D3 B2:B3)

如果公式中使用了多个运算符，Excel 将从等号开始，按照运算符的优先级进行计算；在同等优先级的运算符，按照从左向右的顺序进行计算。表 6.4 中列出了运算符的优先级。

表 6.4　运算符优先级表

运算符	说明
: ,	引用运算符
—	负号
%	百分比
^	乘方
* /	乘除运算
+ —	加减运算
&	文本串联
=<>>>=<<=	比较运算

在公式使用的括号为(和)，利用括号可改变运算的顺序，括号内的部分将首先计算。

6.6.2　公式的创建

使用公式时需按照一定的规则进行输入，即必须以"="开始在单元格中或编辑栏中输入所需要的公式，对公式中对单元格或单元格区域的引用，可以直接用鼠标拖动进行选定，或单击要引用的单元格或输入引用单元格标志或名称；如"=(C2+D2+E2)/3"表示将 C2、D2、E2 这三个单元格中的数值求和并除以 3，把结果放入当前列中。在公式选项板中输入和编辑公式十分方便，如图 6.24 所示，输入公式的步骤如下：

（1）选定要输入公式的单元格；

（2）在单元格中或编辑栏中输入"="；

（3）输入设置的公式，按 Enter 键。

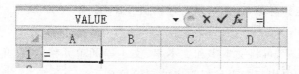

图 6.24　公式输入

如果公式中含有函数，当输入函数时则可按照以下步骤操作，如图 6.25 所示。

图 6.25　函数输入

（1）直接输入公式函数名称文本，或在"函数"下拉列表框中选中函数名称，即出现公式选项板，选择所用到的函数名，如"SUM"。

此时 Excel 会调出函数对应的参数填写对话框，并且填入预测的参数供参考：可以直接在参数框中输入对单元格或单元格区域的引用，也可以用鼠标拖曳的方式选择单元格或单元格区域。不同的函数会要求有多个参数，可一一输入或选择好参数所对应的内容。

也可以在当前活动单元格中选择"公式"选项卡的"插入函数"菜单按钮，调出"插入函数"对话框，选择所需函数，确定后输入或选择参数完成函数插入。

（2）确定要引用的单元格或单元格区域，添加好函数的各个参数后，输入）。

（3）单击"确定"按钮。

下面举例来说明公式的使用方法：对图 6.26 中的数据，将第一行的前三个数字相加，即可设置一个公式"＝A1＋B1＋C1"。

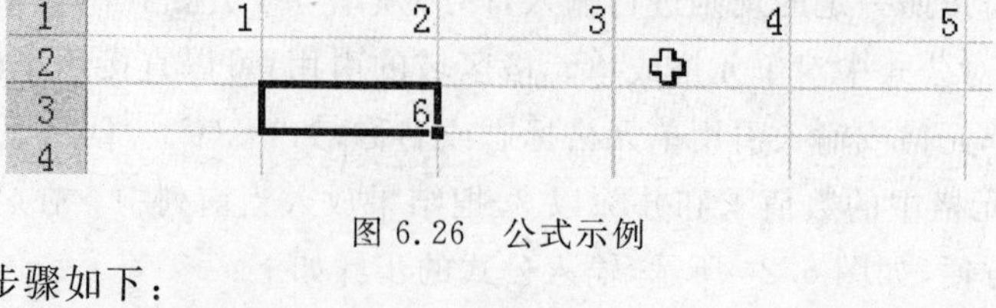

	A	B	C	D	E
1	1	2	3	4	5
2					
3		6			
4					

图 6.26　公式示例

设置公式的步骤如下：

（1）单击 B3 单元格使其成为活动单元格。

（2）在"编辑栏中"，输入公式"＝A1＋B1＋C1"后按 Enter 键，得到 B3 的值为 6。

公式输入确认后,Excel 会自动进行计算,并在单元格中显示计算结果,在编辑栏中显示公式内容;如果公式输入错误或计算错误,将在单元格中显示错误值,表 6.5 中列出了常见的各种错误的基本含义。

表 6.5　常见的错误含义表

# # # # #!	单元格所含的数字、日期或时间比单元格宽,或单元格的日期时间公式产生了一个负值
# VALUE!	使用了错误的参数或运算对象类型,或公式自动更正功能不能更正公式
# DIV/O!	产生了被零除的运算
# NAME?	在公式中使用了 Excel 不能识别的文本
# N/A	在函数或公式中没有可用数值
# REF!	对单元格或单元格区域的引用无效
# NUM!	公式或函数中某个数字有问题
# NULL!	试图为两个并不相交的区域指定交叉点

出现计算错误时,需检查公式和引用单元格,也可利用 Excel 的审计功能来协助查找错误。

6.6.3　认识函数

Excel 中所提的函数其实是一些预定义的公式,函数使用参数按特定的顺序或结构进行计算。用户可以直接用函数对某个区域内的数值进行一系列运算,如分析和处理日期值和时间值、确定单元格中的数据类型、计算平均值、排序显示和运算文本数据等等,SUM 就是用来对单元格或单元格区域进行加法运算的一个函数。

函数利用其中的参数来完成计算,参数和公式中的操作数类似,可以是常量、名称、对单元格或单元格区域的引用或一个新的函数。通常函数采用"函数名(参数 1,参数 2,参数 3)"的格式:以函数名称开始,后面是左圆括号、以逗号分隔的多个参数(只有一个参数时,无须使用逗号)和右圆括号。下面用 SUM 函数来了解一下函数的结构,如图 6.27 所示。

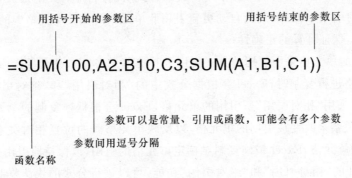

图 6.27　函数结构

Excel 2010 中的函数一共有 13 类,如表 6.6 所示。

表 6.6　Excel 2010 函数类别表

兼容性函数	为保持和以前的 Excel 版本兼容而保留的函数,这些函数在当前版本中已被新函数替换,并在将来版本中可能不再可用
多维数据集函数	多维数据集函数可将联机分析的数据直接导入电子表格单元格中以便进行无结构数据分析
数据库函数	分析数据清单中的数值是否符合特定条件
日期与时间函数	分析和处理日期值和时间值
工程函数	用于工程分析,完成对复数的处理、数制转换、度量系统转换
财务函数	用于进行一般的财务计算
信息函数	用于确定存储在单元格中的数据的类型,是一组称为 IS 的函数
逻辑函数	进行真假值判断,或者进行复合检验。如使用 IF 函数来确定条件为真还是假,并返回不同的值
查询和引用函数	在数据清单或表格中查找特定数值,或者查找某一单元格的引用
数学和三角函数	处理简单的数学计算
统计函数	对数据区域进行统计分析
文本函数	在公式中处理文字串
用户自定义函数	如果要在公式或计算中使用特别复杂的计算,而内置函数又无法满足时,可使用 Visual Basic创建用户自定义函数

对各类函数,可在 Excel 的在线帮助功能中了解到更详细的信息。

6.6.4　公式的移动和复制

通过公式我们可以在 Excel 中完成大量计算,当对单元格进行复制或移动时,会涉及对相关公式的复制和移动:

- 被移动的单元格被其他单元格用公式的方式所引用,此时无论是被"相对引用"还是被"绝对引用",Excel 均会自动更新引用此单元格的相关单元格中的公式,即修改引用地址,保证计算的正确性;
- 被移动的单元格采用引用的方式使用了其他单元格,Excel 会保持原有引用不变。

当对单元格进行复制时,Excel 会根据公式中的"相对引用"和"绝对引用"的情况来自动进行处理:对采用"相对引用"所引用的单元格,Excel 会根据被复制的单元格和原单元格间的位置相对关系来改变被引用的单元格,以反映单元格间的位置相对关系;对采用"绝对引用"所引用的单元格,Excel 精确复制对特定单元格的引用,以保持原引用关系。

利用 Excel 的"相对引用"和"绝对引用"功能,可以进行公式的快速复制:在图 6.28 的 A3 单元格中,完成了对 C1、D1、E1 这三个单元格累加操作,我们利用快速填充将单元格填充至 D3 单元格时,Excel 自动进行了公式的复制,即完成对 D1、E1、F1 这三个单元格的累加,这样可以快速完成大量数据的处理所需的公式编辑工作。

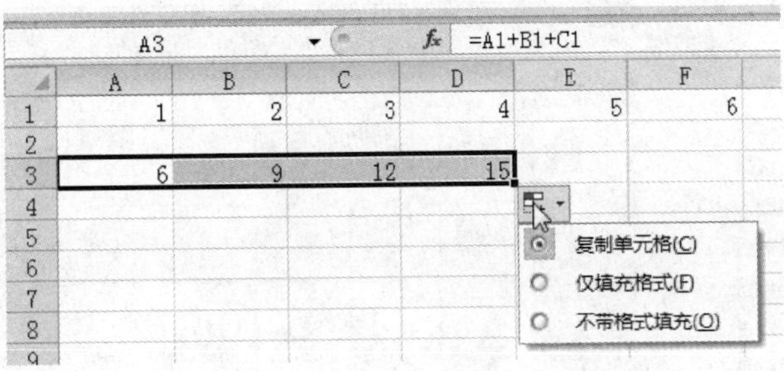

图 6.28　函数复制

6.7　图表功能

在工作表中可以保存和处理各类文字和数值,但是很难将数据间的内在联系和相互影响表示清楚;与工作表相比,图表能将抽象的数据形象化,具有较好的视觉效果,可方便地查看数据的差异、对比关系及趋势。在 Excel 中,图表是最常用的对象之一,我们可以依据选定的工作表单元格区域内的数据系列生成合适的图表;当数据源发生变化时,图表中对应的数据也自动更新,使得数据更加直观,用户一目了然。

Excel 的图表分嵌入式图表和工作表图表两种。嵌入式图表是置于工作表中的图表对象;工作表图表是工作簿中只包含图表的工作表。无论哪种图表都与创建它们的工作表数据相连接,当修改工作表数据时,图表会随之更新。

6.7.1　快速为指定数据生成图表

生成图表,首先必须有数据源。这些数据要求以列或行的方式存放在工作表的一个区域中,若以列的方式排列,通常要以区域的第一列数据库作为 X 轴的数据。若以行的方式排列,则要求区域的第一行数据作为 X 轴的数据。

首先选中数据区域,将所有数据包括标题行和行名列;使用"插入"选项卡中的"图表"组中的命令按钮,可完成常用的图表的快速插入功能;如需选择其他图表类型,可单击"图表"组右下方的 ▫ 按钮,将弹出"插入图表"对话框(如图 6.29 所示),单击"确定"按钮后,Excel 自动根据数据区域创建图表;如果在插入图表时未选择数据区域,Excel 将自动判断当前活动单元格周边的单元格来扩展出一个数据区域,并创建图表。

在插入图表后,Excel 将会在选项卡区域内增加一个和图表编辑相关的选项卡,即"图表工具",包括"设计"、"布局"和"格式"三个选项卡,利用这些选项卡功能区中的命令按钮,可以对当前图表进行格式设置和美化。

在创建新图表时,可先选择数据区域,执行"插入图表"命令并选定图表样式后,Excel 将在当前工作表中插入一个图表,如图 6.30 所示。

对新建的图表,可继续调整数据源、图表样式、显示格式等,单击图表中的任意位置,在选项卡区会显示"图表工具",如图 6.31 所示,其中包括"设计"、"布局"和"格式"三个选项卡,利用这三个选项卡可对图表进行进一步地调整和设置。

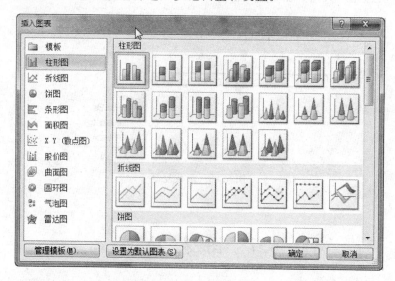

图 6.29 "插入图表"对话框

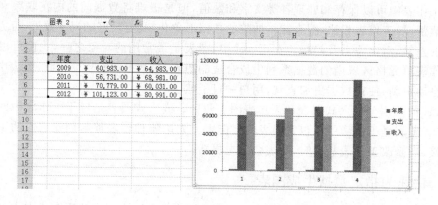

图 6.30 插入新图表示例

6.7.2 对数据源和图表样式进行调整

可使用"设计"选项卡中的功能按钮进行数据源和图表基本格式的调整和设置:单击"切换行/列"按钮,可切换图表的横轴和纵轴的数据来源;单击"选择数据源"按钮,可弹出"选择数据源"对话框,对图表的数据区域进行重新选择设置;单击"图表布局"按钮,可调整图表中图例、标题、横轴、纵轴所在位置;单击"图表样式"按钮,可调整图表显示的颜色、背景等显示效果;单击"移动图表"命令按钮,通过"移动图表"对话框,可将创建好的图表移动到单独的工作表中形成"工作表图表"。

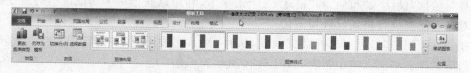

图 6.31 "图表工具"的"设计"选项卡功能区

6.7.3　对显示内容和显示格式调整

如图 6.32 所示,使用"布局"选项卡,对图表中的各项组成部分进行格式调整和设置:单击"标签"组中的"图表标题"、"坐标轴标题"、"图例"、"数据标题"的按钮,可调整图表中相应内容是否显示;单击"坐标轴"组中的"坐标轴"、"网格线"命令按钮,可调整坐标轴线及坐标轴的数值、网格线是否显示和显示方式;单击"背景"组中的命令按钮,可调整图表的背景显示方式;单击"插入"组中的命令按钮,可在图表中进行图形、图像和文字的插入来美化和修饰图表。

图 6.32　"图表工具"的"布局"选项卡功能区

对图表中各项元素的显示方式设置,通常包括其特有的格式设置和通用格式设置,均可通过对话框来进行设置,通用格式包括"数字"、"填充"、"边框颜色"、"边框样式"、"阴影"、"发光和柔化边缘"、"三维格式"和"对齐方式"等,通用格式的设置,可通过"格式"选项卡中功能按钮来完成,即选中图表中需要进行格式设置的元素后,在"格式"选项卡中快速设置其字体、字形、颜色、填充、对齐等修饰,如图 6.33 所示。

图 6.33　"图表工具"的"格式"选项卡功能区

这些修饰内容也可在相应元素的格式设置对话框中来进行设置和调整。

6.8　Excel 的数据管理

在实际工作中常常面临着大量的数据且需要及时、准确地进行处理,这时可借助于数据清单技术来处理。数据清单是工作表中包含相关数据的一系列数据行,它可以像数据库一样使用,其中行表示记录,列表示字段,数据清单的第一行应含有列标志。

6.8.1　数据导入

在 Excel 中,获取数据的方式有很多种,除了前面所讲的直接输入方式外,还可以通过导入方式获取外部数据。通过 Excel 能够访问的外部数据包括 Microsoft Access 数据库、网站、文本文件、XML 格式文件以及各类数据库系统。

当用户需要从 Word 表格文本或其他文本中导入数据时,可通过"选择性粘贴"命令来将文本数据导入到 Excel 中:先利用"复制"命令将表格文本内容添加到系统剪贴板中,然后在 Excel 工作表中定位到对应位置。单击"编辑"菜单中的"选择性粘贴"命令,再选择"方

式"下的"文本"项,最后单击"确定"按钮即可。如果数据粘贴到 Excel 中但没有按照合适的
行列来组织好,则可以单击 来调出菜单 ,选择"使用文本导入向导…"打开
"文本导入向导"对话框,按照步骤可选择合适的"分割符
号"或"固定宽度"来对文本进行分列识别,将文本数据识
别为 Excel 中的数据清单。

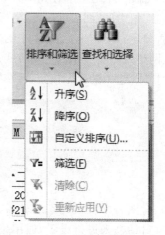

6.8.2 数据的排序

排序是对数据进行组织的一种简单方法,在 Excel 中
可以很方便地进行数据的排序,只要分别指定关键字及升
降序,就可完成排序的操作。

选中数据区域,单击"开始"选项卡中的"排序和筛选"
按钮,弹出"排序和筛选"菜单,如图 6.34 所示。

使用菜单中的"升序"、"降序"命令,可快速进行排序;在
快速排序时,Excel 会自动识别当前活动单元格周边的单元
格中的数据类型,将排序区域扩展为一个二维表。如需对数

图 6.34 "排序和筛选"菜单

据进行手工选择再排序,可选择"自定义排序"命令,弹出"排序"对话框,如图 6.35 所示。

图 6.35 "排序"对话框

在"排序"对话框中按照多个条件来进行依次排序:"主要关键字"、"次要关键字"、"次要
关键字"、……对每个关键字均可选择任意列,选择合
适的排序方向(升序或降序)。Excel 通常会自动提取
数据的标题行,对无标题行的数据,将按照列号来进
行关键字设置。

图 6.36 "排序选项"对话框

在"排序"对话框中,可通过"选项"按钮来进行排
序方式的设置,可对选定区域进行按行或按列排序;
对文本型的内容,可区分大小写;对中文字符,可按照
字母或笔划排序,如图 6.36 所示。

有时候我们会先选中一个数据区域进行排序,在
激活"排序"命令时,Excel 会提示是否会将排序范围
扩展的相邻的列,以避免排序后对数据间关系的
影响。

6.8.3 数据的筛选

筛选功能用来在数据清单中提炼出满足一定条件的数据,不满足条件的数据将被隐藏起来,在筛选条件撤销后,将显示出全部数据。对数据进行筛选,是一种快速查找数据清单中的特定数据的方法。

对记录进行筛选有两种方式,一种是"自动筛选",另一种是"高级筛选"。

1. 自动筛选

使用自动筛选功能,一次只能对工作表中的一个数据清单使用筛选命令,操作步骤如下:

(1) 单击工作表中数据区域的任一单元格;

(2) 使用"开始"选项卡中的"筛选和排序"命令按钮,选择弹出菜单中的"筛选"命令菜单,这时在每个字段上会出现一个筛选按钮,单击下拉按钮,可显示出本列中的各种数据值和一些条件命令菜单,Excel 排序和筛选条件菜单功能如表 6.7 所示。

表 6.7 Excel 排序和筛选条件功能表

条件	功能
"升序"和"降序"	对数据进行排序,并按照扩展选择的方式进行排序
按颜色排序	按照单元格的填充颜色或字体颜色进行排序
在"×××"中清除筛选	将筛选后的数据恢复全部数据
按颜色筛选	按照单元格的填充颜色或字体颜色进行筛选
数字筛选、文本筛选	按照单元格的值来定义筛选条件进行筛选
搜索	按照单元格的值来进行模糊搜索
"(全选)"	用来在进行了数值和内容筛选后恢复全部数据
值	只显示包含这个值的数据行
空白	只显示含有空白单元格的数据行
非空白	只显示含有数据的数据行

(3) 如果要只显示含有特定值的数据行,可单击含有待显示数据的数据列上端的下拉箭头筛选按钮,然后选择所需的内容或分类。

(4) 如果要使用基于另一列中数值的附加条件,可在另一列中重复步骤(3)。

有时候,用户为了特定的目的,会进行一些有条件的筛选,那么就需要使用筛选下拉列表框中的"按颜色筛选"、"数字筛选"和"文本筛选"命令来选择或自定义筛选规则。例如要查看月销售额在 500 000~1 000 000 之间的销售员的情况,就要用到以下筛选方法:

(1) 单击"月销售额"字段的筛选按钮,选择"数字筛选",选择级联菜单中的"自定义筛选"菜单命令,弹出"自定义自动筛选方式"对话框,如图 6.37 所示。

(2) 在该对话框中,单击左上下拉列表框下拉箭头,选择"大于或等于",在其右边的下拉列表框中输入"500 000",再单击"与"逻辑选择,同样,在下面的下拉列表框中选择"小于或等于"项,在右边的下拉列表框中输入"1 000 000"。对于文本数据的比较和判断时,可借助"?"和"＊"通配符来进行模糊匹配。

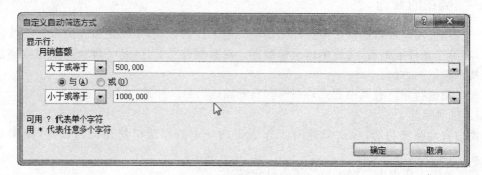

图 6.37　数据自定义筛选

（3）单击"确定"按钮，屏幕就会出现筛选的结果。

2. 高级筛选

使用自动筛选，可以在数据表格中筛选出符合特定条件的值。有时所设的条件较多，用自动筛选就有些麻烦。这时，可以使用高级筛选来筛选数据：首先在数据清单上方建立三个能被用做条件区域的空行，其次数据清单须有列标志。

如要找出上例中地区为"西安"、入职时间在"2000 年"后、持有证书并且月销售额大于"100 000"的人员，可先设置条件区域，如图 6.38 所示。

	D	E	F	G
	地区	入职时间	是否有证书	月销售额
	西安	>2000	TRUE	>100000

图 6.38　高级筛选条件区域

单击"数据"选项卡中的"排序和筛选"组中的"高级"命令按钮，将出现"高级筛选"对话框，如图 6.39 所示。

图 6.39　"高级筛选"对话框

在对话框中设置好"列表区域"和"条件区域"后，单击"确定"按钮，就会在原数据区域显示出符合条件的记录，如图 6.40 所示。

如果想保留原始的数据列表，就需将符合条件的记录复制到其他位置，可在"高级筛选"

对话框中将"方式"选项中选择"将筛选结果复制到其他位置",并在"复制到"框中输入欲复制的位置。

	A	B	C	D	E	F	G
1				地区	入职时间	是否有证书	月销售额
2				西安	>2000	TRUE	>100000
3							
4	序号	销售员	年销售额	月销售额	地区	入职时间	是否有证书
16	12	张丽	7,946,000	662,167	西安	2001年3月	TRUE
24	20	李军	6,500,000	541,667	西安	2003年3月	TRUE
32	28	王军	7,012,000	584,333	西安	2001年3月	TRUE
35							

图 6.40　高级筛选结果示例

6.8.4　数据的分类和汇总

Excel 具备很强的分类汇总功能,使用分类汇总工具,可以分类求和、求平均值等,也可以很方便地移去分类汇总的结果,恢复数据表格的原形。

要进行分类汇总,顾名思义,就是首先将数据分类(排序),然后再按类别进行汇总分析(求和、求平均、最大值、最小值、计数、方差等)。首先要确定数据表格的最主要的分类字段,并根据分类字段对数据表格进行排序,单击"数据"选项卡中"分级显示"组中的"分类汇总"命令按钮,单击"数据"菜单项,选择"分类汇总"命令,将弹出"分类汇总"对话框,如图 6.41 所示。

在"分类汇总"对话框中,系统自动设置"分类字段"为第一列的列名"序号"。通过"分类字段"下拉列表框,选择"地区"字段,单击"汇总方式"下拉列表,选择"求平均值",在"选定汇总项"列表框中勾选"年销售额"、"月销售额"复选框,最后,单击"确定"按钮,就会得到分类汇总表,如图 6.42 所示。

图 6.41　"分类汇总"对话框

1 2 3		A	B	C	D	E	F	G
	4	序号	销售员	年销售额	月销售额	地区	入职时间	是否有证书
	5	1	张伟	5,550,000	462,500	广州	2000年2月	FALSE
	6	2	王伟	3,900,000	325,000	广州	2002年8月	FALSE
	7			4,725,000	393,750	广州 平均值		
	8	3	王芳	2,985,000	248,750	西安	1999年3月	FALSE
	9			2,985,000	248,750	西安 平均值		
	10	4	李伟	12,000,000	1,000,000	广州	2002年1月	TRUE
	11			12,000,000	1,000,000	广州 平均值		
	12	5	王秀英	8,968,700	747,392	杭州	1999年10月	TRUE
	13			8,968,700	747,392	杭州 平均值		
	14							

图 6.42　分类汇总结果示例

在分类汇总结果中,会在工作表的左边出现 1 2 3 的层级按钮,单击相应的按钮,会按照分类汇总的层级进行数据的明细数据显示和汇总数据显示选择:单击按钮 1 ,将显示全部数据汇总层级;单击按钮 2 ,将显示分类汇总数据层级和全部数据汇总层级;单击按钮 3 ,将显示所有的明细数据和各个层级的汇总数据。

在汇总数据层级视图中,左侧将出现"+"表示有明细数据未进行显示,单击"+",将会显示出明细数据,同时"+"将变成"-";单击"-"将会隐藏该分类的明细数据,同时"-"变成"+"。这样就可以将复杂的数据清单转换成可以展开不同层次数据的汇总数据表格。

在已进行了分类汇总的数据表中,还可以针对某类数据继续进行分类汇总:如对所有广州的销售员,再次按照是否有证书来进行分类汇总。首先选中"广州"分类的数据,按照"是否有证书"进行排序,对这些数据再次进行分类汇总。

6.9 工作表的打印

在制作完一张工作表后,可根据需要可将它打印出来。打印之前,通常会对打印文稿做一些必要的设置,如设置页面的大小,纸张方向,设置页边距,添加页眉、页脚等。这些设置基本和 Word 中的设置类似,可选择"页面布局"选项卡中的"页面设置"、"调整为合适大小"和"工作表选项"组中的命令按钮来对上述打印设置项目进行快速设置,如图 6.43 所示。

图 6.43 "页面布局"选项卡功能区

由于表格设计或公式计算的要求,一个工作表的数据区域可能会非常大,而能够用来打印的纸张面积都是有限的,如果不对打印范围做设置,系统就会默认打印所有有数据的单元格;当只需要打印整个工作表的部分区域时,可通过设置页面区域,使用户控制只将工作表的某一部分打印出来。

方法 1:先选定打印区域所在的工作表,选定需要打印的区域,然后选择"页面"组中的"打印区域"命令按钮以弹出"设置打印区域"和"取消打印区域"的菜单命令来进行设置。

方法 2:单击"页面设置"组的 按钮,弹出"页面设置"对话框,在"工作表"选项卡中,对打印区域进行设置,如图 6.44 所示。

对于数据量超过一页的工作表,Excel 会自动分页,将数据在多页纸张上打印出来;有时候 Excel 的"自动分页"破坏了数据间的关联性,需要人工对工作表中的某些内容进行强制分页,通常在打印工作表之前,都需要检查工作表的分页打印情况并对分页设置进行调整。

对工作表进行人工分页,一般就是对工作表的自动分页进行调整,选择"视图"选项卡中"工作簿视图"组中的"分页预览"命令按钮,进入分页预览视图,通过鼠标对蓝色分页线的拖动,可重新设置分页结果,如图 6.45 所示。

如果需要调整打印的尺寸,也可以在"页面设置"对话框的"页面"选项卡中设置"缩放"中的比例、"页宽"和"页高",让打印内容在页面中更好地排列。

图 6.44 "页面设置"对话框

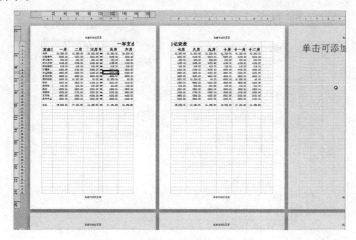

图 6.45 分页预览示例

在 Excel 2010 中,新增了"页面布局"视图,可以通过"页面布局"选项卡中的"页面布局"视图按钮或状态栏中"视图切换按钮"中的"页面布局"视图按钮来打开,在"页面布局"视图中,可在工作表工作区域对数据表的内容采用分页的方式进行数据表内容的显示,同时也可以直接输入页面的页眉、页脚内容,可更直观地看到打印输出时按页排列的数据表的效果,如图 6.46 所示。

图 6.46 "页面布局"视图示例

完成各项打印设置后,可以通过打印预览来了解设置结果:选择"文件"选项卡中的"打印"菜单命令,可在 Backstage 视图中可看到打印预览效果,并可对打印机设置和页面设置进行调整。

上述打印设置、打印预览和打印都是针对当前工作表的,当需要打印工作簿中多个工作表时,需要在工作表标签中多重选定要打印的工作表,然后进行打印。

6.10 保护 Excel 中的数据

用户利用 Excel 来储存和管理数据,对其中的一些关键数据和公式,有时候不希望其他人看到或修改,在 Excel 中,提供了从单元格到工作簿的一系列安全保护功能来提供不同的保护。

6.10.1 对工作簿文件进行保护

如果不愿意自己的 Excel 文件被别人查看或修改,那么可以给它设置密码保护,通过限制使用者查看或更改工作簿和工作表中数据的方式,来保护自己的工作表。在保存文件时用加密的方法就可以实现上述保护目的,给文件加密的具体方法为:

(1) 单击"文件"选项卡中的"信息"菜单命令,在界面中选择"保护工作簿"命令按钮,调出快捷菜单,如图 6.47 所示;

(2) 选择"用密码进行加密"命令菜单,可对工作簿进行加密,在弹出对话框中设置打开工作簿密码。

图 6.47 保护工作簿

在此界面中还可以对工作表进行保护，是工作表保护的另外一个入口，具体保护方式可参考 6.3.4 节"工作表的操作"中"7. 保护工作表"的内容。

6.10.2　对单元格进行保护

对单元格的写保护有两种方法：

（1）对单元格的输入信息进行有效性检测。首先选定要进行有效性检测的单元格或单元格集合，然后使用"数据"选项卡的"数据有效性"命令按钮，调出数据有效性设置对话框，通过设定"有效性条件"、"输入信息"和"出错警告"，提示和控制输入单元格的信息要符合给定的条件。

（2）设定单元格的锁定属性，以保护存入单元格的内容不能被改写：

- 选定需要锁定的单元格或单元格集合；
- 从"开始"选项卡的"格式"命令按钮中的"锁定单元格"命令菜单来对单元格进行锁定；
- 从"开始"选项卡的"格式"命令按钮中的"保护工作表"命令菜单来对工作表进行保护，在弹出的对话框中，选择保护的选项，输入两次相同的密码后，将工作表保护起来，单元格的锁定也就生效了。

如需撤销写保护，则使用"开始"选项卡的"格式"命令按钮中的"撤销工作表保护"命令菜单，会要求用户输入密码，输入正确的密码后，就可任意修改原被保护的单元格。

6.11　"文件"选项卡的 Backstage 视图

"文件"选项卡用于打开 Microsoft Office Backstage 视图，在 Backstage 视图中包含用于在文档中工作的命令集，如图 6.48 所示。

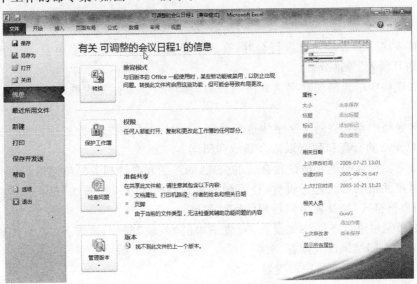

图 6.48　"文件"选项卡的 Backstage 视图

在 Backstage 视图中可以完成对 Excel 文件的操作，包括新建、保存、另存为、打开、关闭、打印、保存并发送等功能；完成 Excel 文件包含的信息的设置和维护，在信息菜单项中包括设置权限保护文件、共享文件、设置文件兼容、管理文件版本等功能；完成对 Excel 软件自身功能的调整，即在选项菜单项中完成对 Excel 自身的设置。

在执行"另存为"操作时，可将 Excel 2010 格式的工作簿（扩展名为 .xlsx）按照 Excel 2003 的文件格式保存（扩展名为 .xls）。

6.12 实验指导

6.12.1 格式的应用

按照图 6.49 新建一个"个人月度预算.xlsx"，综合应用单元格格式修饰的方法，设计出和图 6.49 所示一致的表格。

餐饮	计划支出	实际支出	差额	娱乐费		计划支出	实际支出	差额
日常	￥250	￥250	￥0	DVD		￥0	￥50	-￥50
零食饮料	￥100	￥180	-￥80	电影/音乐会			￥120	￥0
外出就餐	￥120		￥120	运动				￥0
总计	￥470	￥430	￥40	总计		￥0	￥50	-￥50

个人月度预算

计划月收入 ￥2,500 计划负债（计划收入减计划支出） ￥2,030
实际月收入 ￥2,500 实际负债（实际收入减实际支出） ￥2,020

交通费	计划支出	实际支出	差额	个人护理		计划支出	实际支出	差额
公交费			￥0	医疗				￥0
出租车费			￥0	头发/指甲护理				￥0
其他			￥0	保健俱乐部				￥0
总计	￥0	￥0	￥0	总计		￥0	￥0	￥0

图 6.49 格式设置示例

（1）对表格中部分单元格进行合并，在多个单元格中显示的文字内容，如"个人月度预算"和"计划月收入"等部分。

（2）对表格中单元格的数字格式进行设置，如将和金额有关的单元格设置合适的货币格式。

（3）对表格中单元格的文字字体进行设置，如对标题行和总计行进行加粗设置；设置字体后调整单元格的行高和列宽以适合显示和阅读。

（4）对需要计算的单元格设置合适的公式，如差额和总计相关的单元格。

（5）对单元格的底纹进行设置，让不同的内容有所区分；对"餐饮"等表格的内容，试着使用"套用表格格式"来设置不同行间的底纹颜色。

（6）对单元格进行条件格式设置，对表格中的"差额"部分，试着使用"条件格式"中的"图标集"来对不同结果设置图标。

（7）对表格的边框格式进行设置。

6.12.2　算术公式和逻辑函数的使用

新建一个"职工工资表.xlsx",在工作表中建立如图 6.50 所示的"职工工资表",对表格设置合适格式;对"工龄津贴"、"绩效工资"、"所得税额"和"实发工资"列设置合适的计算公式,根据输入的"入职时间"、"基本工资"和"本月考核结果"数据,计算出职工的实发工资。

图 6.50　算术和逻辑函数使用示例

(1) 设置工作表的格式,对表中各列的单元格设置合适单元格格式。

(2) 对需要手工输入的数据,即"工作证号"、"姓名"、"职务"、"入职时间"、"基本工资"和"本月考核结果"设置各类数据的有效性检测。

- 工作证号,只允许数字字符;
- 姓名,允许任意字符,长度限制为 20 个字符;
- 职务,只允许从"经理"、"副经理"、"主管"、"工程师"、"助理"里面选择;
- 基本工资,只允许数值数据;
- 本月考核结果,只允许从"优秀"、"合格"、"不合格"中选择。

(3) 对于"工龄津贴",按照每年工龄×基本工资的 1% 来计算;工龄为入职工作时间到计算工资时的实际工作年限计算,计算结果按照四舍五入的方式取整。

(4) 对于"绩效工资",按照"本月考核结果"列的数据进行计算,"优秀"为基本工资的 20%,"合格"为基本工资的 10%,"不合格"无绩效工资。

(5) 对于"所得税额",上网查找最新的所得税计算方法,按照工薪收入的计税方式计算所得税额。

(6) 计算"实发工资"。

6.12.3　排序和分类统计

对完成的"职工工资表.xlsx",填入合适的数据后:

(1) 对数据表按照"职务"排序后,进行分类汇总实验;

(2) 对数据表按照"本月考核结果"排序后,进行分类汇总实验;

(3) 对数据表先按照"职务"进行分类汇总,对分类汇总结果再按照"本月考核结果"进行分类汇总实验;

(4) 在数据表中增加一列,在此列中按照四舍五入的方式计算职工的"工龄",然后对"工龄"进行分类汇总。

6.12.4　查找

对完成的"职工工资表.xlsx",填入合适的数据后,在另外一个工作表中,建立一个查询表,如图 6.51 所示。

在查询表中,可通过输入"工作证号"或"姓名"来查找职工的"实发工资"。

(1) 需同时输入"工作证号"和"姓名",才可查找出其实际工资;如无此人,则显示"查无

	A	B	C	D
1				
2	工作证号	姓名		实发工资
3				

图 6.51　查询表示例

此人"的结果;如只输入了一项,需提示输入另外一项内容后查找。

（2）只需输入"工作证号"或"姓名"中的任意一个,即可查找出其实际工资;如无此人,则显示"查无此人"的结果。

（3）只需输入"工作证号"或"姓名"中的任意一个,即可查找出其实际工资,同时查找出另外一项内容;如无此人,则显示"查无此人"的结果。

（4）对上述查找中,考虑姓名是重名的情况应该如何处理。

6.12.5　实验数据的拟合和经验公式

在实验数据处理中,经常需要从数据中得出相应的经验公式,利用 Excel 的数据计算、绘图和数据拟合功能,可方便地得出经验公式。

（1）在工作表中,建立数据列 X,用自动填充来填充为自然数序列;

（2）在 X 列旁边建立数据列 Y,在 Y 列中,用 RAND()结合 X 列对应数据值来计算产生一个数值作为 Y 值,如采用公式"＝B3＋((RAND()＋B3)＊11)"来产生 Y 值,将 Y 列数据生成,如图 6.52 中数据列所示。

（3）利用"插入"选项卡中的"图表"功能,对 XY 数据生成一个"散点图"。

（4）在生成好的"散点图"中的一个散点上用鼠标右键调出菜单,选择"添加趋势线"命令,在"设置趋势线格式"对话框中,在"趋势预测/回归分析类型"中选择不同的方法,观测生成的趋势线的区别。

（5）在"设置趋势线格式"对话框中,选中"显示公式",观测数据拟合后的经验公式的结果。

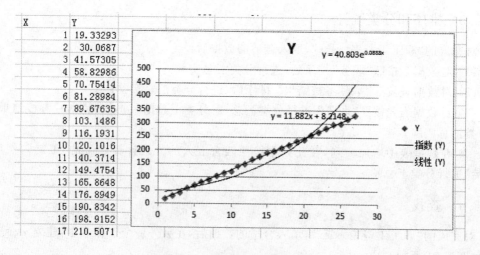

图 6.52　数据拟合和经验公式

习　题

1. 什么是单元格、工作表、工作簿？简述它们之间的关系。
2. 简述在工作表中输入数据的几种方法。
3. 复制和填充有什么异同？使用"自动填充"功能输入"星期一"到"星期日"。
4. 如何进行单元格的移动和复制？Excel 对公式和一般数据的复制有什么不同？
5. 删除单元格和清除单元格之间的区别是什么？
6. 如何进行窗口的拆分和冻结？
7. 简述图表的建立过程。
8. 请说出至少三种对一行或一列中的数据求和的方法。
9. 单元格的引用有几种方式？
10. 如何进行"排序"？
11. 如何进行"筛选"？
12. 如何进行"分类汇总"？

第7章 数据库基础知识

随着计算机的发展,使用计算机进行数据和信息处理变得愈发重要。在计算机应用的几大领域中,数据和信息处理占到其中的 70%,随着计算机在信息处理领域的应用越来越普遍,数据库的使用也是越来越普遍。本章介绍数据库系统的基本知识。

7.1 数据库的基本知识

7.1.1 信息、数据、数据处理

要研究如何使用计算机进行数据和信息处理,我们首先了解什么是信息? 什么是数据? 信息处理、数据处理的含义是什么?

1. 信息

信息是现实世界事物的存在方式或运动状态的反映。比如:"张三,体重 10 公斤",这就是一条信息,反映了张三的一些情况。信息可感知、可存储、可加工、可传递、可再生,信息是一种资源,各行各业都需要信息。

2. 数据

数据是用来记录信息的可识别的符号,是信息的具体表现形式。数据可以是数字、文字、图形、图像、声音、视频及其他特殊符号。它们都可以经过数字化后以二进制形式存入计算机。比如,(张三,10)就是一组数据,其中张三是字符型的数据,10 是数字数据。

3. 信息与数据的关联

数据是信息的符号表示,或称载体;信息是数据的内涵,是数据的语义解释。信息与数据是密切相关联的。比如,(张三,10)是一组数据,这组数据包含的信息是什么? 我们必须对数据有语义的解释,才能明白它包含的信息,比如我们说这组数据的语义解释是((姓名,体重(公斤)),我们才明白原来这组数据说的是张三这个人体重 10 公斤,而不是张三这个人10 岁了。

4. 信息处理(数据处理)

信息处理就是对信息进行收集、存储、加工和传播的一系列活动的总和。比如要介绍某个学校的情况,准备采用图片和文字来进行说明,可以通过各种途径来收集原始的图片和文

232

字,并把这些图片和文字按我们的需要进行整理、加工,处理成自己需要的形式,最终通过书刊或者其他方式进行传播和交流。

如果打算用计算机处理这些信息,就要把这些信息变成数据,数字化之后存入计算机进行管理,利用处理程序,比如图片处理软件或者文字处理软件对数据进行处理,并将最终处理的结果进行存储或者传播。

信息处理或数据处理(由于信息与数据是密切相关联的,在不需要严格区分的场合,可以不加以区别)过程也可以这样描述:人们将原始信息表示成数据,称为源数据。然后对这些源数据进行汇集、存储、综合、推导。从这些原始的、杂乱的、难以理解的数据中抽取或推导出新的数据。这些新的数据称为结果数据,结果数据对某些特定的人们来说是有价值的、有意义的,表示了新的信息,可以作为某种决策的依据或用于新的推导。其处理活动的基本环节如图 7.1 所示。

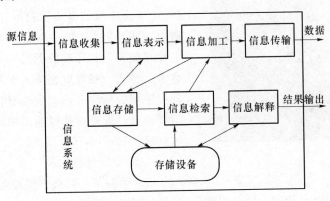

图 7.1　信息处理的基本环节

比如,我们对采用自然语言描述的原始信息:张三,男性,18 岁了,体重 10 公斤,通过抽取我们需要管理的特征,表示成这样的数据(张三,男,18,10),对应的语义是((姓名,性别、年龄、体重(公斤)),如果说 18 岁的男青年平均体重在 50 公斤以上,那么我们会发现张三体重只有平均体重的 20%,我们会通过这些数据得出张三的体重有问题,身体可能有某种疾病这样的结论。也就是说我们从原始信息经过信息处理过程得到了新的信息,得到了有价值的结论。这就是计算机信息处理过程的一个简单缩影。

7.1.2　数据管理技术及其产生和发展

我们把信息变成数据放到计算机中进行处理,处理包括对各种数据进行收集、存储、加工和传播的一系列活动的总和。我们也可以用“数据的获取与评价——数据的加工与表达——数据的发布与交流——数据的存储与管理”这样一些逻辑来描述数据处理的过程。我们看到,其中“数据的存储与管理”是数据处理非常重要的环节。数据只有进行了有效的存储和管理,才能高效地进行处理。数据的管理是指对数据进行分类、组织、编码、存储、检索和维护的管理活动总称。数据管理侧重于如何对数据进行组织和存储,并根据用户需要提供对数据访问的支持。数据处理与数据管理的区别在于数据处理除了具有数据管理功能外,还可以对通过数据管理得到的数据进行进一步深加工,从中获取新的数据和信息。使用计算机进行数据管理,就是指在计算机中数据是如何组织、如何存储,并如何支持用户对数据的访问的。现在学习的数据库技术,就是一种数据管理的技术。利用这种技术,可以对数据进行有效的管理,进而支持高效的数据处理、信息处理过程。

人们借助计算机来进行数据管理主要经历了3个阶段,分别是人工管理阶段、文件系统管理阶段和数据库系统管理阶段。

1. 人工管理阶段

1) 人工管理阶段概述

20 世纪 50 年代中期以前,属于数据管理技术的人工管理阶段。这个阶段数据主要存储在纸带或卡片上,用户要使用数据,必须使用自己编写的应用程序来直接访问和管理。

在那个时代,计算机既没有配置显示器,也没有打印机,更没有今天广泛使用的硬盘、软

图 7.2　穿孔纸带

盘和 U 盘。大学里的学生去上计算机课时,都要带着从书店里买来的空白卡片,进入计算机机房后,第一步要做的事情是利用打孔机在卡片机上凿出一些小孔(这个过程就是编程)。由于每张卡片只能容纳程序和数据的一小段,需要把一大叠卡片一张一张地顺序插入卡片阅读机中,才能将程序和数据全部输入到计算机的内存中,运算结果也通过纸带穿孔机输出的纸带(如图 7.2 所示)展现出来。

2) 人工管理数据的特点

(1) 数据不保存或者保存在纸带或卡片上;

(2) 数据的管理者是用户的应用程序:计算机系统没有操作系统,也没有其他管理数据的软件,纸带或卡片上的数据完全由用户自己编写的应用程序来管理。用户程序为主体,而数据则以私有形式从属于程序,此时数据在系统中是分散的、凌乱的。这样应用程序设计人员就需要知道纸带上数据的物理位置在哪里。从小孔中读出的数据的逻辑结构到底是什么? 这样就造成了两个主要的问题:

a) 数据不共享:纸带或卡片上的数据基本上为自己从属的那个程序服务,如果多个应用程序有某些相同的数据,也体现在不同的卡片和纸带上,无法共享,造成大量的冗余。

b) 数据不具有独立性:如果卡片的穿孔方式发生变化,也就是数据物理存储位置发生变化,相应的程序必须修改才能从变化后的卡片上读出数据,也就是说数据不具备物理独立性,数据在存储设备上存储的方式变化了,应用程序需要跟着改变,应用程序需要处理数据在物理设备上的存储结构。另外,如果数据的逻辑结构发生变化,应用程序也必须修改才能适应这种变化,比如应用程序要使用(学号、姓名、所在系名、课程名、成绩)这组数据来完成一个处理。从逻辑上讲,这些数据是从三个结构中得来的:(学号、姓名、所在系名),(课程号、课程名、课程学分),(学号、课程号、成绩),应用程序需要编写算法来从这三个结构中得到自己需要处理的数据。如果数据的逻辑结构变成了四个:(学号、姓名、系编号),(系编号、所在系名),(课程号、课程名、课程学分),(学号、课程号、成绩),同样要使用(学号、姓名、所在系名、课程名、成绩)数据来完成一个处理,应用程序的算法必须要改变,以便从这四个结构中得到

自己需要处理的数据。也就是说数据和程序之间不具备逻辑独立性,数据的逻辑结构变了,应用程序需要跟着改变。

在人工管理阶段,程序与数据之间的对应关系如图 7.3 所示。

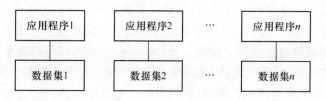

图 7.3　人工管理阶段的应用程序与数据之间的对应关系

我们看到应用程序直接处理数据,不仅要处理数据的逻辑结构,还要处理数据的物理存储。

2. 文件系统管理阶段

1) 文件系统管理阶段概述

20 世纪 50 年代后期至 60 年代中期,硬件方面有了大容量直接存取磁盘驱动器,软件领域则出现了操作系统。操作系统的文件管理功能可以对数据进行管理。数据管理进入了文件系统管理阶段。在这个阶段,数据由文件系统管理,以文件形式存储在磁盘等设备上。用户要使用数据,可以通过文件系统提供的接口来访问文件得到所需的数据。

操作系统利用文件系统将用户的程序和数据存储到外存储器(如磁盘、光盘、U 盘等)上,在需要的时候可以从磁盘上将程序和数据调入内存进行处理,处理完成后也可以将结果再放入磁盘中。系统中的程序和数据统统被抽象为文件,由操作系统统一来管理,操作系统的文件系统提供了以下主要功能:

(1) 统一管理文件存储空间(即外存,比如磁盘),文件系统可以给一个文件分配它所需的磁盘空间,也可以在删除文件后回收这些空间。

(2) 确定文件信息的存放位置及存放形式,实现文件的按名存取。需要用到程序和数据的时候,用户提供相应的文件名,并不用关心这个文件中包含的数据具体存放在磁盘的什么位置。

(3) 提供对文件的各种控制操作(如建立文件、删除文件、打开文件、关闭文件等)和存取操作(如读、写、修改、复制、转储等)。用户直接利用这些操作和控制就可以从文件中读数据,向文件中写数据,或者创建一个新文件来存放需要存储的信息等,还可以复制文件,把一个数据文件提供给多个应用程序使用。

2) 用文件系统管理数据的特点

(1) 数据长期保存:数据现在可以以文件形式长期保存在磁盘上并反复进行处理。

(2) 数据的管理者是文件系统,用户程序要访问数据,通过文件系统提供的接口对数据文件进行操作,从文件中读出的数据,由应用程序来识别它的结构。比如,利用文件系统提供的读文件的读写字符串的操作,可以从文件中读入一行字符串“张三 男 18 10”,至于这个字符串表示什么含义,由应用程序来识别并处理。应用程序可以从开始读到字符串的第一个空格处,得到“张三”,并把它作为姓名以字符串形式放入应用程序的某个数据结构中,接着再读到下一个空格处,得到“男”,作为性别以字符串形式放入应用程序的数据结构中,同理,把 18 作为年龄以整型数放入应用程序的数据结构中,把 10 作为体重以整型数形式放入应用程序的数据结构中(或者用格式化读写的方法把整条记录读入到一个结构体数据结构中,结构体数据结构包括了姓名、性别、年龄和体重这些数据项),然后就可以对这些数据进行分析、处理了。从上面可以看出,文件中数据的逻辑结构还是由应用程序来处理的。由于文件系统提供了按照名字存取文件等接口,使得数据具有了一定的物理独立性,比如运行了磁盘碎片整理程序,数据文件 a.txt 在磁盘上具体的存储位置可能发生了变化,但应用程序只要使用文件系统提供的接口以文件名 a.txt 来访问,一样可以得到原来的数据。

(3) 数据共享性差,冗余度大:如果同样是学生信息,学生管理和成绩管理关心的数据不完全相同,虽然有部分相同的数据,但必须为两个应用建立各自的文件,而且这两个文件中有部分相同的数据,造成冗余。同时也容易使两个文件的数据不一致,比如学生管理程序改变了学生的学号,而成绩管理程序没改动学号,这时就出现了同一个学生学号不一致的现象。

(4) 数据的独立性差:如果出于性能的考虑,可以把 a.txt 中的数据分散到 D、E 等多个盘上的同名文件上去,这时,应用程序使用这些数据的时候就必须进行修改来访问不同的盘上的同名文件,以便找到需要的数据。不具备这种类型的物理独立性。再比如上面谈到从文件中读入一行字符串"张三 男 18 10"的例子,如果文件中字符串形式变成"张三 男 10 18",表示的含义不变,我们说是数据的逻辑结构变了,变成(姓名、性别、体重、年龄)了,这样应用程序读入和写入数据的部分也必须改变,才能适应这种变化,不具备逻辑独立性。

在文件系统管理阶段,程序与数据之间的对应关系如图 7.4 所示。

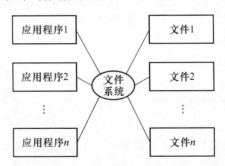

图 7.4　文件系统管理阶段的应用程序与数据之间的对应关系

可以看到它和人工管理阶段最明显的区别是物理存取方法有了较大的改进,应用程序可以利用文件系统提供的标准接口来访问物理文件。

3. 数据库系统管理阶段

1) 数据库系统管理阶段概述

随着计算机的发展,数据和信息处理变得愈发重要。在计算机应用的几大领域中,数据和信息处理占到其中的 70%,以前解决问题时以程序为中心,数据附属于程序的方法发生了很大的变化。以算法、业务流程为主的思想慢慢转化为以数据为中心。这时出现了数据库的思想,把数据集中存放在磁盘上,成为数据库。用数据库管理系统来对数据库中的数据进行统一管理,用应用程序来实现业务逻辑,并在需要数据的时候通过数据库管理系统提供的接口进行数据访问。

数据库出现后,用于数据和信息处理的计算机应用程序的开发和运行环境产生了一些显著的变化。此时在操作系统之上出现了一个专门用于管理数据的数据库管理系统。一个数据库的系统组成如图 7.5 所示。

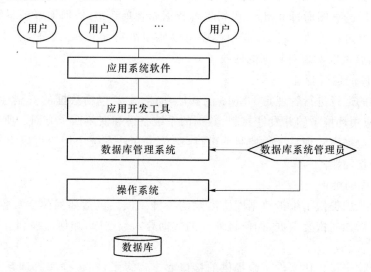

图 7.5　数据库的系统组成

数据组织在磁盘等设备上,称为数据库,通过数据库管理系统管理。应用程序在需要使用数据的时候使用数据库管理系统提供的接口来访问数据。

我们看到此时数据库管理系统处在一个很重要的地位,向上提供一个统一的数据操作接口,向下管理具体的物理存储设备的读写。数据库管理系统可以使用文件系统提供的接口,访问磁盘,也可以直接访问磁盘。

相比于文件系统提供的接口,数据库管理系统提供的接口就丰富多了,可以对数据进行非常复杂的控制和处理。数据库管理系统提供的功能主要有以下四个方面:

(1) 数据定义

数据库管理系统可以定义数据库的结构和数据的组织方式,提供用户建立数据库、数据表的各种方法。文件系统并不知道文件中数据的结构是什么,使用这个文件的应用程序才知道这些数据的结构,也就是说写应用程序的程序员必须清楚文件中数据的结构是什么,并编写相应的代码来完成数据读写和处理。数据库管理系统可以定义数据库中数据的结构,比如定义一个人员表:

```
CREATE TABLE 人员(
姓名 char(10),
性别 char(2),
年龄 int,
体重 kg  int)
```

对于该表中的一条数据(张三,男,18,10),我们就知道其含义是一个叫张三的人,男性,18 岁,体重 10 公斤。

(2) 数据操作

数据库管理系统提供了对于数据操作的各种手段,包括对数据库数据的检索、插入、修改和删除等。如果要修改张三的年龄,在文件系统管理阶段,应用程序只能从文件中读出字符串"张三 男 18 10",程序必须知道文件记录的数据结构,从文件中读出张三对应的记录,定位出年龄数据,修改年龄数据,然后再写回到文件中。在数据库系统管理阶段,用户只需把修改张三年龄的意图通过 update 语句告诉数据库管理系统,数据库管理系统就会找到张三的年龄数据并进行修改。比如,应用程序可以使用语句:update 人员 set 年龄＝19where 姓名＝'张三',就可以实现对数据的修改了。

(3) 数据库的运行管理

对数据库的运行进行管理是 DBMS 的核心功能,主要包括数据的安全性控制、完整性控制、多用户应用环境下的并发性控制、数据的系统备份和恢复四个方面。所有访问数据库的操作都要在数据库管理系统的控制下进行,避免了文件系统中用户可以直接访问数据文件所带来的一切问题。

(4) 数据库的维护

数据库的维护提供了维护数据库所需要的各种手段。包括如何建立数据的备份,在数据库出现问题后如何恢复数据,如何将外部的数据导入数据库,如何监视和分析数据库的性能等。

我们看到这个接口比文件系统提供的接口要丰富多了,在数据库管理系统提供的接口管理下,用户对数据的访问变得非常简单:用户不需要具体了解数据的格式,具体存放在哪里,就可以得到数据处理的结果。用户可以访问完整的数据,也可以访问组成数据的成分。

有了数据库管理系统之后,一个信息处理应用程序的设计过程和以前相比也有了一些变化,变成了三条线:第一条线是应用程序设计,第二条线是数据库设计(数据组织与存储),第三条线是数据库的事务设计(数据访问与处理),如图 7.6 所示。

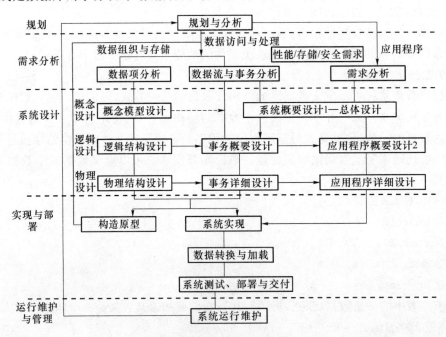

图 7.6 数据库应用系统的设计过程

应用程序设计主要是设计和实现应用系统的业务流程,在没有数据库之前,如果在业务流程中有要处理的数据,那么就会设计一些数据结构来存放和处理数据,如果数据需要保存,就设计一个文件来存放需要保存的数据。有了数据库之后,应用程序设计还是设计和实现应用系统的业务流程,与以前不同的是,应用系统需要管理和处理的数据要放到数据库中(数据库设计),并提供对数据的操作(事务设计)。这样应用程序在处理业务流程的过程中,如果需要访问数据,就可以通过相应的事务来对数据库中的数据进行相应的操作。把数据放到数据库中的过程就是进行数据库设计,整理并实现对数据的操作就是进行数据库事务设计。数据库设计主要要弄清楚要管理的数据是什么,这些数据的关系是什么,如何放到一个数据库中;数据库事务的设计主要是弄清楚对数据库中的数据都会有哪些操作,操作的逻辑是什么。可以很明显地看到,数据库设计已经成了当前信息处理应用设计中非常核心的环节。

2)用数据库系统管理数据的特点

(1)数据结构化

现实世界的事物之间是有联系的,比如学生是一个实体,课程是一个实体,学生和课程是有联系的,一个学生可以选择多门课程,每门课程有一个成绩,一门课程也可以同时被多个学生选修。用数据库系统中的关系数据库进行数据管理的时候,可以创建 3 个表:学生表、课程表和选课表,数据库系统能据此了解数据和数据之间的联系,如图 7.7 所示。这些数据和数据之间的联系都放在一个数据库中,数据库管理系统可以对这些数据和数据的联系进行管理。我们看到数据库系统管理数据,数据整体上是有结构的,并且数据库管理系统可以管理这些有结构的数据。

图 7.7　数据库中有结构的数据

用文件系统管理的时候通常的做法是创建一个学生文件、一个课程文件、一个选课文件,这三个文件中的数据站在文件系统的角度看是孤立的三个文件,彼此没有联系。只有站在应用程序的角度,从三个文件中取出相应的数据进行处理的时候,才能发现数据的整体结构性。也就是说文件系统基本上看不到数据的整体结构性,而关系数据库管理系统则可以看到三个表数据及这些数据的整体结构。所以使用数据库系统管理数据的时候,可以把所有子应用系统要管理的数据集中在一起,形成集成的、整体有结构的数据放入数据库中。数据库中的数据不再面向某一特定的子应用系统,而是面向全组织、面向整个应用中的所有子应用系统的数据。这种管理方式就克服了上面两种方式的很多问题。

(2)数据的管理者是数据库管理系统

前面已经看到数据库管理系统提供了数据定义、数据操纵、数据库运行管理、数据库维护四大块的功能,提供的接口比文件系统丰富得多。

(3)数据的共享性高,冗余度低,易扩充

由于数据库中的数据是面向整个系统建立的结构化数据,所以可以被多个用户和多个应用共享使用,这样就降低了数据冗余度。降低冗余度可以节约存储空间,也可以避免同一数据有多个副本,操作不当引发数据不一致的问题。

由于数据库中的数据是面向整个系统建立的结构化数据,容易增加新的应用。应用需求变化时,可以从整体数据中选取满足这个需求的子集,扩充性很好。

(4) 数据独立性高

数据的独立性包括物理独立性和逻辑独立性,使用数据库系统管理数据,物理独立性和逻辑独立性都很高。

物理独立性:数据库管理系统向下管理具体的物理存储设备的读写,比如上面提到的三个表,这三个表具体在磁盘的什么位置是由数据库管理系统管的,用户不用知道,而且数据库管理系统管理物理存储设备的能力比文件系统强得多,比如可以把三个表的数据分布在多个磁盘,用户还是通过三个表的表名来访问数据,而一个文件被分散到多个磁盘上的时候,用户就不能只通过原来文件的路径名访问到所有的文件数据了。数据在物理存储设备上的存储方式发生的变化,应用程序不需要去了解,有很高的物理独立性。

逻辑独立性:数据库中数据的逻辑结构变了,应用程序也不需要改动。我们可以举关系数据库中的一个例子:

比如某个子应用系统要使用(学号、姓名、课程名、成绩、所在系)这组数据来完成一个处理,可以从上面定义的三个基本表中定义一个视图 aview,通过 aview 视图可以访问这个子应用系统所需的数据,如图 7.8 所示。

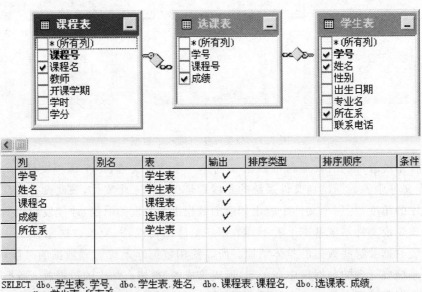

图 7.8 从三个表建立 aview 视图

其中三个基本表就是数据的逻辑结构,假如,库中数据的逻辑结构变成了四张表,我们可以从这四个基本表中定义一个同名的视图 aview。虽然数据的逻辑结构变了(由三张表变成了四张表),但是 aview 视图的结构没有变,它还是包括(学号、姓名、课程名、成绩、所在

系），子应用程序依然可以使用 aview 视图来访问自己所需的数据。程序无须改动，因为
aview 的名字和结构都没有变，变的只是数据库管理系统中 aview 的定义，而这个变化是由
数据库管理系统管理的，子应用系统无须了解，如图 7.9 所示。

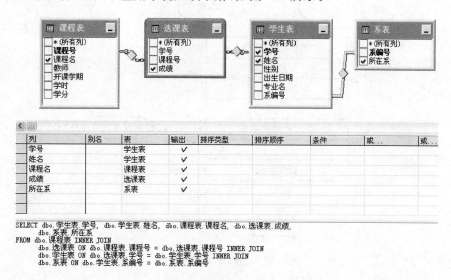

图 7.9　从四个表建立同样的 aview 视图

可以看到数据库系统管理数据的时候，数据具有很强的逻辑独立性。

在数据库系统管理阶段，程序与数据之间的对应关系如图 7.10 所示。

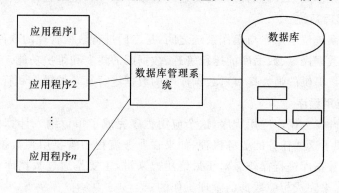

图 7.10　数据库系统管理阶段的应用程序与数据之间的对应关系

数据库系统阶段与文件系统阶段最明显的区别是文件系统阶段使用文件系统来管理数
据，而数据库系统阶段使用数据库管理系统来管理数据，而数据库管理系统提供的接口比文
件系统提供的接口要丰富得多。数据库管理系统不仅管理数据的物理存储，还提供数据逻
辑结构的管理方法。

7.1.3　数据库系统的组成

计算机系统引入数据库对数据进行管理之后就形成了数据库系统，数据库系统中重要
的组成部分包括数据库、数据库管理系统（及其开发工具）、数据库应用系统，人员方面包括
使用数据库应用系统的用户和对数据库进行管理的数据库系统管理员。数据的管理主要由

数据库管理系统来完成,用户的任务主要通过使用数据库应用系统(或应用程序)来完成。组成如图 7.11 所示。

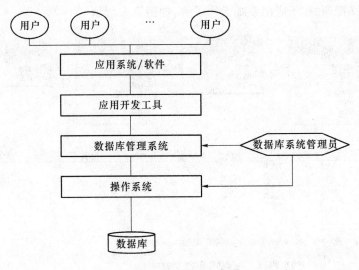

图 7.11　数据库系统的组成

1. 数据库

数据库就是长期存储在计算机内的有组织的、大量的、共享的数据集合。数据库中的数据是按一定的数据模型来组织、描述和存储的,具有尽可能小的冗余度、较高的数据独立性和易扩展性。对数据库中数据的访问都要通过数据库管理系统来进行。

2. 数据库管理系统

数据库管理系统位于用户与操作系统之间,是专门进行数据管理的软件,它的主要功能包括:数据定义、数据操纵、数据库的运行管理、数据库的建立和维护功能。应用程序可以通过数据库管理系统提供的强大接口对数据库中的数据进行复杂的操作和管理。

3. 数据库应用程序

为一个单位开发数据库应用程序,这个应用程序完成了单位纳入计算机管理的所有任务,应用程序实现了这些任务的业务流程,如果在业务流程中需要用到数据,可以通过数据库管理系统来对数据库进行操作。对于最终用户来讲,主要是通过数据库应用程序来完成单位的工作任务,来完成相应数据的管理工作的。

4. 最终用户

最终用户使用数据库应用程序来完成日常工作,并在此过程中完成了相应数据的维护和管理任务。一个特定的数据库系统通常是为某个组织服务的,服务于这个组织中的最终用户。

5. 数据库系统管理员

由于利用数据库系统来管理数据引入了数据库和数据库管理系统的概念,在应用程序的设计中还专门引入了数据库设计一条主线,把应用程序和数据管理分开来设计和实现,对数据库的管理引入了专门的人员——数据库系统管理员。其主要工作包括:

(1) 决定数据库中要组织什么数据? 存放什么数据? 这些数据以什么样的结构存在? 要进行什么操作? 数据的安全性要求是什么? 数据的完整性约束是什么? 也就是数据库的

逻辑结构、安全性要求和完整性约束。

（2）要决定数据库中这些数据最终在磁盘上存储和访问的时候采用什么样的策略，也就是数据库的物理结构。

（3）监控数据库的使用和运行，做好日常运行和维护工作，特别是做好系统的备份和恢复工作。

（4）数据库系统的调优和重组重构。数据库系统管理员监控系统的性能，并通过数据重组织来获得更好的性能。或者在系统不能满足用户的需求时，对数据库进行重新构造。

综上所述，数据库是长期在计算机内有组织的、大量的、可共享的数据集合，它可以供各种用户共享，具有最小的冗余度、较高的数据独立性。数据库管理系统在数据库建立、运行和维护时对数据库进行统一的控制，以保证数据库的完整性、安全性，并在多个用户同时使用数据库时进行并发控制，在发生故障后对系统进行恢复。

7.2　关系数据库

关系数据库是建立在关系数据模型基础上的数据库，是目前主流的数据库系统。

7.2.1　模型

1. 概念模型

数据库是用来管理数据的，所以首先要有一个模型把需要管理的对象描述清楚，这个模型称为概念模型，它描述了我们需要管理谁，它们之间的关系是什么。最著名的概念模型就是实体-联系模型（E-R 模型），一般用 E-R 图表示。如图 7.12 所示即为一个 E-R 图。

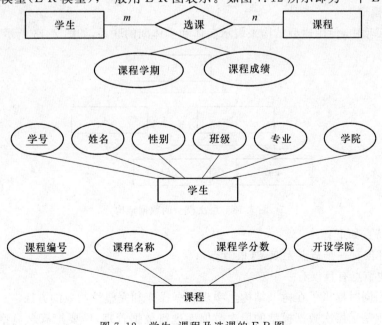

图 7.12　学生、课程及选课的 E-R 图

图 7.12 说明:学生是一个实体型(矩形框),包括学号、姓名、性别、班级、专业、学院这些属性(椭圆型)。课程是一个实体型,包括课程编号、课程名称、课程学分数、开设学院这些属性。学生和课程之间有选课联系(菱形),之间的联系是多对多($m:n$),也就是说一个学生可以选多门课,一门课可以被多个学生选。选课这个联系有两个属性:课程学期和课程成绩。

我们看到,概念模型描述清楚了要管理的对象是学生、课程和学生的选课,它们之间具有上述的联系。我们就明白了在数据库中要管理什么样的数据。

2. 数据模型

弄清楚要管理的对象之后,我们就要决定这些对象、这些数据要怎么去管理它,对应的就是数据模型,对于同一个概念模型,每一种数据库的数据模型是不一样的。数据模型要说明以下的问题:

- 数据的结构:也就是说对这些数据准备用怎样的数据结构来支持,是树型图结构、网状图结构,还是表示成表格等。比如在关系数据模型中,所有的实体都表示成二维表的形式。

- 数据的操作:对于数据库中的这些数据,允许执行什么样的操作? 怎样进行数据结构的创建、修改、删除? 怎样进行数据的检索和更新? 比如关系数据库中提供的创建表的操作(数据结构),以及对表中数据的插入(insert)、删除(delete)、修改(update)。

- 数据的约束条件:组织数据的时候有一些约束条件,数据模型应该能描述并实现这种约束,这些约束保证了数据库中数据是正确的、有效的、相容的。比如月份数据只能在 1~12 的整数中选等。

在数据库的发展中,出现过层次模型、网状模型和关系模型三种主流的数据模型,而关系模型得到了广泛的应用。

1) 层次模型

在层次模型中,使用树型结构来表示实体和实体间的联系,如图 7.13 所示。

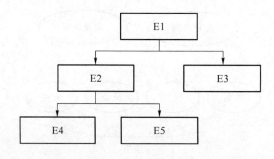

图 7.13　层次模型的数据结构

其结构特点如下:

(1) 有且仅有一个节点无双亲(根节点);

(2) 其他节点有且仅有一个双亲。

层次模型同时提供了在树型结构上实现数据操作和完整性约束的方法。

如果使用基于层次数据模型的层次数据库进行数据管理,需要把概念模型描述的管理对象转换到这种结构上,并使用这种结构的数据库提供的操作和约束条件来进行数据管理。

2)网状模型

在网状模型中,使用网状结构来表示实体和实体间的联系,如图 7.14 所示。

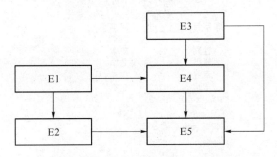

图 7.14　网状模型的数据结构

其结构特点如下:

(1)允许一个以上的节点无双亲;

(2)一个节点可以有多于一个的双亲。

网状模型同时也提供了在网状结构上实现数据操作和完整性约束的方法。

如果使用基于网状数据模型的网状数据库进行数据管理,需要把概念模型描述的管理对象转换到这种结构上,并使用这种结构的数据库提供的操作和约束条件来进行数据管理。

3)关系模型

(1)关系模型的数据结构

在关系模型中,数据的逻辑结构是二维表,实体和实体间的联系全部采用二维表来表示。比如上述概念模型中的学生实体,可以用二维表表示,如图 7.15 所示。

学号	姓名	性别	班级	专业	学院
020101	张一	男	06001	计算机应用	计算机
020102	张二	女	06002	计算机软件	计算机
020103	张三	男	07001	通信工程	信通院

图 7.15　关系模型的数据结构

这个数据结构就叫做关系,其中每一行称为一个元组,实际就是学生对象中的一个学生,每一列称为一个属性,用来描述这个学生的相关信息。每一个学生可以用唯一的学号来确定,我们把可以唯一确定一个元组的属性或属性组合称为主码。

关系使用关系模式进行描述,一般表示为:关系名(属性 1,属性 2,…,属性 N),上面的学生关系就可以表示为:学生表(学号,姓名,性别,班级,专业,学院)。

在关系模型中实体和实体间的联系都用关系来表示,所以,上述概念模型中的数据,可以表示成如下的三个关系:

学生表(学号,姓名,性别,班级,专业,学院);

课程表(课程编号,课程名称,课程学分数,课程开设学院);

选课表(学号,课程编号,选课学期,课程成绩);

其中,学生表和课程表就是前面概念模型中的学生实体和课程实体的表,选课表是模型中选课这个联系的表,它代表的是学生实体和课程实体之间的联系。我们可以在数据库中定义出这三个关系的结构,图 7.16 给出了使用图形界面定义的学生表,其中关系名就是表名,属性就是图中的字段。

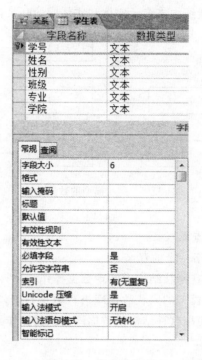

图 7.16 定义学生表

(2) 关系数据模型的数据操纵

数据操作主要包括查询、插入、删除和修改四类,关系操作可以通过关系代数、关系演算和关系数据语言(比如 SQL 语句)等方法来进行。现在应用广泛的是使用 SQL 语言来进行数据操作,比如要查询计算机学院的学生,我们就可以通过下述命令来完成,如图 7.17 所示。

Select * from 学生表 where 学院 = ´计算机´

查询 — course\course.test4.sa — 无标题1*
select * from 学生表 where 学院='计算机'

	学号	姓名	性别	班级	专业	学院
1	020101	张一	男	06001	计算机应用	计算机
2	020102	张二	女	06002	计算机软件	计算机

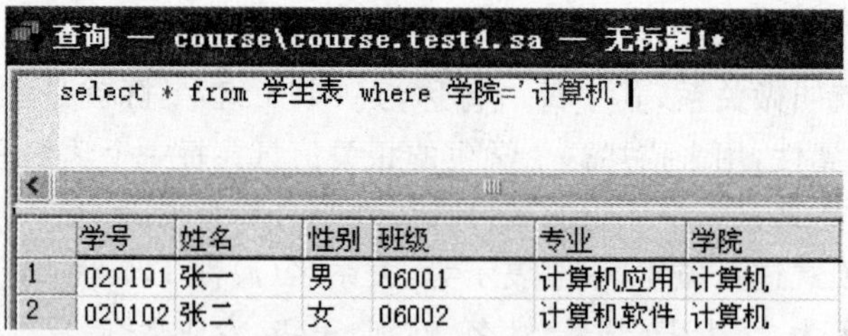

图 7.17 对关系模型的数据查询

比如要向学生表中插入一个新学生,我们可以通过下述命令来完成:

INSERT INTO 学生表 VALUES(´020204´,´张 四´,´男´,´06001´,´计算机应用´,´计算机´)

我们看到,用户只需指出干什么,数据库管理系统就可以去完成这个任务,怎么干,是数据库管理系统实现的,非常方便。

(3) 关系模型的约束条件

在关系模型中,约束条件有三种:实体完整性、参照完整性、用户定义的完整性。

实体完整性是说一个关系的主码,必须取值唯一,而且不能全部或部分为空。比如学生
实体的主码是学号,那么不能有两个学生学号相同,同时也不
能有学生学号为空。其实质是说现实世界中不能有完全相同
的两个实体(主码取值唯一),也不能有不可标识的实体(主码
为空)。我们在定义实体表的时候通常要指定其主码,如图
7.18所示。

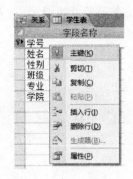

图 7.18　定义学生表的主码

参照完整性用来说明实体之间存在的参照关系,比如选课
表参照了学生表的学号,那么选课表中的学号,要么是空的,要
么必须是学生表中存在的一个学号,它的含义是选课表里的选
课记录,要么没有某个学生的选课记录(学号为空),如果有某
个学生的选课记录,那么选课记录中的学号一定和学生表中该
学生的学号相同(是学生表中存在的一个学号)。通常我们在定义完所有的表之后,就要定
义它们之间的参照完整性,图 7.19 给出了学生表、选课表、课程表之间定义参照关系的样
例。其中的级联更新表示如果学生表的学号改掉了,那么选课表中相应学生的学号也会跟
着更新;级联删除的含义是如果学生表中删除了某个学生,那么选课表中所有该学生的选课
记录也会跟着全部删除。

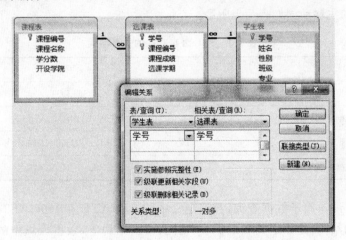

图 7.19　定义表之间的参照完整性

用户自定义的完整性是用户根据自己的应用
环境对数据提出的一些约束条件,比如在某个应
用中,用户想规定学生在校期间的年龄不大于 30
岁,这就是用户自定义的完整性。用户自定义的
完整性可以在定义表的时候,通过定义属性字段
中的各种约定来完成。比如图 7.20 定义了学生
表的性别属性字段只能输入"男"或者"女"。

关系数据库管理系统实现了实体完整性和参
照完整性,并提供了定义用户自定义完整性的方

图 7.20　定义表属性字段的用户自定义完整性

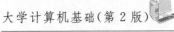

法,并能够根据用户的定义,由关系数据库管理系统来维护用户自定义的完整性。图 7.21 给出了在定义了如图 7.20 的规则后,输入时性别字段输入"ma",数据库系统给出的出错提示。

图 7.21　数据库维护用户自定义的完整性

7.2.2　SQL 语言

数据库管理系统的主要功能包括:数据定义、数据操纵、数据库的运行管理、数据库的建立和维护功能,这些功能是通过数据库支持的数据语言来实现的,其中最重要的就是 SQL 语言。关系数据库全面支持 SQL 语言。

SQL(Structured Query Language)全称为结构化查询语言,是国际标准数据库语言。SQL 语言支持的主要动词如表 7.1 所示。

表 7.1　SQL 语言支持的主要动词

SQL 功能	动词
数据查询	SELECT
数据定义	CREATE、DROP、ALTER
数据操纵	INSERT、UPDATE、DELETE
数据控制	GRANT、REVOKE

其中 select 语句用于数据查询,数据定义中的 CREATE、DROP、ALTER 可以用来定义并维护数据的结构,比如定义和维护表、视图、索引结构等,数据操纵中的 INSERT、UP-DATE、DELETE 可以实现对表、视图等结构中的数据进行更新和维护。数据控制中的 GRANT、REVOKE 可以对用户进行授权和权利回收,用来保证数据的安全性。

上面谈到学生和选课数据库中数据操纵的例子,现在来看数据定义的实现,比如学生表(学号,姓名,性别,班级,专业,学院),我们可以使用 CREATE 语句来创建:

```
create table 学生表
(学号 char(6)NOT NULL PRIMARY KEY,
姓名 VARCHAR(8),
性别 CHAR(2),
班级 VARCHAR(10),
专业 VARCHAR(30),
学院 VARCHAR(30))
```

然后利用数据操纵语句来对数据进行插入、删除、修改,并用数据控制语句来实现安全性的控制。

具体的 SQL 语言在后续的课程中学习。

7.2.3 关系数据库的特点

关系数据库建立在关系模型的基础上,有如下突出的特点:

(1) 关系数据库有严格的理论基础:关系模型建立在严格的数学基础上,而且关系数据库本身的理论也很完善和成熟。

(2) 数据结构简单、清晰,用户易懂易用:在关系数据库中实体和实体之间的联系都是用关系(二维表)来表示的。操作在表上进行,操作的结果也是表,概念单一,容易理解和接受。

(3) 关系数据库的数据独立性很高:由于关系数据库管理系统管理数据在磁盘上的物理存储,物理存储位置的变化并不会影响到关系数据的逻辑结构(表),所以数据的物理独立性很高。前面 aview 视图的例子说明,表结构变了(数据的逻辑结构变了),但视图的逻辑结构没变,所以应用程序也不需要改变,逻辑独立性很强。

(4) 关系数据库的查询效率有时不如层次和网状数据库。因为数据在多个表中的时候,查询需要做多个表的连接操作,比较费时费力。

7.3 关系数据库的实例

现在,数据库和数据库管理系统有很多。下面简单介绍其中的一部分。

7.3.1 Access 数据库

Access 是一种关系型的桌面数据库管理系统,是微软公司 Office 套装软件的一个组件,是基于 Windows 环境的数据库管理系统软件。

Access 属于小型桌面数据库管理系统,它适用于小型企业、学校、个人等用户,可以通过多种方式实现对数据收集、分类、筛选处理,提供用户查询或打印报表。与 Office 高度集成,并提供 Windows 操作系统的高级应用程序开发系统。与其他数据库之间的显著区别是:用户不用编写代码,就可以在很短的时间里开发出一个功能强大而且相当专业的数据库应用程序,完成数据管理任务。目前 Access 的最新版本为 Access 2010 版。

Access 2010 通过使用现成的模板和可重用的组件能更快更轻松地构建数据库应用。增强的表达式生成器和改进的宏设计器等使数据库应用的创建更加轻松和简单。

Access 2010 通过直观的视图管理条件格式规则,并新增了 Office 主题,可以简单通过单击调整众多的数据库对象并轻松设置格式,创建更具吸引力的窗体和报表。

Access 2010 创建 .accdb 文件格式的数据库,这种格式支持包括多值字段、数据宏和发布到 SharePoint 等新功能,使用户可以在 Web 浏览器中使用数据库。

7.3.2 SQL Server 数据库

SQL Server 是一种关系数据库,它除了支持传统关系数据库组件(如数据库、表)和特性(如表的 join)外,也支持当今关系数据库常用的组件,如存储过程、视图等。SQL Server 支持关系数据库国际标准语言——SQL(称为 Transact-SQL)。SQL Server 另外一项重要的特点是支持数据库复制的功能。

1988 年,Sybase、Microsoft 和 Ashton-tate 共同开发了 SQL Server 的 OS/2 版本,在 Windows NT 操作系统出现后,SQL Server 移植到 Windows NT 操作系统上,三者合作终止在 1994 年,成为微软的数据库产品,其版本的情况如表 7.2 所示。

表 7.2 SQL Server 的版本

年份	版本	开发代号
1993 年	SQL Server for Windows NT 4.21	无
1994 年	SQL Server for Windows NT 4.21a	无
1995 年	SQL Server 6.0	SQL 95
1996 年	SQL Server 6.5	Hydra
1998 年	SQL Server 7.0	Sphinx
2000 年	SQL Server 2000	Shiloh
2003 年	SQL Server 2000 企业 64 位版	Liberty
2005 年	SQL Server 2005	Yukon
2008 年	SQL Server 2008	Katmai

其中 SQL Server 2000 版得到了最广泛的使用。目前,SQL Server 2008 R2 是最新版。SQL Server 2008 包含企业版、标准版、工作组版、Web 版、开发者版、Express 版、Compact 3.5 版等不同的版本,其中 Express 版是免费的版本。

SQL Server 2008 R2 是一个重大的产品版本,它推出了许多新的特性和关键的改进,使得它成为至今为止的最强大和最全面的 SQL Server 版本。它也是微软数据平台愿景中的一员,微软数据平台愿景解决方案就是公司可以使用、存储和管理许多数据类型,包括 XML、E-mail、时间/日历、文件、文档、地理等,同时提供一个丰富的服务集合来与数据交互作用:搜索、查询、数据分析、报表、数据整合和强大的同步功能。用户可以访问从创建到存档于任何设备的信息,从桌面到移动设备的信息。

SQL Server 2008 R2 出现在微软数据平台愿景上,是因为它使得公司可以运行他们最关键任务的应用程序,同时降低了管理数据基础设施和发送观察和信息给所有用户的成本,帮助实现以下特点:

- 可信任的——使得公司可以以很高的安全性、可靠性和可扩展性来运行他们最关键任务的应用程序;
- 高效的——使得公司可以降低开发和管理他们的数据基础设施的时间和成本;
- 智能的——提供了一个全面的平台,可以在用户需要的时候给他发送观察和信息。

SQL Server 的下一个版本将是 SQL Server 2012。

7.3.3　Oracle 数据库

Oracle 数据库系统是美国 Oracle 公司的产品,Oracle 公司成立于 1977 年,并于 1979 年推出了世界第一个商业化的关系型数据库管理系统,1983 年公司重新改写了 Oracle 的内核,并在 1984 年,首先将关系数据库转到了桌面计算机上。1986 年推出 Oracle 5,率先实现了分布式数据库、客户机/服务器结构等崭新的概念。1988 年公布了 Oracle 的版本 6,开始支持对称多处理计算机。1997 年公布了 Oracle 8,增加了面向对象技术,成为关系-对象数据库系统。1998 年公布的 Oracle 8i,是一个面向 Internet 计算环境的数据库系统。Oracle 9i 是数据库业界第一个完整的、简单的用于互联网的新一代智能化的、协作各种应用的软件基础架构,包括了 Oracle 9i 数据库、Oracle 9i Application Server 和 Oracle 9i Developer Suite 产品。2005 年 Oracle 推出其数据库产品的 10g 第 2 版(10g R2),提供更强的安全性、更高的性能,并称为"唯一为网格计算而设计的数据库。

目前 Oracle 的最新版本为 Oracle 11g R2。它扩展了 Oracle 具有的提供网格计算优势的功能,可以提高用户服务水平,减少停机时间,更加有效地利用 IT 资源,同时可以增强全天候业务应用程序的性能、可伸缩性和安全性。

7.3.4　DB2 数据库

DB2 数据库是 IBM 公司的产品,起源于一个大的关系型数据库系统研究项目 System R 和 System R∗,提出并实现了 SQL 语言,探讨并验证了在多用户与大量数据下关系型数据库的实际可行性。System R 对关系型数据库的商业化起到了关键性的催化作用,目前,所有的关系型数据库厂家的产品都建立在 SQL 的基础上。System R 项目迄今已有 30 多年的历史。

1984—1992 年,IBM 艾玛登研究中心开始了一项名为 Starburst 的大型研究计划,主要目的是针对 SQL 关系型数据库各种局限的了解,建立新一代、具延伸性的关系型数据库原型。其中延伸性是指在数据库各子系统实现开放性,使用户能够很容易把新功能加注到一个 SQL 关系型数据库里,以便支持新一代的应用,Starburst 为新一代商用对象——关系型数据库提供了宝贵的经验和技术来源。

虽然 DB2 是 IBM 公司的产品,但是它支持从 PC 到 UNIX,从中小型机到大型机,从 IBM 到非 IBM(HP 及 SUN UNIX 系统等)各种操作平台,既可以在主机上以主/从方式独立运行,也可以在客户机/服务器环境中运行。其中服务平台可以是 OS/400、AIX、OS/2、HP-UNIX、SUN-Solaris 等操作系统。

DB2 数据库支持面向对象的数据结构,如无结构文本对象,可以对无结构文本对象进行布尔匹配、最接近匹配和任意匹配等搜索。DB2 数据库支持多媒体应用程序。DB2 支持大二分对象(BLOB),允许在数据库中存取二进制大对象和文本大对象。

从实际的应用情况来看,DB2 主要还是应用在 IBM 公司的大型计算机系统中。很多银行都使用 IBM 的大型计算机,DB2 在银行系统中也有较多的应用。

DB2 的最新版本为 DB2 9.7,同时 IBM 还为 z/OS 推出了 DB2 10。

7.3.5 MySQL 数据库

MySQL 是一个快速、多线程、多用户、开放源代码的 SQL 数据库。其出现虽然只有短短的几年时间,但凭借着"开放源代码"的特点,它从众多的数据库中脱颖而出,成为许多场合的中、小型数据库应用系统的首选。

MySQL 的核心程序采用完全的多线程编程。据称,MySQL 是速度最快的数据库之一。和大型数据库相比,MySQL 精简了其中的一些中、小企业不一定必要的功能,但是却提高了访问速度。

MySQL 可运行在不同的操作系统下。简单地说,MySQL 可以支持 Windows 95/98/NT/2000 以及 UNIX、Linux 和 SUN OS 等多种操作系统平台。这意味着在一个操作系统中实现的应用可以很方便地移植到其他的操作系统下。

MySQL 支持通过 Access 连接 MySQL 服务器,从而使得 MySQL 的应用被大大扩展。MySQL 本身也可以作为大型数据库使用,可以方便地支持上千万条数据记录。

MySQL 完整地支持 SQL 语言中的 SELECT 和 WHERE 语句的全部运算符和函数,并且可以在同一查询中混用来自不同数据库的表,从而使得查询变得快捷和方便。

MySQL 可以应用于各种网络环境中,无论是 LAN、WAN 或 Internet,用户都可以通过网络来访问 MySQL 的数据库。

MySQL 是开放源码的。如果不理解某个原理或算法,可以通过直接阅读源码进行分析;如果有不适合本应用的地方,还可以自行修改;如果不需要技术支持,基本上不需要付费。

2005 年,MySQL 发布了 MySQL 5.0 新版本,增加了许多新的功能。例如,加强了分布式事务处理能力,支持异构环境中跨多个数据库的复杂事务,提供服务器强制执行的数据完整性检查,提供了新的移植工具,新的图形化工具箱可从 Oracle、Microsoft SQL Server、Microsoft Access 及其他数据库平台完全移植所有数据和对象到 MySQL 中。

2010 年 Oracle 收购了 Sun 公司,之后推出了 MySQL 5.5 这个最新版本,与以前的版本相比,获得了很多特性方面的提升,比如,将默认的存储引擎改为成熟、高效的 InnoDB,多核性能得到了提升,复制功能得到了加强,增强了表分区功能等。

7.3.6 Sybase 数据库

Sybase 是 SYstem dataBASE 的含义,是美国 Sybase 公司的产品。1986 年正式推出 Sybase 数据库系统。1991 年年底进入中国,1993 年成立 Sybase 中国有限公司。1995 年年底推出 Sybase System 11,1999 年 8 月,正式发布了针对企业门户市场的公司策略,进一步加强了公司在企业数据管理和应用开发、移动和嵌入式计算、Internet 计算环境及数据仓库等领域的领先地位。用户通过企业门户可以对内容和商务建立个性化的无缝的应用集成,并且通过社区与其他人进行交流。

Sybase 采用了许多先进的技术,使该产品的开发和研制的起点高、结构新、性能好。例如,Sybase 是第一个在核心层真正实现 C/S 体系结构的分布式的关系型数据库产品,也是第一个把单进程多线索技术用于关系型数据库的产品。

目前 Sybase Advantage Database Server 的新版本为 10.X,它提供灵活的数据访问能力,并且为 Delphi、Visual Studio、Visual Objects、Visual Basic 等提供经过优化的数据访问,对数据库参照完整性进行全面支持,可为数据库提供全面的安全和加密支持。

7.4　实　验　指　导

7.4.1　学生选课系统数据库设计

1. 学生选课系统需求

学生选课系统的需求为:建立学生选课数据库,记录每个学生每个学期选课的情况,并对各门课的成绩进行记录。在此基础上,老师能够方便查看学生选课的情况,例如某个同学各个学期的选课情况,或者某门课选课的学生,或者某个学院学生选课的情况,某门课程某个分数段学生的情况等。此外可以通过输入学生学号或姓名,快速查看学生的选课和成绩信息。

2. 数据库应用设计

(1) 需求分析

根据上边的原始需求描述,可以得知,本数据库应用主要完成以下三方面的功能:

- 对学生选课的各项信息进行维护:包括添加、修改和删除等;
- 对学生选课情况进行各种条件的查询;
- 输入学生学号或姓名,查询选课历史成绩的功能。

通过对上述功能的分析,确定应用中应该包括的数据项有学生学号、学生姓名、学生所在学院、性别、班级、专业、课程名称、课程编号、课程学分数、课程开设学院、学生选课学期、学生课程成绩等内容。

(2) 概念设计

将以上的数据项进行分类,画出系统的 E-R 图,如图 7.22 所示。

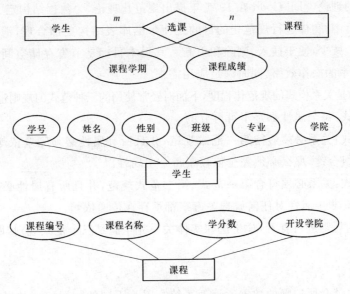

图 7.22　学生、课程及选课的 E-R 图

图 7.22 中方框代表实体,椭圆框代表实体的属性,带下划线的属性表示是该实体的码,

菱形框代表实体和实体的关系,其下的椭圆框代表关系的属性。学生与课程之间的关系是选课,并且关系类型是多对多关系,也就是说一个学生可以选择多门课,一门课也可以有很多学生选择。

（3）逻辑设计

逻辑设计首先要把 E-R 图中的实体、实体之间的联系转变成关系数据库支持的关系模式。E-R 图由实体、实体属性和实体间的关系三个要素组成,将 E-R 图转换成关系模式实际上就是要把实体、实体的属性和实体之间的关系转换成关系模式,这种转换一般遵循以下规则:

一个实体转换为一个关系,实体的属性就是关系的属性,实体的码就是关系的主码。

- 一个 1:1 联系可以转换为一个独立的关系模式,也可以与任意一端对应的关系模式合并;
- 一个 1:n 的联系可以转换为一个独立的关系模式,也可以与 n 端对应的关系模式合并。
- 一个 m:n 联系转换为一个关系模式,与该联系相连的各个实体的码以及该联系本身的属性均转换为关系的属性,而关系的码为各个实体的码的组合。

根据以上的转换规则,可以将 E-R 图划分为三个关系模式:

- 学生实体:(学号,姓名,性别,班级,专业,学院);
- 课程实体:(课程编号,课程名称,学分数,开设学院);
- 选课实体:(学号,课程编号,课程成绩,选课学期)。

在逻辑设计阶段,要利用关系规范化理论对以上实体进行优化。规范化理论是研究关系模式中各属性之间的依赖关系以及对关系模式性能的影响,探讨关系模式应该具备的性质和设计方法的理论。EF Codd 在 1971 年提出规范化理论,为数据结构定义了五种规范化模式,简称范式。对实体进行规范化的目的是使数据库表结构更加合理,消除存储异常,使数据冗余量尽量减少,便于插入、删除和更新。其根本目标是节省存储空间,避免数据不一致性,提高对关系的操作效率,同时满足应用需求。

范式表示的是关系模式的规范化程度,下面对经常使用的三种范式的规则进行简单描述:

- 第一范式:每个属性都是不可再分的。
- 第二范式:关系必须遵循第一范式规范,并且所有属性必须完全依赖于主键。如果主键是组合键,那么必须完全依赖于每个主属性。
- 第三范式:关系必须符合第一范式、第二范式规范,并且所有属性必须相互独立,也就是所有非主属性对任何候选关键字都不存在传递依赖。

根据范式的规则进行查看,学生选课实体关系完全满足三个范式规则,所以不用对关系进行修改。

（4）物理设计

物理设计要结合所选择的数据库管理系统。因为不同的数据库产品提供的物理环境、存取方法和存取结构有很大的差别,能够提供给设计人员使用的设计变量、参数类型和参数范围也有很多不同,因此没有通用的数据库物理设计方法可循。物理数据库的设计包括为实体关系中的各个属性选择合适的类型和范围、设置合适的索引等内容,从而使得数据库运行过程中事务响应时间小、存储空间利用率高、事物吞吐量大。

3. 实验作业

班级学生管理的需求为:建立班级学生信息库,班级信息中应知道班名、班号和班主任,学生信息应知道学号、姓名、性别、年龄、籍贯,一个班可以有多个学生,而一个学生只能属于一个班,由于每个学生的入班时间不同,需要了解每一个学生是何时进入这个班级的。通过该系统可以查看所有班的信息,每个班的学生信息,以及学生何时入班的信息。

请根据此需求进行数据库设计。

7.4.2　创建数据库及表,进行数据输入

1. 创建数据库

打开 Access 2010 之后,在可用模板处选择空数据库,在右侧文件名处输入数据库名"test",系统会在指定目录下生成一个 test.accdb 文件,这个文件就是创建好的数据库文件,如图 7.23 所示。

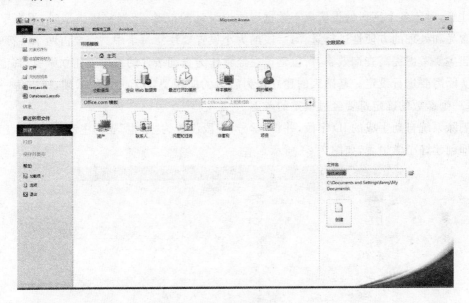

图 7.23　创建数据库

2. 创建表

可以通过以下三种方式创建表:创建新的数据库、将表插入现有数据库中,或者从其他数据源(如 Microsoft Office Excel 2007 工作簿、Microsoft Office Word 2007 文档、文本文件或其他数据库)导入或链接到表。创建新的空白数据库时,系统将自动插入新的空表,之后便可以输入数据来开始定义字段。

这里采用将表插入现有数据库中的方法:

打开创建的新数据库 test.accdb,单击"创建→表",可以在窗口中出现一个新表"表1",在"表1"上单击鼠标右键,在弹出的菜单中单击"设计视图"按钮,将跳出一个窗口可以输入表名,输入"学生表",单击"确定"按钮后出现表设计视图,可以在此视图中定义表的各个

字段。

根据学生表的属性内容在字段列中输入"学号"、"姓名"、"性别"、"班级"、"专业"、"学院"六个字段。每个字段的类型设置如表 7.3 所示。

表 7.3 "学生表"的字段设置

字段名称	字段类型	字段大小	是否索引	必添字段	允许空字符串
学号	文本	6	是	是	否
姓名	文本	20	是	是	否
性别	文本	2	否	否	是
班级	文本	5	是	是	否
专业	文本	20	否	否	是
学院	文本	40	否	否	是

注意,对于各个字段的设置属于数据库物理设计的范畴,选择字段类型时,根据字段的实际含义和处理的方便性进行选择;字段的大小设置要注意每个中文需要占两个字符;索引的创建主要考虑提高查询效率,所以建议在经常作为查询条件的字段上建立索引;其他内容根据实际需要进行设定。基础表的建立是为后边的应用奠定了良好的基础,所以每一个环节、每一个参数的确定都要经过慎重的考虑。

删除系统自动生成的 ID 字段,并将"学号"字段设置为"学生"表的主键,保存该表为"学生",即创建好了学生表,如图 7.24 所示。

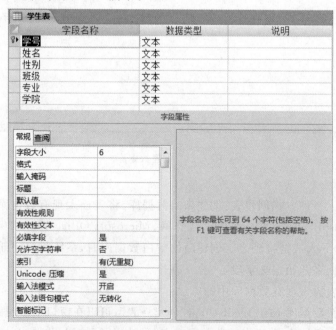

图 7.24 创建学生表

同样利用设计视图的方法创建"课程表",表中各字段属性如表 7.4 所示。

表 7.4　"课程表"的字段设置

字段名称	字段类型	字段大小	是否索引	必添字段	允许空字符串
课程编号	文本	10	是	是	否
课程名称	文本	50	是	是	否
学分数	数字	整型	否	否	是
开设学院	文本	40	是	是	否

同样利用设计视图的方法创建"选课表",表中各字段属性如表 7.5 所示。

表 7.5　"选课表"的字段设置

字段名称	字段类型	字段大小	是否索引	必添字段	允许空字符串
学号	文本	6	是	是	否
课程编号	文本	10	是	是	否
课程成绩	数字	整型	否	否	是
选课学期	文本	30	否	是	否

3. 建立表之间的关系及参照完整性

创建好基本表之后,还要根据实体之间的关系建立各个表之间的联系(利用 Access 中"数据库工具"→"关系"功能)。所谓关系是两个表中都有的一个数据类型、大小相同的字段,利用这个字段建立两个表之间的关系。通过这种表之间的关联性,可以将数据库中的多个表联结成一个有机的整体。关系的主要作用是使多个表中的字段协调一致,以便快速地提取其中的信息。下面建立"学生"、"课程"与"选课"表之间的联系。

选中"数据库工具"→"关系"后,显示"关系"视图窗口。如果在数据库中已经创建了关系,则在关系窗口中显示出这些关系。如果没有定义任何关系,Access 会在弹出关系窗口的同时弹出"显示表"对话框,选中对话框中的表,单击"添加"按钮,将要建立联系的表加入到"关系"窗口中,关闭"显示表"对话框。

在窗口中选中源表中的某个字段,如学生表的"学号"字段,拖动鼠标到目的表(选课表)上方,放开鼠标左键会弹出"编辑关系"对话框,如图 7.25 所示。

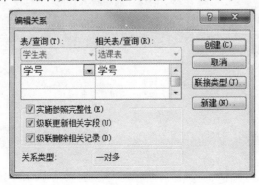

图 7.25　"编辑关系"对话框

图 7.25 中显示了相关联的两个字段,说明它们的关系为一对多,即学生表中的一个记录对应于选课表中的多个记录,即一个学生选修几门课程。单击"创建"按钮,完成两个表间的连接操作。如果选中了参照完整性,同时可决定是否设置"级联更新相关字段"、"级联删除相关记录",以使更改源表主键时,目的表中该字段的值是否同时被修改。

以同样的方法建立其他表间的关系后,关闭关系视图窗口,并保存此布局设置。关系图如图 7.26 所示。

图 7.26　表之间关系图

4. 在表中输入数据

在所有表中选中某个表格双击,即进入了数据输入状态,按照表中各个字段的类型和属性要求,可以向表中直接输入数据,如图 7.27～图 7.29 所示。

学号	姓名	性别	班级	专业	学院	添加新字段
054201	张磊	男	05401	计算机通信	计算机	
054202	刘伟	男	05401	计算机通信	计算机	
054203	张扬	女	05401	计算机通信	计算机	
054301	俞军	男	05402	信息安全	计算机	
054302	陈建	女	05402	信息安全	计算机	
055201	胡强兵	男	05501	电子商务	经济管理	
055202	秦飞盈	女	05501	电子商务	经济管理	

图 7.27　向学生表中输入数据

课程编号	课程名称	学分数	开设学院	添加新字段
101	计算机原理	2	计算机	
102	计算方法	3	计算机	
103	操作系统	3	计算机	
104	数据库原理	3	计算机	
105	企业管理	2	经济管理	
106	数据通信	3	经济管理	
107	英语	3	经济管理	
108	VB	1	计算机	

图 7.28　向课程表中输入数据

学号	课程编号	课程成绩	选课学期	添加新字段
054201	101	90	4	
054201	102	70	3	
054201	107	75	2	
054202	101	50	4	
054202	102	88	3	
054203	103	60	2	
054203	108	88	2	
055201	107	66	2	
055202	103	40	3	

图 7.29　向选课表中输入数据

在输入内容的时候一定要符合字段的限制和表之间的联系,否则输入将不被接受。

5. 实验作业

为 7.4.1 节中设计的数据库创建数据库 bjgl,并创建表,输入相关数据。

7.4.3　数据库查询

1. 简介

Access 提供查询向导,能够有效地指导用户顺利进行创建查询工作,并能以图形的方式显示结果。同时提供查询设计视图,在该窗口中不仅可以创建新的查询设计,也可以修改已有的查询,还可以直接输入、修改、执行 SQL 语句。这里主要介绍通过输入 SQL 语句的方式进行数据查询。

2. 查询示例

(1) 选择"创建"→"查询设计"→"SQL 视图",打开 SQL 输入的窗口;

(2) 查询学生表的信息:输入"select ＊ from 学生表;",单击"运行"按钮,即显示学生表的所有内容,如图 7.30 所示。

学号	姓名	性别	班级	专业	学院
054201	张磊	男	05401	计算机通信	计算机
054202	刘伟	男	05401	计算机通信	计算机
054203	张扬	女	05401	计算机通信	计算机
054301	俞军	男	05402	信息安全	计算机
054302	陈建	女	05402	信息安全	计算机
055201	胡强兵	男	05501	电子商务	经济管理
055202	秦飞盈	女	05501	电子商务	经济管理

图 7.30　查询结果 1

(3) 查询计算机学院学生的学号和姓名:创建一个新查询,输入"select 学号,姓名 from 学生表 where 学院＝'计算机';",单击"运行"按钮,即显示查询结果,如图 7.31 所示。

(4) 查询选修了课程的学生学号:创建一个新查询,输入下述语句并运行,即显示查询结果,如图 7.32 所示。

```
select 学号,姓名 from 学生表
where 学号 in(
    select DISTINCT 学号 from 选课表);
```

图 7.31　查询结果 2

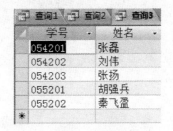

图 7.32　查询结果 3

(5) 查询每个学生的情况以及他所选修的课程:创建一个新查询,输入下述语句并运

行,即显示查询结果,如图 7.33 所示。

select * from 学生表,选课表 where 选课表.学号 = 学生表.学号

学生表.学与	姓名	性别	班级	专业	学院	选课表.学与	课程编号	课程成绩	选课学期
054201	张磊	男	05401	计算机通信	计算机	054201	101	90	4
054201	张磊	男	05401	计算机通信	计算机	054201	102	70	3
054201	张磊	男	05401	计算机通信	计算机	054201	107	75	2
054202	刘伟	男	05401	计算机通信	计算机	054202	101	50	4
054202	刘伟	男	05401	计算机通信	计算机	054202	102	88	3
054203	张扬	女	05401	计算机通信	计算机	054203	103	60	2
054203	张扬	女	05401	计算机通信	计算机	054203	108	88	2
055201	胡强兵	男	05501	电子商务	经济管理	055201	107	66	2
055202	秦飞盈	女	05501	电子商务	经济管理	055202	103	40	3

图 7.33 查询结果 4

3. 实验作业

(1) 查询课程表的信息;

(2) 查询经济管理学院学生的学号和姓名;

(3) 查询没有选修课程的学生学号;

(4) 查询每个学生的情况以及他所选修的成绩不及格的课程。

习　题

1. 数据与信息的关系是什么?

2. 数据处理与数据管理的区别是什么?

3. 人们借助计算机来进行数据管理主要经历了哪三个阶段,每个阶段的主要特点是什么?

4. 数据库管理系统的主要功能包括什么?

5. 数据模型由哪三部分组成?

6. 请描述层次模型、网状模型、关系模型的数据结构的特点。

7. 关系模型约束条件主要有哪三种?

8. SQL 语言主要的功能有哪些? 每个功能主要支持的动词是什么?

第8章 多媒体技术基础

多媒体技术形成于 20 世纪 80 年代中期,是计算机技术、广播电视技术和通信技术这三大原来各自独立的领域相互渗透、相互融合,进而迅速发展的一门新兴技术,是人类追求流畅、高速、生动信息通信的必然结果。多媒体技术不是某种特指的技术,而是大量与多媒体获取、处理、存储、传输、展示相关的技术的总称。本章介绍多媒体技术的基础知识。

8.1 多媒体技术基础知识

本节介绍多媒体技术的基础知识,包括多媒体技术的基本概念、多媒体数据的类型、多媒体数据的特点、多媒体技术的发展过程以及应用范围等内容。

8.1.1 多媒体技术基本概念

1. 媒体

媒体(medium)指信息表示和传输的载体,如书籍、报刊、话语、电视、广播等都是传统的媒体。由于信息被人们感觉、表示、显示、存储和传输的方法各有不同,因此国际电联将媒体分为了五类,如表 8.1 所示。

表 8.1　媒体的分类

媒体分类	媒体说明	图示表示
感觉媒体 (Perception Medium)	人们的感觉器官所能感觉到的信息的自然种类,如人类的各种语言、音乐,自然界的各种声音、图形、图像,计算机系统中的数据、文本等都属于感觉媒体	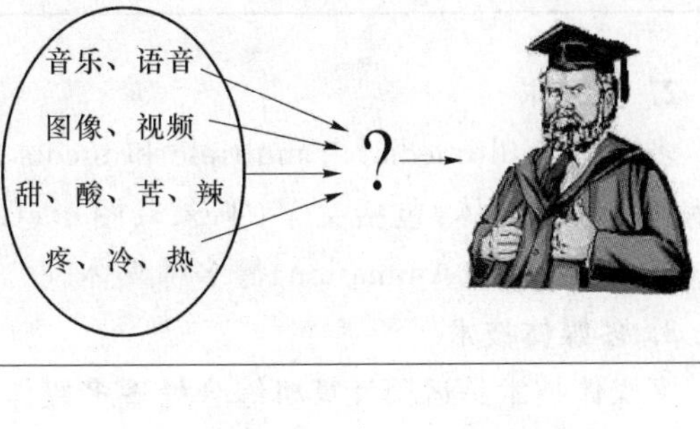

媒体分类	媒体说明	图示表示
表示媒体 (Representation Medium)	为了加工处理和传输感觉媒体而人为研究、构造出来的一种媒体,用以定义信息的特性。表示媒体以文本编码、语音编码、图像编码等形式来描述	音乐、语音 图像、视频 甜、酸、苦、辣 疼、冷、热
显现媒体 (Presentation Medium)	感觉媒体与电信号间相互转换用的一类媒体,即显现信息或获取信息的物理设备。显现媒体包括显示器、扬声器、打印机等输出类表达媒体,以及键盘、鼠标、扫描仪、话筒和摄像机等输入类表达媒体	打印机 音箱 红外接收器 MIDI键盘 扫描仪 键盘 鼠标
存储媒体 (Storage Medium)	指存储表示媒体数据(感觉媒体数据化后的代码)的物理设备,如光盘、磁盘、磁带等	SONY CD-R 700MB
传输媒体 (Transmission Medium)	指传输媒体的一类物理载体,如同轴电缆、光缆、双绞线、电磁波、红外线等	

2. 多媒体

多媒体(multimedia)由 multiple 和 media 复合而成的,指多种(两种及两种以上)信息表示和传输的载体,包括文字(Text)、图形(Graphics)、图像(Image)、音频(Audio)、视频(Video)以及动画(Animation)等多种媒体。

3. 多媒体技术

多媒体技术是运用计算机综合处理多媒体数据的各种技术的总称,包括对多媒体数据的采集、处理、存储、传输、展现的各种技术。

多媒体技术有三个显著的特点,集成性、实时性和交互性。集成性一方面指各种媒体信息的集成,另一方面指显示或表现媒体的设备的集成。实时性是指在多媒体系统中声音及活动的视频图像是强实时性的。交互性指用户可以介入到多媒体数据的加工和处理之中。

4. 多媒体系统

多媒体系统指能够提供交互式处理〔包括获取(Capture)、处理(Manipulate)、编辑(Authoring)、存储(Save)、放映(Present)〕文本、声音、图像、视频等多种媒体信息的计算机系统。多媒体系统一般包括四个部分:多媒体硬件系统、多媒体操作系统、多媒体开发工具和多媒体应用软件,如图 8.1 所示。

（1）多媒体硬件系统:包括计算机硬件、声音/视频处理器、多种媒体输入/输出设备及信号转换装置、通信传输设备及接口装置等。其中,最重要的是根据多媒体技术标准而研制生成的多媒体数据处理芯片和板卡等。

图 8.1　多媒体系统层次图

（2）多媒体操作系统:又称为多媒体核心系统(Multimedia Kernel System),具有实时任务调度、多媒体数据转换和同步控制、多媒体设备驱动和控制,以及图形用户界面管理等功能。

（3）多媒体开发工具:用于开发多媒体应用系统的软件工具,是多媒体系统重要组成部分。

（4）多媒体应用软件:根据多媒体系统终端用户要求而定制的应用软件或面向某一领域的用户应用软件系统,它是面向大规模用户的系统产品。

8.1.2　多媒体数据的类型

在多媒体计算机技术中处理的多媒体数据主要包括六类:文本、图形、图像、音频、视频和动画,下面依次介绍。

1. 文本

文本是以文字和各种专用符号表达的信息形式,它是现实生活中使用得最多的一种信息存储和传递方式,是人与计算机之间进行信息交换的主要媒体。用文本表达信息给人充分的想象空间,它主要用于对知识的描述性表示,如阐述概念、定义、原理和问题以及显示标题、菜单等内容。

2. 图形

图形指通过绘图工具利用已有的基本图形制作出来的图形对象,又叫做矢量图。矢量图也叫面向对象绘图,是通过数学方式描述曲线类型和曲线围成的色块特征而制作的图形。在计算机内部表示时,矢量图记录一系列数学公式和某些特征点值,根据公式和特征值,计算机可以将图形还原到计算机显示设备上。所以矢量图的优点是占用系统空间小,图形显示质量与分辨率无关;但是由于显示的时候需要计算,所以显示速度会受到一定的影响。矢量图形尤其适用于标志设计、图案设计、文字设计、版式设计等场合。图形实例如图 8.2 所示。

绘制矢量图形的软件有 CorelDraw、Illustrator、Freehand 等。

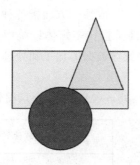

图 8.2　图形实例

3. 图像

图像是人对视觉感知到的物质的再现。图像可以由光学设备获取,如照相机、望远镜、显微镜等;也可以人为创作,如手工绘画。图像也叫做位图或像素图,它由像素点构成的网格组成。其工作方式就像是用画笔在画布上作画一样。如果将图像放大到一定的程度,就会发现它是由一个个小方格组成的,这些小方格被称为像素点。像素点是图像中最小的着色单元。一幅位图图像包括的像素点可以达到百万个,因此,位图的大小和质量取决于图像中像素点的多少,通常说来,每平方英寸的面积上所含像素点越多,颜色之间的混合也越平滑,同时文件也越大。处理图像的软件有 Photoshop、Painter 等。

位图图像的质量依赖于图像的分辨率,分辨率越大,图像包含的像素数越多,质量越好。图像每个像素点的颜色根据需要在计算机中以 1～32 位不等的二进制数来表示,常见的有 1 位(单色)、4 位(16 色)、8 位(256 色)、16 位(增强色 16 位)、24 位(真彩色)等。所以,图像分辨率越大,表示像素颜色的二进制位越多,图像越逼真,但是存储图像文件所需的磁盘空间也就越大。图像如图 8.3 所示。

图 8.3　位图图像

4. 音频

音频是人们通过声音来传递信息、交流感情的工具。人们能够听到的声音是由空气振动产生的一种物理现象,是一种连续的模拟信号。对声音进行数字化处理后能够得到数字音频,按照数字音频生成的方式不同,音频又分为数字音频和 MIDI 音频。

5. 视频

视频影像具有时序性与丰富的信息内涵,常用于交代事物的发展过程。视频非常类似于我们熟知的电影和电视,有声有色,在多媒体中充当起重要的角色。视频效果非常容易模拟或记录现实世界的场景,多用于网络视频共享、监控系统、网络视频会议等领域。

6. 动画

动画是利用人的视觉暂留特性,快速播放一系列内容相关的图形或图像,产生连续运动变化的动画效果,也包括画面的缩放、旋转、变换、淡入淡出等特殊效果。通过动画可以把抽象的内容形象化,使许多难以理解的内容通过动画能够变得直观易懂,同时也增强了趣味性。合理使用动画可以达到事半功倍的效果。

8.1.3 多媒体数据的特点

1. 数据量大

多媒体数据,尤其是声音和视频图像,数据量之大非常惊人,例如音频信号,如果采样频率为 44.1 kHz,量化位数为 16 bit,双通道立体声,则 1 分钟这样的数字音频就在 10 MB 左右。1 幅 1024×768 中等分辨率的真彩色图形(24 bit/像素),文件大小为 2.25 MB;如果是同样分辨率的真彩色的动态视频信号,每秒播放 30 帧的情况下,每秒数据量将达到 67.5 MB/s。可见,如此大的数据量给获取、存储、传输、加工和展现媒体数据带来了巨大的压力。

2. 数据类型多

多媒体数据中的媒体类型非常多,包括文本、图形、声音、动画、音乐、视频等,加之同一种媒体也还分为多种格式,所以数据类型相当多。

3. 不同数据类型之间差别大

不同媒体数据类型之间的差别体现在几个方面:首先在空间上,媒体存储量差别很大;其次体现在时间上,对声音、视频图像等时基类媒体的信息组织方法有很大的不同;最后体现在格式和内容上,不同类型的媒体,由于格式和内容的不同,相应的数据管理和处理方法也不同。

4. 数据处理复杂

多媒体数据量巨大、类型繁多、差别大,必然导致了处理的复杂,在处理的过程中还要考虑同步、安全、效果、质量、速度等问题,更增加了多媒体数据处理的复杂度。

8.1.4 多媒体技术的发展

科学技术的进步和社会的需求是促进多媒体发展的基本动力。多媒体技术经历了以下三个发展阶段。

1. 启蒙发展阶段

多媒体技术的一些概念和方法,起源于 20 世纪 60 年代,技术实现于 80 年代中期,下面列举一些多媒体技术发展过程中的主要事件。

1984 年美国苹果(Apple)公司在研制 Macintosh 计算机时,为了增加图形处理功能,改善人机交互界面,创造性地使用了位映射(bitmap)、窗口(window)、图符(icon)等技术。这一系列改进所带来的图形用户界面(GUI)深受用户的欢迎,加上引入鼠标作为交互设备,配合 GUI 使用,大大方便了用户的操作。

1985 年,微软公司推出了 Windows,它是一个多用户的图形操作环境。Windows 使用鼠标驱动的图形菜单,是一个具有多媒体功能、用户界面友好的多层窗口操作系统。

1985 年,美国 Commodore 公司推出世界上第一台多媒体计算机 Amiga 系统。Amiga

具有自己专用的操作系统,能够处理多任务,并具有下拉菜单、多窗口、图符等功能。

1985年,Negroponte和Wiesner成立麻省理工学院媒体实验室(MIT Media Lab)。

1986年荷兰飞利浦(Philips)公司和日本索尼(Sony)公司联合研制并推出CD-I(Compact Disc Interactive,交互式紧凑光盘系统),同时公布了该系统所采用的CD-ROM光盘的数据格式。这项技术对大容量存储设备光盘的发展产生了巨大影响,并经过国际标准化组织(ISO)的认可成为国际标准。大容量光盘的出现为存储和表示声音、文字、图形、音频等高质量的数字化媒体提供了有效手段。

2. 标准化阶段

自20世纪90年代以来,多媒体技术逐渐成熟。多媒体技术从以研究开发为重心转移到以应用为重心。由于多媒体技术是一种综合性技术,它的实用化涉及计算机、电子、通信、影视等多个行业技术协作,其产品的应用目标,既涉及研究人员也面向普通消费者,因此标准化问题是多媒体技术实用化的关键。在标准化阶段,研究部门和开发部门首先各自提出自己的方案,然后经分析、测试、比较、综合,总结出最优、最便于应用推广的标准,指导多媒体产品的研制。标准化工作包括以下几个方面:

(1) 硬件标准化

1990年10月,在微软公司会同多家厂商召开的多媒体开发工作者会议上提出了MPC 1.0标准。1993年由IBM、英特尔等数十家软硬件公司组成的多媒体个人计算机市场协会(MPMC,The Multimedia PC Marketing Council)发布了多媒体个人机的性能标准MPC 2.0。1995年6月,MPMC又宣布了新的多媒体个人机技术规范MPC 3.0。

(2) 压缩技术标准化

多媒体技术的关键技术之一是关于多媒体数据压缩(编码)和解压(解码)算法。

静态图像的主要标准称为JPEG标准(ISO/IEC 10918)。它是ISO和IEC联合成立的专家组JPEG(Joint Photographic Experts Group)建立的适用于单色和彩色、多灰度连续色调静态图像压缩的国际标准。该标准在1991年通过,成为ISO/IEC 10918标准,全称为"多灰度静态图像的数字压缩编码"。

视频/运动图像的主要标准包括国际标准化组织下属的一个专家组MPEG(Moving Picture Experts Group)制定的MPEG-1(ISO/IEC 11172)、MPEG-2(ISO/IEC 13818)和MPEG-4(ISO/IEC 14496)三个标准,用于视频会议的H.261标准和用于可视电话的H.263标准等。

(3) 多媒体通信标准化

在多媒体数字通信方面也制定了一系列国际标准,称为H系列标准。这个系列标准分为两代。H.320、H.321和H.322是第一代标准,都以1990年通过的ISDN网络上的H.320为基础。H.323、H.324和H.310是第二代,使用新的H.245控制协议并且支持一系列改进的多媒体编、解码器。

(4) 其他标准化工作

更深层次的多媒体技术标准也相继问世。一个典型的标准是称作"多媒体内容描述接口"的MPEG-7标准(ISO/IEC 15938)。MPEG-7是一个关于表示音/视信息内容的标准。

另一个标准是MPEG-21标准(ISO/IEC 18034),正式名称叫"多媒体框架"。MPEG-21的目标是,把支持分布在大范围网络和设备中的多媒体资源的技术透明地集成起来以支持多种功能,包括:内容创作、内容生产、内容分发、内容消费和使用、内容包装、智力财产管理和保护、内容识别和描述、财政管理、用户隐私、终端和网络资源抽象,内容表示和事件报告等。

3．蓬勃发展

多媒体各种标准的制定和应用极大地推动了多媒体产业的发展。一些多媒体标准和实现方法已被做到芯片级,并作为成熟的商品投入市场。与此同时,涉及多媒体领域的各种软件系统及工具,也如雨后春笋,层出不穷。这些成果对多媒体的普及和应用提供了可靠的技术保障,并促使多媒体成为一个产业而迅猛发展。

1997 年 1 月美国英特尔公司推出了具有 MMX 技术的奔腾处理器(Pentium processor with MMX),成为多媒体计算机的一个标准。奔腾处理器在体系结构上有三个主要的特点:(1)增加了新的指令,使计算机硬件本身就具有多媒体的处理功能,能更有效地处理视频、音频和图形数据;(2)单条指令多数据处理(SIMD, Single Instruction Multiple Data process)减少了视频、音频、图形和动画处理中常有的耗时的多循环;(3)更大的片内高速缓存,减少了处理器不得不访问片外低速存储器的次数。奔腾处理器使多媒体的运行速度成倍增加,并已开始取代一些普通的功能卡板。

另一代表是 AC97 杜比数字环绕音响的推出。在视觉进入 3D 立体视觉空间的境界后,对听觉也提出环绕及立体音效的要求。电影制片商在讲究大场景前,会要求有逼真及临场感十足的声音效果。加上个人计算机游戏(PC Game)的刺激,将音效的需求带到颠峰。AC97(Audio Codec 97)在此情此景的推动下,由 Creative 公司及深耕此领域的 Analog Device、NS、Yamaha、Intel 主导生产。AC97 硬件解决方案中,由声音产生器(Controller)及 Codec IC 两片 IC 构成。

虚拟现实(Virtual Reality)技术正向各个应用领域开拓。虚拟现实技术是在计算机系统环境下,集视、听、说、触动等多种感觉器官的功能于一体的仿真综合体技术。此外,下一代用户界面,基于内容的多媒体数据检索,保证服务质量的多媒体全光通信网,基于高速互联网的新一代分布式多媒体数据系统等,多媒体技术和它的应用正在迅速发展,新的技术、新的应用、新的系统不断涌现。从多媒体应用方面看,有以下几个发展趋势:

- 从单个 PC 用户环境转向多用户环境和个性化用户环境;
- 从集中式、局部环境转向分布式、远程环境;
- 从专用平台解决方案转向开放的、可移植的解决方案;
- 多媒体通信从单向通信转向多方通信;
- 从被动的、简单的交互方式转向主动的、高级的交互方式。

8.1.5　多媒体技术的应用范围

多媒体技术的产生赋予计算机新的含义,它标志着计算机将不仅应用于办公室和实验室,还会进入家庭、商业、旅游、娱乐、教育乃至艺术等几乎所有的社会和生活领域。

1．教育培训领域的应用

多媒体技术为计算机教学增添了新的手段。音频、视频信息处理功能能使教学内容的表达更为清晰、生动、活泼有趣,提高学生们的学习兴趣与效率。此外,多媒体技术实现了远程教育,多媒体与网络通信技术相结合,把教学搬出课堂,从而形成网络教学、远程教学,打破了教师之间、院校之间、地区之间,甚至国与国之间的界限,使教育资源得到充分的共享,使更多的人接受各种教育。

2．信息发布

各公司、企业、学校，甚至政府部门都可以建立自己的信息网站，用各种大量的媒体资料详细地介绍本部门的历史、实力、成果、需求等信息，以进行自我展示并提供信息服务。另外，个人用户可以在网络上建立自己的信息博客、微博或网站。利用各种媒体形式发布信息，提高自身的关注度。

3．电子出版

电子出版是多媒体传播应用的一个重要方面。多媒体大容量存储技术以及信息高速公路为人们提供了方便快捷的信息处理、存储和传递方式，它是解决信息爆炸的一条出路。利用多媒体技术制作的光盘出版物，在音像娱乐、电子图书、游戏及产品广告的光盘市场上，呈现出迅速发展的销售趋势。电子出版物的产生和发展，不仅改变了传统图书的发行、阅读、收藏、管理等方式，也将对人类传统文化概念产生巨大影响。

4．宣传

利用多媒体技术和创作工具可以制作出精美、富有感染力的产品宣传材料，此类应用可以让客户获得产品直观深刻的印象，同时任意查询的自由感可以提高客户的购买意愿。

5．电子商务

将有关的合同和各种单证按照一定的国际通用标准，通过互连网络进行传送，从而提高交易与合同执行的效率。通过网络，顾客能够浏览商家在网上展示的各种产品，并获得价格表、产品说明书等其他信息，据此可以定购自己喜爱的商品。电子商务能够大大缩短销售周期，提高销售人员的工作效率，改善客户服务，降低上市、销售、管理和发货的费用，形成新的优势条件，电子商务已经成为社会一种重要的销售手段。

6．娱乐

计算机网络游戏由于具有多媒体感官刺激，使游戏者通过与计算机的交互身临其境、进入角色，真正达到娱乐的效果，故大受欢迎。此外，数字照相机、数字摄像机、数字摄影机和DVD 光碟的投放市场，直至数字电视的到来，将为人类的娱乐生活开创一个新的局面。

7．其他

除此之外，多媒体技术还广泛应用于多媒体通信、远程医疗、医学成像、影视制作、艺术创作、虚拟现实、模式识别等领域。

8.2 多媒体的关键技术

多媒体技术包括多种计算机技术和通信技术，其中的一些关键的技术为多媒体技术能够迅速发展和广泛应用奠定了坚实的基础，下面就介绍多媒体中的关键技术。

1．多媒体数据编解码技术

多媒体计算机中要表示、传输、处理大量的声音、图像和视频信息，其数据量之大非常惊人，加之信息种类多、实时性高，给数据的存储、传输和处理带来了巨大的压力，所以在提高CPU 处理能力、存储容量和网络带宽的同时，高效的数据压缩编解码技术更加关键。多媒体数据编解码技术在保障多媒体数据质量的前提下,尽可能压缩媒体文件的大小,为多媒体的存储、处理和传输奠定坚实的基础。

2. 多媒体数据存储技术

随着多媒体与计算机技术的发展,多媒体数据量越来越大,对存储设备的要求越来越高,因此高效快速的存储设备是多媒体技术得以应用的基本部件之一。多媒体存储技术主要指光存储技术。光存储系统包含光盘驱动器和光盘盘片组成。光盘中按照某种特定的格式存放信息,高密度、大容量、小体积是光盘发展的方向。光盘驱动器针对光盘中数据的格式,读取光盘中的信息,目前主要针对提高数据传输速率和缩短平均存取时间开展技术研究工作。

3. 多媒体计算机硬件平台

多媒体技术的发展离不开软硬件技术的支撑。由于多媒体数据种类多、数据量大、实时性要求高,所以对计算机硬件平台的要求很高,如处理能力很高的 CPU、容量很大的内存、好而快的显示系统,高速率的输入输出接口和总线,以及大容量、存储快的存储设备等。此外还采用专用硬件实现多媒体的扩展,包括视频卡、音频卡、压缩卡、TV 转换卡等。多媒体处理专用芯片,是多媒体硬件体系结构的关键技术。

4. 多媒体计算机软件平台

多媒体软件平台主要包括多媒体操作系统、多媒体驱动软件、多媒体数据采集软件、多媒体编辑与创作工具、多媒体应用软件等。计算机操作系统、面向对象技术、并行处理和复杂结构的分布处理技术等软件技术的发展,为多媒体软件平台的发展提供了很好的基础。同时还出现了大量音频、图形、图像、动画和视频等多媒体素材制作软件,如 WaveStudio、CorelDraw、Photoshop、Animator Studio、3D Studio MAX、Premiere 等,还有许多多媒体编辑与创作工具,如 Authorware、Tool Book 等。

5. 多媒体数据库技术

多媒体数据是一个由若干多媒体对象所构成的集合,这些数据对象按一定的方式被组织在一起,可为多个应用所共享。多媒体数据库管理系统负责完成对多媒体数据库的各种操作和管理功能,包括对数据库的定义、创建、查询、访问、插入、删除等一些传统数据库的功能;此外还必须解决一些新的问题,如海量数据的存储、信息提取等。

多媒体数据库主要研究内容包括:存储模型、体系结构、时空编组和数据模拟、查询处理和控件关系以及用户接口技术等。主要工作包括:对现有的关系数据库模型进行扩充;研究面向对象数据库;研究超文本/超媒体数据库。

6. 超文本和超媒体技术

超文本和超媒体技术是一种模拟人脑的联想记忆方式,把一些信息块按需要用一定逻辑顺序链接成非线性网状结构的信息管理技术。超文本技术以结点为基本单位,由链把结点组成网状结构。随着计算机多媒体技术的发展,结点中的数据不仅可以为文字还可以包含图形、图像、声音、动画和视频等,自然形成了支持多媒体数据管理的天然技术,形成了超媒体技术。

7. 虚拟现实技术

虚拟现实是一项与多媒体技术密切相关的边缘技术,它通过综合应用计算机图像、模拟与仿真、传感器、显示系统等技术和设备,以模拟仿真的方式,给用户提供一个真实反映操纵对象变化与相互作用的三维图像环境所构成的虚拟世界,并通过特殊设备(如头盔和数据手套)提供给用户一个与该虚拟世界相互作用的三维交互式用户界面。利用多媒体系统生成的逼真的视觉、听觉、触觉及嗅觉的模拟真实环境,受众可以用人的自然技能对这一虚拟的现实进行交互体验,犹如在现实世界中的体验一样。

8. 人机交互技术

计算机能够处理和表现的信息越来越多,因此人和计算机之间的交互日益重要。人机交互技术(Human-Computer Interaction Techniques)是指通过计算机输入、输出设备,以有效的方式实现人与计算机对话的技术。它包括人通过输入设备给计算机输入有关信息;计算机通过输出或显示设备给人提供大量有关信息等。人机交互技术是计算机用户界面设计中的重要内容之一,与认知学、人机工程学、心理学等学科领域有密切的联系。

9. 分布式多媒体技术

分布式多媒体技术是多媒体技术、网络通信技术、分布式处理技术、人机交互技术、人工智能技术和社会学等多种技术的集成。分布式多媒体技术具有广阔的应用,包括计算机支持协同工作、远程教育、远程会议、分布式多媒体数据点播、分布式多媒体办公自动化、Internet/Intranet 中的分布式多媒体应用和移动式多媒体系统等。

8.3　多媒体计算机设备

一般认为,能够综合处理多种媒体数据的计算机,包括对多种媒体数据进行采集、存储、加工、处理、表现和输出等,就称为多媒体计算机(Multimedia PC),简称 MPC。多媒体计算机的硬件除了常规的 CPU、硬盘、内存、显示器之外,还要有处理各种多媒体数据的专有设备,如音频信息处理硬件声卡、显卡、显示器、各种输入输出设备等。本节分别介绍这些多媒体设备的工作原理。

8.3.1　声卡

声卡(Sound Card)是多媒体计算机中最基本的组成部分,实现了声波/数字信号相互转换。声卡的基本功能是把来自话筒、磁带等原始模拟声音信号加以转换,生成数字音频信号,并将计算机中的数字音频转换为模拟声音,输出到耳机、扬声器、扩音机等输出设备。声卡也可以通过音乐设备数字接口(MIDI)记录乐器发出的美妙的声音。

1. 声卡的组成

典型的声卡由以下的部件组成(如图 8.4 所示):

- 一个模数转换器(ADC),负责把模拟音频转为数字音频;
- 一个数模转换器(DAC),负责把数字音频转为模拟音频;
- 一个数字信号处理器(DSP),负责数字音频的压缩和解压缩;
- 音乐设备数字接口(MIDI),用于连接外部的音频设备;
- 用于连接麦克风和扬声器的插口;
- 用于连接光驱的接口,用于播放光驱中的音乐文件。

当录制声音时,声卡对麦克风接收到的模拟声音进行数字化处理,之后 DSP 对数字信号进行压缩,转变为数字声音文件,将其存放在系统硬盘中。

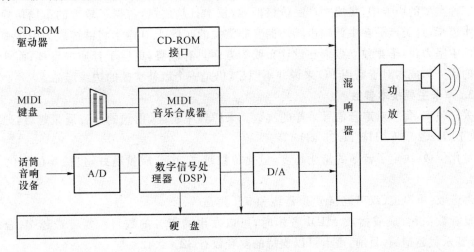

图 8.4 声卡的组成

在播放声音时,系统从硬盘中得到数字音频,通过 DSP 对其进行解压缩处理,之后再对数字音频进行数模转换,之后将得到的模拟音频输送给输出设备。

2. 声卡的分类

声卡发展至今,主要分为板卡式、集成式和外置式三种接口类型,以适用不同用户的需求。

板卡式声卡通过 PCI 插槽与计算机主板相连,如图 8.5 所示。其产品涵盖低、中、高各档次,售价从几十元至上千元不等。板卡式声卡拥有更好的性能及兼容性,声音处理效果好、速度快,支持即插即用,安装使用都很方便。

集成式声卡是集成在主板上的声卡,如图 8.6 所示。为了降低硬件成本,节省主板扩展插槽,集成式声卡出现了。此类产品集成在主板上,具有不占用 PCI 接口、节省空间、成本低廉、兼容性更好等优势,能够满足普通用户的绝大多数音频需求,受到市场青睐。集成声卡的技术也在不断进步,处理效果与速度已经基本能够满足一般用户的需要,成为目前台式计算机和笔记本计算机的首选声音处理设备。

图 8.5 板卡式声卡

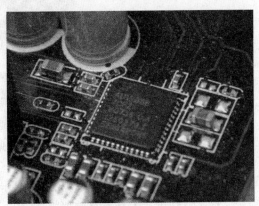

图 8.6 集成式声卡

外置式声卡是一个新兴事物,它通过 USB 接口与 PC 连接,具有使用方便、便于移动等优势。但这类产品主要应用于特殊环境,如连接笔记本以实现更好的音质等。

三种类型的声卡中,集成式产品价格低廉,技术日趋成熟,占据了较大的市场份额。随着技术进步,这类产品在中低端市场还拥有非常大的前景;PCI 声卡将继续成为中高端声卡领域的中坚力量,毕竟独立板卡在设计布线等方面具有优势,更适于音质的发挥;而外置式声卡的优势与成本对于家用 PC 来说并不明显,仍是一个填补空缺的边缘产品。

3. 声卡主要技术参数

采样频率:每秒对声音信号采样的次数。采样频率越高,得到的声音质量越好,通常包括 44.1 kHz、20.05 kHz、11.25 kHz 等。

量化位数:决定了音频的量化精度,量化位数越高,声音质量越好,包括 8 位量化或 16 位量化。

声道数:单声道、双声道、4 声道环绕和 5.1 声道等。

复音数:指合成或播放 MIDI 音乐时,可以发出的声音的数目。复音数越多,合成的 MIDI 音乐就越饱满,目前,声卡可以支持的复音数有 32、64、128 等。

信噪比:指信号和噪声的比例,信噪比越大说明声音质量越好。

音频压缩:支持的压缩标准,如 ADPCM、MACM 等。

8.3.2 显卡

多媒体计算机的显示系统包括两个部分:显卡和显示器。显卡也叫做图形显示适配器,是显示系统的核心部件,它负责将 CPU 送来的影像资料处理成显示器可以显示的格式,再送到显示器上形成影像。显卡决定了显示的分辨率、显示速度和效果。

1. 显卡的组成及工作原理

显卡一般包括以下功能部件(如图 8.7 所示)。

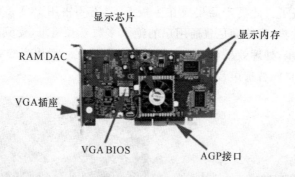

图 8.7　显卡的组成

- 显卡内存:用来存放显示画面的二进制信息,可以是 DRAM、VRAM、RAM 等;
- AGP 接口:显卡和主板之间传送数据的总线,决定显卡与主板之间数据的最大流量;
- VGA 显示芯片:绘图芯片,相当于显卡的心脏,可直接处理软件送来的绘图指令,并将运算结果写入显卡存储器中,节省 CPU 的运算能力;
- RAM DAC:存储器数字模拟转换器,负责显示存储器中的数据实时地转换为显示器所能接受的 RGB 模拟信号；

- VGA BIOS：基本输入输出系统，存有绘图芯片与驱动软件间的输入和输出的控制逻辑。

要显示的数据在经过 CPU 处理后，一般要经过以下四个步骤才能到达显示器：

（1）通过总线将 CPU 送来的数据资料送到显卡 VGA 芯片里面进行处理；

（2）将显卡芯片处理完的数据资料送到显存；

（3）由显存读取出数据资料再送到 RAM DAC 进行转换的工作；

（4）将转换完的数据对应到 CRT 显示器内的阴极射线管或液晶显示器中的 LCD 显像管，在显示器的屏幕上显示画面。

2. 显卡的接口模式

根据显卡芯片与系统 CPU 传输数据所使用的总线的不同，可以将显卡分为周边总线接口（Peripheral Circuits Interface，PCI）和加速图形接口（Accelerate Graphic Port，AGP）两种。AGP 接口卡也就是常说的图形加速卡或图形显示卡，它能够充分满足快速显示复杂图像的要求。

3. 显卡主要技术指标

核心频率：显卡的默认工作频率，其数值一般越高越好。

显存容量：用来保存屏幕显示数据，随着画面分辨率和色深提高而增大，因此显存容量大小影响着显卡的性能。主流显存容量为 512 MB 或 1 024 MB，还有部分产品配置了更大的显存容量。

显存频率：显存工作的速度。目前显存频率主要有 3 400 MHz、3 800 MHz 等。

显存的位宽和带宽：显存位宽就是指显存颗粒与外部进行数据交换的接口位宽，在一个时钟周期内所能传送数据的位数，目前常见的有 64 位、128 位和 256 位三种。

显存的类型：根据工作频率、制作工艺、处理能力等，目前市场上显存类型主要有 SDRAM、DDR SDRAM、DDR SGRAM 三种。

像素填充率：即每秒显示芯片/卡能在显示器上画出的点的数量。

最大分辨率：显卡的最大分辨率是指显卡在显示器上所能描绘的像素点的数量。分辨率越大，所能显示的图像的像素点就越多，并且能显示更多的细节，当然也就越清晰。

色深：描绘像素点颜色的二进制的位数，8 bit 色深可以描述 256 种颜色，16 bit 可以描述 65 536 种颜色，24 bit 可以描述 16 M 种颜色。色深的位数越多，能够表示的颜色就越多，屏幕画面质量就越好。

3D 显示卡技术指标：3D 处理技术能够提高显卡对三位图像的处理速度，提高显示性能，3D 处理技术包括 AGP 纹理、三角形生成数量、像素填充率和纹理贴图量、图形处理技术、32 位彩色渲染等。

此外，显卡还有总线接口方式、显示器接口方式和散热方式等参数，在此不再赘述。

8.3.3　显示器

显示器通常也被称为监视器，是属于计算机的输出设备。它可以分为 CRT、LCD、PDP、OLED 等多种。它是一种将一定的二进制数据通过特定的传输设备显示到屏幕上再反射到人眼的显示工具。从早期的黑白世界到现在的色彩世界，显示器走过了漫长而艰辛的历程，随着显示器技术的不断发展，显示器的分类也越来越细，主要的显示器包括以下几种：

1. CRT 显示器

CRT 显示器是一种使用阴极射线管(Cathode Ray Tube)的显示器,如图 8.8 所示。CRT 显示器主要由五部分组成:电子枪、偏转线圈、荫罩、荧光粉层及玻璃外壳。在显示器屏幕内侧涂有一层荧光粉,电子枪发射出的电子束击打在屏幕上,使被击打位置的荧光粉发光,从而产生了图像。每一个发光点又由"红"、"绿"、"蓝"三个小的发光点组成,组成一个像素。阴极射线管会发射三条电子束,它们分别射向屏幕上的这三种不同的发光小点,电子束强度的不同就会导致组成像素点颜色的红、绿、蓝分量不同,从而在屏幕上出现绚丽多彩的画面。

CRT 纯平显示器具有可视角度大、无坏点、色彩还原度高、色度均匀、可调节的多分辨率模式、响应时间极短等优点。

2. LCD 显示器

LCD(Liquid Crystal Display)显示器又称为液晶显示器,其优点是机身薄、占地小、辐射小,广泛应用于台式计算机显示器和笔记本计算机,如图 8.9 所示。

图 8.8　CRT 显示器　　　　　　图 8.9　LCD 显示器

根据采用的技术不同,LCD 显示器可分为 DSTN 与 TFT 两种。DSTN 即无源阵列 LCD,属于平板显示器中的初级产品。DSTN 的显示图像不够清晰,色彩饱和度和对比度较差,此外响应速度也比较迟钝。TFT 即有源阵列,它在 LCD 面板中连接了一个晶体管阵列,每个像素由独立的晶体管进行控制。TFT 显示器色彩艳丽、图像清晰、视角较宽,在刷新率方面已接近 CRT 显示器。

3. LED 显示器

发光二极管(Light Emitting Diode,LED)显示器是一种通过控制半导体发光二极管的显示方式,用来显示文字、图形、图像、动画、行情、视频、录像信号等各种信息的显示屏幕。LED 显示器集微电子技术、计算机技术、信息处理于一体,以其色彩鲜艳、动态范围广、亮度高、寿命长、工作稳定可靠等优点,成为最具优势的新一代显示媒体,目前,LED 显示器已广泛应用于大型广场、商业广告、体育场馆、信息传播、新闻发布、证券交易等,可以满足不同环境的需要。

4. PDP 显示器

等离子显示器(Plasma Display Panel,PDP)是采用了近几年来高速发展的等离子平面屏幕技术的新一代显示设备。等离子显示技术的成像原理是在显示屏上排列上千个密封的小低压气体室,通过电流激发使其发出肉眼看不见的紫外光,然后紫外光碰击后面玻璃上的红、绿、蓝 3 色荧光体发出肉眼能看到的可见光,以此成像。等离子显示器具有亮度高、对比度高、厚度薄、分辨率高、图像无扭曲等优点,代表了未来计算机显示器的发展趋势。

8.3.4 触摸屏

触摸屏是一种坐标定位装置,属于计算机输入设备。与传统的鼠标和键盘输入相比,它提供了更加简单、方便、自然的人机交互方式,目前已经广泛使用在智能手机、平板计算机、GPS、展示主机等方面。

触摸屏起源于 20 世纪 70 年代,早期多被装于工控计算机、POS 机终端等工业或商用设备之中。2007 年 iPhone 手机的推出,成为触控行业发展的一个里程碑。苹果公司把一部至少需要 20 个按键的移动电话,设计得仅需三四个按键,剩余操作则全部交由触控屏幕完成。除赋予了使用者更加直接、便捷的操作体验之外,还使手机的外形变得更加时尚轻薄,增加了人机直接互动的亲切感,引发消费者的热烈追捧,同时也开启了触摸屏向主流操控界面迈进的征程。

通过触摸屏,用户可直接用手向计算机输入坐标信息。触摸屏由触摸检测部件和触摸屏控制器组成,触摸检测部件安装在显示器屏幕前面,用于检测用户触摸位置,然后将相关信息传送至触摸屏控制器;触摸屏控制器的主要作用是从触摸点检测装置上接收触摸信息,并将它转换成触点坐标,再传送给 CPU。

根据识别触摸点原理不同,触摸屏分为以下几种:

1. 电容式触摸屏

电容式触摸屏外表面是一层玻璃,中间夹层的上下两面涂有一层透明的导电薄膜层,导电层四边各有一个狭长的电极,在导电体内形成一个低电压交流电场。用户触摸电容式触摸屏时,会改变工作层面的电容量,而四边电极则对触摸位置的容量变化做出反应。距离触摸位置远近不同的电极反映强弱不同,这种差异经过运算和变换形成触摸位置的坐标数据。

2. 电阻式触摸屏

电阻触摸屏的屏体部分是一块与显示器表面相匹配的多层复合薄膜,由一层玻璃或有机玻璃作为基层,在基层两个表面涂上一层透明的导电层,在两层导电层之间有极小的间隙使它们互相绝缘。在最外面再涂覆一层透明、光滑,且耐磨损的塑料层。当手指触摸屏幕时,平常相互绝缘的两层导电层就在触摸点位置由于外表面受压与另一面导电层有了一个接触点,因其中一面导电层附上横竖两个方向的均匀电压场,此时使得侦测层的电压由零变为非零,这种接通状态被控制器侦测到后,进行 A/D 转换,并将得到的电压值与均匀电压场相比即可计算出触摸点的坐标。

3. 红外线触摸屏

红外线触摸屏是一种利用红外线技术的装置。在显示器前面架上一个边框形状的传感器,边框的四边排列了红外线发射管及接收管,在屏幕表面形成一个红外线网。用户以手指触摸屏幕某一点,便会挡住经过该位置的横竖两条红外线,检测 X、Y 方向被遮挡的红外线位置便可得到触摸位置的坐标数据,然后传送到计算机中进行相应的处理。

红外触摸屏价格便宜、安装容易、能较好地感应轻微触摸与快速触摸,但是它对环境要求较高。由于红外线式触摸屏依靠红外线感应动作,外界光线变化会影响其准确度;红外线式触摸屏表面的尘埃污秽等也会引起误差,影响其性能,因此不适宜置于户外和公共场所使用。

4. 表面声波触摸屏

表面声波触摸屏是安装在显示器屏幕的前面玻璃平板。玻璃屏的左上角和右下角各固定了竖直和水平方向的超声波发射换能器,右上角则固定了两个相应的超声波接收换能器。

同时,玻璃屏的四个周边则刻有 45°角由疏到密间隔非常精密的反射条纹。

左上角和右下角发射换能器把控制器通过触摸屏电缆送来的脉冲信号转化为超声波分别向下和向上两个方向表面传递,然后由玻璃板下边的一组精密反射条纹把声波能量反射,分别在玻璃表面沿 X、Y 方向传递,声波能量经过屏体表面,再由反射条纹聚集成线传播给接收换能器,接收换能器将返回的表面声波能量变为电信号。当手指触摸玻璃屏时,玻璃表面途经手指部位的声波能量被部分吸收,接收波形对应手指挡住部位信号衰减了一个缺口,控制器分析接收信号的衰减并由缺口的位置判定坐标。之后控制器把坐标数值传给主机。

5. 近场成像触摸屏

近场成像触摸屏的传感机构是透明金属氧化物导电涂层。在导电涂层上施加一个交流信号,从而在屏幕表面形成一个静电场。当有手指或其他导体接触到传感器的时候,静电场就会受到干扰。而与之配套的影像处理控制器可以探测到这个干扰信号及其位置并把相应的坐标参数传给操作系统。

以上五种触摸屏各有优缺点,红外线触摸屏价格低廉,但其外框易碎,容易产生光干扰,曲面情况下失真;电容技术触摸屏设计构思合理,但其图像失真问题很难得到根本解决;电阻技术触摸屏的定位准确,但其价格颇高,且怕刮易损;表面声波触摸屏解决了以往触摸屏的各种缺陷,清晰且不容易被损坏,适于各种场合,缺点是屏幕表面如果有水滴和尘土会使触摸屏变得迟钝,甚至不工作。

8.4 多媒体数据的表示与压缩

8.4.1 媒体数据的表示方法

多媒体计算机采用数字化方式对声音、文字、图形、图像、视频、动画等媒体信息进行表示和处理。对于文本媒体,计算机采用编码的方法对其进行表示和存储。对于图像、声音和视频信息,计算机通过采样、量化和编码将其数字化。对于图形和矢量动画计算机采用存储数学公式方法对其进行表示和计算。文本信息的表示方法在第 1 章中已经介绍,下面着重介绍图像、音频、视频等媒体信息的数字化表示方法。

1. 图像

图像的数字化过程可以分解为采样、量化和编码三个过程。

- 采样指将组成图像的二维空间分解成一个个的小色块,称作像素点。像素点是图像中最小的着色单位。图像中包含的像素点的个数称为图像的分辨率,通常用 $w×h$ 来表示。w 表示该图像中每行包含的像素点的个数,h 表示该图像中的行数。例如,1024×768、2272×1704 等。一个分辨率为 16×16 的格式刷图元图像如图 8.10 所示。

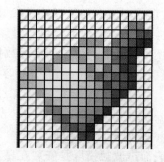

图 8.10 格式刷图像采样放大效果

- 量化指根据图像显示色彩的需求,确定用几个二进制位来表示图像中每个像素点的颜色。表示像素点颜色的二进制位数称为图像的像素深度。例如对于黑白图像,每个像素点不是黑颜色就是白颜色,如果用 1 表示白色,0 表示黑色,只需要 1 个 bit 来表示每个像素点的颜色就够了,则图像的像素深度为 1。同理,如果需要表示 256 种颜色,则至少需要 8 个 bit,则像素深度为 8。常见的图像像素深度有 1 位、4 位、8 位、16 位、24 位、32 位等,分别用来表示黑白图像、16 级灰度图像、256 级灰度图像和真彩色图像。

- 编码指将图像中每个像素点的颜色用其对应的二进制串表示出来,从而形成整幅图像的数字编码表示。

原始的数字化图像文件的大小与图像的分辨率和像素深度有关,分辨率表示了图像中包含的像素点的个数,像素深度代表了表示每个像素点颜色需要的二进制的位数,所以整幅图像包含的二进制数据量为

$$图像文件大小(bit)＝分辨率×像素深度$$

一般情况下,操作系统中使用字节(Byte)作为文件大小的基本单位,1 字节包含 8 个 bit,所以图像文件大小还可以表示为

$$图像文件大小(B)＝分辨率×像素深度÷8$$

例如,一幅图像分辨率为 $640×480$,像素深度为 16 bit,则该图像文件的大小为

$$640×480×16÷8＝614\ 400\ B＝600\ KB$$

例如,一幅分辨率为 $1024×768$ 的 24 位真彩色图像,该图像文件的大小为

$$1\ 024×768×24÷8＝2\ 359\ 296\ B＝2\ 302\ KB＝2.25\ MB$$

例如,一幅分辨率为 $400×300$ 的 256 色图(像素深度为 8 bit),图像文件大小为

$$400×300×8÷8＝120\ 000\ B$$

2. 音频

声音是由空气振动产生的一种物理现象,是一种连续变化的模拟信号。声音有两个基本参数:频率和振幅。振幅表示声音的大小、强弱;频率是信号每秒变化的次数,代表了声音的高低。单一频率的声波可以用一条正弦波来表示,称为单音。但是正常情况下,我们听到的声音都是多种频率声音混合在一起的,称为复音。频率越快声音越高,频率越慢声音越低,人类能够听到的声音频率范围为 20 Hz～20 kHz。

音频的数字化过程分为采样、量化和编码三步。

- 采样:指在原来连续的音频信号时间轴上等间隔地获取波形瞬时幅值的过程。采样后,将得到原来波形信号上一系列的离散点,这些离散点叫做样本值。将每秒取得的样本值的个数称为采样频率。采样频率必须服从采样定理,即采样频率必须大于或等于信号中所包含的最高频率的两倍,也就是当信号是最高频率时每个周期至少采样两个样本值点,那么在理论上再进行数模转换时才可以完全恢复原来的模拟信号。采样的过程如图 8.11 所示。
- 量化:指将采样得到的样本值在声音幅值上以一定的级数离散化,以便能够用对应的二进制代码来表示。具体过程是首先将幅值分成若干等级,并用足够的二进制位对量化的等级进行表示,之后把落入某个等级内的样本值归为一级,并用相同的量化值来表示,如图 8.12 所示。用来表示量化等级的二进制的位数成为量化精度,例如,如果量化等级为 8,则量化精度为 3 bit;如果将声音幅值划分为 65 536 级,则量

化精度为 16 bit。量化级数越多,量化后采样点的偏移越小,数字音频失真越少,还原后数字音频的质量越高,一般采用的量化精度为 8 bit 或 16 bit。

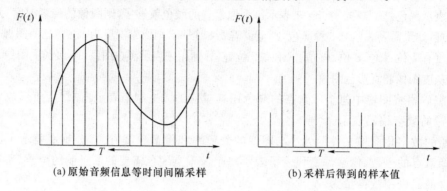

(a)原始音频信息等时间间隔采样   (b)采样后得到的样本值

图 8.11   采样的过程

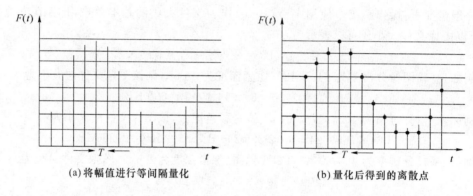

(a)将幅值进行等间隔量化   (b)量化后得到的离散点

图 8.12   量化

• 编码指将量化后的样本值按照对应的量化级别,用二进制进行表示的过程。

数字音频文件的大小与采样频率和量化精度有关。采样频率指每秒采样点的个数,量化精度指表示每个采样点需要的二进制的位数,所以每秒数字音频文件大小为

$$音频文件大小(B)=采样频率×量化精度÷8$$

例如,对于简单的音频信号,人在正常说话时的音频一般在 20 Hz~4 kHz 范围,即人类语音带宽约为 4 kHz。依据采样定理,当采样频率不小于两倍的原始信号频率时,才能保证采样后的信号可被保真的恢复为原始信号。若量化位数取 8 bit,则 1 秒的数据存储量为

$$4×1\,000×2×8÷8=8\,000\ B≈7.8\ KB$$

例如,CD 音频采样频率为 44.1 kHz,量化位数为 16 bit,双声道立体声,则一首 5 分钟的 CD 音频文件大小为

$$44.1×1\,000×16×2×300÷8=52\,920\,000\ B≈50.47\ MB$$

3. 视频

视频信号的数字化指以一定的速度对模拟视频信号进行捕获、处理生成数字信息的过程。视频信号数字化过程复杂,此处不进行详细介绍,仅以一般彩色电视信号为例计算其数字视频文件大小。

例如,某普通彩色电视信号采用 YIQ 彩色空间,其中各分量的带宽分别为 4.2 MHz、1.5 MHz 和 0.5 MHz。设各分量均被数字化为 8 位,根据采样定理,则 1 秒的电视图像信号

数据存储量将达到

$$(4.2+1.5+0.5)\times 2\times 8\div 8\approx 12.1\ \text{MB}$$

从上边的介绍的媒体信息与数据量的关系可以看出,数字化多媒体数据的数据量如此巨大,加之信息种类多、实时性高,给数据的存储、传输、加工处理及播放均带来了巨大的压力,不仅要求计算机有更高的数据处理和数据传输能力,以及巨大的存储空间,而且也要求通信信道有更高的带宽。为了解决存储、处理和传输多媒体数据的问题,除了提高计算机本身的性能以及通信信道的带宽外,更重要的是对多媒体数据进行有效的压缩,去掉多媒体数据中的冗余数据。

8.4.2　数据冗余

经过研究发现,多媒体数据中存在着大量的多余信息,称为冗余信息。去掉这些冗余信息不会对媒体质量产生影响,或者产生的影响人类察觉不到,这使得媒体数据压缩成为可能。在媒体数据存储之前,通过某种方法找到其中的冗余数据,并将其去除的过程称为压缩,也叫做编码;在将存储的媒体数据显示之前,通过相应的算法将其完整数据还原的过程叫做解压缩,也叫做解码。

常见数据冗余类型如下:

(1) 空间冗余:是图像数据中经常存在的一种冗余,在同一幅图像中,规则物体和规则背景的表面物理特性具有相关性,所谓规则是指表面颜色分布是有序的而非杂乱无章,这些相关的光成像结构在数字化图像中就表现为数据冗余。

(2) 时间冗余:音频、视频等时基类媒体数据中经常存在的一种数据冗余。譬如动态图像是由许多连续画面的序列构成的,其中每幅静态画面称为一帧,前后帧之间具有很强的相关性,当播放该图像序列时,随着时间的推移,若干帧画面的某些地方发生了变化,但有的部位根本没有变化,而如果每帧都重新进行编码,就存在大量的重复数据,这就形成了时间冗余。同样,语音数据由于前后也有着很强的相关性,也经常包含冗余信息。

(3) 视觉冗余:人的视觉和听觉系统由于生理特性的限制,对某些媒体信息无法感知,这种冗余信息称为视觉、听觉冗余。例如,对图像的压缩或量化而引入的噪声使图像发生一些变化,如果这些变化并不能被视觉所感知,则忽略这些变化,仍认为图像是完好的。

(4) 知识冗余:由图像的记录方式与人们对图像认知之间的差异所产生的数据冗余称为知识冗余。人对许多图像的理解与人的某些知识有很大的相关性,譬如,人脸的图像就有固定的结构,建筑物中的门和窗的形状、位置、大小比例等。这些规律性的结构可由先验知识和背景知识得到。人具有这样的知识,但计算机存储图像时还要一个一个像素的存储,就形成了知识冗余。

正是因为多媒体数据中存在着大量的各种各样的冗余数据,所以才使数据压缩成为可能。下面介绍有关数据压缩的内容。

8.4.3　常用数据压缩技术

压缩处理一般是由两个过程组成:一是编码过程,即将原始数据经过编码进行压缩,以便存储与传输;二是解码过程,此过程对编码数据进行解码,还原为可以使用的数据。因此,数据压缩方法也称为编码方法。目前,根据角度不同,有不同的分类方法。

1. 按照压缩方法是否产生失真分类

数据压缩可分为两种类型：一种叫做无损压缩，另一种叫做有损压缩。

（1）无损压缩：常用在原始数据的存档，如文本数据、程序以及珍贵的图片和图像等。其原理是统计压缩数据中的冗余数据。常用的算法有：RLE 行程编码、霍夫曼（Huffman）编码、算术编码、LZW 编码等。

（2）有损压缩：图像或声音的频带宽、信息丰富，人类视觉和听觉器官对频带中某些频率成分不敏感，有损压缩以牺牲这部分信息为代价，换取了较高的压缩比。常用的有损压缩算法有：PCM（脉冲编码调制）、预测编码、变换编码、插值与外推等。

既包含有损压缩也包含无损压缩的压缩方法称为混合压缩。混合压缩是利用了各种单一压缩的长处，以求在压缩比、压缩效率及保真度之间取得最佳折中。该方法在许多压缩标准中被应用，如 JPEG 和 MPEG 标准就采用了混合编码的压缩方法。

2. 按照压缩方法的原理分类

（1）预测编码：是一种针对空间冗余和时间冗余的压缩方法。基本思想是利用已被编码的点的数据值来预测邻近像素点的数据值。预测是根据某一模型进行的，如果模型选取得足够好的话，则只需存储和传输起始像素和模型参数就可以代替整幅图像了。按照模型的不同，预测编码又分为线性预测、帧内预测和帧间预测等。

（2）变换编码：针对空间冗余和时间冗余的压缩方法。基本思想是将图像的光强矩阵（时域信号）变换到系数空间（频域）上，然后对系数进行压缩编码。在空间上具有强相关信号，反映在频域上是某些特定区域内的能量常常被集中在一起，或者是系数矩阵的分布具有某些规律。可以利用这些规律来分配频域上的量化比特数，从而达到压缩的目的。由于时域映射到频域是通过某种变化进行的，所以称为变换编码。

（3）子带编码：又称为频带编码。基本思想是将图像数据变换到频域后，按频率分带，然后用不同的量化器进行量化，达到最优的组合。语言和图像信息都有较宽的频带，信息的能量集中在低频区域，细节和边缘则集中在高频区域。子带编码采取保留低频系数，舍去高频系数的方法进行编码，操作时对低频区域取较多的比特数来编码，以牺牲边缘细节来换取比特数的下降，恢复后图像比原图模糊。其特点是具有较高的压缩比和信噪比。

（4）信息熵编码：根据信息熵原理，对出现概率大的符号用短码字表示，对出现概率小的符号用长码字表示。其目的是减少符号序列中的冗余度，提高符号的平均信息量。它根据符号序列的统计特性，寻找某种方法把符号序列变换为最短的码字序列，使各码元承担的信息量达到最大，同时保证无失真地恢复原来的符号序列，属于一种无损压缩技术。实现这种编码的方法有霍夫曼编码方法和自适应二进制算术编码方法等。

（5）统计编码：统计编码技术是根据一幅图像像素值的统计情况进行编码压缩，也可以先将图像按前述方法压缩，对所得的编码序列加以统计，再压缩。统计编码既可单独使用，也可以在某个算法之后做进一步的压缩。

（6）行程编码：又称游程编码或运行长度编码。基本思想是将一个相同值的连续串用一个代表值和串长来代替。行程编码又分为定长行程编码和变长行程编码两种。定长行程编码指编码所使用的二进制位数固定；变长行程编码指对不同范围的行，使用不同位数的二进制位进行编码。

（7）算术编码：基本思想是将被编码的信息表示成[0，1]之间的一个间隔。信息越长，间隔就越小,编码所需的二进制位就越多。除了基于概率统计的固定模式外,还有自适应模式。算术编码适用于不进行概率统计的场合,当信源符号概率比较接近时,其效率高于霍夫曼编码。

经过压缩的多媒体数据必须经过相应的解压缩处理后才能得到较好的展现,如果压缩的数据没有解码器进行解码,是不能够被还原并展现的。例如,按照某种压缩算法对某数字视频进行了压缩处理,得到了压缩后的数字视频文件,要想播放该视频文件,播放者的计算机中必须有与该压缩算法相对应的解码工具,对视频进行解压缩处理后才能进行播放,否则无法播放该视频文件。目前计算机中各种影音播放工具(暴风影音等)主要的功能就是对各种压缩格式的音视频文件进行解压缩。为了使不同机构、不同厂商提供的多媒体数据之间具有互操作性,相关标准化组织制定了大量的多媒体相关国际标准,按照标准制作的压缩数据和解码工具具有通用性,有利于多媒体信息的制作、传播和共享。下面介绍常用的多媒体数据压缩标准。

8.4.4 多媒体数据常用压缩标准

1. 音频压缩技术标准

音频信号是多媒体数据的重要组成部分,可以分为电话质量语音、调幅广播质量的音频信号和高保真立体声信号。对于不同类型的信号,带宽不同,如电话音频信号为 300 Hz～3.4 kHz,调幅广播音频信号为 50 Hz～7 kHz,高保真立体声信号为 10 Hz～20 kHz。随着对音频信号音质要求的提升,信号频率范围逐渐增加,要求描述信号的数据量也就随之增加,从而造成处理这些数据时间和传输、存储这些数据的容量增加,因此音频压缩技术是多媒体技术实用化的关键之一。相应的音频压缩标准也相继制定出来。

(1) 电话质量的音频压缩编码技术标准

电话质量语音信号频率规定在 300 Hz～3.4 kHz 范围内,采用标准的脉冲编码调制 PCM,当采样频率为 8 kHz,量化为 8 bit 时,对应的数据速率为 64 kbit/s,即一个数字话路。1972 年 CCITT 制定了 PCM 标准 G.711,速率为 64 kbit/s,其特点是采用非线性量化,质量相当于 12 bit 线性量化。1984 年 CCITT 公布了自适应差分脉冲编码调制 ADPCM 标准 G.721,速率为 32 kbit/s。对中等电话质量要求的信号能进行高效编码,而且可以在调幅广播和交互式激光唱盘音频信号压缩中得到应用。1992 年 CCITT 制定了基于短时延码本激励线性预测编码 LD-CELP 标准 G.728,速率为 16 kbit/s,质量与 32 kbit/s 的 G.721 标准基本相当。随后又制定了基于共轭结构代数码本激励线性预测编码 CS-ACELP 的标准 G.729,速率为 8 kbit/s。1988 年欧洲数字移动特别工作组制定了采用长时延线性预测规则码本激励 RPE-LTP 标准 GSM,速率为 13 kbit/s。

(2) 调幅广播质量的音频压缩编码技术标准

调幅广播质量音频信号的频率在 50 Hz～7 kHz 范围。CCITT 在 1988 年制定了 G.722 标准,G.722 标准时采用 16 kHz 采样频率,量化为 14 bit,数据速率为 224 kbit/s,采用子带编码方法,将输入音频信号经滤波器分成高子带和低子带两个部分,分别进行 ADPCM 编码,再混合形成输出码流,适合于需要存储大量音频信号的多媒体系统使用。

(3) 高保真立体声音频压缩编码技术标准

高保真立体声音频信号频率范围是 10 Hz～20 kHz,采用 44.1 kHz 采样频率,量化为 16 bit,数据速率每声道达 705 kbit/s。1991 年 ISO 和 CCITT 开始联合制定 MPEG 标准,其中 ISO CDⅢ72-3 作为"MPEG 音频"标准,即 MP3,成为国际上公认的高保真立体声音频压缩标准。

2. 静止图像压缩标准 JPEG

静止图像压缩编码标准 JPEG 是由国际标准化组织(ISO)和国际电报电话咨询委员会(CCITT)联合成立的"联合照片专家组"JPEG (Joint Photographic Experts Group)提出的"多灰度静止图像的数字压缩编码"(简称 JPEG 标准)。这是一个适应于彩色和单色多灰度或连续色调静止数字图像的压缩标准。图像尺寸可以在 $1\sim65\ 535$ 行/帧,$1\sim65\ 535$ 像素/行的范围内,采用此标准可以将每像素 24 bit 的彩色图像压缩至每像素 $1\sim2$ bit 仍然保持良好的质量。JPEG 算法主要存储颜色变化,尤其是亮度变化,因为人眼对亮度变化要比对颜色变化更为敏感。只要压缩后重建的图像与原图像在亮度和颜色上相似,在人眼看来就是相同的图像。因此 JPEG 的原理不是重建原始画面,而是丢掉那些未被注意的颜色,生成与原始画面类似的图像。

JPEG 标准支持很高的图像分辨率和量化精度。它包含两部分:第一部分是无损压缩,基于差分脉冲编码调制(DPCM)的预测编码;第二部分是有损压缩,基于离散余弦变换(DCT)和霍夫曼编码,通常能够压缩 $10\sim100$ 倍。

3. 运动图像压缩标准 MPEG

视频图像压缩的一个重要标准 MPEG (Moving Picture Experts Group),于 1990 年形成第一个标准草案(简称 MPEG 标准),其中包含 MPEG-1、MPEG-2、MPEG-4、MPEG-7、MPEG-21 等。MPEG 标准包括 MPEG 视频、MPEG 音频和 MPEG 系统三大部分。MPEG 视频是面向位速率约为 1.5 Mbit/s 的全屏幕运动图像的数据压缩;MPEG 音频是面向每通道位速率为 64 kbit/s、128 kbit/s 和 192 kbit/s 的数字音频信号的压缩。MPEG 系统则面向解决多道压缩视频、音频码流的同步和合成问题。

(1) MPEG-1

MPEG-1 又称为"用于高达 1.5 Mbit/s 速率的数字存储媒体的运动图像及其伴音编码",作为 ISO/IEC11172 号建议于 1992 年通过。主要用于传输 1.5 Mbit/s 数据传输率的数字存储媒体运动图像及其伴音的编码,以两个基本技术为基础:一是基于 16×16 子块的运动补偿,可以减少帧序列的时域冗余度;二是基于 DCT 的压缩技术,减少空域冗余度。MPEG 中不仅在帧内使用 DCT,而且对帧间预测误差也做 DCT,进一步减少数据量。MPEG-1 的典型应用有 VCD、MP3 等。

(2) MPEG-2

MPEG-2 标准名称为"运动图像及其伴音信息的通用编码",作为 ISO/IEC13818 号建议于 1994 年发布,是运动图像及其伴音的通用编码国际标准。MPEG-2 标准详细地描述了数字存储媒体和数字视频通信中的图像信息的编码描述和解码过程,支持固定比特率传送、可变比特率传送、随机访问、信道跨越、分级解码、比特流编辑以及一些特殊功能,如快进播放、快退播放、慢动作、暂停和画面凝固等。MPEG-2 向下兼容 MPEG-1,分辨率包含低(352×288)、中(720×480)、次高(1440×1080)和高(1920×1080)不同的档次。MPEG-2 的典型应用为数字广播电视、DVD、收费电视、VOD、交互式电视、高清晰度电视、可视电话、通信网络等。

（3）MPEG-4

MPEG-1 和 MPEG-2 以其严谨的风格、完备的特性和强大的功能,在多媒体数据压缩解码领域发挥重要的作用。随着网络和通信技术的迅猛发展,交互式计算机和交互性电视的逐步应用和视频、音频数据的综合服务的发展,对计算机多媒体数据压缩编码的要求越来越高,于是产生了 MPEG-4 标准。

MPEG-4 标准名称为“甚低速率视听编码”,针对低速率下视频、音频编码和交互播放开发的算法和工具。它是以内容为中心的描述方法,对信息元的描述更符合人们的心理。MPEG-4 具有高速压缩,基于内容交互和基于内容分级扩展等特点,并且具有基于内容方式表示的视频数据。在信息描述中首次采用了对象的概念。MPEG-4 的典型应用为数字电视、交互式图形应用、实时多媒体监控、网络视频会议、移动多媒体通信、可视游戏等方面。

4. 视频会议编码标准 H.26X

H.261 是世界上第一个得到广泛承认并产生巨大影响的数字视频图像压缩编码标准,此后国际上制定的 JPEG、MPEG-1、MPEG-2、MPEG-4、MPEG-7、MPEG-21、H.263 等数字图像编码标准都是以 H.261 为基础和核心的。H.261 是由 ITU-T 第 15 研究组为在窄带综合业务数字网(N-ISDN)上开展速率为 $P \times 64$ kbit/s($P=1\sim30$)的双向声像业务(可视电话、视频会议)而制定的,目标是会议电视和可视电话,该标准推荐的视频压缩算法必须具有实时性,同时要求最小的延迟时间。

H.263 是 1996 年发布的 ITU-T 临时标准,用来在许多应用中取代 H.261。H.263 是为低于 64 kbit/s 的低比特率传输设计的,实际可以应用于很宽范围内数据率的传输。H.263应用帧间预测去除时间冗余度,应用 DCT 去除空间冗余度,采用半像素的运动补偿,使得编解码具有更好的纠错能力,从而在极低码率下获得更好的质量。

H.264 标准是 ITU-T 的 VCEG(视频编码专家组)和 ISO/IEC 的 MPEG(活动图像专家组)的联合视频组(JVT,Joint Video Team)开发的标准,也称为 MPEG-4 Part 10,“高级视频编码”。在相同的重建图像质量下,H.264 比 H.263 节约 50% 左右的码率。因其更高的压缩比、更好的 IP 和无线网络信道的适应性,在数字视频通信和存储领域得到越来越广泛的应用。同时也要注意,H.264 获得优越性能的代价是计算复杂度增加,据估计,编码的计算复杂度大约相当于 H.263 的 3 倍,解码复杂度大约相当于 H.263 的 2 倍。

H.26X 的应用为会议电视系统、视频会议系统和可视电话等。

5. AVS 标准

使用以上介绍的各种国际标准进行多媒体数据光盘制作,生产影碟机等产品都需要缴纳高昂的专利费用,为了增强在多媒体数据压缩领域的实力,我国于 2002 年 6 月成立了 AVS(Audio Video coding Standard)工作组(http://www.avs.org.cn/),制定了我国具有自主知识产权的 AVS 标准。AVS 标准的全称为《信息技术先进音视频编码》,包括系统、视频、音频、数字版权管理四个主要技术标准和一致性测试等支撑标准。AVS 是基于我国创新技术和部分公开技术的自主标准,为数字音视频产业提供更全面的解决方案,编码效率比 MPEG-2 高 2~3 倍,而且技术方案简洁,芯片实现复杂度低。

8.4.5 常见的各种图像、声音、视频压缩格式介绍

在计算机文件系统中保存着各种各样格式的数据文件,Windows 文件系统中用文件扩展名表示文件的格式类型,例如. jpg、. mp3、. doc、. rmvb 等。这些文件的扩展名就代表了文件的压缩格式,从扩展名我们可以了解这些数据的类型。下面介绍计算机中常用的各种多媒体数据的类型。

1. 图像格式

(1) BMP 格式

BMP 是 Windows 中的标准图像文件格式,已成为 Windows 系统中事实上的工业标准,有压缩和不压缩两种形式。它以独立于设备的方法描述位图,可用非压缩格式存储图像数据,解码速度快,支持多种图像的存储,常见的各种 PC 图形图像软件都能对其进行处理。

(2) JPG/JPEG 文件格式

JPG/JPEG 是 24 位的图像文件格式,是 JPEG(联合图像专家组)标准的产物,是面向连续色调静止图像的一种压缩标准。其最初目的是使用 64 kbit/s 的通信线路传输 720×576 分辨率压缩后的图像。通过损失极少的分辨率,可以将图像所需存储量减少至原大小的 10%。一般情况下,JPG/JPEG 文件只有几十 KB,而色彩数最高可达到 24 位,所以它被广泛运用在因特网上,以节约宝贵的网络传输资源。由于其高效的压缩效率和标准化要求,目前已广泛用于彩色传真、静止图像、电话会议、印刷及新闻图片的传送方面。

(3) GIF 文件格式

GIF 是图形交换格式(Graphics Interchange Format)的英文缩写,是由 CompuServe 公司于 20 世纪 80 年代推出的一种高压缩比的彩色图像文件格式。CompuServe 公司采用无损数据压缩方法中压缩效率较高的 LZW(Lempel Ziv & Welch)算法,推出了 GIF 图像格式,主要用于图像文件的网络传输,鉴于 GIF 图像文件的尺寸通常比其他图像文件(如 PCX)小好几倍,这种图像格式迅速得到了广泛的应用。最初,GIF 只是用来存储单幅静止图像,称 GIF87a,后来,又进一步发展成为 GIF89a,可以同时存储若干幅静止图像并进而形成连续的动画,目前因特网上大量采用的彩色动画文件多为这种格式的 GIF 文件。

(4) PNG 文件格式

PNG 是一种能存储位信息的位图文件格式,其图像质量远胜过 GIF。同 GIF 一样,PNG 也使用无损压缩方式来减少文件的大小。目前,越来越多的软件开始支持这一格式,PNG 图像可以是灰阶的或彩色的,也可以是位的索引色。PNG 图像使用的是高速交替显示方案,显示速度很快,只需要下载图像信息就可以显示出低分辨率的预览图像。

(5) WMF 文件格式

WMF(Windows Metafile Format)是 Microsoft Windows 中常见的一种图元文件格式,它具有文件短小、图案造型化的特点,是根据位图和矢量图混合而成的图形文件,它最大的特点是可以实现无极变倍(无论扩大或缩小多少倍都不会产生锯齿),因而在文字处理等领域应用非常广泛。

(6) ICO 文件格式

ICO 是 Windows 的图标文件格式。

（7）PSD 文件格式

PSD（Adobe PhotoShop Document）是 Photoshop 中使用的一种标准图像文件格式，可以存储成 RGB 或 CMYK 模式，还能够自定义颜色数并加以存储。PSD 文件能够将不同的素材对象以层（Layer）的方式来分离保存，便于修改和制作各种特殊效果。

2. 声音文件格式

音频文件通常分为两类：声音文件和 MIDI 文件，声音文件指的是通过声音录入设备录制的原始声音，直接记录了真实声音的二进制采样数据，通常文件较大；而 MIDI 文件则是一种音乐演奏指令序列，相当于乐谱，可以利用声音输出设备或与计算机相连的电子乐器进行演奏，由于不包含声音数据，其文件尺寸较小。下面介绍几种常见的音频文件格式。

（1）WAV 文件格式

WAV（Wave Audio Files）是微软公司和 IBM 共同开发的 PC 标准声音格式，是 Windows 使用的标准数字音频文件格式。WAV 文件由文件首部和波形音频数据块组成。文件首部包括标志符、语音特征值、声道特征以及脉冲编码调制格式类型等标志。格式支持 MSADPCM、CCITT A Law、CCITT μ Law 和其他压缩算法，支持多种音频位数、采样频率和声道，是 PC 上最为流行的声音文件格式，但其文件尺寸较大，多用于存储简短的声音片断。

（2）AIFF 文件格式

AIFF 是音频交换文件格式（Audio Interchange File Format）的英文缩写，是苹果计算机公司开发的一种声音文件格式，被 Macintosh 平台及其应用程序所支持，Netscape Navigator 浏览器中的 LiveAudio 也支持 AIFF 格式，SGI 及其他专业音频软件包也同样支持这种格式。AIFF 支持 ACE2、ACE8、MAC3 和 MAC6 压缩，支持 16 位 44.1 kHz 立体声。

（3）Audio 文件格式

Audio 文件是 Sun Microsystems 公司推出的一种经过压缩的数字声音格式，扩展名为 .AU，是因特网中常用的声音文件格式，Netscape Navigator 浏览器中的 LiveAudio 也支持 Audio 格式的声音文件。

（4）WMA 文件格式

WMA（Windows Media Audio）是微软公司制定的一种流式声音格式。采用 WMA 格式压缩的声音文件比起由相同文件转化而来的 MP3 文件要小得多，并且在音质上也毫不逊色。

（5）VQF 文件格式

VQF（TwinVQ Files）是由 NTT（Nippon Telegraph and Telephone）公司开发的一种音频压缩技术。无论在音频压缩率还是音质上，VQF 比起 MP 都有很大的优势。

（6）MP3 文件格式

MPEG 音频文件的压缩是一种有损压缩，根据压缩质量和编码复杂程度的不同可分为三层（MPEG Audio Layer 1/2/3），分别对应 MP1、MP2 和 MP3 这三种声音文件。MPEG 音频编码具有很高的压缩率，MP3 的压缩率高达 10：1～12：1，也就是说一分钟 CD 音质的音乐未经压缩需要 10 MB 存储空间，而经过 MP3 压缩编码后只有 1 MB 左右，同时其音质基本保持不失真，因此，目前使用最多的是 MP3 文件格式。

（7）RA 文件格式

RA（RealAudio）是 RealNetwork 公司推出的一种流式声音格式。这是一种在网络上很常见的音频文件格式,但是为了确保在网络上传输的效率,在压缩时声音的质量成了牺牲的对象。

(8) MID 文件格式

MIDI 是乐器数字接口(Musical Instrument Digital Interface)的英文缩写,是数字音乐/电子合成乐器的统一国际标准,它定义了计算机音乐程序、合成器及其他电子设备交换音乐信号的方式,还规定了不同厂家的电子乐器与计算机连接的电缆和硬件及设备间数据传输的协议,可用于为不同乐器创建数字声音,可以模拟大提琴、小提琴、钢琴等常见乐器。在 MIDI 文件中,只包含产生某种声音的指令,这些指令包括使用什么 MIDI 设备的音色、声音的强弱、声音持续多长时间等,计算机将这些指令发送给声卡,声卡按照指令将声音合成出来,MIDI 声音在重放时可以有不同的效果,这取决于音乐合成器的质量。相对于保存真实采样数据的声音文件,MIDI 文件显得更加紧凑,其文件尺寸通常比声音文件小得多。

(9) MD 文件格式

MD(即 MiniDisc)是索尼公司推出的一种完整的便携音乐格式,它所采用的压缩算法就是 ATRAC 技术。MD 又分为可录型 MD(Recordable,有磁头和激光头两个头)和单放型 MD(Pre-recorded,只有激光头)。强大的编辑功能是 MD 的强项,可以快速选曲、曲目移动、合并、分割、删除和曲名编辑等多项功能,比 CD 更具个性化,随时可以拥有一张属于自己的 MD 专辑。MD 的产品包括 MD 随身听、MD 床头音响、MD 汽车音响、MD 录音卡座、MD 摄像枪和 MD 驱动器等。

(10) CD 文件格式

即 CD 唱片,是为经过压缩处理的原始数字化音频格式,采样频率为 44.1 kHz,16 bit 量化,可以达到 20 Hz~20 kHz 的频响和 90 dB 的动态范围以及不低于 90 dB 的信噪比。CD 是目前音乐发行的主要数据格式。

3. 视频文件格式

(1) AVI 文件格式

AVI 是音频视频交错(Audio Video Interleaved)的英文缩写,它是微软公司开发的一种符合 RIFF 文件规范的数字音频与视频文件格式,原先用于 VFW(Microsoft Video for Windows)环境,后来被 Windows XP、OS/2 等多数操作系统直接支持。AVI 格式允许视频和音频交错在一起同步播放,支持 256 色和 RLE 压缩,但 AVI 文件并未限定压缩标准,因此,AVI 文件格式只是作为控制界面上的标准,不具有兼容性,用不同压缩算法生成的 AVI 文件,必须使用相应的解压缩算法才能播放出来。

(2) MOV/QT 文件格式

QuickTime 是苹果公司开发的一种音频、视频文件格式,用于保存音频和视频信息,具有先进的视频和音频功能,被包括 Apple Mac OS、Microsoft Windows 95/98/NT 在内的所有主流计算机平台支持。QuickTime 文件格式支持 32 位彩色,支持 RLE、JPEG 等领先的集成压缩技术,提供 150 多种视频效果,并配有提供了 200 多种 MIDI 兼容音响和设备的声音装置。新版的 QuickTime 进一步扩展了原有功能,包含了基于 Internet 应用的关键特性,能够通过因特网提供实时的数字化信息流、工作流与文件回放功能,目前已成为数字媒体软件技术领域的事实上的工业标准。国际标准化组织(ISO)最近选择 QuickTime 文件格式作为开发 MPEG-4 规范的统一数字媒体存储格式。

（3）MPEG/MPG/DAT 文件格式

MPEG 文件格式是运动图像压缩算法的国际标准，它采用有损压缩方法减少运动图像中的冗余信息，同时保证每秒 30 帧的图像动态刷新率，已被几乎所有的计算机平台共同支持。MPEG 标准包括 MPEG 视频、MPEG 音频和 MPEG 系统（视频、音频同步）三个部分，前文介绍的 MP3 音频文件就是 MPEG 音频的一个典型应用，而 Video CD（VCD）、Super VCD（SVCD）、DVD（Digital Versatile Disk）则是全面采用 MPEG 技术所产生出来的新型消费类电子产品。MPEG 压缩标准是针对运动图像而设计的，其基本方法是：在单位时间内采集并保存第一帧信息，然后只存储其余帧相对第一帧发生变化的部分，从而达到压缩的目的，它主要采用两个基本压缩技术：运动补偿技术（预测编码和插补码）实现时间上的压缩，变换域（离散余弦变换 DCT）压缩技术实现空间上的压缩。MPEG 的平均压缩比为 50∶1，最高可达 200∶1，压缩效率非常高，同时图像和音响的质量也非常好，并且在计算机上有统一的标准格式，兼容性相当好。

（4）RM/RMVB 文件格式

RealVideo 文件是 RealNetworks 公司开发的一种新型流式视频文件格式，它包含在 RealNetworks 公司所制定的音频视频压缩规范 RealMedia 中，主要用来在低速率的广域网上实时传输活动视频影像，可以根据网络数据传输速率的不同而采用不同的压缩比率，从而实现影像数据的实时传送和实时播放。RealVideo 除了可以以普通的视频文件形式播放之外，还可以与 RealServer 服务器相配合，在数据传输过程中边下载边播放视频影像，而不必像大多数视频文件那样，必须先下载然后才能播放。目前，因特网上已有不少网站利用 RealVideo 技术进行重大事件的实况转播。

（5）ASF 文件格式

微软公司推出的高级流格式（Advanced Streaming Format，ASF），是一个独立于编码方式的在因特网上实时传播多媒体的技术标准，微软公司希望用 ASF 取代 QuickTime 之类的技术标准以及 WAV、AVI 之类的文件扩展名，并打算将 ASF 用作将来的 Windows 版本中所有多媒体内容的标准文件格式。ASF 的主要优点包括：本地或网络回放、可扩充的媒体类型、部件下载、可伸缩的媒体类型、流的优先级化、多语言支持、环境独立性、丰富的流间关系以及扩展性等。

（6）3GP 文件格式

3GP 是一种 3G 流媒体的视频编码格式，主要是为了配合 3G 网络的高传输速度而开发的，也是目前手机中最为常见的一种视频格式。

（7）FLV 文件格式

FLV 流媒体格式是一种新的视频格式，全称为 Flash Video。由于它形成的文件极小、加载速度极快，使得网络观看视频文件成为可能，是目前网络视频点播的主流视频格式。

如果在某些情况下需要对不同格式的视频文件进行转换，可以找到相应的视频转换工具，完成视频压缩格式的转换。视频转换工具的工作原理是对原压缩视频文件进行解压缩，再按照目标视频压缩格式进行压缩，转换过程中计算量大，所以往往需要较大的内存和 CPU 处理能力，经过较长时间处理才能够完成。

8.5　多媒体制作工具

8.5.1　多媒体制作工具简介

目前在计算机中支持进行多媒体制作的工具软件非常多,大体可以分为两大类:媒体素材编辑工具和多媒体著作工具。

1. 媒体素材编辑工具

(1) 音频编辑:录制、编辑、播放声音或音乐媒体的工具软件,常见包括 Goldwave、WaveStudio、SoundEdit、超级解霸等。

(2) 图形与图像编辑:通过扫描仪或者视频卡获得的图像信息一般都需要处理,有时还要制作一些特技效果,需要专门的图形编辑软件完成,常见的有 Photoshop、CorelDraw 等。

(3) 动画制作软件:动画通常分为二维动画和三维动画。二维实现平面上的一些简单动画,常见软件包括 Flash、Animator Studio 等。三维动画可以实现三维造型,模拟各种具有真实感的物体,常见工具如 3D Studio MAX。

(4) 视频剪辑:目前人们可以从互联网上获得大量的视频素材,也可以通过 DV 录制数字视频,或者通过视频采集卡从录像机或电视等模拟视频源上捕捉视频信号,将得到的各种格式的数字视频信息输入到视频编辑软件中,与其他多媒体素材(图像、文本、音频等)一起进行编辑和处理,最后生成高质量的视频剪辑。常见的软件包括 Movie Maker、Premiere、绘声绘影和 Digital Video Producer 等。

2. 多媒体著作工具

多媒体著作工具是利用程序设计语言调用多媒体硬件开发工具或函数库来实现的,为用户提供方便编制程序,组合各种媒体,最终生成多媒体应用系统的工具软件。根据多媒体素材或时间的排列和组织方式不同,多媒体著作工具分为以下四类:

(1) 基于图标为基础的多媒体著作工具,数据以对象或事件的顺序来组织的,并以流程图为主干,将各种图标、声音、视频和按钮等连接在流程图中,形成完整的系统,如 Authorware。

(2) 基于时间轴的多媒体著作工具,数据或事件以时间顺序来组织,以帧为单位,如 Director。

(3) 基于页面为基础的多媒体著作工具,文件与数据是用一页或一叠卡片来组织的,如 Toolbook 等。

(4) 以传统的编程语言为基础的多媒体著作工具,典型产品有 Visual C++、Visual Basic。

8.5.2　音频剪辑工具 GoldWave

GoldWave 是一款专业的音频处理工具,可以实现数字音频的录制、特效、剪辑、格式转换等功能,安装并运行 GoldWave 后的界面如图 8.13 所示。

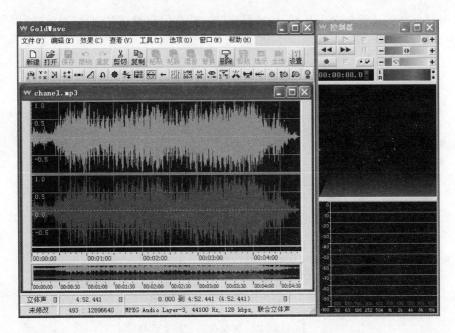

图 8.13　GoldWave 工作界面

1. 录制音频

执行"文件"→"新建"命令后，会出现音频属性设置对话框，可以设置采样频率和声道数和初始化录音的时间长度，如图 8.14 所示。

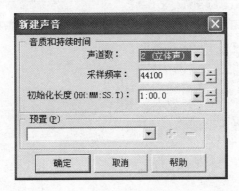

图 8.14　GoldWave 中"新建声音"设置对话框

新建声音时，默认量化位数为 16 bit，如果希望调整量化位数，可以在保存音频文件的时候进行选择。创建了音频后，单击控制器中的录音按钮，即可开始音频的录制，录制结束后，单击停止按钮即可停止录制，单击播放按钮可以对录制的效果进行回放，如图 8.15 所示。

图 8.15　录制控制器

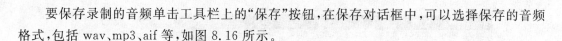

要保存录制的音频单击工具栏上的"保存"按钮,在保存对话框中,可以选择保存的音频格式,包括 wav、mp3、aif 等,如图 8.16 所示。

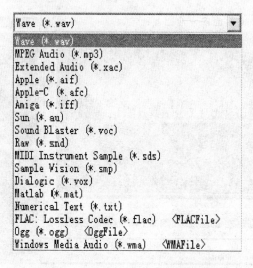

图 8.16 GoldWave 保存的音频文件格式

在选择了某种格式后,在保存对话框下方,还可以选择该音频格式的属性,在属性中可以选择音频的量化位数,如图 8.17 所示。

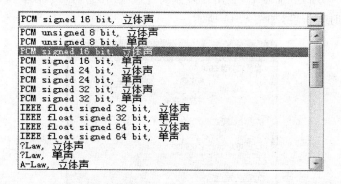

图 8.17 GoldWave 声音属性选择

2. 添加音频特效

单击工具栏上的"打开"按钮,选择一个 MP3 音乐文件,打开该文件。在工具栏最下方有一排设置音乐效果的按钮,如图 8.18 所示。

图 8.18 GoldWave 中音频特效的设置按钮

在其中可以对音频设置回声、声调、降调、渐入、渐出、重置采样频率等声音效果,将鼠标停留在按钮上一段时间,会出现效果提示。在为音频设置效果时,如果没有选中某段音频区域,则会对整个音频添加效果;如果选中了某个音频区域,则是对该区域中的音频添加特效。

3. 音频的剪辑

所谓音频的剪辑指的是为表达某一主题,将不同音频文件中的内容编辑在一起,从而形成一个新的音频文件的过程。进行音频剪辑首先需要在不同的音频文件中选择要进行剪辑的音频片段。在时间线上右击可以设置音频的起始标记,在另一个位置再次单击鼠标,会设置结束标记,在开始和结束之间,高亮显示的区域就是选中的音频部分,如图8.19所示。

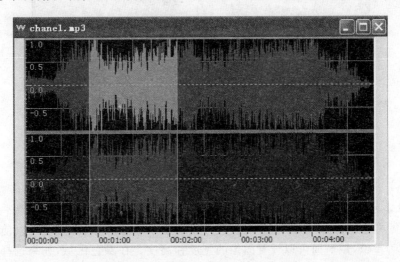

图 8.19　GoldWave 中的选中音频片断

单击工具栏上的复制按钮,可以对音频进行复制,然后到目标文件中,在要剪辑的位置单击鼠标左键,设置插入点,执行粘贴操作即可完成音频的剪辑,如图 8.20 所示。

图 8.20　GoldWave 中的剪辑工具

各种操作含义如下:

粘贴:会在插入点处插入复制内容,原来的内容后移;

粘新:会在新文件中粘贴复制内容;

混音:会在插入点处插入复制内容,但是不影响原来的音频内容,可以实现背景音乐效果,在制作卡拉 OK,和配乐朗诵等作品时,可以执行该操作;

替换:会在插入点处粘贴复制音频内容,并覆盖原有的音频内容。

8.5.3　画图工具

在 Windows 操作系统的附件中自带了一个简易图像处理工具——"画图",使用该工具,可以实现对图像的基本处理。画图工具的工作界面如图 8.21 所示。

最上方为工具栏,集成了可以对图像进行的各种处理的工具,中间是图像处理区,最下方是状态栏。下面介绍画图工具的常用功能。

1. 绘制图像

执行菜单中的"新建"功能,可以创建一个新的图像文件。执行菜单中的"属性"功能,在弹出的属性对话框中,可以设置图像的分辨率和颜色信息,如图 8.22 所示。

图 8.21　画图的工作界面

分辨率表示单位长度内包含的像素点的个数,画图工具中,分辨率为固定分辨率 96dpi,表示每英寸包含 96 个像素点。下面可以设置图像的尺寸,设置时可以使用英寸、厘米或像素作为单位,最下面可以设置图像的宽度和高度。在颜色区域,如果选择"黑白",则在绘图时只能用黑色或白色,如果选择"彩色",则可以使用彩色绘图。

在画图中,可以绘制各种图形,也可以自由绘图。通过选择工具栏中的图形工具,可以绘制各种图形形状,包括直线、矩形、圆形、三角形、箭头、星形等,如图 8.23 所示。

图 8.22　"映像属性"对话框

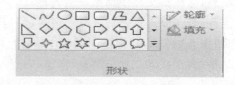

图 8.23　图形工具

在绘制图形时,可以选择轮廓或填充的效果,具体效果包括无、纯色、蜡笔、记号笔、油画颜料、普通铅笔和水彩,如图 8.24 所示。

绘制的线条可以设置粗细和颜色,颜色工具栏中可以设置颜色 1 和颜色 2 两种颜色,颜色 1 对应图形的线条颜色,颜色 2 对应图形的填充颜色。进入编辑颜色,可以设置更多的颜色,如图 8.25 所示。

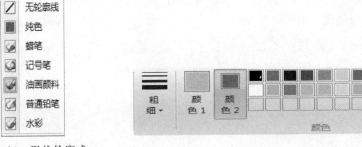

图 8.24 形状轮廓或
填充的效果

图 8.25 颜色工具栏

除了绘制图形外,还可以自由绘图,绘图可以选择不同的效果,如图 8.26 所示。

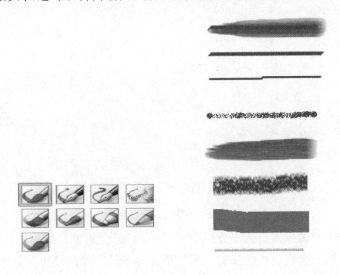

图 8.26 自由绘图效果

在工具栏中还有一些工具可以辅助进行图像的绘制,具体功能如下:

铅笔:用颜色 1 绘制铅笔效果;

橡皮擦:可以擦除图像中的像素颜色,使之恢复为白色;

吸管:在图像中单击鼠标,可以使颜色 1 成为鼠标处颜色,起到拾色功能;

油漆桶:对图像中连续区域用颜色 1 进行着色;

A:文本工具,可以在图像中添加文本内容;

放大镜:可以对绘制的图像进行放大,便于对细节的编辑。

2. 编辑图像

画图工具可以实现对图像简单的编辑,包括调整图像分辨率、旋转图像、裁切图像等,如图 8.27 所示。

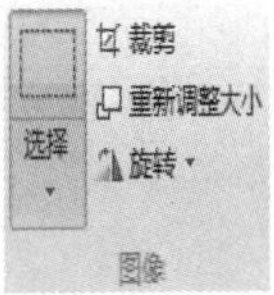

图 8.27 编辑图
像工具

裁切:指保留图像中选中的区域,裁切掉其他的区域。使用该工具前,先使用选择工具,选中要保留的区域,之后单击裁切按钮即可完成图像的裁切。

旋转:可以实现图像角度的旋转,包括向右旋转 90°、向左旋转 90°、旋转 180°、水平旋转和垂直旋转。

重新调整大小:打开一幅图片,单击"重新调整图像大小"工具,在弹出的对话框中可以设置图像分辨率和倾斜角度,如图 8.28 所示。

图 8.28 调整图像分辨率和倾斜角度

注意:大分辨率的图像调整为小分辨率图像时,系统会根据压缩算法进行图像压缩,一般情况下,图像质量不会有明显的降低。但是小分辨率的图像调整为大分辨率时,图像质量会有明显下降,如图 8.29 所示。

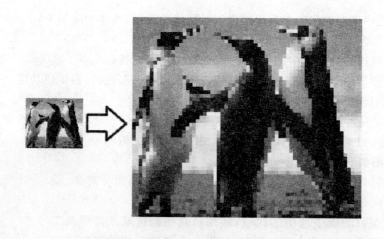

图 8.29 调整图像分辨率后图像失真

3. 保存图像

用画图处理的图像可以保存为多种图像格式,包括未经压缩的位图图像格式 bmp 和压缩图像格式 jpeg、gif、tiff、png。保存为 bmp 格式时,可以选择单色(像素深度为 1)、16 色(像素深度为 4)、256 色(像素深度为 8)及 24 位格式。保存图像格式选择如图 8.30 所示。

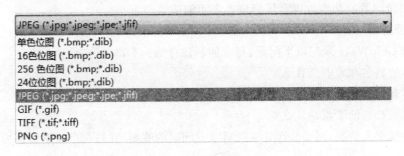

图 8.30　保存的图像格式

8.6　实　验　指　导

8.6.1　音频压缩与音频剪辑

1. 录制音频

(1) 将麦克风与计算机正确连接,运行 GoldWave 软件;

(2) 执行“文件”→“新建”命令,设置声道数为“立体声”,采样频率为“44100”,初始声音长度为“10.0”(10S),单击“确定”按钮,创建一个新的音频文件;

(3) 单击控制器中的“录制”按钮,对着麦克风讲话,10 秒结束后,自动停止录音;

(4) 单击控制器中的“播放”按钮,确认讲话内容已经正确录制成功;

(5) 单击“保存”按钮,选择保存类型为.wav 类型,属性为“PCM signed 16 bit 立体声”,选择保存的文件路径,为录音文件命名 W1.wav,单击“保存”按钮,完成数字音频的录制;

(6) 在文件系统中找到该音频文件,右击该文件,执行“属性”命令,在属性对话框中查看该音频文件的大小,并记录下来;

(7) 执行“文件”→“关闭”命令,将该文件关闭。

2. 音频压缩

(1) 执行“文件”→“打开”命令,找到录制的 W1.wav 音频文件,单击“打开”按钮,将该文件打开;

(2) 执行“文件”→“另存为”命令,选择保存类型为 wav 类型,属性设置为“PCM un-signed 8bit 单声”,设置文件名为 W2.wav,单击“保存”按钮完成音频文件的保存;

(3) 到文件系统中找到 W2.wav,查看其文件大小,并记录;

(4) 执行“文件”→“另存为”命令,选择保存类型为 MP3 类型,属性为“layer-3,441000 Hz,128kbps,立体声”,命名为 W1.mp3,单击“保存”按钮完成音频文件的保存;

(5) 在文件系统中找到 W1.mp3 文件,右击该文件,执行“属性”命令,在属性对话框中查看该音频文件的大小,并记录下来;

（6）比较 W1. wav、W2. wav 和 W1. mp3 文件的大小，试说明其大小之间的关系；

（7）用 GoldWave 打开三个文件，单击"播放"按钮，感觉三个音频文件的声音质量，试说明声音质量与数字化参数以及压缩格式之间的关系。

3. 音频剪辑

（1）用 GoldWave 录制以下问题，每个问题保存为一个 . wav 文件：

你的姓名和专业是什么？

你有什么爱好？

你最难忘的事情是什么？

（2）根据个人情况，用 GoldWave 录制以上问题的答案，并将每个答案保存为一个 . mp3 文件。

（3）在 GoldWave 中建立一个新文件，打开第一个问题文件，执行"复制"功能，到新文件中执行"粘贴"操作；打开第一个问题的 MP3 文件，执行"复制"功能，在新文件中，将光标定位在第一个问题结束处，执行"粘贴"操作。按照以上方法，完成所有问题和答案的剪辑，使之成为一个完整的音频文件。

（4）打开一个音乐 MP3 文件，选择某音乐片段，使之与问题文件的长度一致，执行"复制"操作，到问题文件中将光标定位在文件开始处，执行"混音"操作，完成为音频文件添加背景音乐的功能。

（5）将剪辑后的音频文件保存为 MP3 格式。

4. 实验作业

（1）实验中录制的 W1. wav 文件的大小为_____；录制的 W2. wav 文件大小为_____；录制的 W1. mp3 文件的大小为_____。

（2）数字音频文件大小计算公式为：_____；W1. wav 的采样频率为_____，量化位数为_____；W2. wav 的采样频率为_____，量化位数为_____。

（3）打开一个 MP3 音乐文件，为该音乐文件添加各种音乐特效。

（4）制作一个音频剪辑作品，内容自选，要求能够表达一个完整的主题。

8.6.2 图像分辨率、像素深度及文件大小

1. 认识图像分辨率

（1）在文件系统中找到几幅图片文件，右击图片，执行"属性"功能，在弹出的属性对话框中进入"详细信息"标签，在"图像"区域给出了图片的分辨率、颜色深度等信息，如图 8.31 所示；

（2）运行画图程序，执行菜单中的"打开"操作，打开一幅图片，在画图工具的状态栏中，显示了图片的分辨率；

（3）执行"重新设置图片大小"功能，设置调整后的百分比为 60，即宽度和高度都调整为原来的 60%，单击"确定"按钮后，在状态栏中查看图片的分辨率。

2. 认识图像像素深度

（1）通过文件属性查看图像的像素深度；

（2）在画图中打开一幅像素深度为 24 位的彩色图片，设置该图片的分辨率为 400×

300,执行菜单中的"另存为"操作,保存类型选择"单色位图",命名为 P1. bmp,单击"保存"按钮,观察图片变化效果;

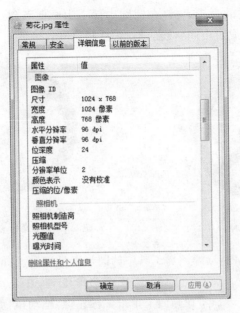

图 8.31　查看图片属性对话框

(3) 再次打开原始彩色图片,设置该图片的分辨率为 400×300,将图像另存为"16 色位图",命名为 P2. bmp,观察图片变化效果;

(4) 再次打开原始彩色图片,设置该图片的分辨率为 400×300,将图像另存为"256 色位图",命名为 P3. bmp,观察图片变化效果,不同像素深度图像对比图如图 8.32 所示;

(5) 在文件系统中查看 P1. bmp、P2. bmp、P3. bmp 文件的大小;

(6) 打开 P3. bmp 图片,将图像另存为 JPEG 文件格式,命名为 P3. jpg;

(7) 打开 P3. bmp 图片,将图像另存为 GIF 文件格式,命名为 P3. gif;

(8) 在文件系统中查看 P3. jpg 和 P3. gif 文件的大小。

(a) 像素深度24 bit　　　(b) 像素深度1 bit　　　(c) 像素深度4 bit　　　(d) 像素深度8 bit

图 8.32　不同像素深度图片效果图

3. 绘制图像

使用画图工具绘制交通标志,如图 8.33 所示。

(1) 在画图中新建一个图像文件,设置图像分辨率为 400×400。

(2) 设置颜色 1 为红色,红、绿、蓝分量分别为 220、39、32,选择图形工具栏中的"圆形"

工具,在图像中间画两个同心圆,选择油漆桶工具,在两个同心圆内部单击鼠标,完成外围圆圈的着色。

(3) 选择图形工具中的直线工具,在圆圈内部正中画两条斜线,选择油漆桶工具,在两条直线中间单击鼠标,完成对中间斜线的绘制,绘制完成效果如图8.34所示。

图8.33 交通标志图

图8.34 交通标志绘制效果图

(4) 设置颜色1为黑色,选择图形工具中的圆形工具,在合适的位置绘制人物头部;

(5) 选择多边形工具,在合适的位置绘制人物轮廓。在画面上单击鼠标左键,拖动鼠标绘制多边形的边,之后松开鼠标,在合适的位置再次单击鼠标,创建下一个结点,该结点与前一结点连接起来形成一条边,当鼠标回到第一个结点时,完成多边形的绘制。注意,由于画图软件比较简单,无法对绘制完的多边形进一步进行调整,所以绘制时需要非常仔细。绘制完成后选择油漆桶工具,对多边形进行着色。绘制完成后效果如图8.35所示。

图8.35 交通标志绘制效果图

(6) 由于多边形工具边缘比较生硬,在边缘处,可以通过圆形工具在手臂和腿部的边缘处补充圆滑效果,完成标志的绘制。

4. 实验作业

(1) 实验中P1.bmp文件大小为_____,P2.bmp文件大小为_____,P3.bmp文件大小为_____,P3.jpg文件大小为_____,P3.gif文件的大小为_____。

(2) 图像文件大小的计算公式为_____,P1.bmp文件的分辨率为_____,像素深度为_____;P2.bmp的像素深度为_____,P3.bmp的像素深度为_____。

(3) 观察P3.jpg和P3.gif图像与P3.bmp图像效果的差异,说明为何P3.jpg文件比P3.bmp文件小。

(4) 随意打开一幅图片,设置图片分辨率为800×600,将图片另存为24位位图文件,试计算该图像文件的大小。在文件系统中查看该文件属性,对比文件大小与计算结果是否一致。

(5) 在画图软件中绘制如图8.36所示的标志。

图 8.36　标志图

习　题

1. 什么是媒体？国际电联将媒体分为哪些种类？
2. 什么是多媒体？什么是多媒体技术？
3. 计算机中包含哪些多媒体类型？
4. 什么是多媒体计算机？请列举至少 5 种多媒体计算机的硬件设备。
5. 多媒体的关键技术有哪些？
6. 为什么要对多媒体数据进行压缩？为什么能够对多媒体数据进行压缩？
7. 什么是数据压缩与解压缩？
8. 什么是有损压缩？什么是无损压缩？
9. 列举常见的图像与视频压缩标准。

第 9 章　网络信息安全

计算机信息网络技术的应用给当今社会带来了巨大变化,同时也带给人们日益突出的信息网络安全问题。由于计算机网络现在已经涉及各个行业,包括金融、科学探索、教育系统、商业系统、政府部门和军事系统等各个领域,其中大部分都是牵涉国家的利益。这些行业面临着各个方面的网络攻击,网络攻击的表现形式包括窃取数据、信息篡改等。信息安全问题已经成为了一个重要的国际议题。

9.1　网络信息安全概述

所谓信息安全就是关注信息本身的安全,而不管是否应用了计算机作为信息处理的手段。信息安全的任务是保护信息财产,以防止偶然的或未授权者对信息的恶意泄露、修改和破坏,从而导致信息的不可靠或无法处理等。这样可以使我们在最大限度利用信息的同时,不招致损失或使损失最小。

网络信息安全指的是通过对计算机网络系统中的硬件、数据以及程序等不会因为无意或者恶意的被破坏、篡改和泄露,防止非授权用户的访问或者使用,系统可以对服务保持持续和连续性,能够可靠的运行。

9.1.1　信息安全的基础知识

为了更好地学习网络信息安全内容,应该先了解有关信息安全的属性、威胁和实现等方面的基础知识。

1. 信息安全属性

信息安全的基本属性主要表现在以下 5 个方面:

(1) 完整性(Integrity)

完整性是指信息在存储或传输的过程中保持未经授权不能改变的特性,即对抗主动攻击,保证数据的一致性,防止数据被非法用户修改和破坏。对信息安全发动攻击的最终目的是破坏信息的完整性。

（2）保密性（Confidentiality）

保密性是指信息不被泄露给未经授权者的特性，即对抗被动攻击，以保证机密信息不会泄露给非法用户。

（3）可用性（Availability）

可用性是指信息可被授权者访问并按需求使用的特性，即保证合法用户对信息和资源的使用不会被不合理地拒绝。对可用性的攻击就是阻断信息的合理使用，如破坏系统的正常运行就属于这种类型的攻击。

（4）不可否认性（Non-repudiation）

不可否认性也称为不可抵赖性，即所有参与者都不可能否认或抵赖曾经完成的操作和承诺。发送方不能否认已发送的信息，接收方也不能否认已收到的信息。

（5）可控性（Controllability）

可控性是指对信息的传播及内容具有控制能力的特性。授权机构可以随时控制信息的机密性，能够对信息实施安全监控。

信息安全的任务就是要实现信息的上述五种安全属性。对于攻击者来说，就是要通过一切可能的方法和手段破坏信息的安全属性。

2. 信息安全威胁

所谓信息安全威胁就是指某个人、物、事件或概念对信息资源的保密性、完整性、可用性或合法使用所造成的危险。攻击就是对安全威胁的具体体现。虽然人为因素和非人为因素都可以对通信安全构成威胁，但是精心设计的人为攻击威胁最大。

对于信息系统来说，威胁可分为针对物理环境、通信链路、网络系统、操作系统、应用系统以及管理系统等方面。

（1）物理安全威胁。是指对系统所用设备的威胁，物理安全是信息系统安全的最重要方面。物理安全的威胁主要有自然灾害（地震、水灾、火灾等）造成整个系统毁灭、电源故障造成设备断电以至操作系统引导失败或数据库信息丢失、设备被盗被毁造成数据丢失或信息泄露。通常，计算机里存储的数据价值远远超过计算机本身，必须采取很严格的防范措施以确保不会被入侵者偷阅。媒体废弃物威胁，如废弃磁盘或一些打印错误的文件都不能随便丢弃，媒体废弃物必须经过安全处理，对于废弃磁盘仅删除是不够的，必须销毁。电磁辐射可能造成数据信息被窃取或偷阅，等等。

（2）通信链路安全威胁。网络入侵者可能在传输线路上安装窃听装置，窃取网上传输的信号，再通过一些技术手段读出数据信息，造成信息泄露；或对通信链路进行干扰，破坏数据的完整性。

（3）操作系统安全威胁。操作系统是信息系统的工作平台，其功能和性能必须绝对可靠。由于系统的复杂性，不存在绝对安全的系统平台。对系统平台最危险的威胁是在系统软件或硬件芯片中的植入威胁，如"木马"和"陷阱门"。操作系统的安全漏洞通常是由操作系统开发者有意设置的，这样他们就能在用户失去了对系统的所有访问权时仍能进入系统。例如，一些 BIOS 有万能密码，维护人员用这个口令可以进入计算机。

应用系统安全威胁是指对于网络服务或用户业务系统安全的威胁。应用系统对应用安全的需求应有足够的保障能力。应用系统安全也受到"木马"和"陷阱门"的威胁。

（4）管理系统安全威胁。不管是什么样的网络系统都离不开人的管理，必须从人员管理上杜绝安全漏洞。再先进的安全技术也不可能完全防范由于人员不慎造成的信息泄露，管理安全是信息安全有效的前提。

（5）网络安全威胁。计算机网络的使用对数据造成了新的安全威胁，在网络上存在着电子窃听，分布式计算机的特征是各个分立的计算机通过一些媒介相互通信，局域网一般是广播式的，每个用户都可以收到发向任何用户的信息。当内部网络与因特网相接时，由于因特网的开放性、国际性与无安全管理性，对内部网络形成严重的安全威胁。如果系统内部局域网络与系统外部网络之间不采取一定的安全防护措施，内部网络容易受到来自外部网络入侵者的攻击，如攻击者可以通过网络监听等先进手段获得内部网络用户的用户名、口令等信息，进而假冒内部合法用户进行非法登录，窃取内部网重要信息。

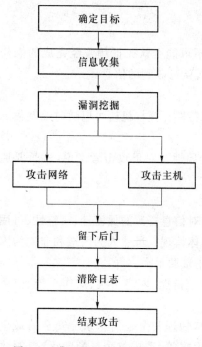

图9.1 典型的网络攻击的一般流程

网络攻击就是对网络安全威胁的具体体现。因特网作为全球信息基础设施的骨干网络，其本身所具有的开放性和共享性对信息的安全问题提出了严峻挑战。由于系统脆弱性的客观存在，操作系统、应用软件、硬件设备不可避免地存在一些安全漏洞，网络协议本身的设计也存在一些安全隐患，这些都为攻击者采用非正常手段入侵系统提供了可乘之机。典型的网络攻击的一般流程如图9.1所示。

攻击过程中的关键阶段是：弱点挖掘和获取权限。攻击成功的关键条件之一是：目标系统存在安全漏洞或弱点。网络攻击难点是：目标使用权的获得。能否成功攻击一个系统取决于多方面的因素。常见网络攻击工具有安全扫描工具、监听工具、口令破译工具等。

3. 信息安全的实现

保护信息安全所采用的手段也称做安全机制。所有的安全机制都是针对某些安全攻击威胁而设计的，可以按不同的方式单独或组合使用。合理地使用安全机制会在有限的投入下最大地降低安全风险。

一个完整的信息安全系统至少包含3类措施：技术方面的安全措施、管理方面的安全措施和相应的政策法律。

信息安全技术涉及信息传输的安全、信息存储的安全以及对网络传输信息内容的审计三方面，当然也包括对用户的鉴别和授权。信息安全的技术措施主要有：

（1）信息加密

信息加密是指使有用的信息变为看上去似为无用的乱码，使攻击者无法读懂信息的内容从而保护信息。信息加密是保障信息安全的最基本、最核心的技术措施和理论基础，它也是现代密码学的主要组成部分。

（2）数字签名

数字签名（又称公钥数字签名、电子签章）是一种类似写在纸上的普通的物理签名，但是使用了公钥加密领域的技术实现,用于鉴别数字信息的方法。一套数字签名通常定义两种互补的运算,一个用于签名,另一个用于验证。

（3）数据完整性

数据完整性保护用于防止非法篡改,利用密码理论的完整性保护能够很好地对付非法篡改。完整性的另一用途是提供不可抵赖服务,当信息源的完整性可以被验证却无法模仿时,收到信息的一方可以认定信息的发送者,数字签名就可以提供这种手段。

（4）身份鉴别

鉴别是信息安全的基本机制,通信的双方之间应互相认证对方的身份,以保证赋予正确的操作权力和数据的存取控制。网络也必须认证用户的身份,以保证合法的用户进行正确的操作并进行正确的审计。通常有 3 种方法验证主体身份：一是只有该主体了解的秘密,如口令、密钥；二是主体携带的物品,如智能卡和令牌卡；三是只有该主体具有的独一无二的特征或能力,如指纹、声音、视网膜或签字等。

（5）访问控制

访问控制的目的是防止对信息资源的非授权访问和非授权使用。它允许用户对其常用的信息库进行一定权限的访问,限制他随意删除、修改或复制信息文件。访问控制技术还可以使系统管理员跟踪用户在网络中的活动,及时发现并拒绝"黑客"的入侵。访问控制采用最小特权原则：即在给用户分配权限时,根据每个用户的任务特点使其获得完成自身任务的最低权限,不给用户赋予其工作范围之外的任何权力。

（6）数据备份和灾难恢复

数据备份不仅仅是简单的文件复制,在多数情况下是指数据库备份。所谓数据库备份是指制作数据库结构和数据的复制,以便在数据库遭到破坏时能够恢复数据库。备份的内容不但包括用户的数据库内容,而且还包括系统的数据库内容。灾难恢复指的是在发生灾难性事故的时候,利用已备份的数据或其他手段,及时对原系统进行恢复,以保证数据安全性以及业务的连续性。

（7）网络控制技术

网络控制技术种类繁多且相互交叉。虽然没有完整统一的理论基础,但是在不同的场合下,为了不同的目的,许多网络控制技术确实能够发挥出色的功效。

① 防火墙技术

防火墙技术是一种允许接入外部网络,但同时又能够识别和抵抗非授权访问的安全技术。防火墙扮演的是网络中"交通警察"角色,指挥网上信息合理有序地安全流动,同时也处理网上的各类"交通事故"。防火墙可分为外部防火墙和内部防火墙。前者在内部网络和外部网络之间建立起一个保护层,从而防止"黑客"的侵袭,其方法是监听和限制所有进出通信,挡住外来非法信息并控制敏感信息被泄露；后者将内部网络分隔成多个局域网,从而限制外部攻击造成的损失。

② 入侵检测技术

入侵检测系统作为一种积极主动的安全防护手段,在保护计算机网络和信息安全方面发挥着重要的作用。入侵检测是监测计算机网络和系统以发现违反安全策略事件的过程。入侵检测系统工作在计算机网络系统中的关键节点上,通过实时地收集和分析计算机网络或系统中的信息,来检查是否出现违反安全策略的行为和遭到袭击的迹象,进而达到防止攻击、预防攻击的目的。

③ 内网安全技术

商业间谍、黑客、不良员工对网络信息安全形成了巨大的威胁,而网络的普及和 USB 接口的大量使用在给各单位获取和交换信息带来巨大方便的同时,也给这些威胁大开方便之门。要保证计算机信息网络的安全,不能仅仅防范外部对计算机信息网络的入侵,还要防范计算机信息网络内部自身的安全。在内网的安全解决方案中,以数据安全为核心,以身份认证为基础,从信息的源头开始抓安全,对信息的交换通道进行全面保护,从而达到信息的全程安全。

④ 安全协议

整个网络系统的安全强度实际上取决于所使用的安全协议的安全性。安全协议的设计和改进有两种方式:一是对现有网络协议(如 TCP/IP)进行修改和补充;二是在网络应用层和传输层之间增加安全子层,如安全协议套接字层(SSL)、安全超文本传输协议(SHTTP)和专用通信协议(PCP)。安全协议实现身份鉴别、密钥分配、数据加密、防止信息重传和不可否认等安全机制。

(8) 反病毒技术

由于计算机病毒具有传染的泛滥性、病毒侵害的主动性、病毒程序外形检测的难以确定性和病毒行为判定的难以确定性、非法性与隐蔽性、衍生性、衍生体的不等性和可激发性等特性,所以必须花大力气认真加以对付。实际上计算机病毒研究已经成为计算机安全学的一个极具挑战性的重要课题,作为普通的计算机用户,虽然没有必要去全面研究病毒和防止措施,但是养成"卫生"的工作习惯并在身边随时配备新近的杀毒工具软件是完全必要的。

(9) 安全审计

安全审计是防止内部犯罪和事故后调查取证的基础,通过对一些重要事件进行记录,从而在系统发现错误或受到攻击时能定位错误和找到攻击成功的原因。安全审计是一种很有价值的安全机制,可以通过事后的安全审计来检测和调查安全策略执行的情况以及安全遭到破坏的情况。安全审计需要记录与安全有关的信息,通过明确所记录的与安全有关的事件的类别,安全审计跟踪信息的收集可以适应各种安全需要。审计技术是信息系统自动记录下计算机的使用时间、敏感操作和违纪操作等,所以审计类似于飞机上的"黑匣子",为系统进行事故原因查询、定位、事故发生前的预测、报警以及为事故发生后的实时处理提供详细可靠的依据或支持。审计对用户的正常操作也有记载,因为往往有些"正常"操作(如修改数据等)恰恰是攻击系统的非法操作。安全审计信息应具有防止非法删除和修改的措施。安全审计跟踪对潜在的安全攻击源的攻击起到威慑作用。

(10) 业务填充

所谓的业务填充是指在业务闲时发送无用的随机数据,增加攻击者通过通信流量获得信息的困难。它是一种制造假的通信、产生欺骗性数据单元或在数据单元中填充假数据的安全机制。该机制可用于应对各种等级的保护,用来防止对业务进行分析,同时也增加了密码通讯的破译难度。发送的随机数据应具有良好的模拟性能,能够以假乱真。该机制只有在业务填充受到保密性服务时才有效。

(11) 路由控制机制

路由控制机制可使信息发送者选择特殊的路由,以保证连接、传输的安全。其基本功能为：

① 路由选择

路由可以动态选择，也可以预定义，选择物理上安全的子网、中继或链路进行连接和/或传输。

② 路由连接

在监测到持续的操作攻击时，端系统可能同意网络服务提供者另选路由，建立连接。

③ 安全策略

携带某些安全标签的数据可能被安全策略禁止通过某些子网、中继或链路。连接的发起者可以提出有关路由选择的警告，要求回避某些特定的子网、中继或链路进行连接和/或传输。

（12）公证机制

公证机制是对两个或多个实体间进行通信的数据的性能，如完整性、来源、时间和目的地等，由公证机构加以保证，这种保证由第三方公证者提供。公证者能够得到通信实体的信任并掌握必要的信息，用可以证实的方式提供所需要的保证。通信实体可以采用数字签名、加密和完整性机制以适应公证者提供的服务。在用到这样一个公证机制时，数据便经由受保护的通信实体和公证者在各通信实体之间进行通信。公证机制主要支持抗抵赖服务。

信息安全的政策、法律、法规是安全的基石，它是建立安全管理的标准和方法。因为安全总是相对的，即使相当完善的安全机制也不可能完全杜绝非法攻击，由于破坏者的攻击手段在不断变化，而安全技术与安全管理又总是滞后于攻击手段的发展，信息系统存在一定的安全隐患是不可避免的。因此，为了保证信息的安全，除了运用技术手段和管理手段外，还要运用法律手段。对于发生的违法行为，只能依靠法律进行惩处，法律是保护信息安全的最终手段。同时，通过法律的威慑力，还可以使攻击者产生畏惧心理，达到惩一警百、遏制犯罪的效果。

9.1.2　信息加密技术

加密技术可以有效保证数据信息的安全，可以防止信息被外界破坏、修改和浏览，是一种主动防范的信息安全技术。

信息加密技术的原理是：将公共认可的信息（明文）通过加密算法转换成不能够直接被读取的、不被认可的密文形式，这样数据在传输的过程中，以密文的形式进行，可以保证数据信息在被非法的用户截获后，由于数据的加密而无法有效地理解原文的内容，确保了网络信息的安全性。在数据信息到达指定的用户位置后，通过正确的解密算法将密文还原为明文，以供合法用户进行读取。对于加密和解密过程中使用到的参数，我们称之为密钥。

密钥加密技术的密码体制分为对称密钥体制和非对称密钥体制两种。相应地，对数据加密的技术分为两类，即对称加密（私人密钥加密）和非对称加密（公开密钥加密）。加密体制中的加密算法是公开的，可以被其他人分析。加密算法的真正安全性取决于密钥的安全性，即使攻击者知道加密算法，但不知道密钥，那么他不可能获得明文。所以加密系统的密钥管理是一个非常重要的问题。

1. 对称加密技术

对称加密采用了对称密码编码技术，它的特点是文件加密和解密使用相同的密钥（或者由其中的任意一个可以很容易地推导出另外一个),即加密密钥也可以用做解密密钥,这种方法在密码学中叫做对称加密算法。典型的对称加密算法有数据加密标准(DES)和高级加密标准(AES)。对称密钥技术的加密解密过程如图9.2所示。

图9.2 对称加密解密过程示意图

对称密码有一些很好的特性,如运行占用空间小,加、解密速度快,但它们在某些情况下也有明显的缺陷,这些缺点如下:

(1)如何进行密钥交换

在对称加密中同一密钥既用于加密明文,也用于解密密文.因此一旦密钥落入攻击者的手中将是非常危险的。一旦未经授权的人得知了密钥,就会危及基于该密钥所涉及的信息的安全性。在传送信息以前,信息的发送者和授权接收者必须共享秘密信息(密钥)。因此,在进行通信以前,密钥必须先在一条安全的单独通道上进行传输,这一附加的步骤,尽管在某些情况下是可行的,但在理论上是矛盾的,因为如果存在安全的通道就不需要加密了。

(2)密钥管理困难

例如,A和B两人之间的密钥必须不同于A和C两人之间的密钥,否则A给B的消息就可能会被C看到。在有1 000个用户的团体中,A需要保持至少999个密钥,这样这个团体一共需要有将近50万个不同的密钥。随着团体的不断增大,储存和管理这么大数量的密钥很快就会变得难以处理。

对称密码体制的优点是具有很高的保密强度,但它的密钥必须通过安全可靠的途径传递,密钥管理成为影响系统安全的关键性因素,使它难以满足系统的开放性要求。

2. 非对称加密技术

为了解决信息公开传送和密钥管理问题,人们提出一种新的密钥交换协议,允许在不安全的媒体上的通信双方交换信息,安全地达成一致的密钥,这就是"公开密钥系统"。相对于"对称加密技术"这种方法也叫做"非对称加密技术"。

与对称加密技术不同,非对称加密技术需要两个密钥:公开密钥(public key)和私有密钥(private key)。公开密钥与私有密钥是一对,如果用公开密钥对数据进行加密,只有用对应的私有密钥才能解密;如果用私有密钥对数据进行加密,那么只有用对应的公开密钥才能解密。因为加密和解密使用的是两个不同的密钥(加密密钥和解密密钥不可能相互推导得出),所以这种算法叫做非对称加密算法。非对称加密技术加密解密过程如图9.3所示。

图9.3 非对称加密解密过程示意图

　　例如,A 要发送机密消息给 B,首先他从公钥数据库中查询到 B 的公开密钥,然后利用 B 的公开密钥和算法对数据进行加密操作,把得到的密文信息传送给 B;B 在收到密文以后,用自己保存的私钥对信息进行解密运算,得到原始数据。

　　采用非对称密码体制的每个用户都有一对选定的密钥,其中一个是可以公开的,另一个由用户自己秘密保存。非对称加密算法的保密性比较好,它消除了最终用户交换密钥的需要,可以适应开放性的使用环境,密钥管理问题相对简单,可以方便、安全地实现数字签名和验证。但加密和解密花费时间长、速度慢,它不适合于对文件加密而只适用于对少量数据进行加密。

3. 电子信封技术

　　对称密码算法,加/解密速度快,但密钥分发问题严重;非对称密码算法,加/解密速度较慢,但密钥分发问题易于解决。为解决每次传送更换密钥的问题,结合对称加密技术和非对称密钥加密技术的优点,产生了电子信封技术,用来传输数据。

　　电子信封技术的原理如图 9.4 所示。用户 A 需要发送信息给用户 B 时,用户 A 首先生成一个对称密钥,用这个对称密钥加密要发送的信息,然后用用户 B 的公开密钥加密这个对称密钥,用户 A 将加密的信息连同用用户 B 的公钥加密后的对称密钥一起传送给用户B。用户 B 首先使用自己的私钥解密被加密的对称密钥,再用该对称密钥解密出信息。电子信封技术在外层使用公开密钥技术,解决了密钥的管理和传送问题,由于内层的对称密钥长度通常较短,公开密钥加密的相对低效率被限制到最低限度,而且每次传送都可由发送方选定不同的对称密钥,更好地保证数据通信的安全性。

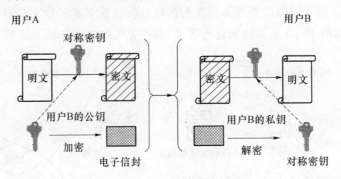

图 9.4　电子信封技术的原理

9.1.3　信息认证技术

　　认证技术主要用于防止对手对系统进行的主动攻击,如伪装、窜扰等,这对于开放环境中各种信息系统的安全性尤为重要。认证的目的有两个方面:一是验证信息的发送者是合法的,而不是冒充的,即实体认证,包括信源、信宿的认证和识别;二是验证消息的完整性,验证数据在传输和存储过程中是否被篡改、重放或延迟等。

1. 数字签名

　　数字签名是在公钥密码体制下很容易获得的一种服务,它的机制与手写签名类似:单个实体在数据上签名,而其他的实体能够读取这个签名并能验证其正确性。数字签名从根本上说是依赖于公私密钥对的概念,可以把数字签名看做是在数据上进行的私钥加密操作。

如果发送方是唯一知道这个私钥的实体,很明显他就是唯一能签署该数据的实体,另外,任何实体(只要能够获得发送方相应的公钥)都能在数据签名上用公开密钥作一次解密操作,验证这个签名的结果是否有效。

(1) Hash 函数

由于要签名的数据大小是任意的,而使用私钥加密操作的速度较慢,因而希望进行私钥加密时能有固定大小的输入和输出,要解决这个问题,可以使用单向 Hash 函数。

Hash 函数也称为消息摘要(Message Digest),其输入为一个可变长度 x,返回一个固定长度串,该串被称为输入 x 的 Hash 值(消息摘要)。Hash 函数一般满足以下几个基本需求:

① 输入 x 可以为任意长度;

② 输出数据长度固定;

③ 容易计算,给定任何 x,容易计算出 x 的 Hash 值 H(x);

④ 单向函数,即给出一个 Hash 值,很难反向计算出原始输入;

⑤ 唯一性,即难以找到两个不同的输入会得到相同的 Hash 输出值(在计算上是不可行的)。

Hash 值的长度由算法的类型决定,与被 Hash 的消息大小无关,一般为 128 位或 160 位。即使两个消息的差别很小,如仅差别一两位,其 Hash 运算的结果也会截然不同,用同一个算法对某一消息进行 Hash 运算只能获得唯一确定的 Hash 值。常用的单向 Hash 算法有 MD5、SHA-1 等。

(2) 数字签名的实现方法

使用 Hash 函数可以降低服务器资源的消耗,这时,数字签名就不是对原始数据进行签名,而只是对数据的 Hash 运算结果进行签名,数字签名的过程如图 9.5 所示。其过程为:

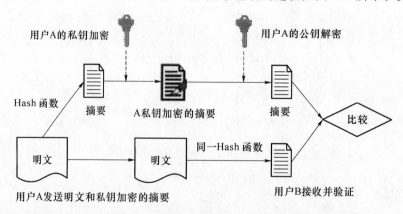

图 9.5　数字签名与验证过程示意图

① 发送方产生文件的单向 Hash 值;

② 发送方用他的私钥对 Hash 值加密,凭此表示对文件签名;

③ 发送方将文件和 Hash 签名送给接收方;

④ 接收方用发送方发送的文件产生文件的单向 Hash 值,同时用发送方的公钥对签名的 Hash 值解密,如果签名的 Hash 值与自己产生的 Hash 值匹配,签名就是有效的。

使用公钥算法进行数字签名的最大方便是没有密钥分配问题,因为公开密钥加密使用两个不同的密钥,其中有一个是公开的,另一个是保密的。有几种公钥算法能用做数字签名。在一些算法中(如 RSA),公钥或者私钥都可用做加密。如用私钥直接加密文件,实际上就对这个文件拥有安全的数字签名。在其他情况下(DSA),算法只能用于数字签名而不能用于加密。

数据完整性保护用于防止非法篡改,利用密码理论的完整性保护能够很好地对付非法篡改。完整性的另一用途是提供不可抵赖服务,当信息源的完整性可以被验证却无法模仿时,收到信息的一方可以认定信息的发送者,数字签名就可以提供这种手段。

2. 身份认证

身份认证是指计算机及网络系统确认操作者身份的过程。计算机系统和计算机网络是一个虚拟的数字世界。在这个数字世界中,一切信息包括用户的身份信息都是用一组特定的数据来表示的,计算机只能识别用户的数字身份,所有对用户的授权也是针对用户数字身份的授权。而我们生活的现实世界是一个真实的物理世界,每个人都拥有独一无二的物理身份。如何保证以数字身份进行操作的操作者就是这个数字身份合法拥有者,也就是说保证操作者的物理身份与数字身份相对应,就成为一个很重要的问题。

(1) 认证的方式

在真实世界中,验证一个人的身份主要通过三种方式判定:一是根据自己所知道的信息来证明自己的身份(what you know),假设某些信息只有某个人知道,比如暗号等,通过询问这个信息就可以确认这个人的身份;二是根据自己所拥有的东西来证明自己的身份(what you have),假设某一个东西只有某个人有,比如印章等,通过出示这个东西也可以确认个人的身份;三是直接根据自己独一无二的身体特征来证明自己的身份(who you are),比如指纹、面貌等。在网络环境下根据被认证方赖以证明身份秘密的不同,身份认证可以基于如下一个或几个因子:

① 双方共享的数据,如口令;

② 被认证方拥有的外部物理实体,如智能安全存储介质;

③ 被认证方所特有的生物特征,如指纹、语音、虹膜、面相等。

在实际使用中,可以结合使用两种或三种身份认证因子。

(2) 生物特征认证技术

这种认证方式以人体唯一的、可靠的、稳定的生物特征为依据,采用计算机的强大功能和网络技术进行图像处理和模式识别,具有更好的安全性、可靠性和有效性。用于生物识别的生物特征有手形、指纹、脸形、虹膜、视网膜、脉搏、耳廓等,行为特征有签字、声音、按键力度等。基于这些特征,人们已经发展了手形识别、指纹识别、面部识别、发音识别、虹膜识别、签名识别等多种生物识别技术。目前人体特征识别技术市场上占有率最高的是指纹机和手形机,这两种识别方式也是目前技术发展中最成熟的。相比传统的身份鉴别方法,基于生物特征识别的身份认证技术具有这些优点:不易遗忘或丢失;防伪性能好,不易伪造或被盗;"随身携带",随时随地可用。生物识别认证过程原理的系统部件如图 9.6 所示。

模板数据库中存放了所有被认证方的生物特征数据,生物特征数据由特征录入设备预处理完成。以掌纹认证为例,当用户登录系统时,首先必须将其掌纹数据由传感器采集量化,通过特征提取模块提取特征码,再与模板数据库中存放的掌纹特征数据以某种算法进行比较,如果相符则通过认证,允许用户使用应用系统。

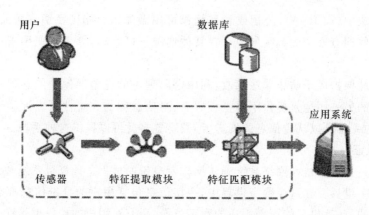

图 9.6 生物特征认证系统结构图

（3）数字认证技术

① 口令认证

通行字（口令）是一种根据已知事物验证身份的方法，也是一种最为广泛研究和使用的身份识别方法。以下的论述中统一称为口令。

在实际的安全系统中，还要考虑和规定口令的选择方法、使用期限、字符长度、分配和管理以及在计算机系统中的安全保护等。不同安全水平的计算机系统要求也不相同。

② 动态口令认证

例如在一般非保密的联机系统中，多个用户可共用一个口令，这样的安全性很低。可以给每个用户分配不同的口令，以加强这种系统的安全性。但这样的简单口令系统的安全性始终是不高的。在安全性要求比较高的系统中，可以要求口令随时间的变化而变化，这样每次接入系统时都是一个新的口令，即实现动态口令。这样可以有效防止重传攻击。还有通常的口令保存都采取密文的形式，即口令的传输和存储都要加密，以保证其安全性。

③ 数字证书

数字证书是证明实体所声明的身份和其公钥绑定关系的一种电子文档，是将公钥和确定属于它的某些信息（比如该密钥对持有者的姓名、电子邮件或者密钥对的有效期等信息）相绑定的数字申明。

目前，通用的办法是采用建立在公钥基础设施（Public Key Infrastructure，PKI）基础之上的数字证书，通过把要传输的数字信息进行加密和签名，保证信息传输的机密性、真实性、完整性和不可否认性，从而保证信息的安全传输。

PKI 是一个采用非对称密码算法原理和技术来实现并提供安全服务的、具有通用性的安全基础设施，PKI 技术采用证书管理公钥，通过第三方的可信任机构——认证中心（Certificate Authority，CA），把用户的公钥和用户的其他标识信息（如名称、E-mail、身份证号等）捆绑在一起，在因特网上验证用户的身份（其中认证机构 CA 是 PKI 系统的核心部分），提供安全可靠的信息处理。PKI 所提供的安全服务以一种对用户完全透明的方式完成所有与安全相关的工作，极大地简化了终端用户使用设备和应用程序的方式，而且简化了设备和应用程序的管理工作，保证了他们遵循同样的安全策略。PKI 技术可以让人们随时随地方便地同任何人秘密通信。PKI 技术是开放、快速变化的社会信息交换的必然要求，是电子商务、电子政务及远程教育正常开展的基础。

PKI 技术是公开密钥密码学完整的、标准化的、成熟的工程框架。它基于并且不断吸收公开密钥密码学丰硕的研究成果,按照软件工程的方法,采用成熟的各种算法和协议,遵循国际标准和 RFC 文档,如 PKCS、SSL、X.509、LDAP,完整地提供网络和信息系统安全的解决方案。

9.1.4　网络防火墙技术

网络防火墙是一种用来加强网络之间访问控制、防止黑客或间谍等外部网络用户以非法手段通过外部网络进入内部网络,访问内部网络资源,保护内部网络操作环境的特殊网络互连设备。它对两个或多个网络之间传输的数据包和链接方式按照一定的安全策略对其进行检查,来决定网络之间的通信是否被允许,并监视网络运行状态。它实际上是一个独立的进程或一组紧密联系的进程,运行于路由、网关或服务器上来控制经过防火墙的网络应用服务的通信流量。其中被保护的网络称为内部网络(或私有网络),另一方则称为外部网络(或公用网络)。网络防火墙如图 9.7 所示。

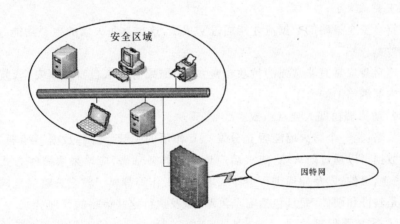

图 9.7　网络防火墙

1. 防火墙的作用

防火墙能有效地控制内部网络与外部网络之间的访问及数据传送,从而达到保护内部网络的信息不受外部非授权用户的访问,并过滤不良信息的目的。其主要功能有:

(1) 过滤进出网络的数据包:对进出网络的所有数据进行检测,对其中的有害信息进行过滤。包过滤可以分为协议包过滤和端口包过滤。协议包过滤是因为数据在传输过程中首先要封装,然后到达目的地时再解封装,不同协议的数据包所封装的内容是不同的。协议包过滤就是根据不同协议封装的包头内容不一样来实现对数据包的过滤。比如 ping 是 Windows系列自带的一个可执行命令,利用它可以检查网络是否能够连通,应用格式为: ping IP(域名)地址。再如 ICMP 协议主要用于在主机与路由器之间传递控制信息,包括报告错误、交换受限控制和状态信息等。我们可以通过 ping 命令发送 ICMP 回应请求消息并记录收到 ICMP 回应回复消息,通过这些消息来对网络或主机的故障提供参考依据。

端口包过滤和协议包过滤类似,只不过它是根据数据包的源和目的端口来进行的包过滤。我们知道,一台拥有 IP 地址的主机可以提供许多服务,比如 Web 服务、FTP 服务、

SMTP 服务等,主机实际上是通过"IP 地址+端口号"来区分不同的服务的,比如访问一台 WWW 服务器时,WWW 服务器使用"80"端口提供服务。

(2) 保护端口信息:保护并隐藏计算机在因特网上的端口信息,黑客不能扫描到端口信息,便不能进入计算机系统,攻击也就无从谈起。

(3) 管理进出网络的访问行为:可以对进出网络的访问进行管理,限制或禁止某些访问行为。

(4) 过滤后门程序:防火墙可以把特洛伊木马和其他后门程序过滤掉。

(5) 保护个人资料:防火墙可以保护计算机中的个人资料不被泄露,不明程序在改动或复制计算机资料的时候,防火墙会向用户发出警告,并阻止这些不明程序的运行。

(6) 对攻击行为进行检测和报警:检测是否有攻击行为的发生,有则发出报警,并给出攻击的详细信息,如攻击类型、攻击者的 IP 等。

典型的防火墙具有以下三个方面的基本特性:

- 内部网络和外部网络之间的所有网络数据流都必须经过防火墙,否则就失去了防火墙的主要意义了;
- 只有符合安全策略的数据流才能通过防火墙,这也是防火墙的主要功能——审计和过滤数据;
- 防火墙自身应具有非常强的抗攻击免疫力,如果防火墙自身都不安全,就更不可能保护内部网络的安全了。

一般来说,防火墙由四大要素组成:

- 安全策略:是一个防火墙能否充分发挥其作用的关键。哪些数据不能通过防火墙,哪些数据可以通过防火墙;防火墙应该如何具备部署;应该采取哪些方式来处理紧急的安全事件;以及如何进行审计和取证的工作等都属于安全策略的范畴。防火墙不仅是软件和硬件,而且包括安全策略,以及执行这些策略的管理员。
- 内部网:需要受保护的网。
- 外部网:需要防范的外部网络。
- 技术手段:具体的实施技术。

2. 基于防火墙的 VPN 技术

虚拟专用网(Virtual Private Network,VPN)指的是在公用网络上建立专用网络的技术。其之所以称为虚拟网,主要是因为整个 VPN 网络的任意两个节点之间的连接并没有传统专网所需的端到端的物理链路,而是架构在公用网络服务商所提供的逻辑网络平台,用户数据在逻辑链路中传输。防火墙技术是砌墙、阻断作用,VPN 技术是挖沟,是在防火墙或已建立的一系列安全措施之上,从公网用户到内网服务器间挖一条沟出来,通过这条沟使公网用户能安全的访问内网服务器,如图 9.8 所示。基于防火墙的 VPN 是 VPN 最常见的一种实现方式,许多厂商都提供这种配置类型。

3. 常用防火墙

随着防火墙技术的不断成熟,国内外已推出系列实用化的产品,以解决当前的网络安全难题,比如 Cisco PIX 防火墙、微软 ISA Server、天网防火墙系统等。在一般情况下,用户可以通过 Windows 系统自带的防火墙对来自计算机网络的病毒或木马攻击进行防范。

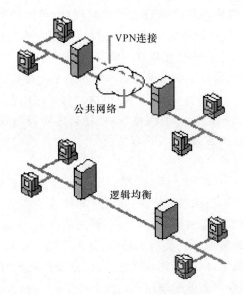

图 9.8 VPN 示意图

9.2 计算机病毒

计算机病毒对计算机系统所产生的破坏效应,使人们清醒地认识到其所带来的危害性。现在,每年的新病毒数量都是以指数级在增长,而且由于近几年传输媒质的改变和因特网的大面积普及,导致计算机病毒感染的对象开始由工作站(终端)向网络部件(代理、防护和服务器设置等)转变,病毒类型也由文件型向网络蠕虫型改变。现今,世界上很多国家的科研机构都在深入地对病毒的实现和防护进行研究。

9.2.1 计算机病毒的概念与特点

计算机病毒(Computer Virus)在《中华人民共和国计算机信息系统安全保护条例》中被明确定义,病毒是指"编制或者在计算机程序中插入的破坏计算机功能或者破坏数据,影响计算机使用并且能够自我复制的一组计算机指令或者程序代码"。计算机病毒不是天然存在的,是某些人利用计算机软、硬件所固有的脆弱性,编制具有特殊功能的程序。

一般来说,计算机病毒这种特殊程序有以下几种特征:

(1) 传染性。计算机病毒会通过各种渠道,如软盘、计算机网络,从已被感染的计算机扩散到未被感染的计算机,在某些情况下造成被感染的计算机工作失常甚至瘫痪。

(2) 未经授权而执行。病毒具有正常程序的一切特性,它隐藏在正常程序中,当用户调用正常程序时窃取到系统的控制权,先于正常程序执行,病毒的动作、目的对用户是未知的,是未经用户允许的。

(3) 隐蔽性。病毒通常附在正常程序中或磁盘较隐蔽的地方,也有个别的以隐含文件形式出现。如果不经过代码分析,病毒程序与正常程序是不容易区别开来的。一般在没有防护措施的情况下,计算机病毒程序取得系统控制权后,可以在很短的时间里传染大量程序,而且受到传染后,计算机系统通常仍能正常运行,使用户不会感到任何异常。大部分的病毒的代码设计得非常短小,一般只有几百字节或1KB,也是为了隐藏。

(4)潜伏性。大部分的病毒感染系统之后一般不会马上发作,它可长期隐藏在系统中,只有在满足其特定条件时才启动其表现(破坏)模块。只有这样它才可进行广泛地传播。如"PETER-2"在每年2月27日会提三个问题,答错后会将硬盘加密。著名的"黑色星期五"在逢13号的星期五发作。当然,最令人难忘的便是26日发作的CIH。这些病毒在平时会隐藏得很好,只有在发作日才会露出本来面目。

(5)破坏性。任何病毒只要侵入系统,都会对系统及应用程序产生程度不同的影响。轻者会降低计算机工作效率,占用系统资源,重者可导致系统崩溃。由此特性可将病毒分为良性病毒与恶性病毒。良性病毒可能只显示一些画面或音乐、无聊的语句,或者根本没有任何破坏动作,但会占用系统资源。这类病毒较多,如GENP、小球、W-BOOT等。恶性病毒则有明确的目的,或破坏数据、删除文件或加密磁盘、格式化磁盘,有的对数据造成不可挽回的破坏。这也反映出病毒编制者的险恶用心。

(6)变异性。现在很多计算机病毒在短时间内就可以发展出多个变种,这是计算机病毒逃避反病毒软件的检测而新发展出来的一种特性。

9.2.2 计算机病毒的分类与危害

1. 按入侵途径分类

(1)源码型病毒:这种病毒比较罕见。这种病毒并不感染可执行的文件,而是感染源代码,使源代码在被高级编译语言编译后具有一定的破坏、传播的能力。

(2)操作系统型病毒:操作系统型病毒将自己附加到操作系统中或者替代部分操作系统进行工作,有很强的复制和破坏能力。而且由于感染了操作系统,这种病毒在运行时,会用自己的程序片断取代操作系统的合法程序模块。根据病毒自身的特点和被替代的操作系统中合法程序模块在操作系统中运行的地位与作用,以及病毒取代操作系统的取代方式等,对操作系统进行破坏。同时,这种病毒对系统中文件的感染性也很强。

(3)外壳型病毒:计算机外壳型病毒是将其自己包围在主程序的四周,对原来的程序不做修改,在文件执行时先行执行此病毒程序,从而不断地复制,等病毒执行完毕后,转回到原文件入口运行。外壳型病毒易于编写,也较为常见,但杀毒却较为麻烦。

(4)入侵型病毒:入侵型病毒可用自身代替正常程序中的部分模块或堆栈区。因此这类病毒只攻击某些特定程序,针对性强。一般情况下也难以被发现,清除起来也较困难。

2. 按感染对象分类

根据感染对象的不同,病毒可分为三类,即引导型病毒、文件型病毒和混合型病毒。

(1)引导型病毒的感染对象是计算机存储介质的引导区。病毒将自身的全部或部分逻辑取代正常的引导记录,而将正常的引导记录隐藏在介质的其他存储空间。由于引导区是计算机系统正常启动的先决条件,所以此类病毒可在计算机运行前获得控制权,其传染性较强,如Bupt、Monkey、CMOS dethroner等。

(2)文件型病毒感染对象是计算机系统中独立存在的文件。病毒将在文件运行或被调用时驻留内存、传染、破坏,如DIR Ⅱ、Honking、宏病毒CIH等。

（3）混合型病毒感染对象是引导区或文件，该病毒具有复杂的算法，采用非常规办法侵入系统，同时使用加密和变形算法，如 One half、V3787 等。

3．按照计算机病毒的破坏情况分类

（1）良性病毒

良性病毒是指其不包含有立即对计算机系统产生直接破坏作用的代码。这类病毒不会对磁盘信息和用户数据产生破坏，只是对屏幕产生干扰，或使计算机的运行速度大大降低，如"毛毛虫"、"欢乐时光"等。

（2）恶性病毒

恶性病毒就是指在其代码中包含有损伤和破坏计算机系统的操作，在其传染或发作时会对系统产生直接的破坏作用，有极大的危害性，如 CIH 病毒等。

9.2.3　网络防病毒技术

根据计算机病毒的特点，人们找到了许多检测计算机病毒的方法。但是由于计算机病毒与反病毒是互相对抗发展的，任何一种检测方法都不可能是万能的，综合运用这些检测方法并且在此基础上根据病毒的最新特点不断改进或发现新的方法才能更准确地发现病毒。

1．反病毒技术

特征代码法是检测计算机病毒的基本方法，其将各种已知病毒的特征代码串组成病毒特征代码数据库。这样，可通过各种工具软件检查、搜索可疑计算机系统（可能是文件、磁盘、内存等）时，用特征代码数据库中的病毒特征代码逐一比较，就可确定被检计算机系统感染了何种病毒。

很多著名的病毒检测工具中广泛使用特征代码法。国外专家认为特征代码法是检测已知病毒的最简单、开销最小的方法。

一种病毒可能感染很多文件或计算机系统的多个地方，而且在每个被感染的文件中，病毒程序所在的位置也不尽相同，但是计算机病毒程序一般都具有明显的特征代码，这些特征代码，可能是病毒的感染标记特征代码，不一定是连续的，也可以用一些"通配符"或"模糊"代码来表示任意代码。只要是同一种病毒，在任何一个被该病毒感染的文件或计算机中，总能找到这些特征代码。

目前反病毒的主流技术还是以传统的"特征码技术"为主，以新的反病毒技术为辅。因为新的反病毒技术还不成熟，在查杀病毒的准确率上，还与传统的反病毒技术有一段差距。特征码技术是传统的反病毒技术，但是"特征码技术"只能查杀已知病毒，对未知病毒则毫无办法。所以很多时候都是计算机已经感染了病毒并且对计算机或数据造成很大破坏后才去杀毒。基于这些原因，在反病毒技术上，最重要的就是"防杀结合，防范为主"，而防范计算机病毒的基本方法有：

（1）不轻易上一些不正规的网站，在浏览网页的时候，很多人有猎奇心理，而一些病毒、木马制造者正是利用人们的猎奇心理，引诱大家浏览他的网页，甚至下载文件，殊不知这样很容易使计算机染上病毒。

（2）千万要提防电子邮件病毒的传播，能发送包含 ActiveX 控件的 HTML 格式邮件可以在浏览邮件内容时被激活，所以在收到陌生可疑邮件时尽量不要打开，特别是对于带有附件的电子邮件更要小心，很多病毒都是通过这种方式传播的，甚至有的是从自己的好友发送的邮件中感染计算机。

（3）对于渠道不明的光盘、移动硬盘、U 盘等便携存储器,使用之前应该查毒。对于从网络上下载的文件,通过 QQ 或 MSN 传输的文件同样如此。因此,计算机上应该装有杀毒软件,并且及时更新。

（4）经常关注一些网站、BBS 发布的病毒报告,这样可以在未感染病毒的时候做到预先防范。

（5）对于重要文件、数据做到定期备份。

（6）经常升级系统。给系统打补丁,减少因系统漏洞带来的安全隐患。

（7）不能因为担心病毒而不敢使用网络,那样网络就失去了意义。只要思想上高度重视,时刻具有防范意识,就不容易受到病毒侵扰。

通过技术手段防治病毒,主要是指安装杀毒软件。杀毒软件是一类专门针对计算机病毒开发的软件,它能通过各种内置的功能,帮助用户清除计算机中感的计算机病毒。杀毒软件通常集成监控识别、病毒扫描和清除以及自动升级等功能,有的杀毒软件还带有数据恢复等功能。

2. 常用反病毒软件

为了对网络病毒进行安全防护,在使用计算机的过程中时刻都应作好防治和杀毒的准备。常备一种或几种反病毒软件,对保证计算机系统的安全是很有必要的。目前国内、外的反病毒软件很多,国内常用的有北京瑞星科技股份有限公司开发的瑞星杀毒软件、金山软件股份有限公司研制开发的金山毒霸反病毒软件和北京江民新科技有限公司开发的 KV 系列产品等,国外常用的有卡巴斯基、诺顿、MacAfee 等。

9.3 恶 意 软 件

恶意软件(俗称"流氓软件")已成为社会公害,其泛滥是继网络病毒、垃圾邮件后互联网世界的又一个全球性问题。恶意软件的传播严重影响了互联网用户的正常上网,侵犯了互联网用户的正当权益,给互联网带来了严重的安全隐患,妨碍了互联网的应用,侵蚀了互联网的诚信。面对恶意软件日益猖獗,严重干扰用户正常使用网络的严峻局面,如何有效地识别、防范与清除恶意软件已成为广大互联网用户需要了解的必备知识。

9.3.1 恶意软件的定义与特征

中国互联网协会颁布的"恶意软件"定义为"在未明确提示用户或未经用户许可的情况下,在用户计算机或其他终端上安装运行,侵犯用户合法权益的软件,但已被我国现有法律法规规定的计算机病毒除外"。

与正常的软件相比较,恶意软件具有不可知性与不可控制性,一般具有以下特征:

（1）强制安装,指在未明确提示用户或未经用户许可的情况下,在用户计算机或其他终端上安装软件的行为。

（2）难以卸载,指未提供通用的卸载方式,或在不受其他软件影响、人为破坏的情况下,卸载后仍然有活动程序的行为。

（3）浏览器劫持，指未经用户许可，修改用户浏览器或其他相关设置，迫使用户访问特定网站或导致用户无法正常上网的行为。

（4）广告弹出，指未明确提示用户或未经用户许可的情况下，利用安装在用户计算机或其他终端上的软件弹出广告的行为。

（5）恶意收集用户信息，指未明确提示用户或未经用户许可，恶意收集用户信息的行为。

（6）恶意卸载，指未明确提示用户、未经用户许可，或误导、欺骗用户卸载非恶意软件的行为。

（7）恶意捆绑，指在软件中捆绑已被认定为恶意软件的行为。

（8）其他侵害用户软件安装、使用和卸载知情权、选择权的恶意行为。

只要有未知软件含有一点符合上面的特征，就基本可以肯定这种软件是恶意软件。在大多数情况下，只要符合其中一点，就会有相应的其他特征存在，因为这些特征通常是互相关联的。

9.3.2　恶意软件的分类与危害

1. 恶意软件的分类

可以根据恶意软件的表现，把定义中所包括的恶意软件分为以下九大类。

（1）广告软件

广告软件（Adware）是指未经用户允许，下载并安装在用户计算机上，或与其他软件捆绑，通过弹出式广告等形式牟取商业利益的程序。此类软件往往会强制安装并无法卸载，在后台收集用户信息牟利，危及用户隐私，频繁弹出广告，消耗系统资源，使其运行变慢等。

（2）间谍软件

间谍软件（Spyware）是一种能够在用户不知情的情况下，在其计算机上安装后门、收集用户信息的软件。用户的隐私数据和重要信息会被"后门程序"捕获，并被发送给黑客、商业公司等。这些"后门程序"可能是一个 IE 工具条、一个快捷方式或是其他用户无法察觉的程序。这些"后门程序"甚至能使用户的计算机被远程操纵，或者说这些有"后门"的计算机都将成为黑客和病毒攻击的重要目标和潜在目标。组成庞大的"僵尸网络"，这是目前网络安全的重要隐患之一。

（3）浏览器劫持

浏览器劫持是一种恶意程序通过浏览器插件、BHO（浏览器辅助对象）、WinsoekLSP 等形式对用户的浏览器进行篡改，使用户的浏览器配置不正常，被强行引导到商业网站等被劫持软件指定的网站地址，严重影响正常上网浏览。用户在浏览网站时会被强行安装此类插件，普通用户根本无法将其卸载。

（4）行为记录软件

行为记录软件（Track Ware）是指未经用户许可窃取、分析用户隐私数据，记录用户使用计算机、访问网络习惯的软件。一些软件会在后台记录用户访问过的网站并加以分析，有的甚至会发送给专门的商业公司或机构，此类机构会据此窥测用户的爱好，并进行相应的广告推广或商业活动。

（5）搜索引擎劫持软件

搜索引擎劫持是指未经用户授权，自动修改第三方搜索引擎结果的软件。通常这类程序会在第三方搜索引擎的结果中添加自己的广告或加入网站链接获取流量等。

（6）自动拨号软件

自动拨号软件是指未经用户允许，自动拨叫软件中设定的电话号码的程序。通常这类程序会拨打长途或声讯电话，给用户带来高额的电话费。

（7）恶意共享软件

恶意共享软件是指某些共享软件为了获取利益，采用诱骗手段、试用陷阱等方式强迫用户注册，或在软件体内捆绑各类恶意插件，未经允许即将其安装到用户计算机里。使用"试用陷阱"强迫用户进行注册，否则可能会丢失个人资料等数据。软件集成的插件可能会造成用户浏览器被劫持、隐私被窃取等。

（8）网络钓鱼软件

网络钓鱼（Phishing）攻击者利用欺骗性的电子邮件和伪造的 Web 站点来进行网络诈骗活动，受骗者往往会泄露自己的私人资料，如信用卡号、银行卡账户、身份证号等内容。诈骗者通常会将自己伪装成网络银行、在线零售商和信用卡公司等可信的品牌，骗取用户的私人信息。

（9）ActiveX 控件

ActiveX 是指能使任何语言产生的软件在网络环境中实现互操作性的一组技术。但这种应用广泛的技术却被非法人员用于各种非法的事情。ActiveX 建立在 Microsoft 的组件对象模型（COM）基础上。尽管 ActiveX 能用于桌面应用程序和其他程序，但目前主要用于开发 WWW 网上的可交互内容。ActiveX 控件是应用 ActiveX 技术的可重用软件组件。该组件可嵌入在 Web 页面中以产生动画和其他多媒体效果、生成交互式对象和复杂的应用程序。该组件也可用于为桌面应用程序和软件开发工具增加特殊的功能。ActiveX 控件可以由很多种语言编写，例如，C、C++、Visual Basic 及 Java 等。现在一些浏览器都可以提供 ActiveX 控件功能。禁用 ActiveX 后，可能对正常的网站访问和应用有些影响，目前来说还没有一种能完全识别正常用途和非正常用途的 ActiveX 控件。

2. 恶意软件的危害

恶意软件的特征使得它很容易流行，也必定给用户带来诸多的不便，给用户的计算机造成速率和内存以及空间上的影响，同时影响人们在网络上的正常活动，并且它也可以给整个网络以及信息安全带来危害。其危害大致有 3 个方面：

（1）从整体上降低计算机运行效率。恶意软件中的如"广告软件"、"网络插件"等，这些软件大多数都是恶意软件的最初模型，它们往往具有最明显的特征：强制安装、难以卸载、自动启动等。通常这些软件在强制安装后，只要用户使用计算机，便自动启动，占用系统的一些进程和一定的内存空间，并在用户进行相同功能的操作时便会自动弹出，影响用户的正常操作。一些比较大的恶意软件会使计算机运行不了，导致计算机瘫痪。恶意软件难以卸载，用正常的卸载方法无法清除，反而会自动强制安装，使得用户的卸载完全没有效果。这些特性降低了计算机正常工作的效率，降低了计算机的性能，严重影响了用户的日常生活和工作。

（2）妨碍人们的正常网络活动。恶意软件中通常有些诸如"广告软件"和浏览器劫持的恶意程序，这些软件并不能直接危害到用户的信息安全，但其强制性程序却给用户带来了许多不便。广告软件通常会在浏览器中添加自己的插件，频繁弹出广告窗口，占用较多系统资源，从而缓慢用户浏览网页等网络活动的速度，而浏览器劫持则会在浏览网页的时候强制浏览指定的网页，大大影响用户的操作。这一类软件给操作和使用带来极大的不便，从而影响网络的效率。

（3）危害网络信息的安全。恶意软件中有如"间谍软件"、"行为记录软件"等。这类软件以后门木马等形式安装，用来获取计算机用户的资料和信息等，甚至可以远程控制用户计算机，使得用户的信息安全受到严重侵犯。行为记录软件也是将用户的操作资料记录下来，并以此进行非法活动。2007 年微软的报告中指出：在一项新的研究中披露，木马下载和投放程序以及相关的恶意代码数量增长了 500%。而微软最近发表的安全情报报告中显示，攻击者越来越多地把个人信息作为获利的目标。近年来，随着网络的普及，类似的恶意软件越来越多，很多用户各种账号尤其是银行系统的账号受到威胁，从而造成个人信息的流失。它们都严重地危害了网络的信息安全。

在网络发展的今天，资源共享已经发展到了很高的水平，同样一个软件会有许多人使用。然而在共享软件中却有一些是恶意的，通过软件中的程序或者软件中的陷阱诱使用户注册，从而得到用户的隐私和资料，进行非法活动。这些软件同样给网络的信息安全带来了严重的危害。

9.3.3　恶意软件的防治措施

面对恶意软件无孔不入的态势，要想有效的防范其入侵，需要用户在使用计算机的过程中加强安全防范意识，利用掌握的计算机知识，尽可能多地排除系统安全隐患，力求将恶意软件挡在系统之外。通常，我们可以从以下几个方面采取一些措施来防范恶意软件的入侵：

1. 加强系统安全设置

（1）及时更新系统补丁

在操作系统安装完毕后，尽快访问微软站点，下载最新的 service pack 和漏洞补丁，并将计算机的"系统更新"设置为自动，最大限度地减少系统存在的漏洞。

（2）严格账号管理

停用 guest 账号，把 administration 账号改名。删除所有的 duplicate user 账号、测试账号、共享账号等。不同的用户组设置不同的权限，严格限制具有管理员权限的用户数量，确保不存在密码为空的账号。

（3）关闭不必要的服务和端口

禁用一些不需要的或者存在安全隐患的服务。如果不是应用所需，请关闭远程协助、远程桌面、远程注册表、Telnet 等服务。端口就像网络通信中的一扇窗户，要想进行通信就必须开放某些特定的端口。对于个人用户来说，系统安装中默认的有些端口是没有必要开放的。\system32 \drivers \etc \services 文件中有知名端口和服务的对照表可供参考，我们可以根据应用需要选择需要保留的端口，关闭其他不用的端口。

2. 养成良好的计算机使用习惯

（1）不要随意打开不明网站

很多恶意软件都是通过恶意网站进行传播的。当用户使用浏览器打开这些恶意网站，系统会自动从后台下载这些恶意软件，并在用户不知情的情况下安装到用户的计算机中。因此，上网时不要随意打开一些不明网站，尽量访问主流熟悉的站点。最后采用安全性比较好的网络浏览器，过滤掉这些自动弹出的广告，来弥补微软 IE 浏览器的不足。

（2）尽量到知名网站下载软件

由于在共享或汉化软件里强行捆绑恶意软件，已经成为恶意软件的重要传播渠道，因此要选择可信赖的站点下载软件。恶意软件最喜欢与一些个人开发的软件进行捆绑，而像华军软件园、天空软件等大型的知名下载网站都对收录的软件进行严格审核，在下载信息中通常都会直接播报该软件是否有流氓软件或是其他插件程序。如果给浏览器安装插件，尽量从浏览器提供商的官方网站去下载。

（3）安装软件时要"细看慢点"

很多捆绑了恶意软件的安装程序都有一些说明，需要在安装时注意加以选择，不能"下一步"到底。例如安装捆绑了恶意软件的暴风影音时，安装向导会提示安装相关流氓软件的提示列表。被捆绑的恶意软件在安装时都有一个释放过程，一般是释放到系统的临时文件夹，如果在安装软件时发现异常，可启动任务管理器终止应用程序的安装。通过进程列表可看到被释放的恶意软件安装程序进程，根据进程路径打开目录将恶意软件删除即可。

（4）禁用或限制使用 Java 程序及 ActiveX 控件

恶意软件经常使用 Java、JavaApplet、ActiveX 编写的脚本获取用户标识、IP 地址、口令等信息，甚至会在计算机上安装某些程序或进行其他操作，因此应对 Java、Java 小程序脚本、ActiveX 控件和插件的使用进行限制。打开 IE 浏览器的"Internet 选项"→"安全"→"Internet"→"自定义级别"，就可以设置"ActiveX 控件和插件"、"Java"、"脚本"、"下载"、"用户验证"以及其他安全选项。对于一些不太安全的控件或插件以及下载操作，应该予以禁止、限制，至少要进行提示。

（5）增强法律保护意识，保护个人隐私

恶意软件会给人们带来不便，甚至侵犯用户的权益。用户上网时要注意：第一，不要在网上留下可以证明自己身份的任何资料，例如手机号码、身份证号、银行卡号码等；第二，不要相信网上流传的消息，除非得到权威途径的证明；第三，不要在网站注册时透露自己的真实资料，如住址、住宅电话、手机号码、自己使用的银行账户等。一些恶意软件被用来进行不正当竞争，侵犯他人的合法权益。这时候就需要人们拿起法律的武器保护自己的合法权益，用法律维护公平，减少恶意软件的危害，从而达到防范作用。因此，增强法律保护意识也不失为一种防范措施。

3. 恶意软件的清除

感染恶意软件后，计算机通常会出现运行速度变慢、浏览器异常、系统混乱甚至系统崩溃等问题。因此尽早掌握恶意软件的清除方法，对于广大计算机使用者来说是十分必要的。

（1）手工清除

如果发觉自己的计算机感染了少量恶意软件，可以尝试用手工方法将其清除。具体方法如下：第一步，重启计算机，开机按 F8 键，选择进入安全模式。第二步，删除浏览器的

Internet临时文件、Cookies、历史记录和系统临时文件。第三步,在"控制面板"、"添加或删除程序"中查找恶意软件,如果存在将其卸载。找到恶意软件的安装目录,将其连同其中的文件一并删除。第四步,在"运行"中输入"regedit",进入注册表编辑器,在注册表中查找是否存在含有恶意软件的项、值或数据,如果存在,将其删除。以上四步完成以后,重启计算机进入正常模式,通常恶意软件即可被清除。

(2) 借助专业清除软件

随着恶意软件技术越来越高,使用手工的方法已很难彻底清除它们,这时不妨借助一些专业的软件来进行"专项治理"。目前,互联网上可供查杀恶意软件的工具多达数十款,其中查杀效果较好的有:360安全卫士、超级兔子上网精灵、恶意软件清理助手、Windows流氓软件清理大师、流氓软件杀手、瑞星卡卡上网助手等。需要注意的一点是,最好在安全模式下运行这些清除软件,这样查杀更为彻底。

9.4 Windows 系统安全管理

9.4.1 Windows 安全机制

Windows 安全服务可以让用户具备登录一次即可访问系统所有资源的能力;提供用户身份验证及授权能力;实现内部和外部资源间的安全通信;具有设置及管理必要安全性策略的能力;实现自动化的安全性审核;能与其他操作系统和安全协议的互操作性;支持使用Windows 安全设置功能进行应用程序开发的可扩展架构。

1. 活动目录服务

活动目录是一种包含服务功能的目录,它可以做到"由此及彼"的联想、映射。例如找到一个用户名,即使该用户的账号、出生信息、E-mail、电话等信息文件可能不在同一个文件夹中,也可以联想到他的账号、出生信息、E-mail、电话等所有基本信息。同时不同的应用程序之间还可以对这些信息进行共享,减少了系统开发资源的浪费,提高了系统资源的利用效率。

(1) 域间信任关系

这里的域是指 Windows 网络系统的安全边界。Windows 支持域间的信任关系,用来支持直接身份验证传递,用户和计算机可以在目录树的任何域中接受身份验证,使得用户或计算机仅需登录一次网络就可以对任何他们拥有相应权限的资源进行访问。

(2) 组策略安全管理

组策略安全管理可以实现系统的安全配置。管理者可用此设置来控制活动目录中对象的各种行为,使管理者能够以相同的方式将所有类型的策略应用到众多计算机上,可以定义广泛的安全性策略。

(3) 身份鉴别与访问控制

身份鉴别服务用来确认任何试图登录到域或访问网络资源的用户身份。访问控制机制用来防止非法用户对系统资源的越权和非法访问。通过管理对象的属性,Windows 管理员可以设置使用权限,指派拥有权,并监视用户对对象的访问。

2. 认证服务

用户身份认证是 Windows 系统保证正常用户登录过程的一种有效机制,它通过对登录用户的鉴别,证明登录用户的合法身份,从而保证系统的安全。Windows 使用 Kerberos V5 协议作为网络用户身份认证的主要方法。Kerberos 协议提供在客户机和应用服务器之间建立连接之前进行相互身份鉴别的机制。此外,Windows 操作系统全面支持 PKI,并作为一项基本服务而存在。组成 Windows 的 PKI 的基本逻辑组件中的核心是微软证书服务系统(Microsoft Certificate Services),它允许用户配置一个或多个企业 CA (Certificate Authority)。

3. 支持 NTFS 和加密文件系统(EFS)

Windows 提供了加密文件系统 EFS 来保护本地系统,如硬盘中的数据安全。EFS 能让用户对本地计算机中的文件或文件夹进行加密,非授权用户是不能对这些加密文件进行读写操作的。

以 Windows 7 为例,其加密文件系统(EFS)基于公开密码,并利用 CryptoAPI 结构默认的 EFS 设置。EFS 可以很容易地加密文件,加密时,EFS 自动生成一个加密密钥。当加密一个文件夹时,文件夹内的所有文件和子文件被自动加密了,数据就会更加安全。

首先选择一个文件夹,对其加密。选中文件夹右击"属性"。在文件属性里单击"高级"按钮,在"高级属性"页面,勾选"加密内容以便保护数据",单击"确定"按钮,如图 9.9 所示。在"文件属性"页面单击"确定"按钮时,会弹出一个确认选框,可选择该加密只适用于当前文件夹,或适用于当前文件夹及里面的子文件夹和文件,自行选择后单击"确定"按钮。这时被加密的文件夹的名字颜色改变为绿色。此时切换另外一个用户登录这台计算机,打开该文件夹时弹出提示拒绝访问。如果不再希望对这个文件夹实施加密,取消勾选该文件夹的属性对话框中的"加密内容以便保护数据"复选框即可。

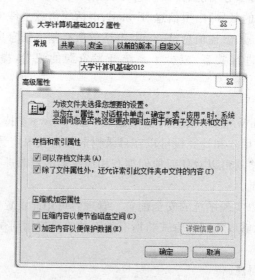

图 9.9　Windows 7 加密文件设置

需要注意的是,首次加密文件夹或文件时,系统会自动创建加密证书。应该备份加密证书。如果证书和密钥已丢失或受损,并且没有备份,则无法使用已经过加密的文件。

NTFS 文件系统为用户访问文件和文件夹提供了权限限制,属于自主访问控制机制。管理员通过 NTFS 文件系统的权限限制,可以授权或者约束用户对文件的访问权限。如某普通用户访问另一个用户的文档时会提出警告,用户还可以对某个文件(或者文件夹)启用审核功能,将用户对该文件或者文件夹的访问情况记录到安全日志文件里去,进一步加强对文件操作的监督。以 Windows 7 为例,依次单击"开始"→"控制面板"→"用户账户"→"更改密码"可进行相关设置。Windows 7 用户账户设置和更改账户密码界面分别如图 9.10 和图 9.11 所示。

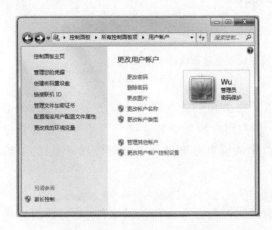

图 9.10　用户账户设置内容

图 9.11　更改账户密码内容

4. 安全模板

安全模板(Security Template)是安全配置的实际体现,它是一个可以存储一组安全设置的文件。Windows 包含一组标准安全模板,模板适用的范围从低安全性域客户端设置到高安全性域控制器设置。

安全模板能够配置账户和本地策略、事件日志、受限组、文件系统、注册表以及系统服务等项目的安全设置。安全模板都以.inf 格式的文本文件存在,用户可以方便地复制、粘贴、导入或导出某些模板。此外,安全模板并不引入新的安全参数,而只是将所有现有的安全属性组织到一个位置以简化安全性管理,并且提供了一种快速批量修改安全选项的方法。

使用 MMC 的安全模板插件可以创建和修改安全模板。以 Windows 7 为例,依次单击"开始"→"运行",输入"mmc",运行 MMC 控制台。在菜单"文件"中,选择"添加/删除管理单元",在其对话框中单击"添加"按钮,将"添加独立管理单元"对话框中的"安全模板"和"安全配置和分析"选中,这样"安全模板"和"安全配置和分析"插件就会被加入到控制树的树根下。回到控制树中,展开安全模板目录,再展开"Security\templates"文件夹,会看到一些初始模板列表,这些都是预定义的模板。使用 MMC 的安全模板插件创建和修改安全模板界面如图 9.12 所示。

图 9.12　使用 MMC 的安全模板插件创建和修改安全模板

5. 安全账号管理器

Windows 中对用户账号的安全管理使用了安全账号管理器(SAM,Security Account Manager),它是 Windows 的用户账号数据库,所有用户的登录名及口令等相关信息都会保存在这个文件中。Windows 系统对 SAM 文件中的资料全部进行了加密处理,一般的编辑器是无法直接读取这些信息的。

6. 安全审核

Windows 包含了安全性审核功能,允许用户监视与安全性相关的事件(如失败的登录尝试),因此,可以检测到攻击者和试图危害系统数据的事件。在 Windows 审核事件类型中,最常见的有对对象的访问(如文件和文件夹);用户和组账户的管理;用户登录和注销的时间等。审计过程为系统进行事故原因的查询、定位、事故发生前的预测、报警以及异常事件发生后的及时响应与处理提供了详尽可靠的证据,为有效追查分析异常事件提供了时间、登录用户、具体行为等详尽信息。

9.4.2　Windows 安全漏洞与防范措施

随着使用时间的增加,Windows 安全性的弊端也显现出来,逐渐暴露了一些漏洞,目前危害计算机安全的漏洞主要有以下几种。

(1) LSASS 相关漏洞是本地安全系统服务中的缓冲区溢出漏洞,之前的震荡波病毒正是利用此漏洞造成了互联网严重堵塞。

(2) RPC 接口相关漏洞。首先它会在互联网上发送攻击包,造成局域网瘫痪,计算机系统崩溃等情况。冲击波病毒正是利用了此漏洞进行破坏,造成了全球上千万台计算机瘫痪,无数局域网受到损失。

(3) IE 浏览器漏洞。能够使得用户的信息泄露,比如用户在互联网通过网页填写资料,如果黑客利用这个漏洞很容易窃取用户个人隐私。

(4) URL 处理漏洞。此漏洞给恶意网页留下了后门,用户在浏览某些美女图片网站过后,浏览器主页有可能被改或者是造成无法访问注册表等情况。

(5) URL 规范漏洞。一些通过即时通讯工具传播的病毒,比如当 QQ 聊天栏内出现陌生人发的一条链接,如果单击过后很容易中木马病毒。

(6) FTP 溢出系列漏洞。主要针对局域网服务器造成破坏。

(7) GDI 漏洞。可以使电子图片成为病毒。用户在单击网页上的美女图片、小动物、甚至是通过邮件发来的好友图片都有可能感染各种病毒。

目前最好的防范措施,是给 Windows 操作系统打上最新补丁,优化系统安全性配置,辅之以杀毒软件等。

9.4.3　Windows 安全中心

Windows 安全中心是微软自 Windows XP SP2 才开始提供的一个新型计算机安全管理工具,其通过与著名防毒软件产品之间的通信合作,可以提高计算机的安全防护能力,降低计算机受病毒攻击的风险。

Windows 7 改用 Windows XP SP2 推出的安全中心(Security Center)为操作中心(Action Center)。其中包括安全中心、问题、报告与解决方案、Windows Defender、Windows Update、Diagnostics、网络访问保护、备份与恢复、复原(Recovery)以及用户账户控制(User Account Control,UAC)。

在 Windows 7 中,通过选择"开始"→"控制面板"→"操作中心"菜单命令,即可进入如图 9.13 所示的操作中心界面。

1. 自动更新设置

为了提高计算机的性能并增强系统的安全性,微软公司将定期发布更新程序及其系统补丁。Windows 可以定期检查重要更新,自动更新功能用于自动完成从网上下载补丁程序并进行安装。下面以 Windows 7 为例进行自动更新的设置。

(1) 依次选择"开始"→"所有程序"→"Windows Update"菜单命令,打开"Windows Update"自动更新窗口,如图 9.14 所示。

图 9.13　Windows 7 操作中心界面

图 9.14　Windows 7 自动更新界面

(2) 单击该对话框左侧的"更改设置"超链接,将打开"选择 Windows 安装更新的方法"窗口。在该窗口中单击"重要更新"下拉按钮,然后选择"自动安装更新(推荐)"。此时"安装新的更新"项将变为可编辑状态,选择相关选项后,单击"确定"按钮。

(3) 在打开的"用户账户控制"对话框中单击"继续"按钮确认操作,即可以按照设定的方式自动检测更新程序,并下载安装。

2. 防火墙设置

使用防火墙可以设置某个应用程序或服务是否接受来自网络的访问,以维护计算机的安全。Windows 防火墙功能首次出现在 Windows XP SP2 的安全中心里面,其由微软公司开发,并内置于 Windows 操作系统中。在 Windows 7 中,一般情况下 Windows 防火墙在默认情况下处于打开状态。停止或启用 Windows 7 防火墙的具体步骤如下:

(1) 依次选择"开始"→"控制面板"→"Windows 防火墙"菜单命令,将显示如图 9.15 所示的"Windows 防火墙"窗口;

(2) 单击该窗口左侧窗格的"打开或关闭 Windows 防火墙"超链接,将打开"自定义设置"窗口;

(3) 在该窗口中选中"启用 Windows 防火墙"或"关闭 Windows 防火墙"选项,然后单击"确定"按钮,即可对 Windows 防火墙进行相应操作。

3. Windows Defender

Windows Defender 是一款间谍软件防护工具,在 Windows XP 及以下版本中都不存在。在 Windows 7 中可以随时使用该软件扫描计算机中是否存在间谍软件,以保证用户信息的安全。

依次选择"开始"→"控制面板"→"Windows Defender"菜单命令,即可进入如图 9.16 所示的 Windows Defender 界面。

图 9.15　Windows 7 防火墙界面

图 9.16　Windows Defender 界面

在"Windows Defender"窗口中单击菜单栏的"扫描"按钮,此时 Windows Defender 将开始对系统进行全面扫描,并显示所用的时间与扫描数量等信息。扫描完毕后,将在窗口中显示扫描结果,如果发现存在威胁的程序,则单击"全部删除"按钮将其全部删除。

9.5　信息安全的管理

信息系统的安全管理目标是管好信息资源安全,信息安全管理是信息系统安全的重要组成部分,管理是保障信息安全的重要环节,是不可或缺的。实际上,大多数安全事件和安全隐患的发生,与其说是技术上的原因,不如说是由于管理不善而造成的。因此说,信息系统的安全是"三分靠技术,七分靠管理",可见管理的重要性。

信息安全管理贯穿于信息系统规划、设计、建设、运行、维护等各个阶段。安全管理的内容十分广泛。

9.5.1　信息安全标准及实施

安全管理不只是网络管理员日常从事的管理概念,而是在明确的安全策略指导下,依据国家或行业制定的安全标准和规范,由专门的安全管理员来实施。因此,网络安全管理的主要任务就是制定安全策略并贯彻实施。制定安全策略主要是依据国家标准,结合本单位的实际情况确定所需的安全等级,然后根据安全等级的要求确定安全技术措施和实施步骤。同时,制定有关人员的职责及网络使用和管理条例,并定期检查执行情况,对出现的安全问题进行记录和处理。

1. 国外信息安全管理标准

随着计算机信息安全管理重要性地位的日益突出,20 世纪 90 年代后期,ISO 和 IEC 开始研究和制定信息安全管理标准。SC27 是 ISO/IEC 联合技术委员会 JTC1 下设的专门负责信息安全领域国际标准化研究的分技术委员会。

2005 年 SC27 正式启动了信息安全管理体系(ISMS)标准族的研制计划,即 ISO/IEC2700 系列标准。该系列标准对当时已有的几个内容有重叠的信息安全管理标准进行了事例和改进,吸纳了与 ISMS 主题相关的其他信息安全管理标准项目。

(1) ISO/IEC2700《信息技术 安全技术 信息安全管理体系 基础和术语》。内容基于 ISO/IEC13335-1:2004《信息技术 安全技术 信息与通信技术安全管理(MICTS)第一部分:信息与通信技术安全管理概念和模型》。该标准规定了 ISMS 标准族所共用的基本原则、要领和词汇。

(2) ISO/IEC2700《信息技术 安全技术 信息安全管理体系 要求》。内容基于 BS 7799-2。该标准规定了一个组织建立、实施、运行、监视、评审、保持、改进信息安全管理体系的要求;它基于风险管理的思想,旨在通过持续改进的过程(PDCA 模型)使组织达到有效的信息安全。该标准使用了和 ISO 9001、ISO 14001 相同的管理体系过程模型,是一个用于认证和审核的标准。该标准与 ISO/IEC 27002 共同使用,一个组织在按照该标准实施其 ISMS 的过程中,应首先选择 ISO/IEC 27002 中推荐的控制措施。

(3) ISO/IEC 2700《信息技术 安全技术 信息安全管理实用规则》。原编号为 ISO/IEC17799:2005。该标准包括 11 个主要安全类别,汇集 39 个控制目标和 133 个安全控制措施,是实施 ISO/IEC27001 的支撑标准,给出了组织建立 ISMS 时应选择实施的控制目标和控制措施集,是一个信息安全最佳实践的汇总集,而不是一个认证和审核标准。

(4) ISO/IEC 27003《信息技术 安全技术 信息安全体系实施指南》。内容基于 ISO/IEC WD 24743:2004 的附录 B。该标准提供了 ISO/IEC 27001 具体实施的指南,包括 PDCA 过程的详细指导和帮助。

(5) ISO/IEC 27004《信息技术 安全技术 信息安全管理测量》。该标准给出了测量组织 ISMS 实施有效性、过程有效性和控制措施有效性的过程和方法。

（6）ISO/IEC 27005《信息技术 安全技术 信息安全风险管理》。内容基于 ISO/IEC 1ˢᵗ CD 13335-2:2005。该标准给出了信息安全风险管理的一般过程及每个过程的详细内容,包括背景建立、风险分析、风险评价、风险处理、风险接受、风险沟通、风险监视与评审等内容。

（7）ISO/IEC 27006《信息技术 安全技术 信息安全管理体系审核认证机构要求》。内容基于 EA-7/03《信息安全管理体系认证/注册机构的认可指南》。该标准规定了第三方 ISMS 认证/注册机构应该满足的一般要求。

（8）ISO/IEC 27007《信息技术 安全技术 信息安全管理体系审核指南》。该标准将提供除了 ISO 19011 中指南以外的、指导 ISMS 审核和信息安全管理体系审核员能力的指南。该标准适用于任何需要进行 ISMS 内部或外部审核的组织,或者需要管理 ISMS 审核计划的组织。

2. 我国信息安全管理标准

我国信息安全标准化研究的初期,本着积极采用国际标准的原则,转化了一批国际信息安全基础技术标准,成为我国信息安全标准化的基础。2004 年 4 月,在国务院信息化工作办公室和国家标准化管理委员会的指导下,成立了全国信息安全标准化技术委员会,并启动了信息安全管理工作组(WG7),该工作组在我国信息安全管理标准空白的情况下,学习研究当前国际信息管理标准化的重点项目,目前已正式发布了如表 9.1 所示的信息安全管理国家标准。

表 9.1　正式发布的信息安全管理国家标准

标准编号	中文名称
GB/T 19715.1—2005	信息技术 信息技术安全管理指南 第 1 部分:信息技术安全概念和模型
GB/T 19715.2—2005	信息技术 信息技术安全管理指南 第 2 部分:管理和规划信息技术安全
GB/T 20269—2006	信息安全技术　信息系统安全管理要求
GB/T 20282—2006	信息安全技术　信息系统安全工程管理要求
GB/T 20984—2007	信息安全技术 信息安全风险评估规范
GB/Z 20985—2007	信息技术 安全技术 信息安全事件管理指南
GB/Z 20986—2007	信息安全技术 信息安全事件分类分级指南
GB/T 20988—2007	信息安全技术 信息系统灾难恢复规范
GB/T 22080—2008	信息技术 安全技术 信息安全管理体系要求
GB/T 22081—2008	信息技术 信息安全管理实用规则
GB/Z 24294—2009	信息安全技术 基于互联网电子政务信息安全实施指南
GB/T 24363—2009	信息安全技术 信息安全应急响应计划规范
GB/Z 24364—2009	信息安全技术 信息安全风险管理指南
GB/T25055—2010	信息安全技术 公钥基础设施安全支撑平台技术框架
GB/T25056—2010	信息安全技术 证书认证系统密码及其相关安全技术规范
GB/T25057—2010	信息安全技术 公钥基础设施电子签名卡应用接口基本要求
GB/T25058—2010	信息安全技术 信息系统安全等级保护实施指南
GB/T25059—2010	信息安全技术 公钥基础设施简易在线证书状态协议
GB/T25060—2010	信息安全技术 公钥基础设施 X.509 数字证书应用接口规范

标准编号	中文名称
GB/T25061—2010	信息安全技术 公钥基础设施 XML 数字签名语法与处理规范
GB/T25062—2010	信息安全技术 鉴别与授权基于角色的访问控制模型与管理规范
GB/T25063—2010	信息安全技术 服务器安全测评要求
GB/T25064—2010	信息安全技术 公钥基础设施电子签名格式规范
GB/T25065—2010	信息安全技术 公钥基础设施签名生成应用程序的安全要求
GB/T25066—2010	信息安全技术 信息安全产品类别与代码
GB/T25067—2010	信息技术 安全技术 信息安全管理体系审核认证机构的要求
GB/T25069—2010	信息安全技术术语
GB/T25070—2010	信息安全技术 信息系统等级保护安全设计技术要求
GB/T25068.3—2010	信息技术 安全技术 IT 网络安全第 3 部分:使用安全网关的网间通信安全保护
GB/T25068.4—2010	信息技术 安全技术 IT 网络安全第 4 部分:远程接入的安全保护
GB/T25068.5—2010	信息技术 安全技术 IT 网络安全第 5 部分:使用虚拟专用网的跨网通信安全保护

根据《国家信息安全标准化"十二五"规划》部署,2011 年全国信息安全标准化技术委员会将在国家统一规划下,密切联系行业应用,以企业为主体,加强自主创新,重点开展涉密电子文件标志和涉密信息系统安全保密测评,可信计算、电子交易、数字电视等领域密码技术应用,工控 SCADA、漏洞分析、信息安全等级保护测评与整改,政府网站与互联网接入、终端计算机配置,大规模复杂网络安全、移动支付安全、IC 卡安全、信息安全产品测评,公钥密码基础设施,互联网网络业务防护和安全管控,信息安全管理等相关标准的研制。

9.5.2　信息安全策略和管理原则

1. 信息安全策略

信息系统的安全策略是为了保障在规定级别下的系统安全而制定和必须遵守的一系列准则和规定,它考虑到入侵者可能发起的任何攻击,以及为使系统免遭入侵和破坏而必然采取的措施。实现信息安全,不但靠先进的技术,而且也得靠严格的安全管理、法律约束和安全教育。

不同组织机构开发的信息系统在结构、功能、目标等方面存在着巨大的差别。因而,对于不同的信息系统必须采取不同的安全措施,同时还要考虑到保护信息的成本、被保护信息的价值和使用的方便性之间的平衡。一般地,信息安全策略的制定要遵循以下几方面:

(1) 选择先进的网络安全技术

先进的网络安全技术是网络安全的根本保证。用户应首先对安全风险进行评估,选择合适的安全服务种类及安全机制,然后融合先进的安全技术,形成一个全方位的安全体系。

(2) 进行严格的安全管理

根据安全目标,建立相应的网络安全管理办法,加强内部管理,建立合适的网络安全管理系统,加强用户管理和授权管理,建立安全审计和跟踪体系,提高整体网络安全意识。

(3) 遵循完整一致性

一套安全策略系统代表了系统安全的总体目标,贯穿于整个安全管理的始终。它应该包括组织安全、人员安全、资产安全、物理与环境安全等内容。

（4）坚持动态性

由于入侵者对网络的攻击在时间和地域上具有不确定性，因此信息安全是动态的，具有时间性和空间性，所以信息安全策略也应该是动态的，并且要随着技术的发展和组织内外环节的变化而变化。

（5）实行最小化授权

任何实体只有该主体需要完成其被指定任务所必须的特权，再没有更多的特权，对每种信息资源进行使用权限分割，确定每个授权用户的职责范围，阻止越权利用资源行为和阻止越权操作行为，这样可以尽量避免信息系统资源被非法入侵，减少损失。

（6）实施全面防御

建立起完备的防御体系，通过多层次机制相互提供必要的冗余和备份，通过使用不同类型的系统、不同等级的系统获得多样化的防御。若配置的系统单一，那么一个系统被入侵，其他的也就不安全了。要求员工普遍参与网络安全工作，提高安全意识，集思广益，把网络系统设计得更加完善。

（7）建立控制点

在网络对外连接通道上建立控制点，对网络进行监控。实际应用当中在网络系统上建立防火墙，阻止从公共网络对本站点侵袭，防火墙就是控制点。如果攻击者能绕过防火墙（控制点）对网络进行攻击，那么将会给网络带来极大的威胁，因此，网络系统一定不能有失控的对外连接通道。

（8）监测薄弱环节

对系统安全来说，任何网络系统中总存在薄弱环节，这常成为入侵者首要攻击的目标。系统管理人员全面评价系统的各个环节，确认系统各单元的安全隐患，并改善薄弱环节，尽可能地消除隐患，同时也要监测那些无法消除的缺陷，掌握其安全态势，必须报告系统受到的攻击，及时发现系统漏洞并采取改进措施。增强对攻击事件的应变能力，及时发现攻击行为，跟踪并追究攻击者。

（9）失效保护

一旦系统运行错误，发生故障时，必须拒绝入侵者的访问，更不能允许入侵者跨入内部网络。

2. 安全管理原则

机构和部门的信息安全是保障信息安全的重要环节，为了实现安全的管理应该具备以下"四有"：有专门的安全管理机构；有专门的安全管理人员；有逐步完善的安全管理制度；有逐步提高的安全技术设施。

信息安全管理涉及人事管理、设备管理、场地管理、存储媒体管理、软件管理、网络管理、密码和密钥管理等基本方面。

信息安全管理要遵循如下基本原则：

（1）规范原则

信息系统的规划、设计、实现、运行要有安全规范要求，要根据本机构或部门的安全要求制定相应的安全政策。即便是最完善的政策,也应根据需要选择、采用必要的安全功能,选用必要的安全设备,不应盲目开发、自由设计、违章操作、无人管理。

（2）预防原则

在信息系统的规划、设计、采购、集成、安装中应该同步考虑安全政策和安全功能具备的程度,以预防为主的指导思想对待信息安全问题,不能心存侥幸。

（3）立足国内原则

安全技术和设备首先要立足国内,不能未经许可,未能消化改造直接应用境外的安全保密技术和设备。

（4）选用成熟技术原则

成熟的技术提供可靠的安全保证,采用新的技术时要重视其成熟的程度。

（5）重视实效原则

不应盲目追求一时难以实现或投资过大的目标,应使投入与所需要的安全功能相适应。

（6）系统化原则

要有系统工程的思想,前期的投入和建设与后期的提高要求要匹配和衔接,以便能够不断扩展安全功能,保护已有投资。

（7）均衡防护原则

人们经常用木桶装水来形象地比喻应当注意安全防护的均衡性,箍桶的木板中只要有一块短板,水就会从那里漏出来。设置的安全防护中要注意是否存在薄弱环节。

（8）分权制衡原则

重要环节的安全管理要采取分权制衡的原则,要害部位的管理权限如果只交给一个人管理,一旦出问题就将全线崩溃。分权可以相互制约,提高安全性。

（9）应急恢复原则

安全管理要有应急响应预案,并且要进行必要的演练,一旦出现相关问题就能够马上采取应急措施,阻止风险的蔓延和恶化,将损失减少到最低程度。在灾难不能同时波及的地区设立备份中心,保持备份中心和主系统的数据一致性。一旦主系统遇到灾难而瘫痪,便可立即启动备份系统,使系统从灾难中得以恢复,保证系统的连接工作。

（10）持续发展原则。为了应对新的风险,对风险要实施动态管理。因此,要求安全系统具有延续性、可扩展性,能够持续改进,始终将风险控制在可接受的水平。

3. 安全管理的程序和方法

安全管理的最终目标是将系统(即管理对象)的安全风险降低到用户可接受的程度,保证系统的安全运行和使用。风险的识别与评估是安全管理的基础,风险的控制是安全管理的目的,从这个意义上讲,安全管理实际上是风险管理的过程。由此可见,安全管理策略的制定依据就是系统的风险分析和安全要求。

安全管理模型遵循管理的一般循环模式,但是随着新的风险不断出现,系统的安全需求也在不断变化,也就是说,安全问题是动态的。因此,安全管理应该是一个不断改进的持续发展过程。体现这种持续改进模式的 PDCA 安全管理模型如图 9.17 所示。

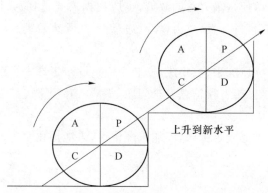

上升到新水平

图 9.17　PDCA 安全管理持续改进模型

PDCA 管理模型由美国著名质量管理专家戴明博士提出,又称"戴明循环"。该模型实际上是指有效地进行任何一项工作的合乎逻辑的工作程序,它包括计划(Plan)、执行(Do)、检查(Check)和行动(Action)的持续改进模式,每一次的安全管理活动循环都是在已有的安全管理策略指导下进行的,每次循环都会通过检查环节发现新的问题,然后采取行动予以改进,从而形成了安全管理策略和活动的螺旋式提升。

9.5.3　信息安全管理与法律

信息安全保障的一个不可或缺的基础支持就是相关的法律、法规等基础设施的建设。我国陆续地确立了一些有关计算机安全或信息安全的法律、法规。对于制止、打击计算机网络犯罪,促进信息技术发展,发挥了很大的作用。

1.《中华人民共和国宪法》

宪法是治国的根本大法,是我国一切法律法规的依据。因此信息化建设和信息安全都要从根本上遵守宪法。

2.《中华人民共和国计算机信息系统安全保护条例》

1994 年 2 月 18 日中华人民共和国国务院 147 号令发布了《中华人民共和国计算机信息系统安全保护条例》。该条例是我国历史上第一个规范计算机信息系统安全管理、惩治侵害计算机安全违法犯罪的法规,在我国网络安全立法历史上具有里程碑意义。

3.《计算机信息网络国际联网安全保护管理办法》

1997 年 12 月 11 日经国务院批准,1997 年 12 月 30 日由公安部发布了《计算机信息网络国际联网安全保护管理办法》,该办法共 5 章 25 条,其目的在于加强对计算机信息网络国际联网的安全保护,维护公共秩序和社会稳定。

4.《中华人民共和国刑法》

在国内网络安全形势发展的推动下,我国刑法进行重新修订时,设立了非法侵入计算机信息系统罪和破坏计算机信息系统罪。

5.《全国人民代表大会常务委员会关于维护互联网安全的决定》

从保护信息社会发展的角度看,《中华人民共和国刑法》保护的对象过于狭窄,许多重要领域的计算机信息系统,如航空、交通、医院等领域的计算机信息系统都没有得到刑法的保护。2000 年 12 月 28 日,九届全国人大常委会第十九次会议表决通过《全国人民代表大会常务委员会关于维护互联网安全的决定》,决定从 4 个方面界定构成犯罪,依照刑法有关规定追究刑事责任的 15 种行为。

6.《计算机病毒防治管理办法》

《计算机病毒防治管理办法》由公安部于 2000 年 4 月 26 日发布执行,共 22 条。目的是加强对计算机病毒的预防和治理,保护计算机信息系统安全。

7.《计算机信息系统国际联网保密管理规定》

《计算机信息系统国际联网保密管理规定》由国家保密局发布并于 2000 年 1 月 1 日开始执行,分 4 章共 20 条。目的是加强国际联网的保密管理,确保国家秘密的安全。

8.《互联网电子公告服务管理规定》

2000 年 10 月 8 日,中华人民共和国信息产业部第三号令颁布了《互联网电子公告服务管理规定》。该《规定》根据《互联网信息服务管理办法》制定,旨在加强对互联网电子公告服务的管理,规范电子公告信息发布行为,维护国家安全和社会稳定,保障公民、法人和其他组织的合法权益。该《规定》共 22 条。

9.《中华人民共和国电子签名法》

《中华人民共和国电子签名法》由中华人民共和国第十届全国人民代表大会常务委员会第十一次会议于 2004 年 8 月 28 日通过。自 2005 年 4 月 1 日起实施。《电子签名法》共 5 章 36 条。这部法律首次赋予电子签名与传统的文体签名具有同等法律效力,承认电子文件与书面文书具有同等效力,它的适应范围是适用我国的电子商务及电子政务。

10.《互联网安全保护技术措施规定》

2005 年 12 月 13 日,公安部颁布了《互联网安全保护技术措施规定》(以下简称《规定》),于 2006 年 3 月 1 日起实施。《规定》是与《计算机信息网络国际联网安全保护管理办法》(以下简称《管理办法》)配套的一部部门规章,它从保障和促进我国互联网发展出发,根据《管理办法》的有关规定,对互联网服务单位和联网单位落实安全保护技术措施提出了明确、具体和可操作性的要求,保证了安全保护技术措施和科学、合理和有效的实施,有利于加强和规范互联网安全保护工作,提高互联网服务单位和联网单位的安全防范能力和水平,预防和制止网上违法犯罪活动。

11.《信息安全等级保护管理办法》

为加快推进信息安全等级保护,规范信息安全等级保护管理,提高信息安全保障能力和水平,维护国家安全、社会稳定和公共利益,保障和促进信息化建设,国家公安部、国家保密局、国家密码管理局、国务院信息工作办公室于 2007 年 6 月 22 日颁布了《信息安全等级保护管理办法》,并自颁布之日起实施。

在 2010 年 3 月的十一届全国人大三次会议期间,有 92 名人大代表在 3 个议案中建议制定互联网法、网络信息安全法、国家信息安全法。目前,工业和信息化部已完成的《信息安全条例(报送稿)》对信息网络环境下法律主体的权利、义务,各种危害网络与信息系统安全行为,网络科技创新,加强国际兼容等内容作了规定。

9.6 实 验 指 导

9.6.1 加密与签名

运用 PGP(Pretty Good Privacy)软件实现对文件的加密和数字签名过程。

PGP 是一个基于公钥加密体系的文件加密软件,支持对文件的签名和加密功能,用户可以使用它在不安全的通信链路上创建安全的消息和通信。常用的版本是 PGP Desktop Professional(PGP 专业桌面版)。

1. 软件安装

运行 PGP Desktop 安装文件,当安装程序出现重新启动的提示信息时,建议立即重启计算机,否则容易导致程序出错。安装好的 PGP Desktop 软件界面如图 9.18 所示。

2. PGP 密钥的创建

用 PGP 软件进行数字签名,实际上就是由 PGP 软件本身为用户颁发包括公、私钥密钥对的证书,所以要使用这款软件,首先要做的就是密钥的生成。

(1) 选择"File"→"New PGP Key"菜单命令(或者按 Ctrl+N 组合键),弹出 PGP Key Generation Assistant(密钥生成向导)对话框,单击"下一步"按钮,弹出 Name and Email Assignment(名称及电子邮件分配)对话框,如图 9.19 所示。在此要为创建的密钥指定一个密钥名称和对应的邮箱地址。也可以用这个密钥对对应多个邮箱,只需单击"More"按钮,在添加的 Other Address 文本框中输入其他的邮箱地址即可。

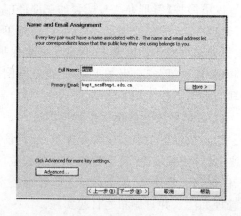

图 9.18 PGP Desktop 程序主界面 　　　图 9.19 Name and Email Assignment 对话框

(2) 单击"Advanced"按钮,打开 Advanced Key Settings(高级密钥设置)对话框。这里可以对密钥对进行更详细的配置。如 Key Type(密钥类型)、Key Size(密钥长度)、支持的 Cipher(密码)和 Hash(哈希)算法类型等。除按默认选择外,最好在 Hash 算法类型栏中多选择 SHA-1 算法,因为这种算法目前在国内的电子签名中应用较广。

（3）密钥配置好后单击"OK"按钮返回到如图 9.19 所示的对话框。单击"下一步"按钮，打开 Create Passphrase 对话框。这里可为密钥对中的私钥配置保护密码，最少需要 8位，而且建议包括非字母类字符，以增加密码的复杂性。首先在 Passphrase 文本框中输入密码，然后在下面的 Re-enter Passphrase 文本框中重复输入上述输入的密码。程序默认不明文显示所输入的密码，而仅以密码长度条显示。如果选择 Show Keystrokes 复选框，则在输入密码的同时会在文本框中以明文显示。

（4）单击"下一步"按钮，弹出 Key Generation Progress（密钥生成进度）对话框，单击"下一步"按钮，弹出 Completing the PGP key generation Assistant（完成 PGP 密钥生成向导）对话框，单击"Done"（完成）按钮，弹出 All Keys 对话框（如图 9.20 所示）。此时，完成了一个用户的密钥创建。

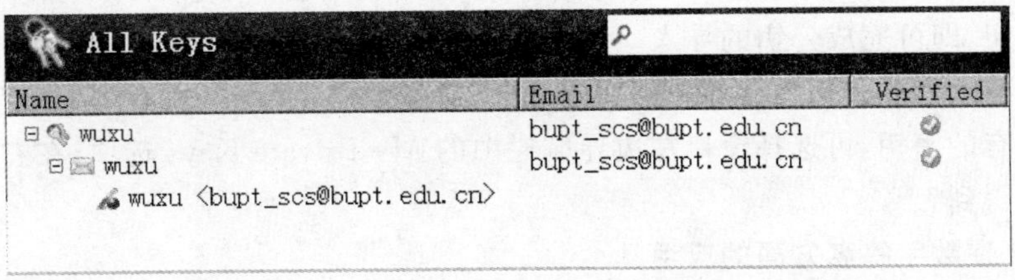

图 9.20　在 All Keys 窗口中显示的新建密钥

3. 公/私钥的获取

要利用包括公钥和私钥的证书进行文件加密和数据签名，首先就要把自己的公钥向要发送加密邮件的所有接收者发布，让接收者知道自己的公钥，否则接收者在收到自己的加密邮件时打不开。

（1）用户自己导出公钥文件

在图 9.20 中选择自己的一个要用来加密文件的证书（如 wuxu）并右击选择 Export（导出）命令，弹出 Export Key to File（导出公钥到文件）对话框。

（2）选择保存导出公钥的公钥文件存储位置，然后单击"保存"按钮即可完成公钥的导出。默认的文件格式.asc。如果勾选 Include Private Key(s)复选框，则同时导出私钥。因为我们的私钥不能让别人知道，所以在导出用来发送给邮件接收者的公钥中，不要勾选此复选框。

公钥导出后就可以通过任何途径（如邮件发送，QQ、MSN 点对点文件传输等）向其他接收者发送公钥文件，不必担心被人窃取，因为公钥可以被别人知道。

还有一种更直接的方法来获取证书的公钥，在如图 9.20 所示的窗口中，选择对应的证书密钥对，然后右击并在弹出的快捷菜单中选择 Copy Public Key（复制公钥）选项，然后再在任何一个文本编辑器（如记事簿、写字板等）中粘贴所复制的公钥，则可把公钥的真正内容复制下来，再不要做任何修改，以.asc 文件格式保存下来，这就是公钥文件。

4. 接收者导入公钥文件

当接收者收到包括公钥文件的邮件时，需要把这个公钥文件导入到自己的计算机上，以便于工作解密时使用。

（1）在附件中双击这个公钥文件，打开如图 9.21 所示的"Select key(s)"（选择公钥）对话框。在此对话框中显示了公钥文件中包括的公钥。

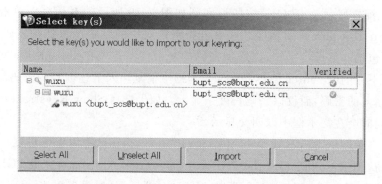

图 9.21 "Select key(s)"对话框

（2）选中需要导入的公钥（如若有多个的话可以单击"Select All"按钮全选），单击"Import"按钮，即可完成公钥的导入。

接收者导入后的公钥也会加入到如图 9.20 所示的 All Keys（所有密钥）窗口中。要查看自己所具有的密钥，可选择窗口左边导航栏中的 My Private Keys 选项，在右边详细列表窗格中即可得到。

5. PGP 在数字签名方面的应用

（1）在资源管理器中选择一个要签名的文件，单击右键出现一个菜单，将鼠标移动到菜单中的"PGP Desktop"选项，在出现的又一个菜单中选"Sign as..."（签名），如图 9.22 所示。

（2）在出现的"Sign and Save"对话框中，单击"下一步"按钮，得到一个签名文件，如图 9.23 所示。

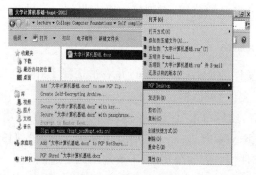

图 9.22 进行文件签名

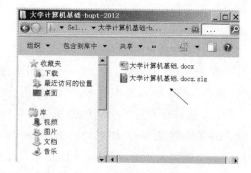

图 9.23 得到的签名文件

（3）双击这个签名文件，出现如图 9.24 所示的窗口，此结果表明签名有效。

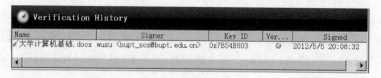

图 9.24 浏览签名文件注释

（4）如果对原始文件进行了修改，然后再双击这个签名文件，出现如图 9.25 所示的窗口，说明原始的文件已经被修改。

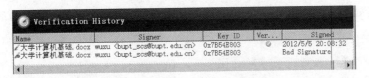

图 9.25 原始文件被修改的文件注释

6. 文件的加密

PGP Desktop 还可以对文件进行加密,有对称加密和非对称加密两种可选;也可以用它对邮件保密以防止非授权者阅读。

(1) 在 PGP Desktop 程序主界面(见图 9.18)中单击"PGP Zip",展开 PGP Zip 选项卡,单击"New PGP Zip",在弹出向导中单击下边的添加文件夹或添加文件按钮,添加想要加密的文件或文件夹,如图 9.26 所示。

(2) 添加完要加密的文件或文件夹后(如"大学计算机基础"),单击"下一步"按钮,选择加密的方式,其中有四种加密方式,一般选择第三种(自解密文档)方式,如图 9.27 所示。

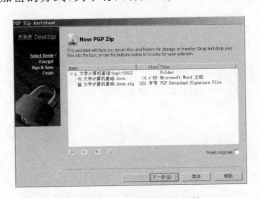

图 9.26 选择要加密的文件

图 9.27 选择加密方式

(3) 单击"下一步",输入加密密码,如图 9.28 所示。如果不想显示输入的密码,勾选"Show Keystrokes"复选框,单击"下一步"按钮。

(4) 选择保存加密后的文件的路径,如图 9.29 所示。

图 9.28 输入加密密码

图 9.29 选择保存加密文件路径

(5) 单击"下一步"按钮,PGP Desktop 开始加密运算,单击"完成"按钮完成文件加密过程,如图 9.30 所示。

这样加密后的文件,是一个可执行的 EXE 文件,如图 9.31 所示。双击后,弹出一个对话框,要求输入口令,如果正确,把加密的文件解压出来,就可以查看、打开或运行文件了。

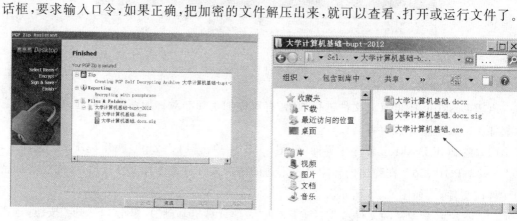

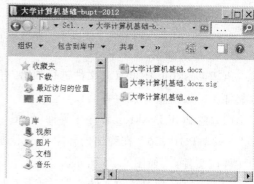

图 9.30　完成文件加密过程　　　　　　　　　图 9.31　加密后的文件

7. 实验作业

(1) 安装 PGP Desktop 软件,配置一个用户,使用该用户对文件进行签名,修改源文件,查看签名文件,解释实验结果,并说明数字签名的作用。

(2) 运用 PGP Desktop 软件对文件进行加密操作,简述文件加密的原理。

9.6.2　木马查杀与恶意软件清理

通过 360 安全卫士软件,进行木马查杀与恶意软件的清理过程。

360 安全卫士是受到国内网民欢迎的免费安全软件,它拥有查杀流行木马、清理恶评及系统插件、管理应用软件、卡巴斯基杀毒、系统实时保护、修复系统漏洞等数个强大功能,同时还提供系统全面诊断、弹出插件免疫、清理使用痕迹以及系统还原等特定辅助功能,并且提供对系统的全面诊断报告,方便用户及时定位问题所在,为每一位用户提供整体系统安全保护,其官方网站地址:http://www.360.cn。

1. 软件安装

双击安装程序,当系统要求用户安装保险箱用来保护 360 和上网的账号,可选择安装。360 安全卫士软件主界面包括计算机体检、查杀木马、清理插件、修复漏洞、系统修复、计算机清理、优化加速、功能大全和软件管家等功能。系统默认进入计算机体检功能界面,单击"立即体检"按钮,软件会自动检测系统的安全性,并且查出系统所存在的漏洞,提供相应的解决方案。

2. 进行木马查杀

360 安全卫士提供了查杀网络流行木马的功能,单击"查杀木马"按钮,弹出的窗口中包括"快速扫描"、"全盘扫描"、"自定义扫描"等木马扫描方式,如图 9.32 所示,其中"快速扫描"功能仅扫描系统内存、启动对象等关键位置,速度较快;"全盘扫描"功能则扫描系统内存、启动对象及全部磁盘,速度较慢;"自定义扫描"功能是由用户自己指定需要扫描的范围;用户可视具体情况选择。一般第一次运行时,建议选择"全盘扫描",扫描结果将显示在界面下方的列表中,在扫描结果中全选或只选择某几项,然后单击"立即查杀"按钮清除选定的木马。此外，图 9.32 右上角显示的"360 云查杀引擎"，是 360 新推出的一款能与 360 云安全数据中心协同工作的安全引擎，扫描速度比传统杀毒引擎快，不再需要频繁升级木马库。

图 9.32　查杀木马界面

3. 恶意软件清除

清理恶意软件和恶评插件可以说是 360 安全卫士的最大特色。单击"清理插件"按钮→"开始扫描"按钮→插件列表（如图 9.33 所示），可以根据一些常识的掌握，选中想要清理的恶评插件，进行必要的清理。

图 9.33　待清理插件列表界面

4. 修复漏洞和系统修复

如果在操作系统、应用软件中存在着安全漏洞，计算机就有可能遭受到病毒、木马、恶意软件等的攻击。360 安全卫士可以为计算机及时打补丁，修复漏洞。

（1）在主界面上单击"修复漏洞"按钮，开始对系统进行漏洞扫描。扫描结束后，窗口中会显示待修复的漏洞。选中要修复的漏洞,然后单击"立即修复"按钮。

（2）系统发生异常时,可在主界面上单击"系统修复"按钮,进入系统修复窗口,该功能可修复被篡改的上网设置及系统设置,让系统恢复正常。单击"常规修复"按钮,可修复常见的上网设置和系统设置。

360安全卫士的其他安全检查和安全设置功能,请读者自己尝试使用。

5. 实验作业

使用360安全卫士查杀系统木马、清理恶意软件、检测系统漏洞并进行修复。

9.6.3 Windows 的安全配置

基于 Windows XP 或 Windows 7 操作系统,进行账户和口令安全设置、文件系统安全设置、启用审核和日志查看等操作。

1. 账户的安全策略配置

在 Windows 操作系统中,账户策略是通过域的组策略设置和强制执行的。进入账户的安全策略设置:打开"控制面板"→"管理工具"→"本地安全策略"→选择"账户策略"。

（1）密码策略配置

"密码策略"用于决定系统密码的安全规则和设置。选中"密码策略",选择密码复杂性要求、长度最小值、最长存留(使用)期、最短存留(使用)期、强制密码历史等各项分别进行配置,如图9.34所示。

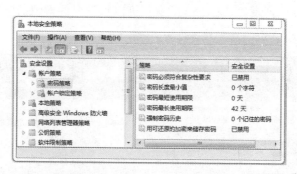

图9.34　密码策略配置界面

其中符合复杂性要求的密码是具有相当长度,同时含有数字、大小写字母和特殊字符的序列。双击其中每一项,可按照需要改变密码特性的设置。

- 双击"密码必须符合复杂性要求"选项,在弹出的对话框中,选择"启用"。
- 双击"密码长度最小值"选项,在弹出的对话框中设置可被系统接纳的账户密码长度的最小值,一般为了达到较高的安全,建议密码长度的最小值为8。
- 双击"密码最长使用(存留)期限"选项,在弹出的对话框中设置系统要求的账户密码的最长使用期限。设置密码自动保留期,可以提醒用户定期修改密码,防止密码使用时间过长带来的安全问题。
- 双击"密码最短使用(存留)期限"选项,在弹出的对话框中修改设置密码最短存留期。在密码最短存留期内用户不能修改密码。这项设置是为了避免入侵的攻击者修改账户密码。

- 双击"强制密码历史"和"用可还原的加密来储存密码"选项,在相继弹出的类似对话框中,设置让系统记住的密码数量和是否设置加密存储密码。

(2) 账户锁定策略

选中"账户锁定策略",选择各项分别进行配置。

- 双击"用户锁定阈值"选项,在弹出的对话框中设置账户被锁定之前经过的无效登录,以便防范攻击者利用管理员身份登录后无限次地猜测账户的密码。
- 双击"账户锁定时间"选项,在弹出的对话框中设置账户被锁定的时间(如 20 分钟)。此后,当某账户无效(如密码错误)的次数超过设定的次数时,系统将锁定该账户 20分钟。

2. 账户管理

(1) 停用 Guest 账号

打开"控制面板"→"管理工具"→"计算机管理"→"系统工具"→"本地用户和组"→"用户",双击"Guest",弹出"Guest 属性"窗口。在"账户已停用"选项前面的方框中打勾,单击"确定"按钮。

(2) 限制不必要的用户数量

一般来说共享账户、Guest 账户具有比较弱的安全性,常常是黑客攻击的目标,系统的账户越多,攻击者成功的可能性越大。因此,要去掉所有的测试用账户、共享账号、普通部门账号等。在用户组策略设置相应权限,并且经常检查系统的账户,删除已经不再使用的账户。

首先用 Administrator 账户登录,然后打开"控制面板"→"管理工具"→"计算机管理"→"系统工具"→"本地用户和组"→"用户",可以看到现在所有的用户情况,如果要删除哪个账户,可以单击右键后再单击"删除"按钮。

3. 口令的安全设置

(1) 使用安全密码,经常进行账户口令测试

安全的管理应该要求用户首次登录的时候更改复杂的密码,还要注意经常更改密码。安全期内无法破解出来的密码就是安全密码,也就是说,如果黑客得到了密码文件,如果密码策略 42 天必须改密码,那么黑客必须花 43 天或者更长时间才能破解出来的就是安全密码。

(2) 不让系统显示上次登录的用户名

Windows 系统默认在用户登录系统时,自动在登录对话框中显示上次登录的用户名称,有可能造成用户名的泄露。

打开"控制面板"→"管理工具"→"本地安全策略"→"本地策略"→"安全选项"→"交互式登录:不显示上次(最后)的用户名"。双击该选项,在弹出的对话框中选择"已启用"即可。

4. 文件系统安全设置

设置文件和文件夹的权限,实质上是将访问文件的权限分配给用户的过程,也就是添加用户账户到文件访问者并设置各种权限。

(1) 在要设置的文件和文件夹上右击,单击快捷菜单中"属性"命令,在打开的该文件夹

属性对话框中单击"安全"标签(如果在对话框中没有"安全"标签,可在资源管理器的"工具"菜单中选择"文件夹"选项,在弹出的窗口中选择"查看",取消勾选"使用简单文件共享"复选框),打开"安全"选项卡,再单击"编辑"按钮,弹出如图9.35所示的"权限"对话框。

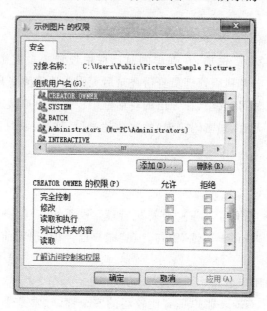

图9.35　设置文件的权限

(2) 单击"添加"按钮或"删除"按钮,可以添加或删除使用文件的用户账户。原则上只保留允许访问此文件夹的用户和用户组。

(3) 单击"安全"选项卡中的"高级"按钮,可以查看各用户组的权限,设置文件安全的高级选项。

5. 启用审核和日志查看

(1) 启用审核策略

打开"控制面板"→"管理工具"→"本地安全策略"→"本地策略"→"审核策略",如图9.36所示,其中"审核登录事件"等几项显示的安全设置,是建议进行配置的选项,对于其他项可以自行配置。

(2) 查看事件日志

基于 Windows 7 或 Windows XP 的计算机将事件记录在以下三种日志中:应用程序日志、安全日志和系统日志。

打开"控制面板"→"管理工具"→"事件查看器"(Windows 7 系统再单击"Windows 日志"),可以看到三种日志,其中安全日志用于记录刚才上面审核策略中所设置的安全事件。可查看有效无效、登录尝试等安全事件的具体记录,如图9.37所示。

在详细信息窗格中,双击要查看的事件。进入"事件属性"对话框,其中包含事件的标题信息和描述。要查看上一个或下一个事件的描述,可以单击上箭头或下箭头。

6. 实验作业

(1) 设置 Windows XP 或 Windows 7 系统的账户密码策略和账户锁定策略,之后通过设定密码格式、密码周期和输入错误密码等方式,验证密码策略和锁定策略的有效性。

图 9.36　配置审核策略

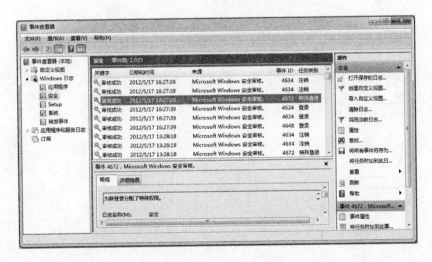

图 9.37　安全日志查看

（2）设置 Windows XP 或 Windows 7 系统文件夹的安全属性，后用不同的用户访问文件夹，验证安全属性的有效性。

（3）设置 Windows XP 或 Windows 7 系统的审核策略，经过一些操作后，查看系统日志，查看系统审核的有效性。

习　题

1. 信息安全的基本属性主要表现在哪几个方面？

2. 信息安全威胁主要有哪些？

3. 按使用密钥数量可将密码体制分为哪几类？若按照对明文信息的加密方式又可分为哪几类？

4. 公钥密码体制出现有何重要意义？它与对称密码体制的异同有哪些？

5. 什么是数字签名？什么是电子信封？

6. 什么是防火墙？它应具有的基本功能是什么？

7. 简述 VPN 的工作原理，为什么要使用 VPN 技术？

8. 检测计算机病毒的基本方法是什么？

9. 试给出防范计算机病毒的一些方法。

10. 什么是恶意软件？恶意软件的行为特点是什么？

11. 恶意软件的防治措施有哪些？

12. Windows 通过哪些手段保证自身的安全性？

13. Windows 系统存在哪些安全漏洞？如何防范？

14. 查阅信息安全资料，了解最新的标准信息。

15. 对信息安全进行立法有何作用？

参 考 文 献

[1]　钟义信. 信息科学原理(第三版). 北京:北京邮电大学出版社,2002.

[2]　张献忠,梁银. 操作系统实用教程(第 2 版),北京:电子工业出版社,2010.

[3]　范策,李畅等. 操作系统教程,北京:清华大学出版社,2011.

[4]　邹恒明. 计算机的心智-操作系统之哲学原理. 北京:机械工业出版社,2009.

[5]　陆松年 潘理等. 操作系统教程(第 3 版),北京:电子工业出版社,2010.

[6]　冯博琴,顾刚等. 大学计算机基础,北京:人民邮电出版社,2009.

[7]　潘明. 大学计算机基础与实验指导. 北京:清华大学出版社,2007.

[8]　李晓明. 计算机应用基础. 成都:电子科技大学出版社,2007.

[9]　徐惠民. 大学计算机基础. 北京:人民邮电出版社,2006.

[10]　冯博琴,贾应智,张伟.大学计算机基础(第 3 版).北京:清华大学出版社,2009.

[11]　冯博琴,贾应智,张伟.大学计算机基础(第 3 版)实验指导书. 北京:清华大学出版社,2009.

[12]　刘勇.大学计算机基础.北京:清华大学出版社,2011.

[13]　郭刚等. Office2010 应用大全. 北京:机械工业出版社,2010.

[14]　武新华,林志军,杨平.Office2010 三合一实战案例精讲.北京:机械工业出版社,2011.

[15]　华诚科技.Office2010 从入门到精通. 北京:机械工业出版社,2011.

[16]　牛少彰.大学计算机基础.北京:北京邮电大学出版社,2009.

[17]　修佳鹏,牛少彰,杜晓峰,王枞.大学计算机实验教程.北京:北京邮电大学出版社,2009.

[18]　毕晓玲,黄晓凡.大学计算机基础.北京:人民邮电出版社,2010.

[19]　周小健,王连相,马栋林. 大学计算机基础. 北京:人民邮电出版社,2010.

[20]　牛少彰,崔宝江,李剑. 信息安全概论(第 2 版). 北京:北京邮电大学出版社,2007.

[21]　李军. 计算机网络信息安全技术探讨.价值工程,2011,(22):146

[22]　何铁流.计算机网络信息安全隐患及防范策略研究.《科技促进发展(应用版)》,2010,(10):96

[23]　崔海航.网络信息安全的研究及对策.无线互联科技,2011,(5):14-15

[24]　谷红彬,赵一明,刘强.网络信息安全技术防范措施探讨.信息通信,2011,(4):96-97

[25]　刘丽丽.恶意软件特征分析与危害防范.科技情报开发与经济,2011,21(12):106-107

[26]　孙军.恶意软件的防范和查杀.价值工程,2011,(20):143-144